无人机飞行控制与自主飞行

UAV Flight Control and Autonomous Flight

吴成富 程鹏飞 闫 冰 编著

西北工業大學出版社

西 安

【内容简介】 本书系统地介绍固定翼无人机的基本控制方法及控制律设计方法，以及无人机损伤情况下的高可靠控制方法和控制算法、规划决策、自主导引等自主控制技术和多级编队控制技术。全书分为5章，主要内容包括基本的纵向控制方法、横航向控制方法、速度控制方法、放宽静稳定性、直接力控制技术、机动控制技术、轮式起降控制技术、机翼损伤/舵面卡死的模型参考自适应控制技术、神经网络鲁棒自适应模型逆控制、自主控制的规划决策、健康诊断与容错及编队控制等。

本书可作为无人机控制系统设计等方面的工程技术人员的参考书，也可供相关高等院校航空专业研究生阅读和参考。

图书在版编目（CIP）数据

无人机飞行控制与自主飞行 / 吴成富，程鹏飞，闫冰编著. —西安：西北工业大学出版社，2020.12
ISBN 978-7-5612-6819-3

Ⅰ.①无… Ⅱ.①吴… ②程… ③闫… Ⅲ.①无人驾驶飞机-飞行控制 Ⅳ.①V279

中国版本图书馆CIP数据核字(2020)第184709号

WURENJI FEIXING KONGZHI YU ZIZHU FEIXING
无人机飞行控制与自主飞行

责任编辑：李阿盟 **策划编辑**：肖亚辉
责任校对：张 潼 曹 江 **装帧设计**：李 飞
出版发行：西北工业大学出版社
通信地址：西安市友谊西路127号 邮编：710072
电 话：(029)88491757，88493844
网 址：www.nwpup.com
印 刷 者：兴平市博闻印务有限公司
开 本：710 mm×1 000 mm 1/16
印 张：22.25
字 数：411千字
版 次：2020年12月第1版 2020年12月第1次印刷
定 价：88.00元

前言

无人机从早期的无线电操控发展到现在的自动飞行、编队飞行和自主飞行，控制技术突飞猛进。因其风险小，使用方便，可进入危险环境而渗透到各个领域，应用越来越广泛。由于无人机操作人员在地面操控，无人机飞行全过程都需要自动飞行或遥控飞行，无法像飞行员那样在飞机上直接感受到飞机的状态，直接处理紧急事件，并且因延时等原因，无人机视距外无法在复杂状况下直接由地面操控，所以无人机的自动飞行技术、应急处理能力和自主能力格外重要。

本书介绍无人机全飞行过程的飞行自动控制技术，旨在为无人机飞行控制系统的研究人员和设计人员提供参考。本书力图从系统性、实用性、前瞻性进行选材：从基本的控制律设计到先进控制律设计、从单机飞行到多机编队，为控制律研究人员和设计人员提供全方位的参考。本书内容包括滑跑起降控制律设计、空中飞行控制律设计、损伤情况的飞行控制技术和编队飞行控制，希望对从事无人机研制的单位和个人能提供有价值的参考。

全书分为 5 章，第 1 章简单介绍无人机系统的构成、无人机的构型及无人机系统的种类，无人机控制的发展历程。第 2 章阐述包括俯仰角保持与控制、高度保持与控制、航向角保持与控制、协调转弯、速度控制、多模态转换、前置处理等无人机的基本控制方法，还包括放宽静稳定性、直接力控制等主动控制方法，以及机动控制等无人机专有控制方法。第 3 章阐述轮式起降无人机地面滑跑及起降控制律设计技术、空中控制律设计技术。第 4 章高可靠飞行控制方法总结了笔者团队多年的研究成果，阐述无人机在机翼损伤、舵面故障状况下的先进控制技术，包括鲁棒模型参考自适应控制、神经网络自适应鲁棒非线性模型逆飞行控制等。第 5 章阐述无人机自主控制中的规划决策方法、健康诊断、故障容错及机上航线重规划等，同时介绍多无人机自主编队的控制技术、任务分配与协同等内容。

本书由吴成富、程鹏飞、闫冰编著，其中第4章由程鹏飞编著，第3,5章由闫冰编著，其余章节由吴成富编著，并完成最终统稿。邵朋院、于少航、刘博文、付宇飞提供了大量素材，雷蕾为本书的公式校对、格式编排等方面做了大量的工作，在此一并致谢！写作本书曾参阅了相关文献资料，在此，谨向其作者深致谢意。

限于水平，书中疏漏和不当之处在所难免，恳请专家和读者批评指正。

编著者
2020年5月

目 录

第1章

无人机系统概论

1.1 无人机系统

无人机即“无人驾驶飞机”(Unmanned Aerial Vehicle,UAV)的简称。现代无人机起源于航空模型(简称航模)运动。1955年,华东航空学院航模队成功试飞我国第一驾无线电遥控航模。1956年,华东航空学院西迁至西安,更名为西安航空学院,并于1957年与西北工学院合并成立西北工业大学。西北工业大学成立伊始,就把陶考德、刘明道、薛民献、高国钧等航模运动健将组织起来,成立了校直属的专业航模研究室。1958年8月3日,西北工业大学在西安窑村机场成功试飞了代号为“04”的我国第一套无人机系统,开创了我国无人机事业的先河,成为我国无人机事业起步的标志。如图1-1所示为西北工业大学研制的“04”无人机及部分研制人员。

一个完整的现代无人机系统组成如图1-2所示。

图1-2中虚线部分(发射回收装置)是可选的,根据无人机系统的起降特性决定是否将其加入发射和回收装置,其他部分是无人机系统的必备组成。典型的小型无人机系统如图1-3所示。

在图1-3中,任务设备、数据链和飞控/导航系统为机载设备。无人机和地面控制站之间通过数据链路交换信息。下面对无人机系统的各个部分进行详细描述。

图 1-1　西北工业大学研制的“04”无人机及部分研制人员

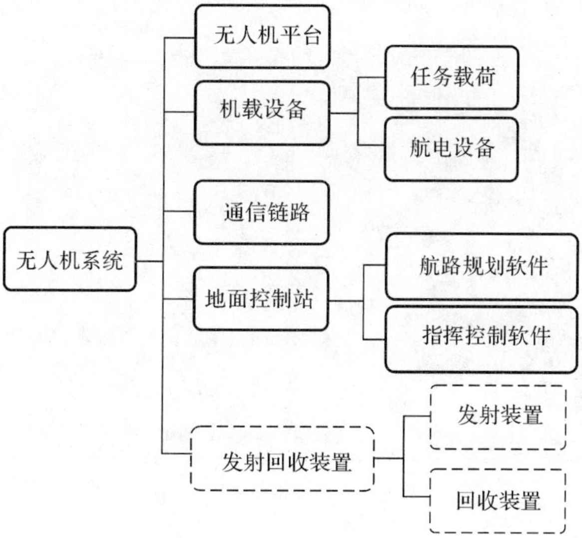

图 1-2　现代无人机系统组成

无人机及发射系统　　　　地面控制站

图 1－3　典型的小型无人机系统

1. 无人机平台

无人机平台即通常所说的无人机，作为飞行平台和机载设备的安装平台使用。按照升力产生方式可以分为固定翼、旋翼类和其他特殊构型(例如扑翼机和滚翼机等)。其中，固定翼和旋翼类最为常见。旋翼类包含直升机和近几年迅速发展起来的多旋翼无人机。如图 1－4 所示为各种构型的无人机。

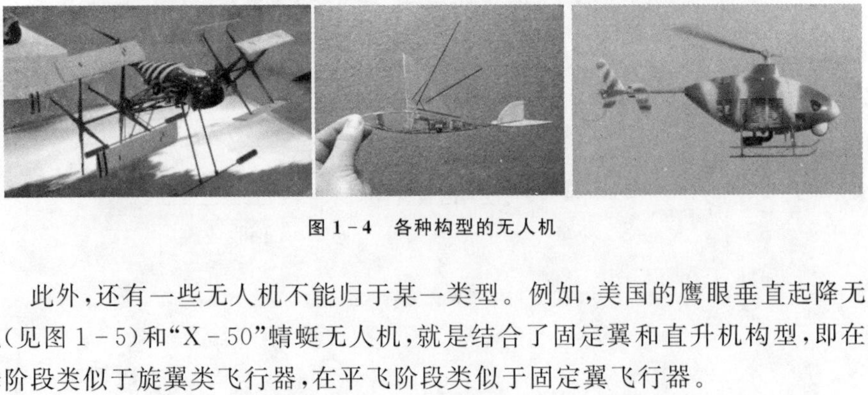

图 1－4　各种构型的无人机

此外，还有一些无人机不能归于某一类型。例如，美国的鹰眼垂直起降无人机(见图 1－5)和“X－50”蜻蜓无人机，就是结合了固定翼和直升机构型，即在起降阶段类似于旋翼类飞行器，在平飞阶段类似于固定翼飞行器。

图1-5　鹰眼无人机

无论何种类型的无人机平台，一般都是由机体、动力系统和执行机构等部分组成的，与有人机类似，不再作详细介绍。

2. 发射回收装置

发射回收装置也称为起飞和降落装置，是无人机起飞和降落(简称起降)需要的装置和设备。具体的起降装置取决于无人机的起降形式。常见的起降形式包括轮式起降、弹射起飞、伞降回收和其他回收方式等，各种起降形式和需要的装置见表1-1。

表1-1　无人机主要起降形式及其特点

起降形式	起降装置	特　点
轮式起降	起落架	可靠性强，容易部署，受场地限制大，必须有跑道
弹射起飞	弹射架	起飞速度高，小场地即可，但成本高
伞降回收	降落伞	适合野外回收，回收精度差
手抛起飞	无	适合单兵装备，微型，低速无人机的起降
撞网回收	回收网	无须回收场地，回收可靠性强
拦阻索回收	拦阻索	适用于高速小场地回收，一般用于大、中型飞机着舰
天钩回收	回收钩	无须回收场地，一般用于小型无人机着舰

如图1-6所示为几种无人机典型起降方式的示例。

图 1-6　几种无人机典型起降方式

3.地面控制站

地面控制站(Ground Control Station,GCS)作为整个无人机系统的人机接口,用于无人机操纵人员和无人机系统进行交互。根据人和无人机系统的交互方式,可以采用不同形式的地面控制站。比较简单的可以采用基于手持移动设备(例如遥控器、智能手机和平板电脑等),也有功能复杂的军用无人机地面控制站,例如“捕食者”无人机的地面控制站需要多人协同操纵。

手持式无人机地面控制站(见图 1-7)功能比较简单,一般用于视距内遥控或者第一视角操纵,这种操纵方式要求操纵人员在飞机飞行的整个过程中全程参与,自主水平比较低,对操纵人员的操纵技巧要求较高。

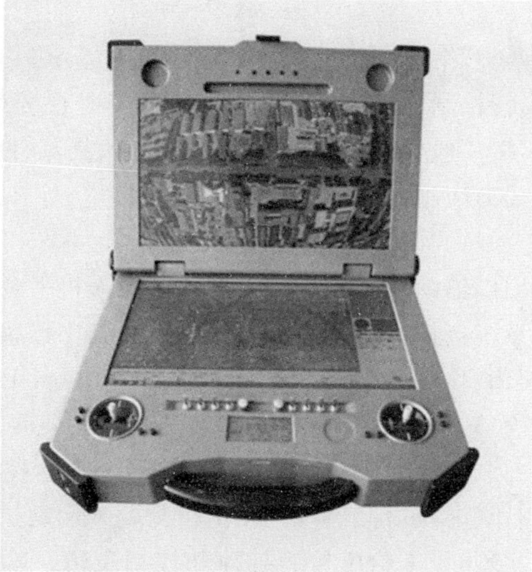

图1-7 手持式无人机地面控制站

如图1-8所示为“捕食者”无人机的地面控制站，可以看出其功能比较复杂。地面控制站的作用是使操纵人员能够更方便地对无人机自身飞行和任务载荷等进行监督和指挥控制等，从而完成任务。地面控制站实现的功能在很大程度上决定了无人机系统的自主水平，例如，有的无人机地面控制站可以使一个操纵员对多架无人机进行协同操纵，从而大大减少任务过程中人的参与程度，提高无人机系统的自主水平。

图1-8 “捕食者”无人机地面控制站

4. 机载设备

机载设备包括两类，第一类是无人机机载的航电系统，其核心是飞行控制系统，包括传感器和飞行控制计算机、执行机构；第二类是任务载荷，根据具体任务来确定。例如，侦察机一般包括摄像头、光电设备（包括红外和激光以及雷达等探测设备）及其稳定装置（例如云台），攻击机包括机炮、导弹等火力设备以及瞄准设备等。

飞行控制系统用以辅助或替代操纵人员控制无人机平台的稳定和飞行。飞行控制（简称飞控）系统包括传感器和飞控计算机。其中传感器用于采集飞机的姿态、位置和速度等信息，一般包括全球定位系统（Global Positioning System，GPS）、惯性导航设备、气压传感器和无线电高度表等。飞控计算机由软件和硬件部分组成。硬件部分用于采集传感器数据，并结合地面控制站的控制人员给出的指令，依据控制律软件进行解算，进而给出指令来驱动执行机构。软件部分即控制算法的软件实现，用于给出控制规律和控制逻辑。不同的飞行控制系统具有不同功能，例如，有的飞行控制系统仅起到辅助增稳的功能，而有的飞行控制系统可以起到控制飞机进行航线飞行、自主起降、应急返航等复杂功能。可以看出，飞行控制系统的功能是决定整个无人机系统自主水平的一个重要因素。现在的飞行控制系统已经有不少货架产品，随着微机电系统和微型计算机芯片的发展，飞控计算机越来越小型化，价格和能耗也显著降低，特别是最近几年出现了多种开源的飞行控制系统，例如 ArduPilot Mega 和 PixHawk 等。飞行控制系统的低成本、小型化和开源也成为加快民用无人机发展的一个重要推动力。如图 1-9 所示为某型飞控计算机。

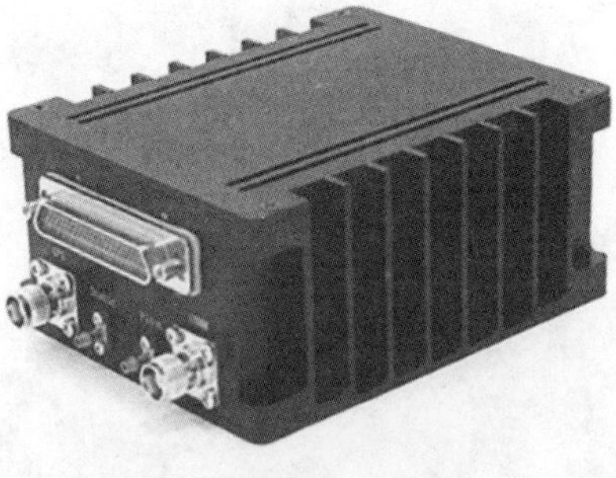

图 1-9 某型飞控计算机

任务载荷根据无人机需要执行的任务而定。目前无人机最广泛的用途是侦查和探测，因此使用最多的是光电类的探测设备，例如无人机用摄像头（见图 1-10）、红外相机和激光测距仪等。

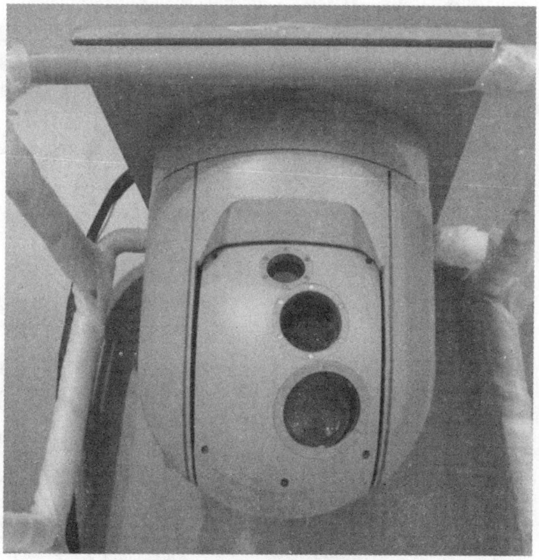

图 1-10　无人机用摄像头

1.2　无人机系统的种类

实际情况中存在各式各样的无人机系统，可以根据不同的分类标准对这些无人机系统进行分类。按照平均起飞质量(Mean-Takeoff-Weight, MTOW)的无人机分类见表 1-2。

表 1-2　按照 MTOW 的无人机分类

编　号	MTOW/kg	航程类别	典型最大飞行高度/ft*
0	≤25	近程	1 000
1	25～500	短程	15 000
2	501～2 000	中程	30 000
3	>2 000	远程	>30 000

* 1ft(英尺)=0.304 8 m(米)

2009 年的 JCGUAV 会议给出了基于质量和飞行高度的无人机系统的分类方法，并列出了各个类型的典型无人机系统，见表 1-3。

表 1-3 JCGUAV 给出的无人机分类

分 类	细分类别	飞行高度/ft	示例平台
Ⅰ类(小于 150 kg)	小型>20 kg	<5 000	月神,赫尔墨斯 90
	迷你型 2～20 kg	<3 000	扫描鹰,阿拉丁
	微型 <2 kg	<200	黑寡妇
Ⅱ类(150～600 kg)	战术型	<10 000	斯佩威尔,赫尔墨斯 450
Ⅲ类(>600 kg)	高空长航时(HALE)	<65 000	全球鹰
	中空长航时(MALE)	<45 000	捕食者,赫尔墨斯 900

上述两种无人机分类方法都是按照无人机的质量和飞行高度进行分类的。此外,还可以按照无人机的用途进行分类,见表 1-4。

表 1-4 根据用途对无人机进行的分类

分 类	用 途	特 点	示例平台
无人靶机	对空武器系统的射击训练	飞行特性等与军用战机类似,多为一次性使用	长空一号,拉 17B,ASN106 等
无人侦察机	空中侦察	具备光电/红外/雷达等成像和侦察平台	全球鹰,搜索者,不死鸟
察打一体无人机	空中侦察和火力打击	具有侦察平台和武器平台	捕食者,火力侦察兵,翼龙
无人攻击机	进行空战	具有一定的自主攻击能力,多数具有隐身能力	X47-B,神经元,利剑等(多数尚未服役)

表 1-4 根据用途对无人机进行的分类也代表了不同时期无人机的主要类型,例如最早出现的为无人靶机,而无人战斗机现在处于发展初期,尚未形成有效的作战力量。至本书成稿(2020 年 5 月)时,战场上使用的无人机仍然以无人侦察机和察打一体无人机为主。

1.3 无人机的控制

早期的无人机是在肉眼视线内进行遥控的,后来发展到具有姿态控制/保持、航向控制/保持、高度控制/保持的无线电视距内程序控制,再进一步发展到具有航路规划、轨迹控制的自动飞行系统,目前这种系统仍在大量使用。如果无人机要在具有不确定性的环境中代替有人驾驶飞机执行任务,则需要无人机能够感知自身的状态、具备健康自我诊断能力和自动重构控制系统的能力。无人机在任务不确定的环境中执行任务时，需要具备自主决策、自主任务规划等自主能力，因此无人机将面临自主能力的挑战。

当前，根据无人机执行任务的不同，无人机的飞行控制可分为肉眼视线内遥控、规划航线飞行、规划航线与末制导飞行以及自主飞行等，下面分别介绍上述四种任务。

1.3.1　肉眼视线内遥控

无人机起源于航模运动。在航模的初始发展阶段，其控制方式是通过线控或无线遥控操作的，因此无人机在初始阶段，其控制方式也是采用肉眼视距内遥控的方式。遥控控制方式如图 1－11 所示，在无人机执行任务的过程中需要操纵人员全程参与，适用于使用无人机进行小范围应用，例如肉眼视距内航拍、喷洒农药等。这种控制方式的无人机没有自动飞行控制系统，或只有简单的辅助姿态控制等，是无人机应用中自主水平最低的一种，目前，该控制方式在多旋翼无人机中还有一定的应用。

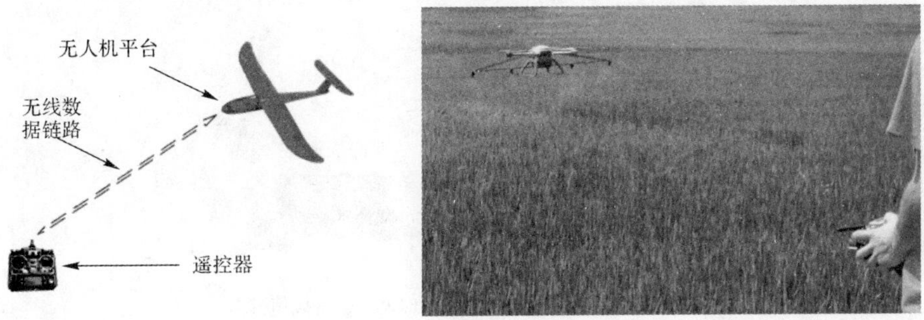

图 1－11　农药喷洒无人机

这种控制方式的无人机系统也最为简单，只需无人机平台、遥控器、接收机以及操纵人员。遥控器作为地面控制系统，需要具备的功能一般为直接操纵飞机的各个物理操纵面（固定翼构型）或者虚拟操纵面（旋翼机和其他构型）以及油门。接收机位于机载端，通信数据链作用于遥控器和接收机之间，一般使用 2.4 GHz 无线电传输。视距内遥控的优点是成本低、使用灵活，但是需要操纵人员具备较高的操纵技巧，而这些技巧常常需要经过培训或长时间的训练才能具备，这是限制该种应用模式推广的一个重要因素。

1.3.2 规划航线飞行

视距内遥控只能满足少数初级任务的需求，更多的任务需要无人机进行视距外飞行，例如，军用无人机进行侦察，民用无人机进行电力巡线等应用。在这些应用中经常需要无人机具有航线飞行的能力，操纵人员只需要通过地面站输入规划好的飞行航线，而飞机平台在飞行控制系统的作用下按照输入的航线进行飞行，从而完成任务。在该种应用模式中，无人机能够完成比视距内操作更为复杂的任务，但同时无人机系统也更为复杂，需要具有航线规划功能的地面控制站，同时需要超视距的数据传输系统。有的需要实时回传图像信息，还需要实时图像传输系统，这对通信数据链的要求更高。该种应用模式如图 1-12 所示。

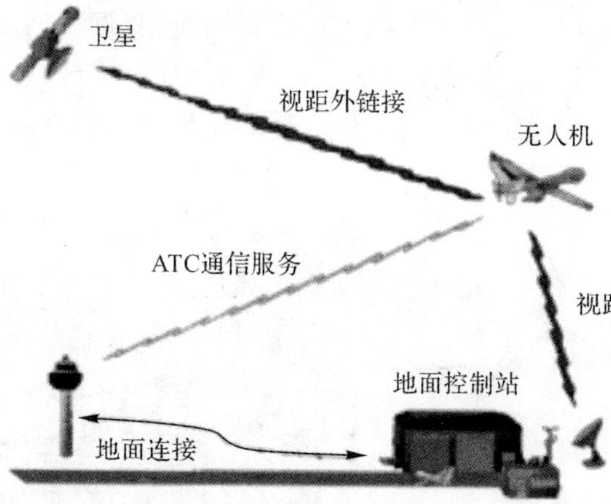

图 1-12 具有航线飞行功能的无人机系统结构图

注：空中交通管制(Air Traffic Controller，ATC)

在该种应用模式下，人的主要作用是操纵地面控制站，对无人机要飞行的航线进行规划，同时根据要执行的任务对无人机的任务载荷进行操纵，并对无人机的飞行状态进行监控。相对于视距内遥控方式，该方式对操纵人员的专业技能要求较低，只需能正确操作地面站软件即可，但是对于地面控制站、飞行控制系统以及通信数据链有更高要求。需要地面控制站具有航线规划功能和遥测信息显示功能。而飞控系统需要具备航线飞行功能，同时需要具备全球定位系统(GPS，全球导航卫星系统或北斗定位系统等)。因此，该种应用模式对无人机系统具备的功能要求更高，但是同时能够完成更多的任务。

1.3.3　规划航线与末制导飞行

自杀式攻击型无人机适用于规划航线与末制导飞行这种模式。无人机通过规划航线飞行到目标区域后通过微波、红外或可见光探测器自动寻的，发现目标后进入末制导飞行阶段，自动完成攻击。在末制导飞行阶段，无人机按设定的导引律飞行，因此无人机除规划航线飞行配备的飞行控制系统外，还需配备目标探测传感器以探测目标位置。具有末制导飞行功能的无人机系统如图 1－13 所示。

图 1－13　具有末制导飞行功能的无人机系统

1.3.4　自主飞行

无人机系统应用的出发点就是用机器来代替有人驾驶飞机中的驾驶员，在无人机系统中，人参与得越少，说明无人机系统发展得越高级。因此，自主飞行是无人机系统发展的终极形态。在完全自主飞行模式中，无须人的参与，执行任务时完全靠无人机自身进行感知、决策和控制，人只需要对无人机下达任务指令。因此，相比于以上两种应用模式，完全自主飞行中人机交互更为简单，甚至无须地面控制站，人可以通过语音、手势甚至脑电波等多种自然交互方式对无人机下达任务指令。但是，完全自主飞行是无人机系统发展的终极形态，当前的发展阶段还远远没有达到完全自主飞行所具备的条件，因此，现在所谓的自主飞行都是局部实现自主飞行，在很多过程中仍然需要人的参与。在局部自主飞行中，无人机系统通常在感知、决策和控制中的某些方面具有自主能力。下面对当前已经具备实现能力和比较重要的方面进行介绍。

1. 自主起飞降落

自主起飞降落(简称起降)能力是无人机自主飞行能力的重要组成部分。由于起降阶段是无人机的事故高发阶段之一，所以对于控制过程的可靠性和安全性要求很高。

决定自主起降控制过程可靠性和安全性的因素既有完备的控制策略和控制律，又需要性能和功能满足预定要求的传感器。例如，起降过程中对于无人机离地高度的测量要求比较高，采用传统的 GPS 导航可能无法满足要求，因此，需要采用差分 GPS(Differential GPS，DGPS)、无线电高度表和超声波高度表等测高仪器。

自主起降除了对传感器有特殊要求外，对各个阶段的控制策略以及控制律的要求也比较高。下面以小型固定翼无人机为例，给出一种典型起降过程设计的各个流程示意图，其中滑跑起飞示意图如图 1 - 14 所示。

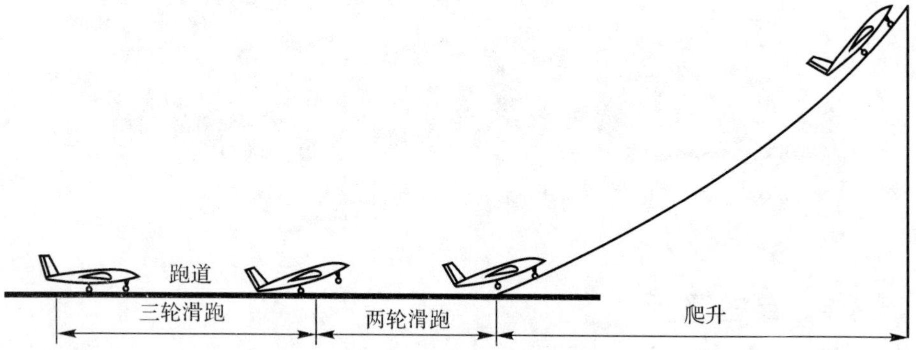

图 1 - 14　滑跑起飞示意图

固定翼无人机滑跑起飞的过程可以分为滑跑阶段和爬升阶段。其中，滑跑时的侧向纠偏、高速滑跑时轮式转弯和方向舵复合控制、滑跑和爬升模态的切换以及爬升模态的空速和迎角保护等，都是滑跑起飞过程控制中存在的难点。

与起飞过程的控制相比，着陆过程的控制更为复杂。如图 1 - 15 所示为从航迹捕获到回收的各个过程示意图。触地前的高度检测，触地时刻的垂直速度、水平速度和飞机姿态都影响着陆的安全性，加之下滑段空速和高度控制具有强耦合，因此着陆段的控制难度更大。

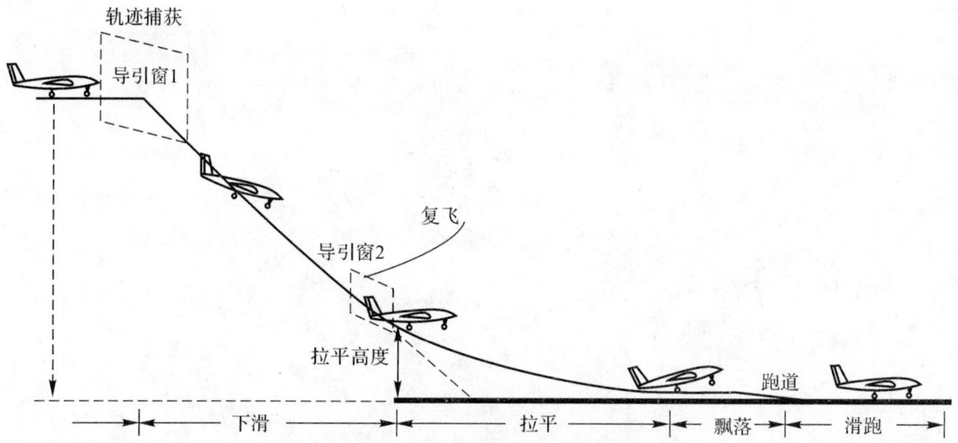

图 1-15　着陆回收示意图

2. 自主航线规划

与规划航线飞行不同，自主航线规划功能可以使无人机在飞行环境中自主生成航线，并按照所生成的航线飞行。自主航线规划可以分为离线规划和实时在线规划。其中，离线规划针对已知的确定空间，根据无人机所要完成的飞行任务进行航迹规划。该问题一般可以描述为一个带约束的优化问题，其中，求解空间为三维地形数据，约束为威胁、携带燃料和飞行包线等，优化目标一般为最短时间、最短路程或最少燃料等。其中涉及的关键问题有三维地形建模、环境威胁建模和非线性优化问题等。离线航线规划问题的流程如图 1-16 所示。

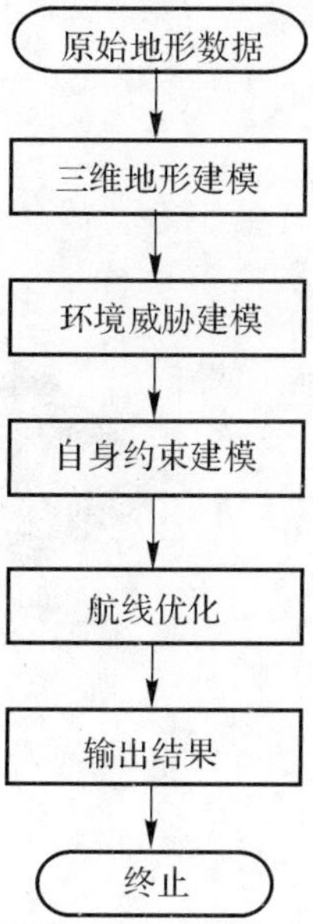

图 1-16　离线航线规划流程图

其中，三维地形建模一般用纬度、经度和高程数据进行建模，图 1-17[4] 为某地形的三维建模仿真图。

环境威胁主要包括防空火炮、防空导弹、雷达、电磁干扰等敌方防空武器的威胁，如图 1-18 所示是在三维地形基础上叠加防空火炮威胁的三维模型。

图 1-18 中左上角的凸出部分即为防空火炮的作用范围。

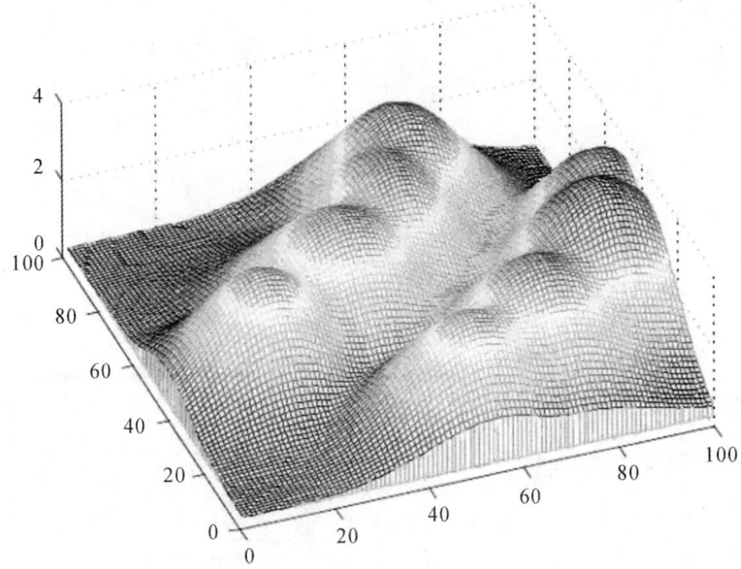

图 1-17　三维地形建模(单位:m)

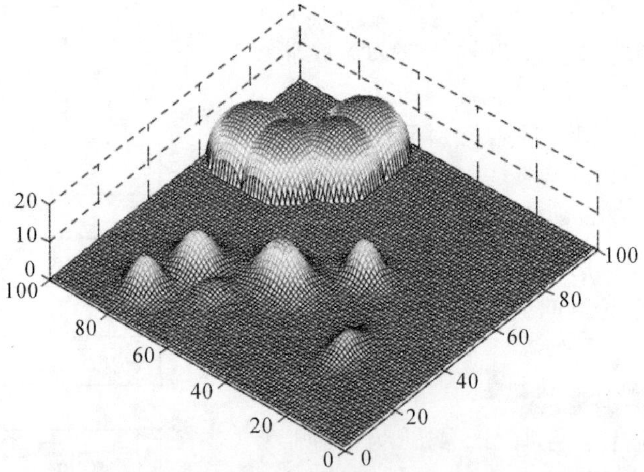

图 1-18　带有防空火炮威胁的三维地形图(单位:m)

除了三维地形和威胁约束外,还需要结合无人机自身特性及要完成的任务建立自身约束的模型。自身约束包括携带燃油、转弯能力(转弯角速率和最小转弯半径等)和爬升能力等,任务约束一般为执行任务的起始点和目标点等。

在建立了约束条件之后，使用优化方法可获得最优航线。常用的优化方法有 A^* 搜索算法、Voronoi 图法、随机路标图法（Probabilistic Roadmaps，PRM）、遗传算法、粒子群算法和人工势场法等。

如图 1－19 所示为使用粒子群优化算法得到的航线优化结果。

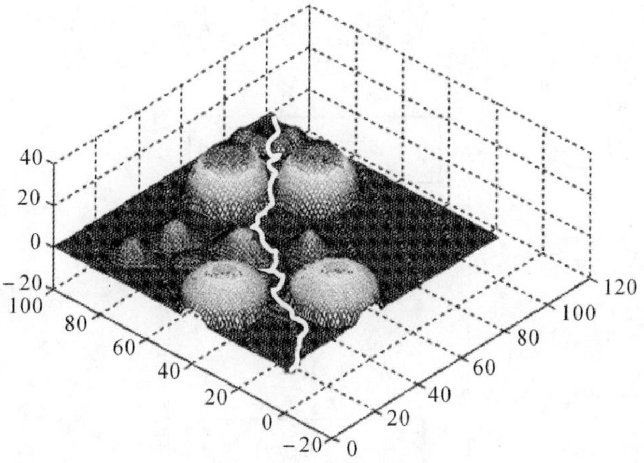

图 1－19　航线优化结果（单位：m）

该无人机飞行任务为纵向越过防空高炮阵地，白色曲线为规划结果，优化目标为航迹最短。

上述例子为三维地形及环境威胁已知并且确定的情况下，可以在执行任务前先进行离线的航线规划。但是在实际任务中，飞行环境中会存在各种不确定因素，例如敌方的战机紧急起飞、地面机动防空火炮等。

从图 1－20 中的航线重规划流程图可以看出，与离线航线规划相比，在线航线规划在流程上更为复杂，增加了环境威胁探测模块。由于对该模块的功能要求增加，所以对无人机的机载传感器也有所增加，例如具有在线航线重规划能力的无人机一般需要雷达系统来探测飞机前方一定范围内的地形和威胁。同时，由于是在线规划，所以对优化算法的实时性要求较高，而实时性的具体要求和所使用传感器的探测范围紧密相关，探测范围大的传感器可以给控制系统留出更多的反应时间。根据传感器配置来选择具有满足要求的实时性的优化算法，这也是航线重规划的一大难点。

3. 自主避障

自主避障是自主航线规划飞行的一个典型应用，由于自主避障是无人机应用中需要解决的一个典型问题，所以在此单独进行叙述。

近年来小型无人机低空飞行应用(例如航拍、电力巡线、农药喷洒等)的普及,对自主避障的需求显著提高。与自主航线规划飞行不同的是,自主避障情况下的障碍出现频率更高,要求无人机具有更快的反应能力。因此,对传感器和路径规划及控制算法的要求也更高。

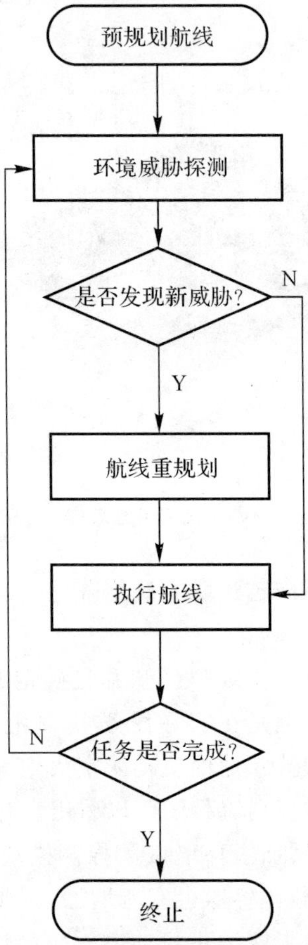

图 1-20　航线重规划流程图

与自主航线重规划类似,在自主避障中,第一步是检测障碍物。该步骤主要依赖于机载传感器,针对小型无人机,用于避障的传感器一般包括视觉传感器(即摄像头)、激光雷达、超声波传感器等。由于在自主避障应用中,对于控制的实时性要求更高,所以在部分情况下可能来不及进行航线重规划,而采用简单直接的指令方式,比如后退、爬升等,这使得自主避障成为一种类似人类条件反射的自然属性。自主避障系统框架见图 1-21。

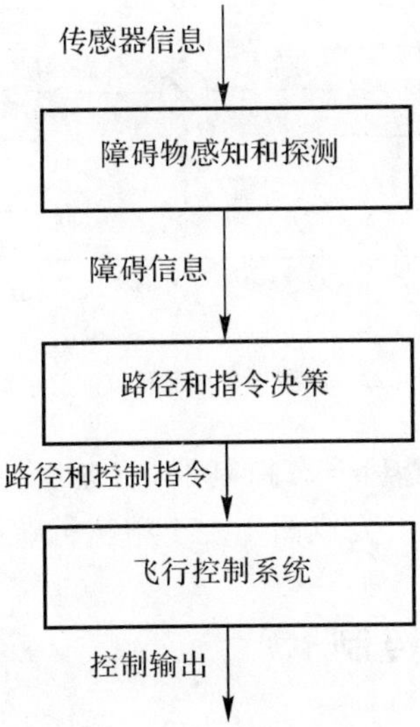

图 1－21　自主避障系统框架

4. 自适应控制

自适应控制(Adaptive Mission Control,AMC)可以通过修改控制律和以额外的代价(速度、燃油、时间等)在系统部分损坏或恶劣气象条件下完成任务,其任务目标和活动保持预先设定的飞行计划不变。

1.4　无人机飞行控制与自主控制的关系

1.4.1　无人机飞行控制

传统意义上的无人机飞行控制是指对无人机姿态、速度和位置等的控制,无人机飞行控制是无人机完成其他任务的功能基础。例如,1.3.2 小节中的规划航线飞行,在规划好航线后,需要借助飞行控制系统才能实现规划好的航线。图 1－22为能够实现航线飞行功能的典型飞行控制系统的简化框图。

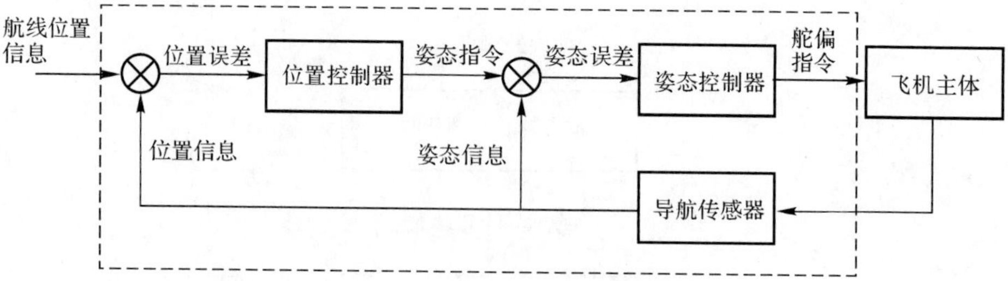

图 1-22 典型飞行控制系统的简化框图

图 1-22 中包含了位置和姿态控制器，将速度控制通道省略。与图 1-21 对比，可知飞行控制系统可以完成图 1-21 中执行航线的功能。

1.4.2 无人机自主控制

自主控制是自动控制发展的高级阶段，自动控制的目的是用机器来代替人，而对于控制系统自主程度的一个重要评价指标就是在控制系统中人的参与程度，可以说在一个控制系统中，需要人参与的工作越少，系统的自主程度越高。无人机自主控制属于自主控制的范畴，以单机自主控制为例，一种典型的自主控制分层框架如图 1-23 所示。

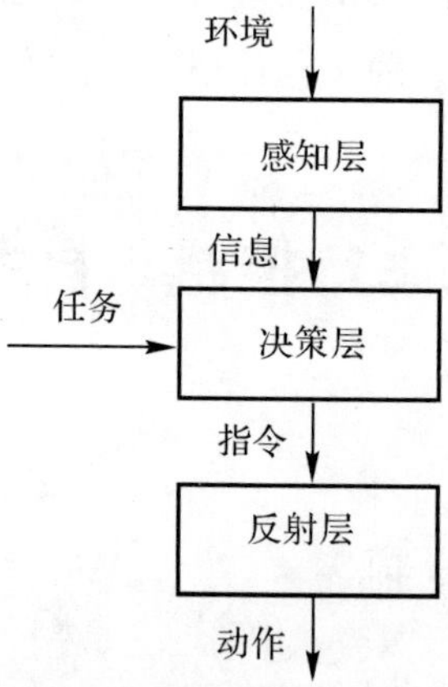

图 1-23 自主控制的分层框架

图 1-23 中的分层框架是模拟人的反应机制提出的自主控制系统的分层框架。其中，感知层类似人的听觉、视觉以及触觉等其他感官功能，能够从环境中获得信息。决策层类似人的大脑，根据从环境中获得的信息和要完成的任务发

出指令。反射层类似人的肌肉,可以对指令做出响应,驱动人的四肢以及其他关节活动,从而完成一定的任务。

基于图 1-23 中的分层结构,提出如图 1-24 所示的无人机自主控制框架。

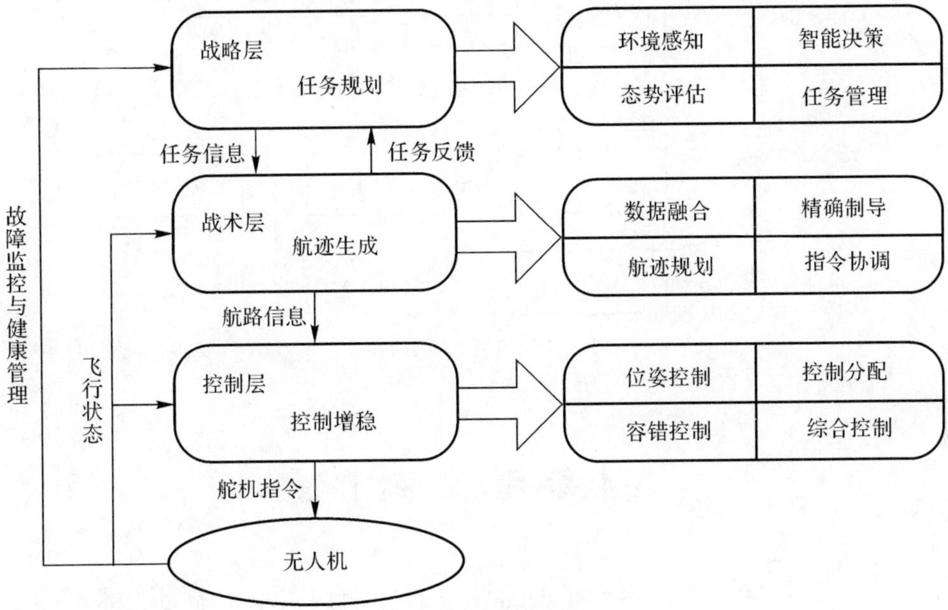

图 1-24　无人机自主控制框架

该框架根据无人机自主控制的实际需求,对图 1-23 中的分层递阶框架进行了细化和完善,并明确了各个层需要实现的功能模块。

1.3.4 小节中的自主避障也是自主控制的一个特例,因此,对比图 1-21 可以发现,图 1-21 也符合图 1-24 提出的框架。

1.4.3　无人机飞行控制与自主控制的关系

由如图 1-24 所示的框架可知,控制层位于分层框架的最底层,其作用在于实现战术层规划好的航迹。因此,可以说飞行控制是无人机自主控制的基础。再从自动控制的角度来看自主控制,图 1-25 为一个典型的反馈控制系统框图。

结合反馈控制系统的框图,可以将自主控制归纳为如图 1-26 所示的结构。

对比图 1-25 和图 1-26 可知,在自主控制的框架下,传统的控制层(即反射层)的功能类似于自动控制系统中执行机构的功能。这也是无人机飞行控制在自主控制中的地位,因此可以说无人机飞行控制是自主控制中的执行器。

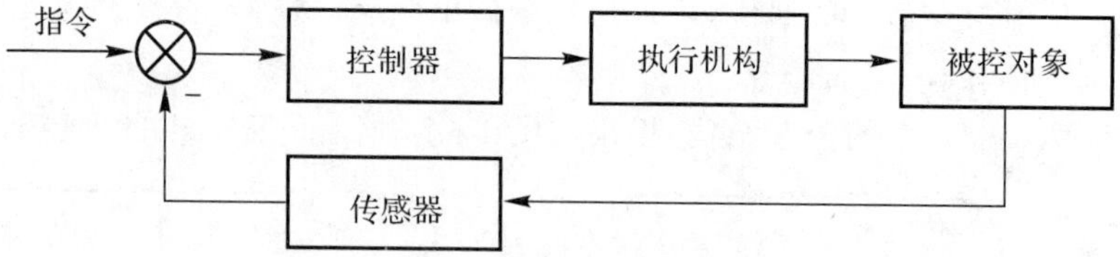

图 1-25 反馈控制系统框图

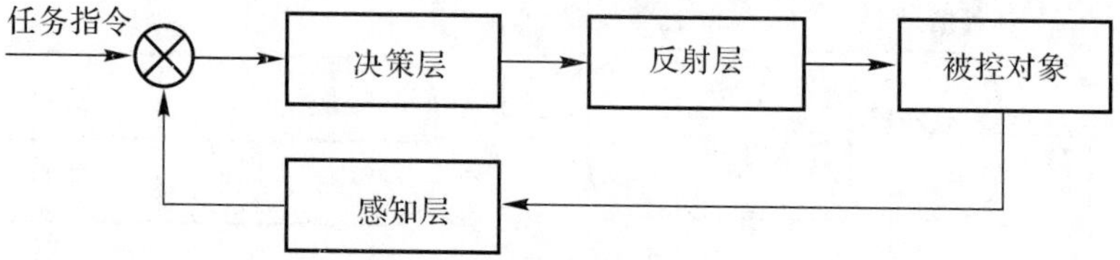

图 1-26 自主控制结构框图

参考文献

[1] 王英勋，蔡志浩. 无人机的自主飞行控制[J]. 航空制造技术，2009(8)：26-31.

[2] DALAMAGKIDIS K. Classification of UAVs [M]. Netherlands: Springer，2015.

[3] Joint Air Power Competence Centre. Strategic Concept of Employment for Unmanned Aircraft Systems in NATO，Brussels：NATO，2010，1：6.

[4] 黄建军. 无人机自主飞行轨迹规划与重规划方法研究[D]. 哈尔滨：哈尔滨工业大学，2013.

第2章

飞行控制基础

无人驾驶飞机飞行控制系统的任务与有人驾驶飞机一样，首先是确保飞机的稳定性和操控性，提高飞机的飞行性能和完成任务的能力，同时增强飞行的安全性。在无人机中，飞行控制系统可以自动控制飞机运动的部分或全部参数。与其他自动控制系统一样，飞行自动控制系统由被控对象（飞机）和自动控制器组成。自动控制器的基本部分由测量元件、信号处理元件、放大元件和执行机构组成。为了改善舵机的性能，满足飞行任务的要求，故引入了反馈，形成舵回路。而舵回路加上飞机姿态的敏感元件就组成了自动驾驶仪。同时，飞机包含运动学环节，如果再加上测量飞机重心位置的敏感元件和描述飞机空间位置几何关系的运动学环节，就组成了控制（制导）回路。一个完整的飞行自动控制系统结构图如图 2－1 所示。

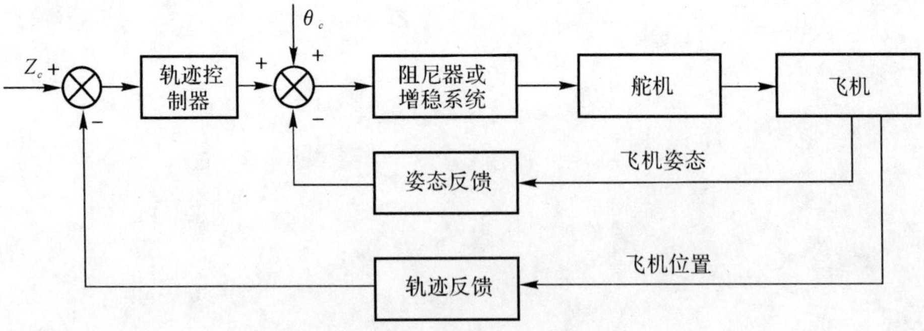

图 2－1　飞行自动控制系统结构图

Z_c—重心位置指令信号；θ_c—姿态角指令信号

2.1　纵向控制系统

2.1.1　控制原理

通常在设计飞机自动飞行控制系统时，俯仰、偏航和滚转三个控制通道中，偏航和滚转通道时常会有信号耦合的情况。因此一般都按照纵向和横侧向分开进行设计。纵向控制系统可以稳定与控制飞机的俯仰角、高度、速度等；横侧向控制系统可以稳定与控制飞机的航向角、倾斜角、偏航距离等。控制飞机的这些不同变量，就对应了驾驶仪的不同功能模态。根据所控制的状态量，可以完成姿态（俯仰角和滚转角）保持、航向保持、自动改平、低高度拉起和高度保持等功能。由于各个通道在原理上基本一致，因此下面仅对纵向通道进行控制原理的分析。

纵向通道可以分为纵向姿态控制系统和纵向轨迹控制系统。图 2－2 所示为俯仰角自动控制系统的原理框图。现在讨论该系统的控制律。

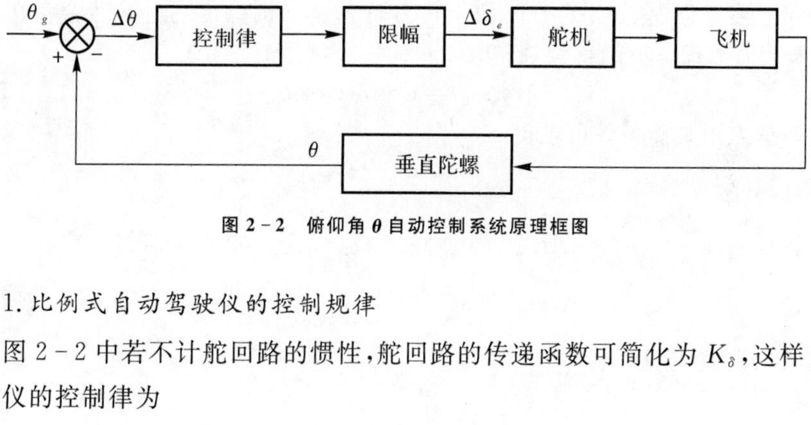

图 2－2　俯仰角 θ 自动控制系统原理框图

1. 比例式自动驾驶仪的控制规律

图 2－2 中若不计舵回路的惯性，舵回路的传递函数可简化为 K_δ，这样自动驾驶仪的控制律为

$$\Delta\delta_e(k) = K_\theta(\Delta U_{\Delta\theta}(k) - \Delta U_{\Delta\theta_g}(k)) = K_\delta K_1\left(\Delta\theta(k) - \frac{\Delta U_{\Delta\theta_g}(k)}{K_1}\right) \tag{2-1}$$

$$\delta_e(k) = L_\theta(\theta(k) - \theta_g(k)) + \delta_{e0}(k) \tag{2-2}$$

式中，$L_\theta = K_\delta K_1$，$\Delta\theta_g = \dfrac{\Delta U\Delta\theta_g}{K_1}$。

从式（2－1）中可以看出，升降舵偏角增量与俯仰角之差成正比。因此构成了比例式控制律的姿态角自动控制器。在一处于匀速水平飞行的飞机受到扰动后，其俯仰角产生了偏差 $\Delta\theta=(\theta-\theta_0)>0$，设初始俯仰角 θ_0 为 0。垂直陀螺仪测出俯角偏差 $\Delta\theta$ 后，输出电压信号 $U_{\Delta\theta}=K_1\Delta\theta$。假设原电压信号 $U_{\Delta\theta_0}=0$，则按照式(2-1)的控制律，舵回路的输出使升降舵向下偏转，由此产生的气动力矩将减小俯仰角偏差 $\Delta\theta$，直至姿态重新保持稳定。该修正过程如图 2-3 所示。

如果在飞机平飞状态下($\theta=\theta_0$)外加一个俯仰角控制信号 $\Delta\theta_g>0$，则舵回路输入的电信号使升降舵面向上偏转，产生抬头力矩，θ 增大，使 $\Delta\theta$ 不断接近 $\Delta\theta_g$。俯仰角的过渡过程如图 2-4 所示。

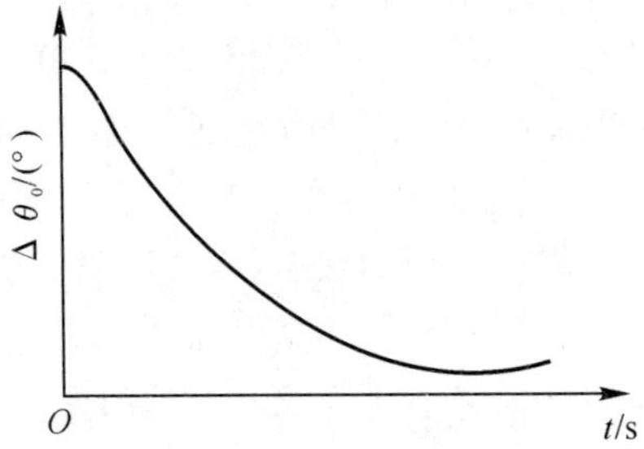

图 2-3　修正 θ 的过渡过程

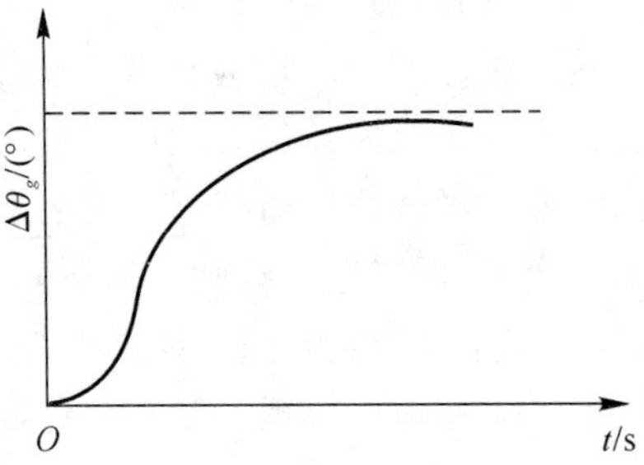

图 2-4　控制 θ 的过渡过程

在上述过程中，如果存在常值干扰力矩 M_f，飞机稳定之后必然会存在一个 $\Delta\delta_e$ 来抵消干扰力矩的影响，已知

$$M(\Delta\delta_e)=QS_{\mathrm{WCA}}C_{\delta_e}\Delta\delta_e \tag{2-3}$$

根据力矩平衡条件可求得 $\Delta\delta_e$，则

$$\Delta\delta_e=-\frac{M_f}{QS_{\mathrm{WCA}}C_{\delta_e}} \tag{2-4}$$

将控制律 $\Delta\delta_e(k)=L_\theta(\Delta\theta(k)-\Delta\theta_g(k))$ 代入式(2-4)后，得

$$\Delta\theta(k)=\Delta\theta_g(k)-\frac{M_f}{QS_{\mathrm{WCA}}C_{\delta_e}L_\theta} \tag{2-5}$$

进而求出误差(静差)为

$$\Delta\theta(k)-\Delta\theta_g(k)=-\frac{M_f}{QS_{\mathrm{WCA}}C_{\delta_e}L_\theta} \tag{2-6}$$

由此可以得出：常值干扰力矩 M_f 会造成俯仰角静差($\Delta\theta-\Delta\theta_g$)，该静差与常值干扰力矩 M_f 成正比，与传递系数 L_θ 成反比。为了减小这一误差，如果过于增大 L_θ，飞机在修正 $\Delta\theta$ 的时候升降舵偏角 $\Delta\delta_e$ 与 L_θ 成正比，导致力矩 $M(\delta_e)$ 增大，使飞机产生较大的角速度。由于飞机具有惯性，所以容易引发振荡。

2. 一阶微分信号在比例式控制律中的作用

为了解决上述问题，在控制律中引入俯仰角速率 $\Delta\dot{\theta}$ 使舵回路产生附加的舵偏角和与俯仰角速率反向的附加操纵力矩，对飞机的振荡起到阻尼的作用，如图 2－5 所示。

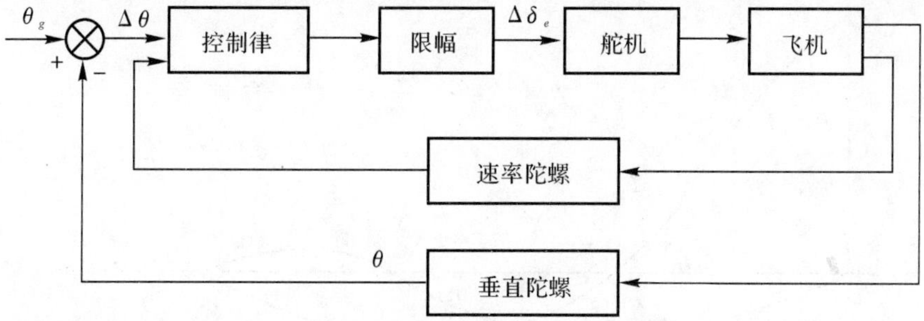

图 2－5　含一阶微分信号 $\Delta\dot{\theta}$ 所产生的控制律

此自动驾驶仪的控制律是

$$\Delta\delta_e(k) = L_\theta \Delta\theta(k) + L_{\dot{\theta}} \frac{\Delta\theta(k) - \Delta\theta(k-1)}{T} \tag{2-7}$$

$L_{\dot{\theta}}\Delta\dot{\theta}$ 对飞机振荡运动的阻尼作用如图 2－6 所示。由图可知，在 $\Delta\theta$ 从正值减小的过程中，$\Delta\dot{\theta}$ 是负值，同时舵偏角 $\Delta\delta_e$ 也是负值。在 t_1 时刻，$\Delta\theta$ 仍为正值的时候，舵面已经回到零位，即 $\Delta\delta_e=0$。在 t_2 时刻，$\Delta\theta=0$，$\Delta\delta_e$ 为负值即舵面上偏，产生抬头力矩阻止飞机进一步俯冲。这就是人工阻尼的作用，自驾仪中的微分信号 $\Delta\dot{\theta}$ 使舵面产生了一个超前的偏转相位，称之为“提前反舵”。

现在使用根轨迹方法对一阶微分信号的作用进行进一步分析。

飞机的纵向短周期方程为

$$\begin{aligned} &(V_s - Z_\alpha)\Delta\alpha - V\Delta\dot{\theta} = 0 \\ &-(M_{\dot{\alpha}}s + M_\alpha)\Delta\alpha + (s - M_q)\Delta\dot{\theta} = M_{\delta_e}\Delta\delta_e \end{aligned} \tag{2-8}$$

由于有俯仰角指令 $\Delta\theta_g$，所以式(2－8) 的控制律可以写成

$$\Delta\delta_e(k) = L_\theta(\Delta\theta(k) - \Delta\theta_g(k)) + L_{\dot{\theta}} \frac{\Delta\theta(k) - \Delta\theta(k-1)}{T} \tag{2-9}$$

将飞机运动方程式(2－8) 和式(2－9) 结合，可以得到对应的飞机-自动驾驶仪系统方框图，如图 2－7 所示。其中系数 C_{1d} 和 C_{2d} 分别为 $C_{1d}=Z_\alpha+M_\alpha+M_q$，$C_{2d}=M_\alpha+Z_\alpha M_q$。

如果不加一阶微分信号，即 $L_{\dot{\theta}}=0$，则控制律为 $\Delta\delta_e(k)=L_\theta(\Delta\theta(k)-\Delta\theta_g(k))$。据此画出开环传递函数随 L_θ 变化的根轨迹，如图 2－8 所示。

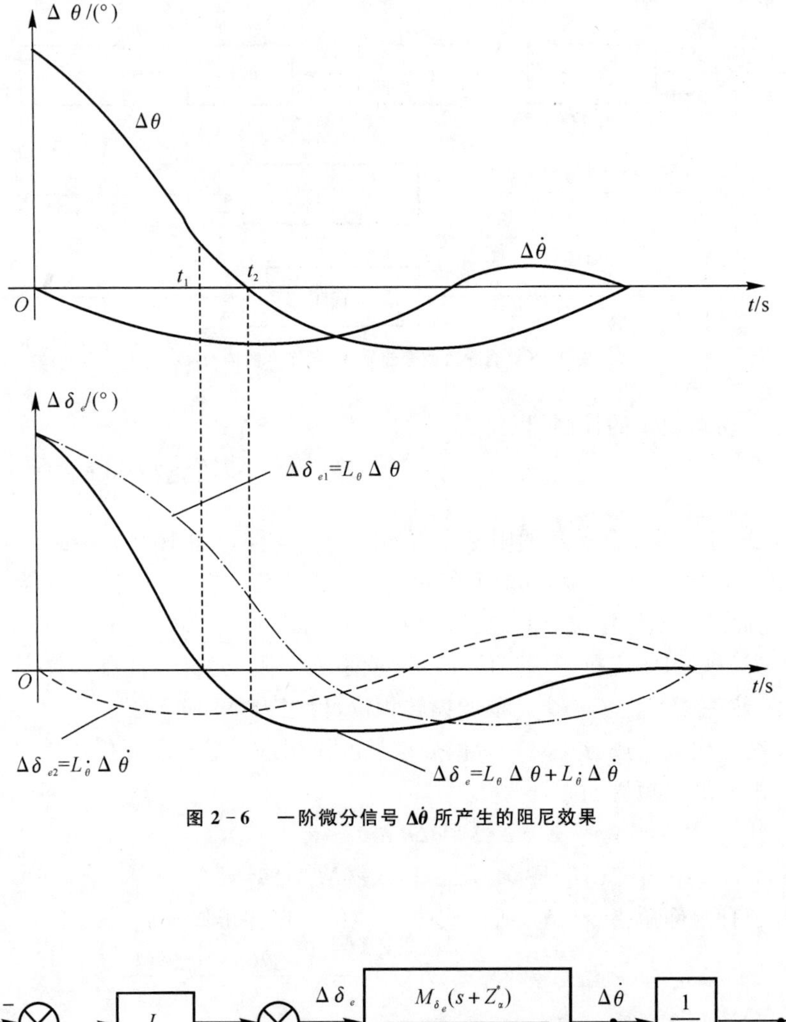

图 2-6　一阶微分信号 $\Delta\dot{\theta}$ 所产生的阻尼效果

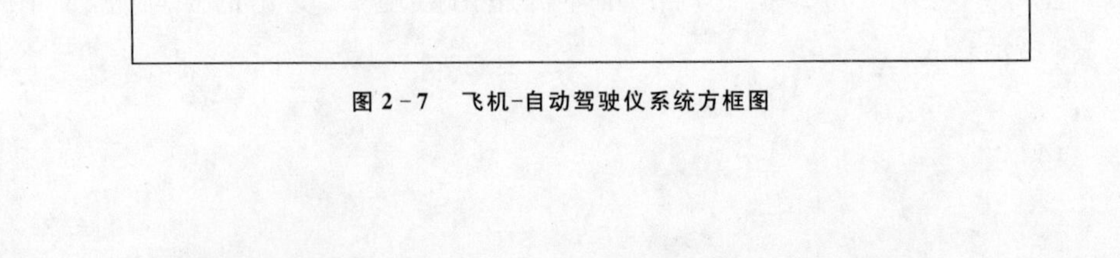

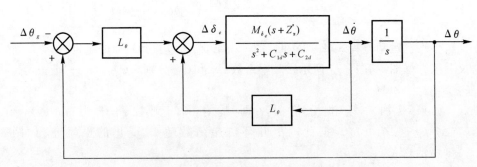

图 2-7　飞机-自动驾驶仪系统方框图

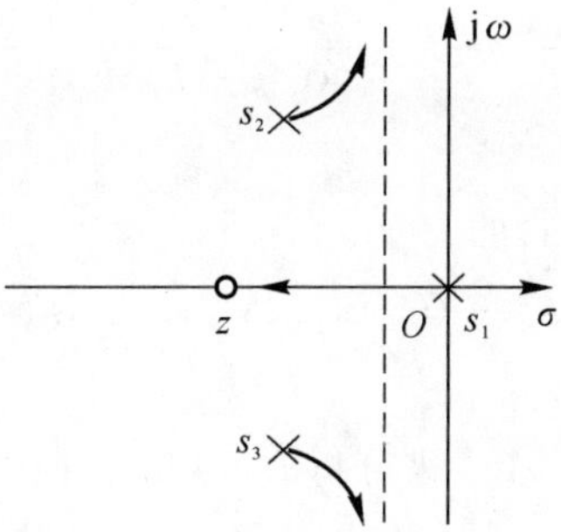

图 2-8　无微分信号时的根轨迹

由图 2-8 可知，当 $L_{\dot{\theta}}$ 增大时，描述飞机短周期运动的一对复根将右移，虚部增大，将加剧飞机短周期模态的振荡。

若加入一阶微分信号，即 $L_{\dot{\theta}} \neq 0$，则控制律为

$$\Delta\delta_e(k) = L_\theta(\Delta\theta(k) - \Delta\theta_g(k)) + L_{\dot{\theta}}\Delta\dot{\theta}(k) \tag{2-10}$$

角速度回路的闭环传递函数为

$$\phi_{\mathrm{B}}(s) = \frac{M_{\delta_e}(s + Z_\alpha^*)}{s^2 + (C_{1d} + L_{\dot{\theta}}M_{\delta_e})s + (C_{2d} + L_{\dot{\theta}}M_{\delta_e}Z_\alpha^*)} \tag{2-11}$$

而对应的开环传递函数为

$$\varphi_{\mathrm{K}}(s) = G(s)H(s) = \frac{L_{\dot{\theta}}M_{\delta_e}(s + Z_\alpha^*)}{s^2 + C_{1d}s + C_{2d}} \tag{2-12}$$

可以画出角速度回路随 $L_{\dot{\theta}}$ 变化的根轨迹如图 2-9 所示。由图 2-9 可知，角速度回路的根从飞机方程的一对复根 s_1，s_2 出发，随着 $L_{\dot{\theta}}$ 的增大而左移并且虚部减小，最后到达实轴，可见系统的阻尼增大。若 $L_{\dot{\theta}}$ 的取值很大时，内回路由振荡运动转为指数衰减运动，说明系统阻尼效果随 $L_{\dot{\theta}}$ 增大而增大。

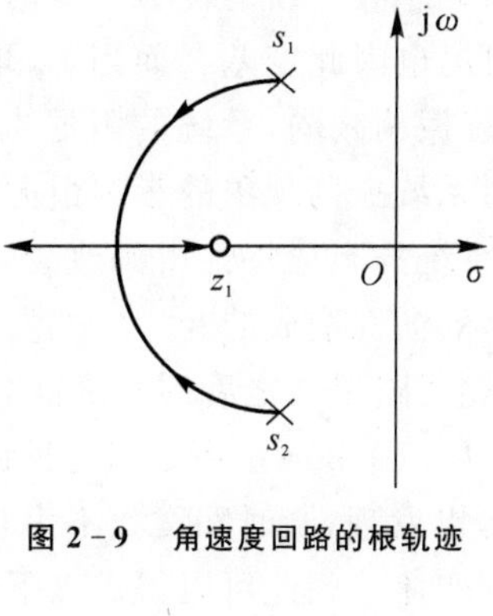

图 2-9　角速度回路的根轨迹

根据图 2-7 可以写出系统的开环传递函数为

$$G_{\mathrm{K}}(s)=[L_{\theta}\varphi_{\mathrm{B}}(s)]\frac{1}{s}=\frac{L_{\dot{\theta}}M_{\delta_e}[s^2+(Z_{\alpha}+A)s+Z_{\alpha}A]}{s[s^2+(C_{1d}+L_{\dot{\theta}}M_{\delta_e})s+(C_{2d}+L_{\dot{\theta}}M_{\delta_e}Z_{\alpha})]} \tag{2-13}$$

可得系统的特征方程 $M(s)$，即

$$s^3+(C_{1d}+L_{\dot{\theta}}M_{\delta_e})s^2+(C_{2d}+L_{\dot{\theta}}M_{\delta_e}Z_{\alpha}+L_{\theta}M_{\delta_e})s+L_{\theta}M_{\delta_e}Z_{\alpha}=0 \tag{2-14}$$

利用等效传递函数 $G_{\mathrm{EK}}(s)$ 来分析 L_{θ} 与 $L_{\dot{\theta}}$ 同时变化时特征方程 $M(s)$ 的根轨迹，则有

$$G_{\mathrm{EK}}(s)=\frac{L_{\dot{\theta}}M_{\delta_e}[s^2+(Z_{\alpha}+A)s+Z_{\alpha}A]}{s(s^2+C_{1d}s+C_{2d})} \tag{2-15}$$

式中，$A=L_{\theta}/L_{\dot{\theta}}$。

据此可以画出，当 A 值一定时 $M(s)$ 随 $L_{\dot{\theta}}$ 变化的根轨迹，如图 2-10 所示。

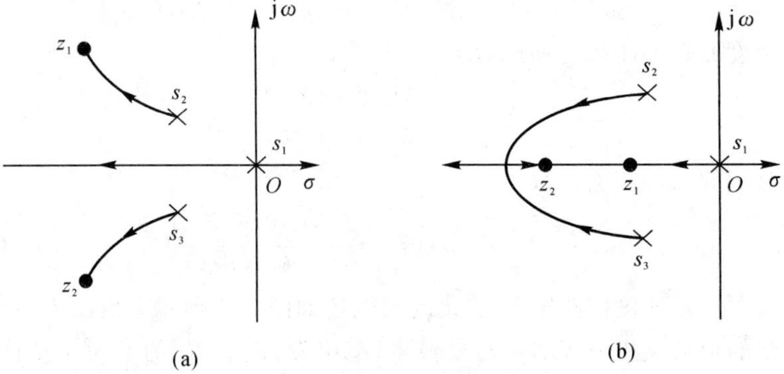

图 2-10　$M(s)$ 随着 $L_{\dot{\theta}}$ 变化的根轨迹

由图 2-10 可知，当 L_{θ} 取值使系统有复数零点时，随着反馈增益 $L_{\dot{\theta}}$ 的增大，系统的振荡加剧，系统的阻尼也因此变差。而当 L_{θ} 取值使系统有实零点时，随着反馈增益 $L_{\dot{\theta}}$ 的增大，系统振荡减弱，系统的阻尼也因此增强。以上分析说明系统引入俯仰角速率 $\Delta\dot{\theta}$ 对系统振荡现象的影响很大程度上取决于 L_{θ} 的取值。因此，虽然增大 $L_{\dot{\theta}}$ 值能使系统的阻尼特性得到改善，但也是在一定的范围内才是正确的，这是由于舵回路的惯性造成的。

图 2-11 所示为考虑舵回路惯性之后的系统框图。分别取三组不同的时间常数（$T_{\delta}=0$ s，$T_{\delta}=0.1$ s，$T_{\delta}=0.25$ s），系统阻尼回路根轨迹如图 2-12 所示。

由图 2-12(b)(c)中可以发现，当时间常数不为 0 时，随着 $L_{\dot{\theta}}$ 增大到一定值之后，系统阻尼特性会急剧变坏。因此可以得出以下结论：在增加反馈增益的同时必须减小舵回路的惯性。一般将舵回路的时间常数限制在 0.03～0.1 s 之

间，从而使舵回路的频带宽度为飞机频带宽度的 3～5 倍。

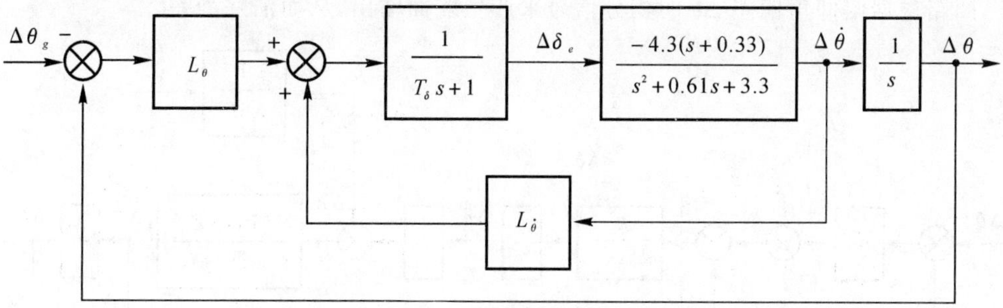

图 2-11　考虑舵回路惯性之后的系统方框图

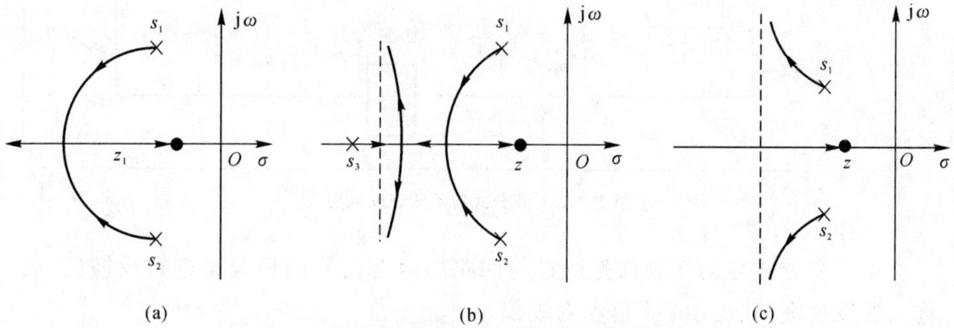

图 2-12　不同时间常数下系统阻尼回路根轨迹图

(a) $T_\delta=0$；(b) $T_\delta=0.1$ s；(c) $T_\delta=0.25$ s

3. 积分式自动驾驶仪的控制规律

上述具有硬反馈舵回路形式的自动驾驶仪在常值干扰下会存在静差，这时为了平衡干扰力矩，舵面需要偏转 $\Delta\delta_e$ 来产生操纵力矩。若需要消除这种静差，可以去掉硬反馈，采用速度反馈，使舵面偏转角速度与俯仰角偏差成正比。如图 2-13 所示即为具有速度反馈舵回路的自动驾驶仪框图。

假定系统工作在稳定状态，则

$$\Delta\dot{\delta}_e(k)=L_\theta\Delta\theta(k) \tag{2-16}$$

式中，$L_\theta=\dfrac{K_\theta K_{\dot{\delta}}}{i}$[(°/s)/(°)] 为单位俯仰角产生的舵偏角速度；$K_{\dot{\delta}}$[(°/s)/V] 为舵回路增益。

对式(2-16) 两边求积分并取初值 $\Delta\theta_0=0$，可得

$$\Delta\delta_e(k)=L_\theta T\sum_{i=0}^{k}\Delta\theta(k) \tag{2-17}$$

式(2-17)表明，舵偏角与俯仰角偏差的积分成比例。在系统稳定之后，舵回路根据俯仰角偏差 $\Delta\theta$ 的积分信号来产生舵面输出，从而消除静差。

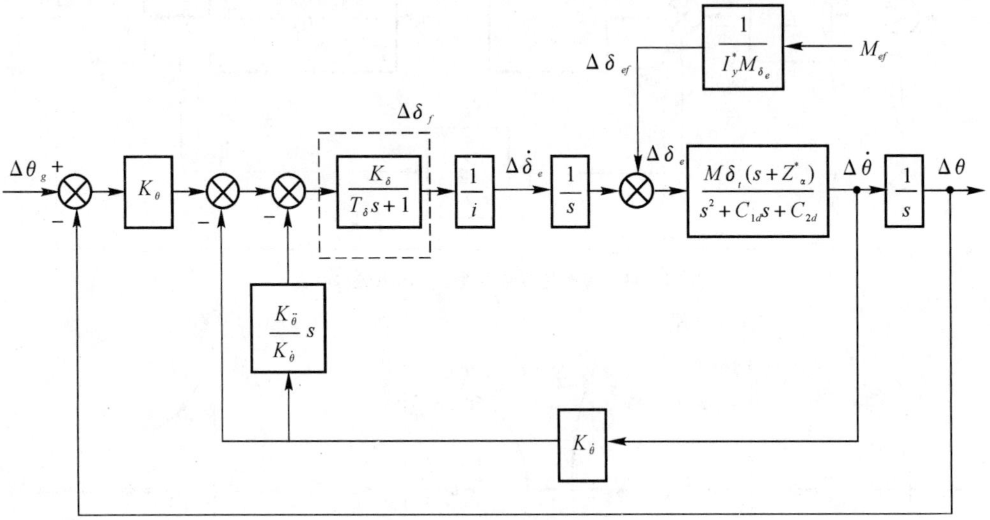

图 2-13　积分式自动驾驶仪框图

由于积分式自动驾驶仪是通过舵回路的速度信号的积分来进行反馈的，故称为速度反馈(软反馈)式自动驾驶仪。

在实际飞行中，舵偏角产生的气动铰链力矩对舵机存在硬反馈的作用，因此式(2-17)的积分关系并不存在，但是考虑到下列因素，实际上这类积分关系是真实存在的。因素有：① 在飞机亚声速飞行时，铰链力矩硬反馈的作用远远小于舵机软反馈的作用；② 目前飞机上都装配有助力器，舵机并不直接操控飞机舵面，因此铰链力矩对舵机并没有影响；③ 现代飞机都配有自动配平系统，因此飞机已经基本抵消了基准舵偏角产生的铰链力矩的影响。

接下来为了使飞机的动态性能更好，可以在控制律中引入俯仰角加速度信号 $\Delta\ddot{\theta}$，使舵面偏转信号能够超前于俯仰角偏离，则有

$$\Delta\dot{\delta}_e(k)=L_\theta\Delta\theta(k)+L_{\dot{\theta}}\frac{\Delta\theta(k)-\Delta\theta(k-1)}{T}+$$
$$L_{\ddot{\theta}}\frac{\Delta\theta(k)-2\Delta\theta(k-1)+\Delta\theta(k-2)}{T^2} \tag{2-18}$$

式中，$L_{\ddot{\theta}}=\frac{K_{\ddot{\theta}}K_{\dot{\delta}}}{i}[(°/s)/(°/s^2)]$，为单位俯仰角加速度产生的舵偏角速度。令初始条件为 0，即 $\Delta\theta_0=0$，$\Delta\dot{\theta}_0=0$，$\Delta\ddot{\theta}_0=0$，则系统在控制状态的控制律为

$$\Delta\delta_e(k)=L_\theta T\sum_{i=0}^{k}\Delta\theta(k)+L_{\dot\theta}\Delta\theta(k)+L_{\ddot\theta}\frac{\Delta\theta(k)-\Delta\theta(k-1)}{T}\quad(2-19)$$

可以发现，式(2-19)属于PID控制律，由式(2-19)可以画出图2-14所示的控制系统等效框图。

分析图2-14可以发现，由于飞机传递函数中的积分环节已经被速率陀螺构成的反馈回路(虚线包围的部分)所包括，所以在系统中对控制信号不再起到积分作用。此时假设控制信号 $\Delta\theta_g$ 为斜坡信号时，该系统仍将存在静态误差；同时，虽然积分式自动驾驶仪能够消除干扰力矩造成的静差，但由于结构复杂，所以需要加入俯仰角加速度信号。为了使系统减少噪声，通常使用角加速度陀螺传感器来把控飞机的飞行品质。

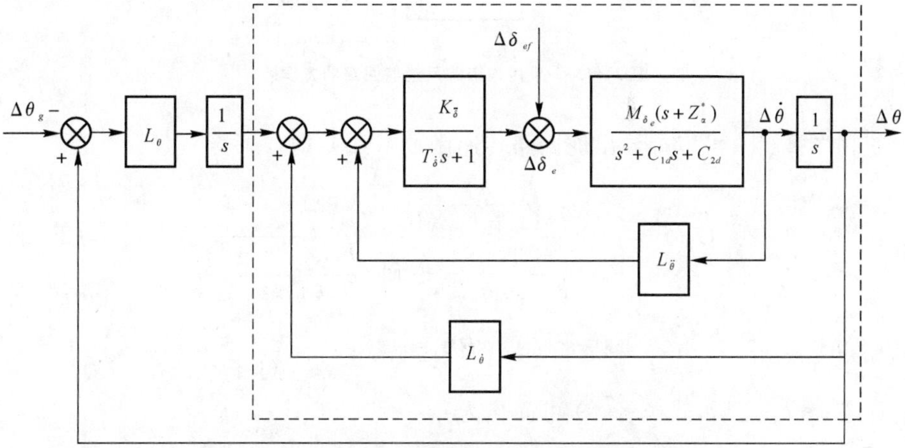

图 2-14　速度反馈式舵回路的角位移控制系统等效框图

4. 均衡式反馈自动驾驶仪(比例加积分式自动驾驶仪)

为了解决积分式自动驾驶仪存在的上述问题，近年来已广泛使用均衡式反馈自动驾驶仪，相对于前两种自动驾驶仪提高了稳定和控制精度。均衡式反馈自动驾驶仪更多地应用于如自动着陆等要求精度较高的飞行阶段。

均衡式反馈就是在舵机硬反馈原有的 β_δ 上再加一个非周期环节 $\beta_\delta/(T_e s+1)$ 的正反馈(见图2-15)，其中对时间常数 T_e 的取值要求较大，通常从几秒到十几秒。飞机角运动在稳定的过程中，舵回路动态过程时间通常很短，仅为零点几秒，因此，舵回路中的 T_e 与 T_δ 相比，产生的作用可以忽略，可以认为在此时 T_e 的非周期环节是断开的。直到飞机在硬反馈的作用下处于稳态后，该通路的正反馈值等于硬反馈的负反馈量并相互抵消，舵回路的传递函数直接变

为 K_δ/s，相当于增加了一个积分环节，从而消除静差。

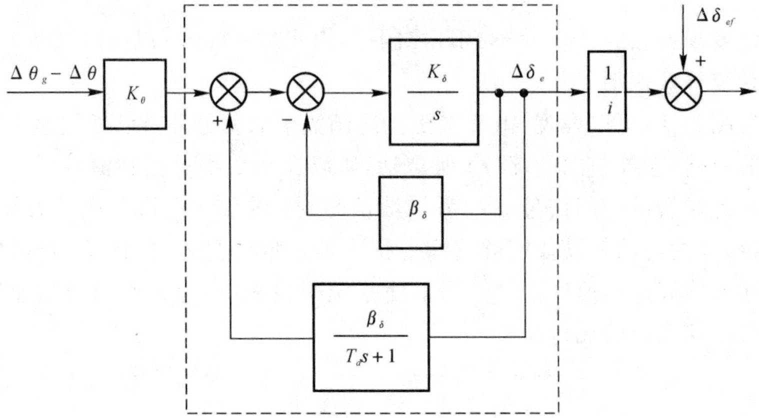

图 2-15　采用均衡式反馈舵回路的方框图

由图 2-15 可以推导出舵回路传递函数 $G_\delta(s)$，即

$$G_\delta(s)=\frac{\frac{K_\delta T_e}{1+K_\delta\beta_\delta T_e}(T_e s+1)}{T_e\left(\frac{T_e}{1+K_\delta\beta_\delta T}s+1\right)s\,\frac{K_{\delta_e}(T_e s+1)}{T_e(T_p s+1)s}} \tag{2-20}$$

式中，$K_{\delta_e}=\frac{K_\delta T_e}{(1+K_\delta\beta_\delta T_e)}$ 是舵回路的传递系数；$T_p=\frac{T_e}{(1+K_\delta\beta_\delta T_e)}$。

忽略 T_p 之后，式(2-20)可简化为

$$G_\delta(s)=\frac{K_{\delta_e}(T_e s+1)}{T_e s} \tag{2-21}$$

根据式(2-21)可以画出均衡式反馈舵回路的角位移控制系统框图(见图2-16)。

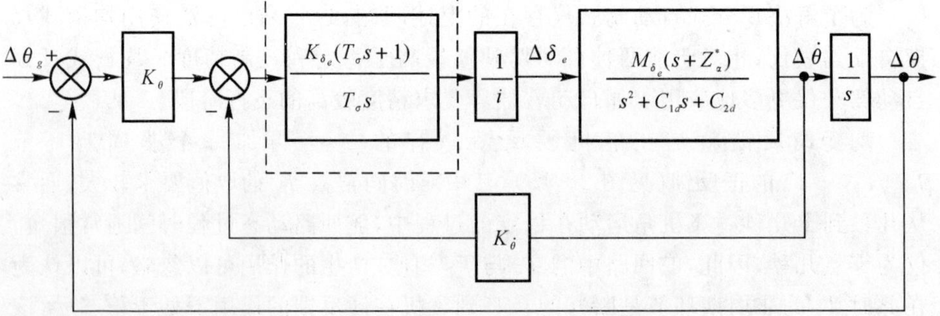

图 2-16　均衡式反馈舵回路的角位移控制系统框图

因为 T_e 远远大于飞机短周期运动时间常数 T_d，所以在飞机短周期运动工作频段内可以认为 $(T_e s+1)/T_e s\approx 1$，由此可得该系统框图的等效图，如图 2-17 所示。

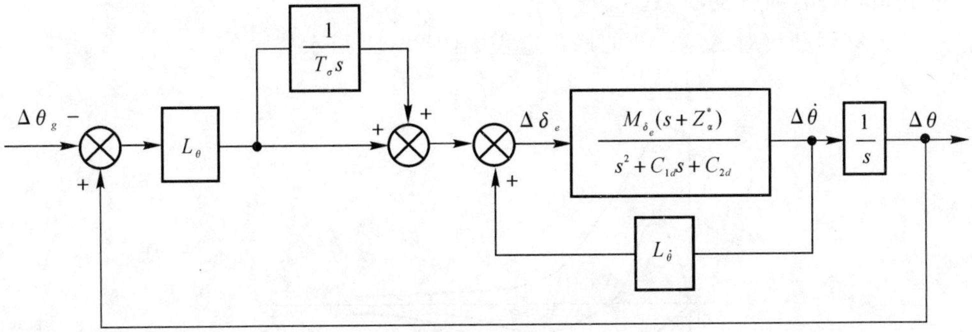

图 2-17　图 2-16 的等效方框图

由图2-17可见，均衡式自动驾驶仪相当于是同时具有了比例式和积分式自动驾驶仪，积分常数 $1/T_e$ 很小，只有在系统进入稳定状态之后积分环节才发挥明显作用，而这也是之前所希望得到的。可以写出均衡式自动驾驶仪的控制律为

$$\Delta\delta_e(k)=\frac{L_\theta}{T_e}T\sum_{i=0}^{k}(\Delta\theta(k)-\Delta\theta_g(k))+L_\theta(\Delta\theta(k)-\Delta\theta_g(k))+ L_{\dot{\theta}}\frac{\Delta\theta(k)-\Delta\theta(k-1)}{T} \tag{2-22}$$

除了使用上述方法之外，还可以采用带有延迟速度负反馈舵回路的自动驾驶仪，以保证在常值干扰和阶跃指令输入时没有静差。

2.1.2　俯仰角保持与控制

2.1.2.1　比例式自动驾驶仪修正初始俯仰角偏差

当飞机以稳定姿态正常飞行时，自动驾驶仪的控制律为

$$\Delta\delta_e(k)=L_\delta(\Delta\theta_0(k)-\Delta\theta_g(k))+L_{\dot{\theta}}\Delta\dot{\theta}(k) \tag{2-23}$$

假设飞机受到气流扰动，产生了俯仰角偏差 $\Delta\theta_0>0$，上述控制律将产生舵指令 $\Delta\delta_e(k)=L_\theta\Delta\theta_0(k)>0$，舵面下偏，对机体产生一个低头力矩，从而使俯仰角逐渐接近 θ_0。与此同时，飞机绕横轴的运动会产生俯仰角速度，使 $\dot{\theta}<0$。由于在初始阶段空速向量并没有机体纵轴下降得快，飞机的迎角 α 会由正值慢慢

减小达到负值，从而对飞机产生一个向下的分力，空速就将向下偏转，迎角的负向增长减缓并到达负向的最大值。此时机体纵轴与空速的转动速度相同，而由于此时舵偏角中 $L_{\dot{\theta}}\Delta\dot{\theta}(k)$ 占据了主要作用，所以产生了抬头力矩使迎角由负值回到最初稳定时候的状态。

自动驾驶仪对 $\Delta\theta_0 > 0$ 的修正过程如图 2-18 所示。

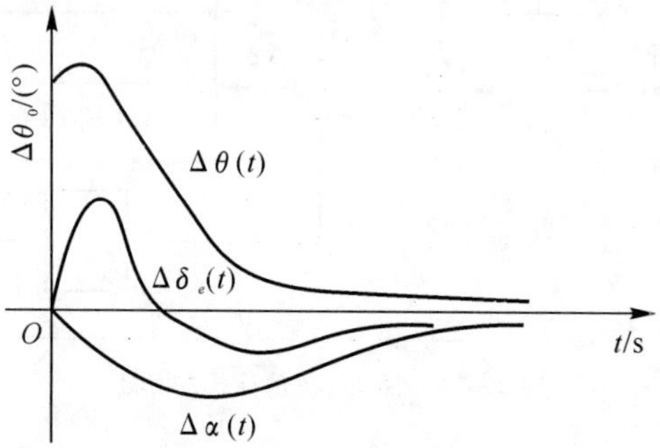

图 2-18　比例式自动驾驶仪修正 $\Delta\boldsymbol{\theta}_0$ 的过程

2.1.2.2　初始迎角 $\Delta\alpha_0 \neq 0$ 时的纵向运动

采用之前的控制律：

$$\Delta\delta_e(k) = L_\delta(\Delta\theta_0(k) - \Delta\theta_g(k)) + L_{\dot{\theta}}\Delta\dot{\theta}(k) \tag{2-24}$$

当初始迎角 $\Delta\alpha_0 > 0$ 时，飞机随着静稳定力矩向下转动，与此同时空速向上转动，迎角减小，俯仰角偏差 $\Delta\theta$ 和俯仰角速度偏差 $\Delta\dot{\theta}$ 均小于零。飞机通过控制律使舵面上偏，产生的抬头力矩与迎角产生的低头力矩平衡，此时飞机的俯仰角速度为零。之后抬头力矩大于低头力矩，使俯仰角速度大于零，从而使迎角和俯仰角都逐渐回零，如图 2-19 所示。

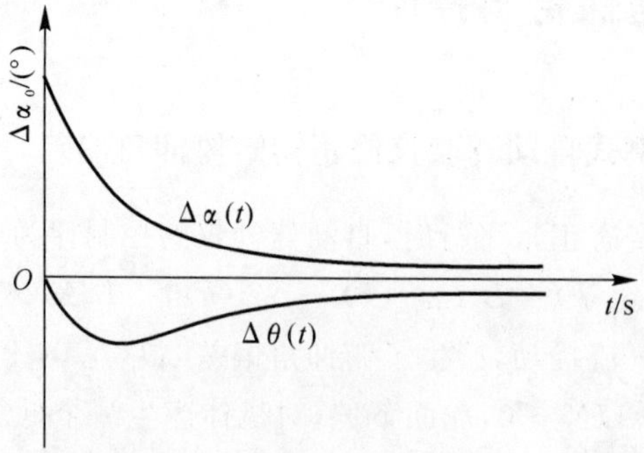

图 2-19　比例式驾驶仪修正初始迎角 $\Delta\boldsymbol{\alpha}_0 > 0$ 的过程

2.1.2.3　常值干扰力矩作用下的动态过程与稳态误差估算

在飞行过程中，飞行自动驾驶仪往往会遇到例如收放起落架、发动机推力不在重心上等干扰。这些情况都或多或少会影响到飞机纵向力矩的平衡，产生干扰力矩。因此，事先对这些干扰的影响进行估算和分析是非常有必要的。下面，就以之前的控制律 $\Delta\dot{\delta}_e(k)=L_\theta\Delta\theta(k)+L_{\dot{\theta}}\Delta\dot{\theta}(k)$ 为例来进行分析。

1. 飞机在常值干扰下的稳定过程

假设一水平直线飞行的飞机突然受干扰力矩（$+M_{干}$）而抬头，出现 $+\Delta\theta_0$，自动驾驶仪根据控制律产生下偏的舵偏角，即 $\Delta\delta_e>0$，其产生的舵面力矩 $M(\Delta\delta_e)<0$ 与（$+M_{干}$）达到平衡。在飞机稳定之后，升降舵面不再归到零位，从而使力矩达到新的平衡 $M_{干}+M^a_{\Delta\delta_e}\Delta\delta_{es}=0$。因为飞机稳定之后俯仰角速度为零，于是 $\Delta\delta_{es}=L_\theta\Delta\theta_s$，由此产生的静差可以估算为

$$\Delta\theta_s=-\frac{M_{干}}{M^a_{\Delta\delta_e}L_\theta} \tag{2-25}$$

由式（2-25）可知，在飞行性能可接受的范围内，适当增大 L_θ 可以减小静差。考虑到俯仰角、航迹倾斜角与迎角的关系 $\Delta\theta_s=\Delta\gamma_s+\Delta\alpha_s$，在飞机稳定之后，$\Delta\alpha_s=0$，$\Delta\theta_s=\Delta\gamma_s$，飞机将存在航迹倾斜角静差，导致飞机将缓慢爬升，这也是比例式自动驾驶仪不能解决的问题。

2. 常值干扰下系统结构图和稳态误差的计算

上述情况的系统结构图如图 2-20 所示。

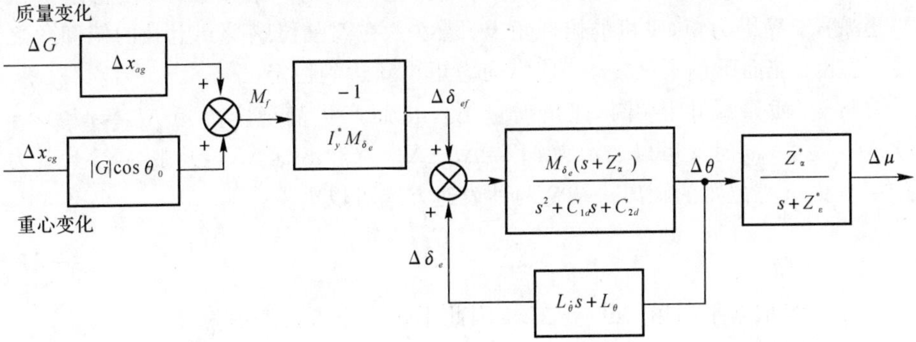

图 2-20　常值干扰下系统结构图

此时将干扰力矩 $M_{干}$ 等效于干扰舵偏角 $\Delta\delta_{e干}$，在稳态时 $\Delta\delta_{e干}+\Delta\delta_e=0$。根据图 2-20 可以求出该俯仰角静差为

$$\Delta\theta_s=\frac{M_{\mp}}{I_y M_{\Delta\delta_e} L_\theta} \tag{2-26}$$

现在分别对无人机由于重心位置和质量改变造成的稳态误差进行计算分析。

(1) 重心位置改变造成的稳态误差。当飞机放下起落架时，假设飞机重心前移的距离 $\Delta X_G=\Delta\bar{X}_G c_A$，这里 $\Delta\bar{X}_G$ 为相对于原来重心在平均几何弦长上的变化，设定重心后移为正，前移为负。由此可得重心移动造成的系统干扰力矩为

$$M_{\mp}=G\cos\theta_0\,\Delta\bar{X}_G c_A \tag{2-27}$$

将式(2-27)代入式(2-26)中，可得由于飞机重心变化才生的俯仰角静差 $\Delta\theta_s$，则有

$$\Delta\theta_s=\frac{G\cos\theta_0\,\Delta\bar{X}_G c_A}{I_y M_{\Delta\delta_e} L_\theta} \tag{2-28}$$

一般情况下，θ_0 较小，$\cos\theta_0$ 近乎等于 1。同时 $G=Y=C_L Q_s$，又因为

$$M_{\delta_e}=\frac{M_{\delta_e}^a}{I_y}=-\frac{1}{I_y}Q_s c_A C_{m_{\delta_e}} \tag{2-29}$$

则式(2-28)可以简化为

$$\Delta\theta_s=-\frac{C_L\,\Delta\bar{X}_G}{C_{m_{\delta_e}} L_\theta} \tag{2-30}$$

由于飞机重心前移，$\Delta\bar{X}_G$ 为负，$C_{m_{\delta_e}}$ 也为负，所以在飞机放下起落架的时候会产生一个负的俯仰角静差，飞机低头运动。

(2) 质量变化产生的稳态误差。当飞机在飞行过程中由于燃料消耗造成飞机质量下降 ΔG，假设此时重心并未发生变化。此时升力大于重力，飞机的飞行轨迹将上偏，从而迎角减小使得升力与重力重新平衡。迎角减小，使稳定力矩 $M_\alpha^a\Delta\alpha$ 小于操纵力矩，飞机的俯仰角上升 $\Delta\theta_s$。在驾驶仪感受到上升的俯仰角之后，便驱动舵面下偏了 $\Delta\delta_{e_s}$ 角，使纵向力矩重新达到稳定。

可见，质量减小将引起迎角增量 $\Delta\alpha$，从而产生静稳定力矩 $M_{\mp}=M_\alpha^a\Delta\alpha=Q_s c_A C_{m_\alpha}\Delta\alpha$。同时又可以表示为 $M_{\mp}=\Delta L\Delta X_p=C_{L_\alpha}\Delta\alpha Q_s\Delta X_p$，其中 ΔX_p 为升力作用点到重心位置的距离。结合两种表达方式可以求得

$$\Delta X_p=\frac{C_{m_\alpha}}{C_{L_\alpha}}c_A \tag{2-31}$$

在力矩重新平衡后，$\Delta G=\Delta L$。因此干扰力矩可以表示为

$$M_{\mp}=\Delta G\frac{C_{m_\alpha}}{C_{L_\alpha}}c_A \tag{2-32}$$

而系统稳态误差为

$$\Delta\theta_s=\frac{C_{m_\alpha}c_A}{I_y M_{\delta_e} L_\theta C_{L_\alpha}}\Delta G \tag{2-33}$$

2.1.3　高度保持与控制

2.1.3.1　飞行高度保持与控制

无人机在进行高空巡航、进场着陆的最初阶段以及编队飞行过程中，都需要保持高度的稳定，而在执行威胁回避、地形跟随和舰载无人机着舰的过程中又需要对高度进行精确的控制。

1. 高度稳定系统的工作原理

高度稳定系统的结构图如图 2-21 所示。此时，在上一节中讨论的俯仰角保持控制回路将作为高度保持的内环回路，由系统中的高度差传感器测量飞行高度，如气压式高度表、无线电高度表，通过测出的高度差信号控制飞机的姿态，从而改变飞机飞行的高度。

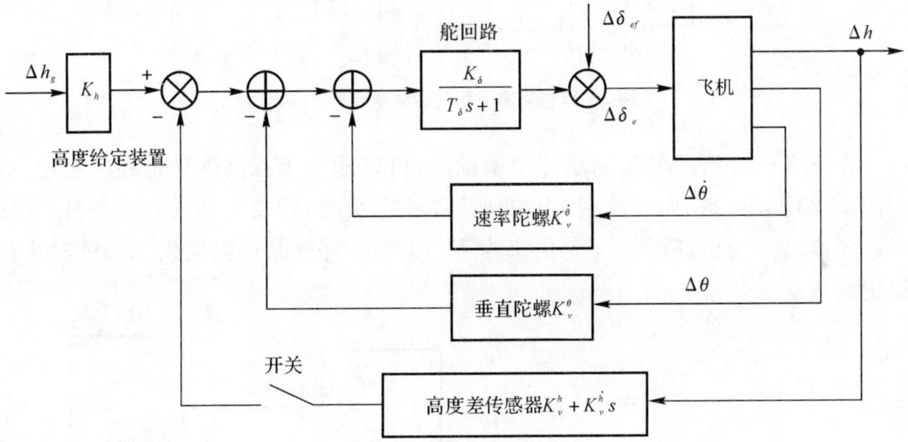

图 2-21　高度稳定系统的结构图

根据图 2-21 可以写出该系统的控制律为

$$\delta_e(k) = K_v^{\theta}\theta(k) + K_v^{\dot{\theta}}\frac{\theta(k)-\theta(k-1)}{T} + K_v^h\Delta h(k) + K_v^{\dot{h}}\Delta\dot{h}(k) \tag{2-34}$$

式中，Δh 为飞机当前高度与指令高度之差。当前高度高于指令高度时为正，低于指令高度时为负。

若飞机当前高度高于指令高度，Δh 大于零，根据控制律 $\Delta\delta_e > 0$，舵面产生向下的偏角，飞机降高直至到达指令高度。同时为了避免飞机在指令高度附近来回振荡，上述控制律中引入了高度偏差的一阶微分信号，从而改善了系统的阻尼特性。

2. 高度稳定系统结构图的建立

通过对运动学方程 $\dot{h}=V\sin\mu$ 进行线性化处理，即

$$\Delta\dot{h}=\dot{h}_0+\Delta\dot{h}=V_0\sin\mu_0+V_0\cos\mu_0\Delta\mu+\sin\mu_0\Delta V=\dot{h}_0+\Delta\dot{h}_{\Delta\mu}+\Delta\dot{h}_{\Delta V} \tag{2-35}$$

式中，$\dot{h}_0$ 是初始高度变化率。在无人机飞行控制系统设计中，一般只在飞机平飞时切入定高系统，因此 $\dot{h}_0$ 经常可认为零。$\Delta\dot{h}_{\Delta\mu}$ 和 $\Delta\dot{h}_{\Delta V}$ 分别表示由 $\Delta\mu$ 和 ΔV 所引起的高度变化率。由式(2－35)可画出定高系统的运动学环节，如图 2－22 所示。

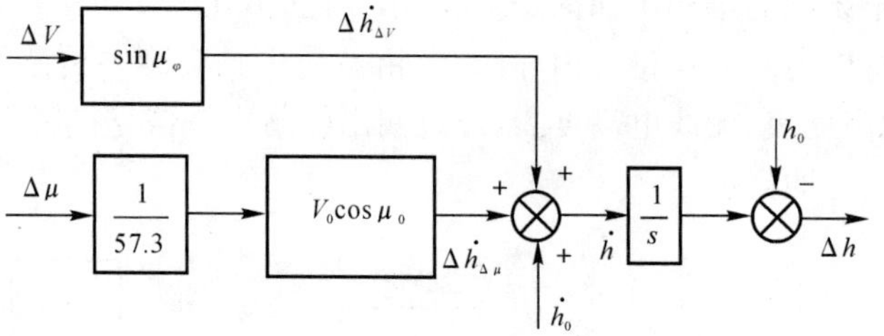

图 2－22　定高系统的运动学环节方框图

在图 2－22 所示的运动学环节基础上，可以建立飞行高度稳定和控制框图，如图2-23所示。在此系统中，未添加速度稳定系统，即没有动力补偿条件，无法保证速度增加所引起的高度变化率为零，因此必须考虑长周期模态 ΔV 对高度稳定的影响。

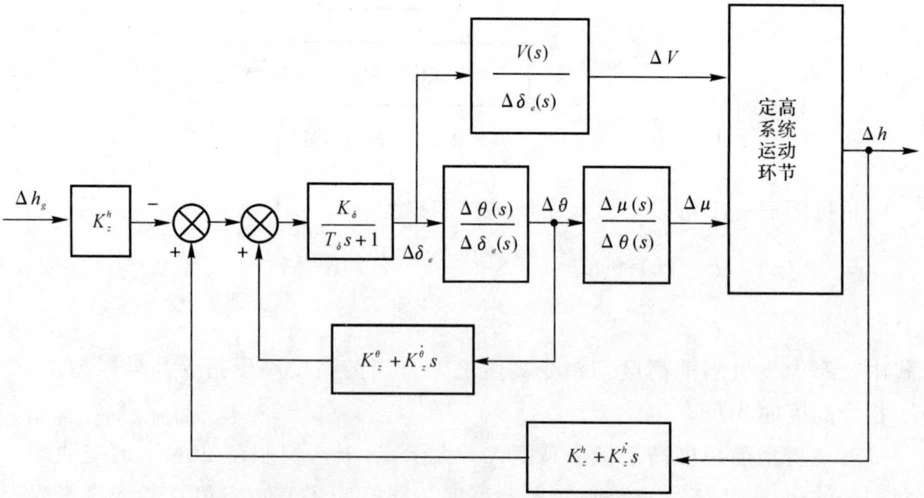

图 2－23　飞行高度稳定和控制框图

2.1.3.2　自动拉平着陆系统

1. 拉平轨迹

在无人机降落过程中，从下滑阶段到实际着陆点的纵向轨迹叫做拉平轨迹。由于在下滑阶段飞机的垂直下降速度过大，不利于飞机安全着陆，所以需要设计一条轨迹使得飞机下降的垂直速度处于安全范围之内。

拉平轨迹的设计思路为，使飞机的垂直下降速度随高度的降低成比例减小。即满足方程

$$\dot{h}(t) = -Ch(t) = -\frac{1}{\tau}h(t) \tag{2-36}$$

式(2-36)可写为

$$\tau\frac{\mathrm{d}h(t)}{\mathrm{d}t} + h(t) = 0 \tag{2-37}$$

从而可以求出高度 $h(t)$，有

$$h(t) = h_0 \mathrm{e}^{-\frac{t}{\tau}} \tag{2-38}$$

但按照式(2-38)的方法会出现一个问题，只有当飞行的时间趋于无穷时飞机才能降落到跑道上，并使速度减为零，而这就要求有一个无限长的跑道。这显然是不允许的，因此应该使跑道平面高出拉平轨迹渐近线 h_c 距离。此时拉平轨迹为

$$h(t) = -\frac{h}{\tau} = -\frac{1}{\tau}(h + h_c) = -\frac{h}{\tau} + h_{jd} \tag{2-39}$$

式中，$h_{jd} = -\frac{h_c}{\tau}$，为设定的飞机着地速度。已知 h_{jd} 和时间常数 τ 之后就可以确定 h_c 的值，同时也就可以确定拉平距离。

2. 自动拉平系统的组成

为了确保飞机能够沿着设计的轨迹下滑，拉平系统的控制律设计应该按照

$$h_g = h_0 \mathrm{e}^{-\frac{l}{\tau}} \tag{2-40}$$

所表示的规律。首先由飞机上的测距装置测出 l，并由式(2-40)计算出飞机应该有的给定高度 h_g，同时机载无线电高度表测出飞机相对于地面的高度 h，当 $h_g - h \neq 0$ 时，控制系统对该高度差信号进行调节使误差为零，从而保证整个拉平过程的实现。

在设计控制律的时候，可以根据之前式(2-39)建立拉平耦合器，这里将 $h(t) = -\frac{h}{\tau} + h_{jd}$ 作为控制系统的控制信号，如图 2-24 所示。因此，只要保证整

个过程中飞机的实际下降高度速率 $\dot{h}$ 能够一直跟踪 $\dot{h}_g$，就可以实现自动拉平过程。

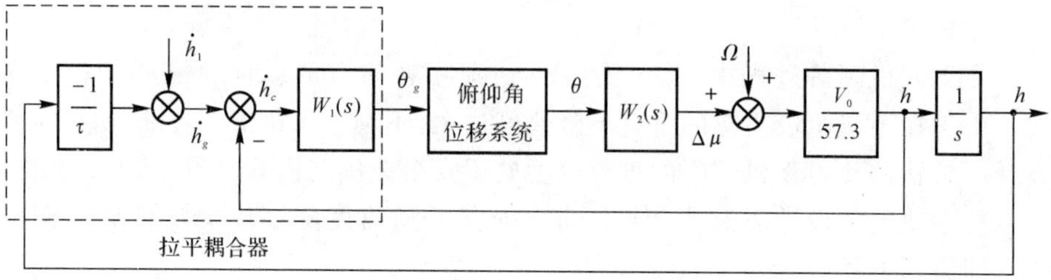

图 2-24　自动拉平系统结构图

图 2-24 中的拉平耦合器由无线电高度表、气压式升降速度表、加速度传感器等部分组成。为了形成上述控制律，耦合器中还应包含信号变换、放大、校正等装置。

2.1.3.3　地形跟随控制系统

1. 超低空突防技术的发展和特点

随着目前防空武器系统的不断完善，常规的中高空突防成功概率不断下降，促使飞行器的突防任务向低空发展，从而可以利用地形的掩护来躲避敌方雷达和防空系统。

低空突防系统具有以下优点：

(1) 充分考虑了飞机自身的性能约束，确保了航路规划的可能性；

(2) 考虑了地理信息和敌情信息，规划的航路能够最大限度地借助地形掩护并避开地形障碍和防空火力，因此具有更好的隐蔽性；

(3) 考虑了作战任务要求和攻击的火力配备和梯次，能为不同无人机规划合适的攻击航路，达到协同作战的目的，从而可以提高任务成功率；

(4) 考虑了燃料的限制、禁飞区的限制、操作人员的工作环境和工作负荷等因素，因此完成任务的代价小、可靠性高。

2. 理想地形跟随轨迹的确定

地形跟随系统与之前轨迹控制系统的不同之处在于，在飞行过程中，外界地形信息通过机载图像传感器输入，由机载计算机按照地形跟随的要求实时解算并输入轨迹控制系统。因此在设计轨迹跟随控制系统之前应给出需要考虑的因素。

超低空突防的目的是通过降低飞行高度来减小威胁，但是由于飞机本身的结构和性能的限制，在降低飞行高度的同时也增加了飞机撞地的危险，因此需要结合空中威胁和地形威胁选择安全间隙高度。

为了评价地形跟随系统性能的优劣，需要建立一条参考航迹作为实际飞行航迹评价的依据。对于不同的飞行条件，参考航迹的选择也不同，但一般都要受到飞行极限和操纵极限的限制和约束。具体要求如下：

(1) 航迹应该设置在离地间隙之上；

(2) 航迹各处切线的斜率必须控制在最大航迹倾斜角和最大下滑角所允许的范围内；

(3) 实现该航迹的法向过载不能超过允许的极限值；

(4) 航迹在山顶时斜率为零；

(5) 尽可能缩短飞机在最大正负过载时的飞行时间，以及飞越障碍物的飞行时间；

(6) 在满足上述飞行条件的情况下，尽可能使飞机贴地飞行。

2.2　横航向控制系统

2.2.1　横航向角运动的保持与控制

无人机横航向角运动的保持与控制就是要高精度地稳定偏航角 ψ 和滚转角 φ，从而实现无人机转弯飞行。

2.2.1.1　横航向稳定控制的基本方法

飞机能够进行侧向运动是由于有来自飞机舵面的侧力，以常规布局的无人机为例，当飞机仅有侧滑时，产生的侧力仅仅来自于侧滑产生的气动力；当飞机有滚转时，还有部分侧力来自于升力倾斜的水平分量。因此可以按照无人机转弯时操纵舵面的类型不同而分为三种控制方式。

1. 通过方向舵控制航向

该方法需要通过垂直陀螺仪测量飞机的滚转角，并将此信号加入副翼通道构成滚转稳定回路，使飞机保持零度滚转角。而通过航向陀螺测量飞机纵轴与指令航线 ψ_g 的偏差值，并将其加入方向舵通道构成航向稳定回路，使飞机修正航向。该方法控制律为

$$\left.\begin{aligned}\delta_a(k)&=I_{\dot{\phi}}\frac{\phi(k)-\phi(k-1)}{T}+I_{\phi}\phi(k)\\\delta_r(k)&=K_{\dot{\psi}}\frac{\psi(k)-\psi(k-1)}{T}+K_{\psi}(\psi(k)-\psi_g(k))\end{aligned}\right\}\tag{2-41}$$

其中,为了增加阻尼,在回路中引入了角速度信号。虽然该方法能够保持机翼的稳定,但是在转弯过程中将带有明显的侧滑,空速与纵轴的协调性较差,转弯半径过大,不适合进行大角度的修正。

2. 通过副翼修正航向而方向舵用来消除荷兰滚

将式(2-41)中的副翼通道修改如下:

$$\delta_a(k)=I_{\dot{\phi}}\frac{\phi(k)-\phi(k-1)}{T}+I_{\phi}\phi(k)+I_{\psi}(\psi(k)-\psi_g(k))\tag{2-42}$$

假设该无人机纵轴偏离了指令航向 ψ_g,即$(\psi-\psi_g)<0$,机头偏离指令航向的左侧,将该偏差信号引入控制回路,即 $\delta_a=I_{\psi}(\psi-\psi_g)<0$,副翼舵面将负向差动,产生正的滚转角,飞机右转,由此产生的升力分量使空速也向右转。$I_{\varphi}\varphi$ 和 $I_{\psi}(\psi-\psi_g)$ 符号相反,随着滚转角的增大舵面偏角将逐渐减小,在重新平衡时副翼舵面回到原来的位置。

在上述过程开始阶段,飞机纵轴的转动落后于空速向量,从而产生了侧滑角,此时侧滑角产生的偏航稳定力矩使得纵轴跟随空速向量。随着航向偏差角度逐渐减小,滚转信号将超过偏航信号,副翼开始反向偏转,使得滚转角和侧滑角都回到零位。该控制律虽然能够保持航向的稳定,但是不能跟随航线,在修正航向的同时带来了侧滑角 β。

3. 同时利用副翼和方向舵控制航向

飞机在转弯时出现侧滑角的根本原因是空速向量与纵轴不重合,从而增大了阻力,损失了机动性。为了消除侧滑角,采用以下两种方法。

(1) 将航向偏差信号同时送入方向舵通道和副翼通道。该方法控制律为

$$\left.\begin{aligned}\delta_a(k)&=I_{\phi}\phi(k)+I_{\psi}(\psi(k)-\psi_g(k))\\\delta_r(k)&=K_{\dot{\psi}}\frac{\psi(k)-\psi(k-1)}{T}+K_{\phi}\phi(k)+K_{\psi}(\psi(k)-\psi_g(k))\end{aligned}\right\}\tag{2-43}$$

将某个通道的被调量加到另一通道中,使得两通道协调的方法叫作协调控制。被加入的信号被称为协调交联信号。在选取合适的参数后,可以保证飞机转向的过程中不存在大侧滑角。该方法属于开环补偿,直接消除了产生侧滑角的原因。考虑到整个过程中还存在许多偶然因素,因此也可以采用闭环补偿的方法,即引入 β 角信号,但是该方法是被动调节,只有在已经产生侧滑角之后才开始进行。因此,可以同时采用两种调节方法以取得较好的结果。该控制律

如下：

$$\left.\begin{aligned}\dot{\delta}_a(k)&=I_p p(k)+I_{\dot{p}}\frac{p(k)-p(k-1)}{T}+I_\phi\phi(k)+I_\psi(\psi(k)-\psi_g(k))\\ \dot{\delta}_r(k)&=K_{\dot{r}}\frac{r(k)-r(k-1)}{T}+K_r r(k)+K_\psi(\psi(k)-\psi_g(k))-K_\beta\beta(k)\end{aligned}\right\}\tag{2-44a}$$

(2) 在副翼和方向舵通道分别引入交联信号。该方法的控制律为

$$\left.\begin{aligned}\delta_a(k)&=I_{\dot{\phi}}\frac{\phi(k)-\phi(k-1)}{T}+I_\phi\phi(k)+I_\psi(\psi(k)-\psi_g(k))\\ \delta_r(k)&=K_{\dot{\psi}}\frac{\psi(k)-\psi(k-1)}{T}-K_\phi\phi(k)\end{aligned}\right\}\tag{2-44b}$$

通过将航向偏差信号送入副翼通道，副翼工作之后产生的滚转信号再传入方向舵通道，这种方法适用于小转弯状态。

2.2.1.2　航向保持控制律

将式(2-44b)中的指令航向角设为零，即 $\psi_g=0$，就能得到航向自动保持控制律为

$$\left.\begin{aligned}\delta_a(k)&=I_{\dot{\phi}}\frac{\phi(k)-\phi(k-1)}{T}+I_\phi\phi(k)+I_\psi\psi(k)\\ \delta_r(k)&=K_{\dot{\psi}}\frac{\psi(k)-\psi(k-1)}{T}-K_\phi\phi(k)\end{aligned}\right\}\tag{2-44c}$$

1. $\beta_0=0$ 时修正初始偏航角的过程

假设飞机在平飞状态时，受到了扰动而使偏航角 $\psi<0$，此时 $\beta_0=0$。在 $I_\psi\psi$ 作用下，副翼左下右上偏转，产生滚转力矩 $L>0$，飞机向右滚转，空速向量向右转动超过纵轴，产生了正的侧滑角。在产生滚转角之后，存在 $-K_\varphi\varphi$ 信号，使得方向舵向右偏转，产生的偏航力矩使飞机纵轴向右转动，飞机的航向又回到原始位置。由于飞机的转动惯性远大于平移惯性，所以只要 K_φ 选取得足够大，飞机纵轴就能很快与空速向量重合，甚至超过空速向量，出现负的侧滑角。在某一时刻负侧滑角达到极值后又逐渐趋于零，并最终 $\psi\to0,\phi\to0,\beta\to0$。而如果 K_φ 选取得过小，则会出现侧滑角在稳定之前一直为正的情况。

2. 在常值干扰下，航向自动稳定的过程

假设飞机突然受到干扰力矩 $N_{干}<0$，则偏航角 $\psi<0$，飞机左偏。速度向量来不及转动而产生了侧滑角，之后又使方向舵右偏，产生的力矩用来平衡部分干扰力矩。在这种情况下，飞机达到稳定状态时偏航角、滚转角和侧滑角均不为零，即存在静差。这是由于常值干扰需要方向舵始终有一舵偏角 δ_r 来平衡。由

式(2-44c)可知,在系统稳态之后飞机的航向角 $\psi=0$,因此 δ_r 只能由公式中的 $-K_\varphi\varphi$ 来产生。此时飞机保持一定的滚转角但是并不转弯,称为定常侧滑状态。

2.2.1.3 侧向转弯控制律(等滚转角)

1. 协调转弯

飞机在连续转弯的过程中,保证飞机的滚转和偏航侧滑角一直为零,并且保持飞行高度的机动过程,叫作协调转弯。在实际飞行中,飞机的滚转与偏航联系紧密,相互耦合,在转弯的时候,飞机的纵轴和速度向量一旦不能重合在一起就会产生侧滑角。侧滑角的出现不仅增大了阻力,而且不利于导航,因此需要利用协调转弯。

协调转弯需要满足以下条件:

(1) 稳态滚转角为常数;

(2) 稳态偏航角速率为常值;

(3) 稳态升降速度为零;

(4) 稳态侧滑角为零。

因此,对于给定的滚转角和飞行速度,只有一个相应的转弯角速度可以实现协调转弯。图 2-25 描述了飞机在协调转弯时的受力分析。

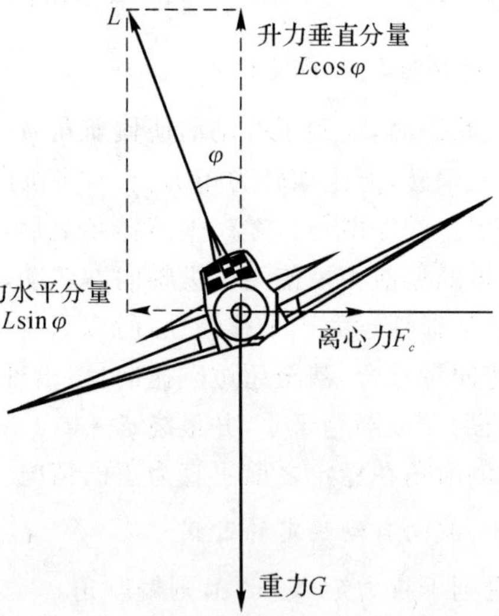

图 2-25 飞机协调转弯受力图

由图 2-25 可知，飞机的重力与升力垂直方向上的分力平衡，而升力水平方向上的分力与飞机转弯时的离心力平衡，则有

$$\left.\begin{aligned} L\cos\phi &= G = mg \\ L\sin\phi &= m\dot{\psi}u \end{aligned}\right\} \tag{2-45}$$

式中，L 为升力；G 为重力；u 为空速。根据式(2-45)可以推出

$$\dot{\psi} = \frac{g}{u}\tan\phi \tag{2-46}$$

该方程即为协调转弯公式。

进一步对该过程进行分析，在协调转弯时，$\dot{\boldsymbol{\psi}}$ 的方向是垂直向下的。而当飞机有滚转角和俯仰角时，$\dot{\boldsymbol{\psi}}$ 的方向与机体轴不重合。图 2-26 表示了该条件下 $\dot{\boldsymbol{\psi}}$ 在飞机上的投影图。在平面 Oyz 上对 $\dot{\boldsymbol{\psi}}$ 向量进行分解，分成 $P_b = -\dot{\psi}\sin\theta$ 和 $r_{zy} = \dot{\psi}\cos\theta$。其中，$r_{zy}$ 为 $\dot{\psi}$ 平面 Oyz 上的投影。由于 θ 较小，在实际分析中可以忽略 P_b，接着将 r_{zy} 在 Oyz 平面上分解成 r_b 与 q_b

$$\left.\begin{aligned} r_b &= \dot{\psi}\cos\theta\cos\phi = \frac{g}{u}\cos\theta\sin\phi \\ q_b &= \dot{\psi}\cos\theta\sin\phi = \frac{g}{u}\cos\theta\sin\phi\tan\phi \end{aligned}\right\} \tag{2-47}$$

因此可以看出，必须同时操纵副翼、方向舵和升降舵，才能实现等高度的协调转弯。

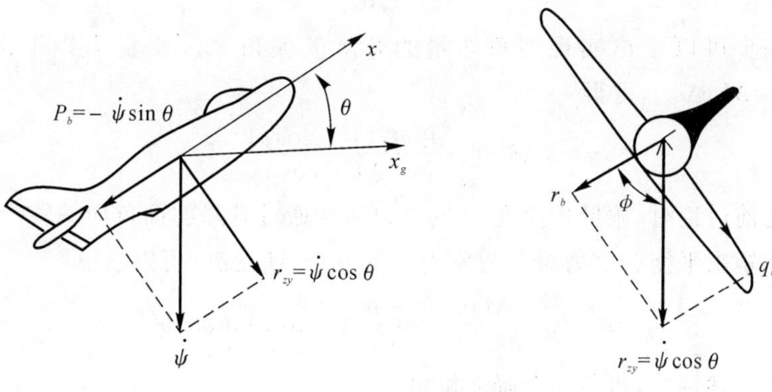

图 2-26　$\dot{\psi}$ 在机体轴系上的投影

2. 协调转弯控制律

将滚转角信号和偏航角速率信号分别加到自动驾驶仪控制律的滚转和航向两个通道，同时在航向通道引入了侧滑角信号以减小侧滑，控制律如下：

$$\left.\begin{aligned}\Delta\dot{\delta}_a(k)&=I_{\ddot{\phi}}\frac{\phi(k)-2\phi(k-1)+\phi(k-2)}{T^2}+I_{\dot{\phi}}\frac{\phi(k)-\phi(k-1)}{T}+\\&\quad I_{\phi}(\phi(k)-\phi_g(k))\\\Delta\dot{\delta}_r(k)&=K_{\ddot{\psi}}\frac{\psi(k)-2\psi(k-1)+\psi(k-2)}{T^2}+K_{\dot{\psi}}(\frac{\psi(k)-\psi(k-1)}{T}-\\&\quad\frac{\psi_g(k)-\psi_g(k-1)}{T})-K_{\beta}\beta(k)\end{aligned}\right\}\tag{2-48}$$

式中，ϕ_g 为给定滚转角；$\dot{\psi}_g$ 为给定偏航角速率，并且二者满足协调转弯公式(2-46)。

3. 协调转弯的纵向控制

在转弯过程中，升力在垂直方向上的分力随着滚转角的增加而减小，为了保持飞行高度，必须要操纵升降舵增大迎角，进一步增加升力，使得之后的升力仍然等于飞机的重力。即 $(L+\Delta L)\cos\phi=G$，其中 ΔL 为操纵升降舵所增加的升力。可以解出升力增量 $\Delta L=\dfrac{G(1-\cos\phi)}{\cos\phi}$。由于转弯前 $G=L$，所以 $\Delta L=QsC_{L_\alpha}\Delta\alpha$，从而求得附加迎角的大小为

$$\Delta\alpha=\frac{\dfrac{G(1-\cos\phi)}{\cos\phi}}{QsC_{L_\alpha}}\tag{2-49}$$

进一步可以求出实现迎角增量的升降舵偏角 δ_{e_1}，根据力矩平衡关系，$M_W u\Delta\alpha=M_{\delta_e}\Delta\delta_{e_1}$，可得

$$\Delta\delta_{e_1}=\frac{M_W uG(1-\cos\phi)}{M_{\delta_e}QsC_{L_\alpha}\cos\phi}\tag{2-50}$$

在之前讨论时，俯仰角速度 q_b 同样也需要通过升降舵面负向偏转产生的俯仰操纵力矩来平衡。由力矩平衡公式 $-M_q q_b=M_{\delta_e}\Delta\delta_{e_2}$ 可以求得

$$\Delta\delta_{e_2}=\frac{-M_q q_b}{M_{\delta_e}}=\frac{-M_q}{M_{\delta_e}}\frac{g}{u}\cos\theta\tan\phi\sin\phi\tag{2-51}$$

结合上述两式，可得总升降舵偏角为

$$\Delta\delta_e=\Delta\delta_{e_1}+\Delta\delta_{e_2}=\frac{-g}{M_{\delta_e}}\left[\frac{M_q}{u}\cos\theta\tan\phi\sin\phi+\frac{M_W um(1-\cos\phi)}{QsC_{L_\alpha}\cos\phi}\right]\approx -L_{\phi}\mid\phi\mid\tag{2-52}$$

式中，L_ϕ 为滚转角到升降舵之间的传动比。

式(2-52)表明，为了保持飞机在转弯过程中的高度稳定，必须要产生负向偏转的附加升降舵偏角来增加迎角，从而补偿升力的损耗，在垂直方向上重新达

到平衡。无论飞机的滚转角为正或负，都将产生一个负的升降舵偏角，产生抬头的操作力矩，以实现飞机的等高度协调转弯。

2.2.2　航向保持与控制

航向控制系统与之前的高度控制系统有许多类似之处，高度控制系统中系统以俯仰角控制系统作为内环回路，航向控制系统中系统以偏航角和滚转角控制系统作为内环回路。由于飞机对航向偏差的修正主要依靠飞机转弯来实现，所以航向与滚转两个通道的设计方法与上一节中横航向角运动控制保持的自动控制方法相同。

一般情况下，侧向偏离的自动控制方案包括以下几种：

(1) 通过副翼控制滚转通道修正侧向偏离，方向舵只起阻尼和辅助作用，该方法目前使用较为广泛。

(2) 通过副翼与方向舵一起修正侧偏。

(3) 主要通过方向舵来修正侧偏，副翼起辅助作用。

(4) 利用方向舵保持飞机的航向，靠滚转产生的侧滑角来修正侧偏。在无人机降落阶段，采用该方法可以保证机头方向始终与跑道中心线方向平行，但是由于有滚转角，所以加大了机翼碰地的危险。

(5) 通过方向舵修正侧偏，副翼保持飞机稳定在平面上。

前三种方法均采用了协调转弯的方法，后两种方法在修正过程中会产生侧力，但是侧力值一般不大，因此修正过程比较缓慢。

限于篇幅，在此仅讨论第一种协调转弯方法的修正过程。

2.2.2.1　无人机运动方程的简化

首先需要对无人机的线性方程进行简化。由于第一种方法的过程基本是协调转弯，所以侧滑角 $\beta \approx 0$。一般情况下，飞机完成滚转的时间比偏航时间少很多，因此可以略去滚转力矩的方程。方向舵通道只起阻尼和辅助作用，也可以略去偏航力矩方程。这样只考虑侧力方程($\dot{\phi} \approx 0, \beta \approx 0$)，有

$$-\frac{g\cos\mu_e}{V}\phi + r = \frac{Y_{\delta_r}}{V}\delta_r \tag{2-53}$$

在协调转弯过程中，由于 θ 和 ϕ 都较小，可以认为 $r=\dot{\psi}$，由此，式(2-53) 可以改为

$$-\frac{g\cos\mu_e}{V}\phi + \dot{\psi} = \frac{Y_{\delta_r}}{V}\delta_r \tag{2-54}$$

同时满足协调转弯公式(2-46)，将其代入式(2-54)，得

$$g(1-\cos\mu_e)\dot{\psi}=\frac{Y_{\delta_r}}{V}\delta_r \tag{2-55}$$

令 $Vg(1-\cos\mu_e)=Y_{\dot{\psi}}$，则

$$Y_{\dot{\psi}}\dot{\psi}=Y_{\delta_r}\delta_r \tag{2-56}$$

考虑侧向偏离方程，有

$$\frac{\mathrm{d}y}{\mathrm{d}t}=u\cos\theta\sin\psi+v(\sin\theta\sin\psi\sin\phi+\cos\phi\cos\psi)+w(\cos\phi\sin\theta\sin\psi-\sin\phi\cos\psi) \tag{2-57}$$

在小扰动状态下，所有的角偏离量均为小值，于是 $u=V_0\cos\beta\approx V_0$，$V=V_0\sin\beta\approx V_0\beta$，$w=-V_0\cos\beta\sin\alpha\approx -V_0\alpha$。代入式(2-57)，略去二阶小量可以简化为

$$\frac{\mathrm{d}y}{\mathrm{d}t}\approx\frac{V}{57.3}\psi \tag{2-58}$$

将式(2-58)与式(2-56)综合可得近似线性化方程为

$$\left.\begin{aligned}\dot{y}&\approx\frac{V}{57.3}\psi\\ Y_{\dot{\psi}}\dot{\psi}&=Y_{\delta_r}\delta_r\end{aligned}\right\} \tag{2-59}$$

2.2.2.2 控制律设计

由于该方法主要利用滚转角来修正侧偏，所以在控制律的设计上可以采用在滚转角回路的基础上加上外环控制信号。侧向偏离控制系统的控制律为

$$\left.\begin{aligned}\delta_a(k)&=I_\phi\phi(k)+I_{\dot{\phi}}\frac{\phi(k)-\phi(k-1)}{T}+I_\psi(\psi(k)-\psi_g(k))+I_y(y(k)-y_g(k))\\ \delta_r&=K_{\dot{\psi}}\frac{\psi(k)-\psi(k-1)}{T}-K_\phi\phi(k)\end{aligned}\right\} \tag{2-60}$$

结合式(2-59)可以发现，信号 $I_\psi\psi$ 相当于侧偏 y 的微分信号，而信号 $I_\phi\phi$ 相当于 y 的二次微分信号，$\dot{\phi}$ 与 y 有关。因此副翼通道的控制律中，只有 $I_y(y-y_g)$ 是控制侧偏的信号，其余各项都是在过渡过程中加强稳定作用的信号。

图 2-27 显示了向右偏离航线的飞机在侧偏控制系统下修正的过程。

假设该无人机在初始状态存在一个右侧的侧偏距离，即 $y>0$。通过式(2-60)中的第一式可知 $\delta_a>0$，飞机向左滚转。此时通过式(2-60)中的第二式可知 $\delta_r>0$，方向舵左偏使飞机向左转弯。偏航角 ψ 变为负值并不断减小，信号 $I_\psi\psi$ 的作用逐渐抵消信号 $I_y y$，从而飞机改平飞向设定航线，即图 2-27 中(b)

状态。当飞机侧偏逐渐减小,信号 $I_\psi \psi$ 最终超过 $I_y y$ 时,飞机向右滚转,并最终调整到各状态归零,飞机跟随设定航线飞行。

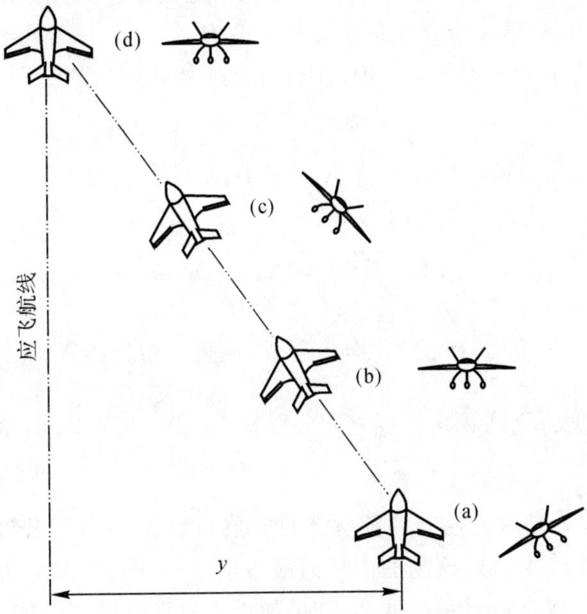

图 2-27　侧向偏离时自动驾驶仪的纠偏过程

| 2.3　速度控制系统 |

2.3.1　速度控制的作用

(1) 速度控制系统能够保证飞机在低动压状态平飞时仍然具有速度的稳定性。

假设不计舵面偏转产生的法向力,即 $Z_{\delta_e}=0$,则飞机纵向运动的法向力方程可以写成

$$Z_V \Delta \bar{V} + (s + Z_\alpha)\Delta\alpha - s\Delta\theta = 0 \tag{2-61}$$

引入航迹倾斜角概念,$\Delta\gamma = \Delta\theta - \Delta\alpha$,式(2-61)可改写为

$$\Delta\dot{\gamma} = Z_V \Delta\bar{V} + Z_\alpha \Delta\alpha \tag{2-62}$$

由于需要在巡航阶段保持平飞,则 $\Delta\dot{\gamma} = \Delta\gamma = 0$,则可求得

$$\Delta\alpha = -\frac{Z_V}{Z_\alpha}\Delta\bar{V} \tag{2-63}$$

因此，如果要求飞机速度增大，则需要减小迎角，在航迹倾斜角为零的情况下即减小俯仰角，这就要求飞机低头以减小升力。

然后考虑飞机切向力方程，同样不计升降舵偏转产生的切向力，即 $X_{\delta_e}=0$。将飞机平飞条件 $\Delta\theta=\Delta\alpha$ 代入切向力方程中，得

$$\Delta\dot{\bar{V}} + X_V\Delta\bar{V} + (X_\alpha + X_\theta)\Delta\alpha = -X_{\delta_T}\Delta\delta_T \tag{2-64}$$

将式(2-63)代入式(2-64)，得

$$\Delta\dot{\bar{V}} + \left[X_V - \frac{Z_V}{Z_\alpha}(X_\alpha + X_\theta)\right]\Delta\bar{V} = -X_{\delta_T}\Delta\delta_T \tag{2-65}$$

由于式(2-65)是一个一阶微分方程，因此可以得出当 $X_V-\frac{Z_V}{Z_\alpha}(X_\alpha+X_\theta)\leqslant 0$ 时候，飞机速度将无法稳定。反之，当 $X_V-\frac{Z_V}{Z_\alpha}(X_\alpha+X_\theta)>0$ 时，飞行速度是稳定的。

(2) 速度控制是航迹控制的前提条件。在前面的小节中曾经介绍，飞机通过姿态控制系统作为轨迹控制的内环回路。但这有一个前提，即飞机在控制姿态时速度不发生变化。但是在低动压时，如果飞机没有速度保持系统，则无法保证这个前提。

2.3.2 速度控制系统的基本方法

飞机纵向运动的控制一般通过升降舵偏转和调整推力大小来进行。升降舵的偏转会使俯仰角和空速都发生明显变化，而推力的改变会使俯仰角与航迹倾斜角发生大的改变而空速变化不大。当同时偏转升降舵和改变推力大小时，俯仰角和空速便均可达到希望值。

控制速度通常采用以下两种方法。

1. 通过控制升降舵从而改变俯仰角来控制速度

升降舵的改变实质上是调整了重力在飞行速度上的投影，引起飞行加速度的变化，从而控制速度的。该原理框图如图 2-28 所示。

从图 2-28 中可以发现，俯仰角姿态控制系统作为内回路，在外部加上空速传感器构成了空速控制系统。若将其中的空速传感器换成马赫数传感器，则该系统就可以实现马赫数的自动控制。在该方法中，并没有加入推力的控制，因此该飞行速度的调节范围是有限的。

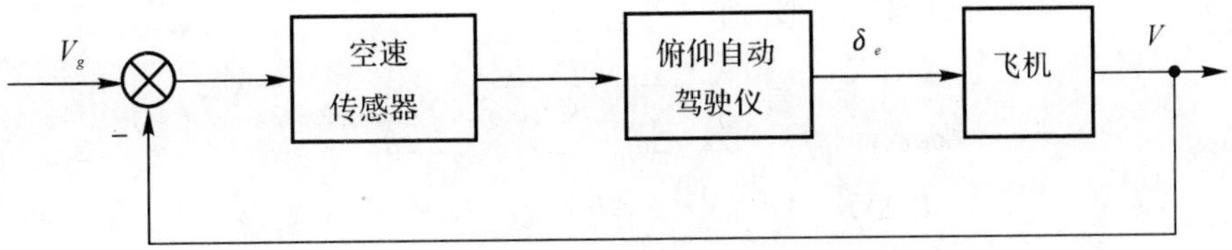

图 2-28　通过升降舵来改变速度的系统框图

2. 通过控制推力来控制速度

该方法即为自动油门系统,通过改变发动机的推力来实现对速度的控制。该系统的框图如图 2-29 所示。该图中从飞机反馈给自动驾驶仪(简称自驾仪)的状态并不确定,可以是高度也可以是俯仰角。由于加入了自动驾驶仪,所以该方法与直接加大推力的效果有所不同,同时,自动驾驶仪收到的信号不同,产生的效果也不相同。如果输入的是高度,则自驾仪处于保持高度状态,空速向量将始终保持在水平位置,推力的增加将直接全部对空速起作用。当自驾仪输入的是俯仰角信号,则自驾仪将处于保持俯仰角状态,在推力增大时,俯仰角保持不变,但是迎角将减小,航迹倾斜角将增大,飞机处于爬高状态,即推力并不全部对空速起作用。

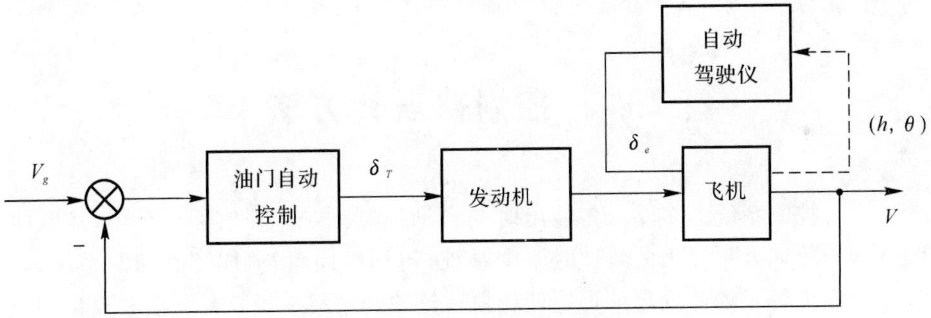

图 2-29　自动油门控制系统的框图

2.3.3　适用于推力控制系统的对象近似方程

1. 仅改变升降舵偏转或推力大小的情况

无人机在运动过程中存在长周期运动与短周期运动,速度相对变化较慢而俯仰角和迎角变化较快。俯仰角和迎角的变化对速度会产生较大影响。因此,可以认为短周期运动由于结束得较快,纵向力矩将很快达到平衡,此后主要是长

周期运动。因此可以列出近似方程为

$$\left.\begin{aligned}(s+X_V)\Delta\bar{V}+X_\alpha\Delta\alpha+X_\theta\Delta\theta=-X_{\delta_T}\delta_T\\Z_V\Delta\bar{V}+(s+Z_\alpha)\Delta\alpha-s\Delta\theta=-Z_{\delta_e}\delta_e\\M_V\Delta V+M_\alpha\Delta\alpha=-M_{\delta_e}\delta_e\end{aligned}\right\}\qquad(2-66)$$

2. 同时改变升降舵和推力的情况

在该情况下，推力刚发生改变时，无人机俯仰角会产生变化，但是如果俯仰角反馈为积分式，自驾仪最终会将俯仰角调整为原值。因为俯仰角变化是短周期运动，远远快于速度的变化，所以可以认为对飞机的速度基本没有影响，并可作以下假设：

(1) $\Delta\theta=\Delta\dot{\theta}=0$。

(2) 由于不考虑俯仰角的过渡过程，所以可以略去纵向力矩方程。

由此，飞机的三自由度纵向方程就变为二自由度方程，即

$$\left.\begin{aligned}(s+X_V)\Delta\bar{V}+X_\alpha\Delta\alpha=-X_{\delta_T}\delta_T\\Z_V\Delta\bar{V}+(s+Z_\alpha)\Delta\alpha=-Z_{\delta_e}\delta_e\end{aligned}\right\}\qquad(2-67)$$

在此需要说明的是，如果该控制律的俯仰角反馈为比例式硬反馈，则由于存在俯仰角静差，所以不能按上述方法进行简化。

| 2.4 控制律设计方法 |

飞行控制系统为多输入多输出时变自动控制系统。在实际设计中，通常将其处理为单输入单输出的线性时不变系统，包括纵向、横侧向姿态控制系统，轨迹控制系统等。如此处理就可以使用根轨迹法、频率法、极点配置法和模型跟踪法等方法来设计飞控系统。如果把飞控系统视为一个多输入多输出线性时不变系统，那么基于最优控制器的方法也可以用于设计。

2.4.1 控制系统的一般设计方法

控制系统的一般设计方法主要包括根轨迹法、极点配置法、模型跟踪法。该方法主要适用于线性系统时不变单输入单输出系统。

1. 根轨迹法

根轨迹法在 SISO 系统设计中应用最广。该方法不仅可以选择合适的系统

增益，改善无人机系统的飞行品质，同时可以引入适当的零点和极点，实现极点配置，改善系统的动态性能。

接下来利用俯仰角控制系统说明根轨迹法的设计过程。图 2-30 为该系统的控制系统框图，其中角速度陀螺仪构成内回路，垂直陀螺控制仪作为外环回路。其中，$W_\delta(s)=-1/(T_\delta s+1)$ 是该回路的动态环节，其动态性能主要取决于时间常数 T_δ。

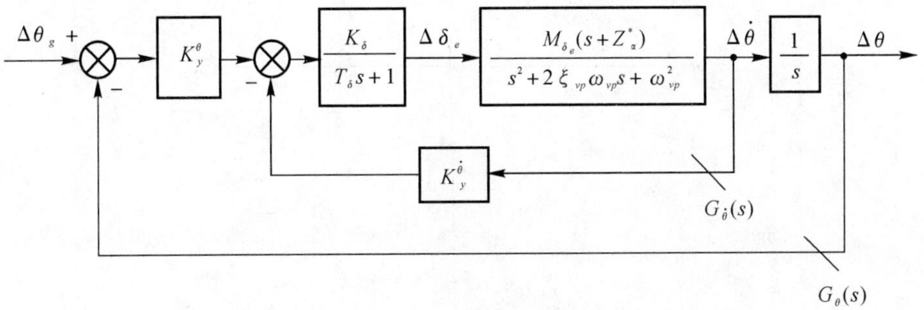

图 2-30　具有俯仰角速率反馈的俯仰角控制系统

根轨迹设计方法主要是根据无人机的性能参数和设计要求确定系统参数 K_y^θ，$K_y^{\dot\theta}$ 和 T_δ。具体步骤如下：首先根据内环控制回路确定参数 $K_y^{\dot\theta}$，然后通过外环路确定 K_y^θ，最终对系统全面分析过后确定时间常数 T_δ。

某型号无人机的纵向短周期运动传递函数为

$$\frac{\dot\theta(s)}{\delta_e(s)}=\frac{-M_{\delta_e}(s+Z_\alpha)}{(s^2+2\xi_s\omega_s s+\omega_s^2)}=\frac{-1.2(s+0.59)}{s^2+1.5s+1.47} \tag{2-68}$$

若时间常数 T_δ 的值取为 0.1 s，则该舵回路的动态环节可表示为

$$W_\delta(s)=\frac{-1}{0.1s+1}=\frac{-10}{s+10} \tag{2-69}$$

据此可以求出该阻尼回路的闭环传递函数为

$$\phi_{\dot\theta}(s)=\frac{12(s+0.59)}{(s+10)(s^2+1.5s+1.47)+K_y^{\dot\theta}\times 12(s+0.59)} \tag{2-70}$$

通过式(2-70)可以算出开环传递函数并且据此画出阻尼随着 $K_y^{\dot\theta}$ 变化的根轨迹，如图 2-31 所示。

当 $K_y^{\dot\theta}=2.5$，阻尼回路的极点为 $s_1=-0.91$，$s_{2,3}=-5.2\pm j3.0$，闭环传递函数可以表示为

$$\phi_{\dot\theta}(s)=\frac{12(s+0.59)}{(s+0.91)(s^2+10.4s+36)} \tag{2-71}$$

同样可以画出随 K_y^θ 变化的外回路根轨迹，如图 2-32 所示。

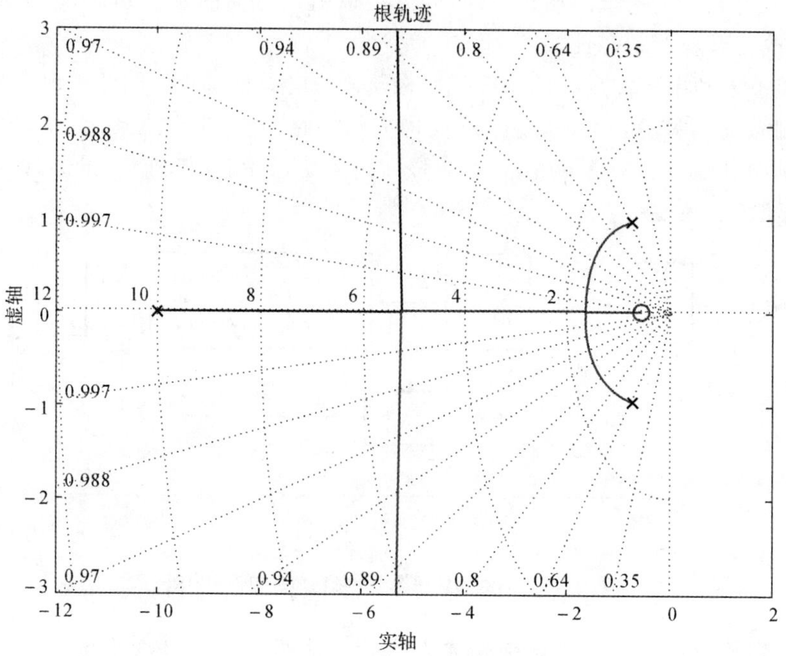

图 2-31　阻尼回路根轨迹图

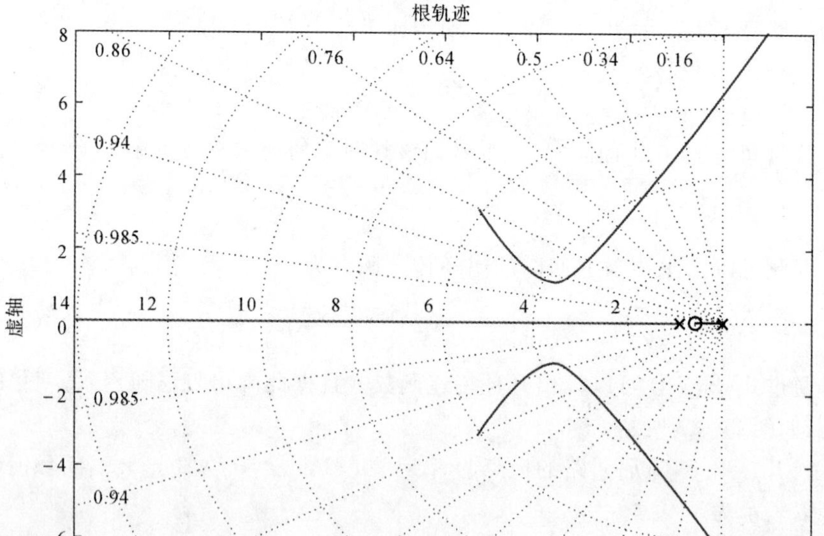

图 2-32　俯仰角控制系统的根轨迹

由图 2-32 可知，系统的主导极点在 $0 \sim -Z_\alpha$ 之间，该极点的模随着外环回路增益 K_y^θ 增大而增大，因此系统的动态响应过程也加快，但是受 Z_α 的限制而无法继续增大。系统的次主导极点是一对复根，其相对阻尼随着 K_y^θ 增大而减小，系统响应过程振荡加剧。随着 K_y^θ 的增大，系统将逐渐变得不稳定。因此，在 $K_y^{\dot{\theta}}$ 确定的情况下，K_y^θ 存在最佳值和极限值，在确定系统性能要求后，就可以据此选择合适的 K_y^θ。

假设系统的期望相对阻尼比在 0.7 ～ 0.8 之间，此时外回路的增益 $K_y^\theta = 3.9$。系统的闭环极点为 $s_1 = -0.502$，$s_{2,3} = -2.7 \pm \mathrm{j}2.05$，$s_4 = -5.503$。

在此需要说明，无人机在飞行过程中，系统的零、极点会随着飞行条件的变化而变化，仅改变系统增益往往不能满足所有状态下的系统要求。从图 2-32 中也能够看出，在系统增益增加到一定程度之后，飞机将变得不稳定。因此之前选取的 K 值仅仅在一定范围内的飞行状态下满足要求。在系统中引入适当的补偿环节，加入了适当的零、极点，就可以改变闭环系统的根轨迹布局，扩大 K 值的适用范围。图 2-31 所示的根轨迹图即为引入了补偿环节后改善了系统性能的例子。

原系统的开环传递函数为

$$G(s) = \frac{K}{s(s+p_2)(s+p_3)} = \frac{K}{s(s+2)(s+3)} \tag{2-72}$$

该系统的根轨迹如图 2-31 中虚线所示。加入一阶相位超前串联补偿环节，有

$$G_c(s) = \frac{s+Z_L}{s+P_L} = \frac{s+2.5}{s+10} \tag{2-73}$$

重新画出相应的根轨迹，如图 2-33 中实线所示。可以发现，在引入补偿之后系统的增益变化范围大大增加，稳定性得到了改善。若使系统的主导复极点频率相同，那么补偿过后系统的阻尼将明显增加，系统的适应范围也将扩大。

2. 极点配置法

在控制理论知识中，线性时不变系统的主要性能是由特征方程在 s 平面的根的分布决定的。在飞行控制系统的设计中，可以通过配置系统的极点在 s 平面的分布来满足需要的飞行品质。

(1) 简单极点配置法。所设计的飞行控制系统的特征多项式应该与给定的期望系统的特征多项式相同。期望系统特征方程的根就是满足系统动态响应特性的极点。首先通过一个例子来简要说明极点配置法的设计过程。

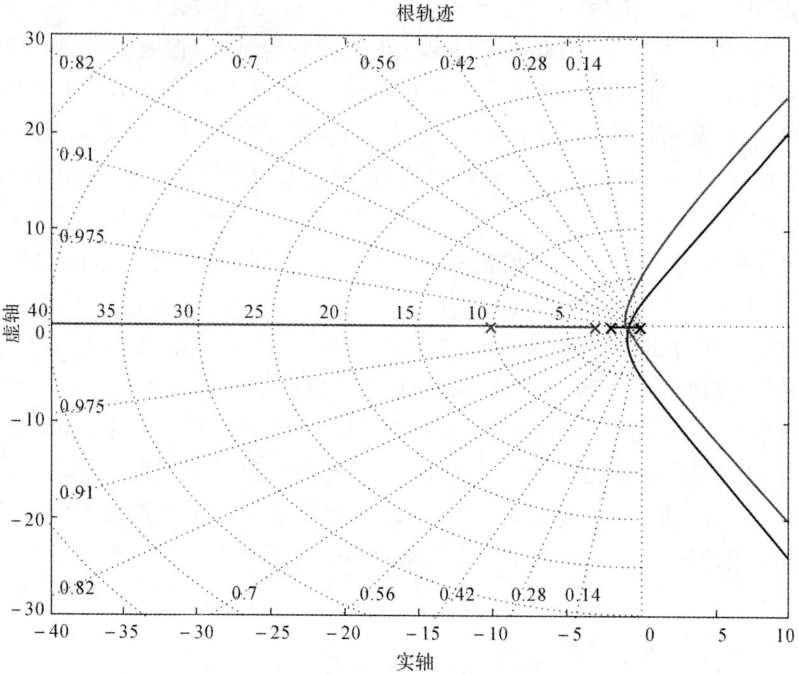

图 2-33 引入补偿环节后系统的根轨迹

例 2-1 图 2-34(a) 给出了一个简单 SISO 系统的开环特性。设期望的特征根为(1,2)，则系统特征多项式为 $D_e(s)=(s+1)(s+2)=s^2+3s+2$，设计的闭环系统如图 2-34(b) 所示。采用比例式负反馈构成闭环系统，即 $H(s)=K$。

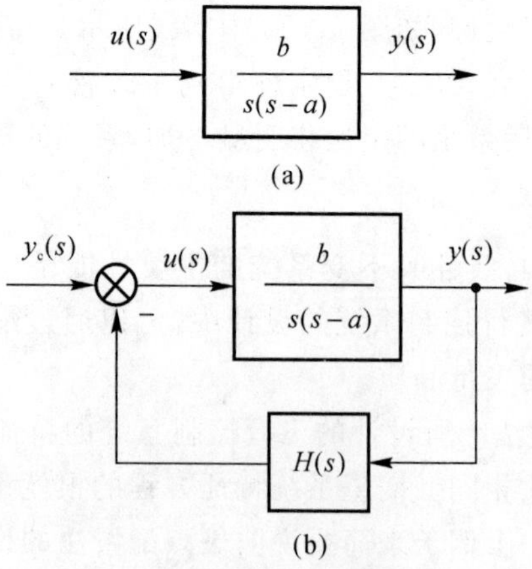

图 2-34 例 2-1 系统方框图

(a) 开环框图； (b) 闭环框图

系统的闭环特征多项式为

$$D_e(s)=s^2-as+Kb$$

设 $a=-3, b=1$，则 $D(s)=D_e(s)$。于是在该例中取比例反馈系数 $K=2$，便可以将系统的闭环极点配置到所期望的位置。

(2) 特征值配置法。考虑系统的状态方程：

$$\left.\begin{aligned}\dot{\boldsymbol{x}}&=\boldsymbol{Ax}+\boldsymbol{Bu}\\ \boldsymbol{y}&=\boldsymbol{Cx}\end{aligned}\right\} \tag{2-74}$$

式中，$\boldsymbol{x}\in\mathbf{R}^n$；$\boldsymbol{u}\in\mathbf{R}^m$；$\boldsymbol{y}\in\mathbf{R}^n$。根据控制理论，线性多变量最小实现系统传递函数的极点一定是系统系数矩阵 $\mathbf{A}$ 的特征值，反之则未必。最小实现系统所描述的状态空间应当是既可控又可观的，因此在设计线性多变量系统时，最好配置闭环系统的特征值。由于矩阵 $\mathbf{A}$ 的某些或者全部特征值不满足要求，所以系统的动态响应也不满足要求。必须找到一个增益矩阵 $\mathbf{K}$，采用如下的控制律：

$$\boldsymbol{u}=\mathbf{K}\boldsymbol{x} \tag{2-75}$$

使闭环系统的特征根 γ_i 配置在规定位置。闭环系统定义为

$$\dot{\boldsymbol{x}}=(\mathbf{A}+\boldsymbol{B}\mathbf{K})\boldsymbol{x}=\bar{\mathbf{A}}\boldsymbol{x} \tag{2-76}$$

特征值 γ_i 由特征多项式 $f(\gamma)$ 确定，则

$$f(\gamma)=|\gamma\boldsymbol{I}-\bar{\mathbf{A}}|=|\gamma\boldsymbol{I}-\mathbf{A}-\boldsymbol{B}\mathbf{K}| \tag{2-77}$$

现在采用最简单的确定反馈矩阵 K 的方法，比较系数法。

例 2-2　系统状态方程为

$$\dot{\boldsymbol{x}}=\begin{bmatrix}-4 & 0\\ 2 & -2\end{bmatrix}\boldsymbol{x}+\begin{bmatrix}4\\0\end{bmatrix}\boldsymbol{u}$$

其特征根为 -4 和 -2。希望设计一线性控制律，使闭环系统的特征值配置为 -5 和 -12。期望系统的特征多项式为

$$f(\gamma)=(\gamma+5)(\gamma+12)=\gamma^2+17\gamma+60$$

由式(2-77)可知

$$f(\gamma)=|\gamma\boldsymbol{I}-\mathbf{A}-\boldsymbol{B}\mathbf{K}|=\begin{vmatrix}(\gamma+4) & 0\\ -2 & (\gamma+2)\end{vmatrix}-\left|\begin{bmatrix}4\\0\end{bmatrix}[K_1 \quad K_2]\right|=$$

$$\begin{vmatrix}(\gamma+4-4K_1) & -4K_2\\ -2 & (\gamma+2)\end{vmatrix}=$$

$$\gamma^2+(6-4K_1)\gamma+8(-K_1-K_2+1)$$

可得

$$6-4K_1=17$$

$$8(-K_1-K_2+1)=60$$

$$K_1 = -\frac{11}{4}$$

$$K_2 = -\frac{15}{4}$$

即

$$\boldsymbol{K} = [-11/4 \quad -15/4]$$

例 2-3 已知系统的状态方程为

$$\dot{\boldsymbol{x}} = \begin{bmatrix} -3 & 2 & 0 \\ 4 & -5 & 1 \\ 0 & 0 & -3 \end{bmatrix} \boldsymbol{x} + \begin{bmatrix} 0 \\ 1 \\ 1 \end{bmatrix} \boldsymbol{u}$$

对应的特征根为

$$\lambda_1 = -1, \quad \lambda_2 = -3, \quad \lambda_3 = -7$$

需要找到一个控制律 $\boldsymbol{u} = -[K_1 \quad K_2 \quad K_3]\boldsymbol{x} = \boldsymbol{Kx}$，使系统达到所期望的特征值配置，即

$$\gamma_1 = -3, \quad \gamma_2 = -5, \quad \gamma_3 = -10$$

所期望的特征多项式为

$$f(\gamma) = (\gamma + 3)(\gamma + 5)(\gamma + 10) = \gamma^3 + 18\gamma^2 + 95\gamma + 150$$

又因为

$$f(\gamma) = |\gamma \boldsymbol{I} - \boldsymbol{A} - \boldsymbol{BK}| =$$

$$\begin{vmatrix} (\gamma + 3) & -2 & 0 \\ (K_1 - 4) & (\gamma + 5 + K_2) & (K_3 - 1) \\ K_1 & K_2 & (\gamma + 3 - K_2) \end{vmatrix} =$$

$$\gamma^3 + (11 + K_2 + K_3)\gamma^2 + (2K_1 + 7K_2 + 8K_3 + 31)\gamma +$$
$$(8K_1 + 12K_2 + 7K_3 + 21)$$

比较上面两个多项式的系数：

$$\begin{cases} 18 = 11 + K_2 + K_3 \\ 95 = 2K_1 + 7K_2 + 8K_3 + 31 \\ 150 = 8K_1 + 12K_2 + 7K_3 + 21 \end{cases}$$

可以求得

$$K_1 = 6.667, \quad K_2 = 5.333, \quad K_3 = 1.667$$

即

$$\boldsymbol{K} = [6.667 \quad 5.333 \quad 1.667]$$

(3) 模型跟踪法。模型跟踪法实际上就是“模型匹配”法。选取一个其特征值满足系统品质要求的系统矩阵，并将该系统矩阵视为“模型矩阵”。通过线性

控制律使所设计系统的输出与模型系统的输出相匹配。即模型 $\dot{\boldsymbol{y}}_m=\boldsymbol{L}\boldsymbol{y}_m$ 在控制律 $\boldsymbol{u}=\boldsymbol{K}\boldsymbol{x}$ 作用下的响应满足预期的系统特性。该设计过程如下：

线性非时变多变量系统状态方程为

$$\dot{\boldsymbol{x}}=\boldsymbol{A}\boldsymbol{x}+\boldsymbol{B}\boldsymbol{u} \tag{2-78}$$

$$\boldsymbol{y}=\boldsymbol{C}\boldsymbol{x} \tag{2-79}$$

式中，$\boldsymbol{x}\in\mathbf{R}^n$；$\boldsymbol{u}\in\mathbf{R}^m$；$\boldsymbol{y}\in\mathbf{R}^p$；$\boldsymbol{y}_m\in\mathbf{R}^p$。可得

$$\dot{\boldsymbol{y}}=\boldsymbol{C}\dot{\boldsymbol{x}}=\boldsymbol{C}\boldsymbol{A}\boldsymbol{x}+\boldsymbol{C}\boldsymbol{B}\boldsymbol{u} \tag{2-80}$$

在系统与模型匹配时，有

$$\boldsymbol{y}=\boldsymbol{y}_m \tag{2-81}$$

$$\dot{\boldsymbol{y}}=\boldsymbol{L}\dot{\boldsymbol{y}}_m=\boldsymbol{L}\boldsymbol{C}\boldsymbol{X}=\boldsymbol{C}\boldsymbol{A}\boldsymbol{X}+\boldsymbol{C}\boldsymbol{B}\boldsymbol{u} \tag{2-82}$$

可得

$$\boldsymbol{C}\boldsymbol{B}\boldsymbol{u}=(\boldsymbol{L}\boldsymbol{C}-\boldsymbol{C}\boldsymbol{A})\boldsymbol{x} \tag{2-83}$$

可以求出

$$\boldsymbol{u}=[\boldsymbol{C}\boldsymbol{B}]^+(\boldsymbol{L}\boldsymbol{C}-\boldsymbol{C}\boldsymbol{A})\boldsymbol{x}=\boldsymbol{K}\boldsymbol{x} \tag{2-84}$$

式(2-84)即为所求的控制律，其中 $[\boldsymbol{C}\boldsymbol{B}]^+$ 表示矩阵 $[\boldsymbol{C}\boldsymbol{B}]$ 的广义逆矩阵。反馈增益矩阵 $\boldsymbol{K}$ 为

$$\boldsymbol{K}=[\boldsymbol{C}\boldsymbol{B}]^+(\boldsymbol{L}\boldsymbol{C}-\boldsymbol{C}\boldsymbol{A}) \tag{2-85}$$

如果系统匹配，则

$$([\boldsymbol{C}\boldsymbol{B}][\boldsymbol{C}\boldsymbol{B}]^+-\boldsymbol{I})(\boldsymbol{L}\boldsymbol{C}-\boldsymbol{C}\boldsymbol{A})\boldsymbol{x}=0 \tag{2-86}$$

如果系统不匹配，也能够保证反馈增益阵 $\boldsymbol{K}$ 中广义性质闭环响应和模型系统响应之间的最小均方差在允许范围之内。

由式(2-85)可以看出，求出系统反馈增益矩阵的关键是求出矩阵的广义逆 $[\boldsymbol{C}\boldsymbol{B}]^+$。

假设 $\boldsymbol{P}$ 为 $(n\times m)$ 阶矩阵，$\boldsymbol{G}$ 为 $(m\times n)$ 阶矩阵，则 $\boldsymbol{S}=\boldsymbol{P}\boldsymbol{G}$ 为 $(n\times n)$ 阶方阵。若 $\boldsymbol{S}=\boldsymbol{I}$，则 $\boldsymbol{P}$ 阵为 $\boldsymbol{G}$ 阵的左逆。

当 $\boldsymbol{G}$ 为 $(m\times n)$ 阶矩阵，$\boldsymbol{Q}$ 为 $(n\times m)$ 阶矩阵，则 $\boldsymbol{T}=\boldsymbol{G}\boldsymbol{Q}$ 为 $(m\times m)$ 阶矩阵。若 $\boldsymbol{T}=\boldsymbol{I}$，则 $\boldsymbol{Q}$ 为 $\boldsymbol{G}$ 的右逆。如果矩阵 $\boldsymbol{G}$ 的秩为 n，则存在一个左逆；如果 $\boldsymbol{G}$ 阵秩为 m，则存在一个右逆；若 $\boldsymbol{G}$ 阵为秩为 n 的方阵，则左逆与右逆相同，都为 $\boldsymbol{G}^{-1}$，即一般的逆矩阵。如果 $\boldsymbol{G}$ 为奇异阵，则既无左逆，也无右逆。因此，$\boldsymbol{G}\boldsymbol{P}\boldsymbol{G}=\boldsymbol{G}$ 或者 $\boldsymbol{G}\boldsymbol{G}^+\boldsymbol{G}=\boldsymbol{G}$。

左逆为

$$\boldsymbol{P}=\boldsymbol{G}^+=(\boldsymbol{G}'\boldsymbol{G})^{-1}\boldsymbol{G}' \tag{2-87}$$

式中，$\boldsymbol{G}^+$ 为 $(n\times m)$ 阶矩阵。同理可得，$\boldsymbol{G}\boldsymbol{Q}\boldsymbol{G}=\boldsymbol{G}=\boldsymbol{G}\boldsymbol{G}^+\boldsymbol{G}$ 以及 $\boldsymbol{Q}=\boldsymbol{G}^+=\boldsymbol{G}'(\boldsymbol{G}\boldsymbol{G}')^{-1}$。其中 $\boldsymbol{G}^+$ 为 $(m\times n)$ 阶矩阵。若矩阵 $\boldsymbol{G}$ 的秩未知，可从阶数推出应

该选择的逆。若 $\boldsymbol{G}$ 是$(m\times n)$阶矩阵，则 $\boldsymbol{G}^{+}$ 是$(n\times m)$阶矩阵，选择右逆。若 $\boldsymbol{G}$ 是$(n\times m)$阶矩阵，那么 $\boldsymbol{G}^{+}$ 是$(m\times n)$阶矩阵，此时需要选择左逆。这样，便可以确定矩阵 $\boldsymbol{G}$ 的广义逆 $\boldsymbol{G}^{+}$，从而可以求出反馈增益阵 $\boldsymbol{K}$。

例 2-4 某无人机的纵向运动方程如下：

$$\dot{u}=0.000\,2u+0.039\omega-9.81\theta+0.44\delta_e$$
$$\dot{\omega}=-0.07-0.32\omega+250q-5.46\delta_e$$
$$\dot{q}=0.000\,06u-0.34q-1.16\delta_e$$
$$\dot{\theta}=q$$

要控制的输出量是俯仰角速率 $\boldsymbol{q}$，即

$$\boldsymbol{q}=\boldsymbol{y}=[0\quad 0\quad 1\quad 0]\boldsymbol{x}=\boldsymbol{Cx}$$

需要控制的飞机的特征值为

$$0\pm \mathrm{j}0.014\,7$$
$$-0.328\pm \mathrm{j}0.865$$

由于该无人机本身具有中性静稳定性，并且动态不稳定，所以需要配置闭环极点使得俯仰角速率对应的特征值为 $-1,0$。由此可得

$$\boldsymbol{A}=\begin{bmatrix}0.002 & 0.039 & 0 & -9.81\\ -0.07 & -0.32 & 250 & 0\\ 0.000\,06 & 0 & 0 & 0\\ 0 & 0 & 1 & 0\end{bmatrix}$$

$$\boldsymbol{B}=\begin{bmatrix}0.44\\ -5.46\\ -1.16\\ 0\end{bmatrix},\quad \boldsymbol{C}=[0\quad 0\quad 1\quad 0],\quad \boldsymbol{L}=-1$$

利用之前的推导过程，可以求出反馈增益阵为

$$\boldsymbol{K}=[\boldsymbol{CB}]^{+}(\boldsymbol{LC}-\boldsymbol{CA})$$

$$[\boldsymbol{CB}]=[0\quad 0\quad 1\quad 0]\begin{bmatrix}0.44\\ -5.46\\ -1.16\\ 0\end{bmatrix}=-1.16$$

从而可以求出矩阵 $[\boldsymbol{CB}]$ 有唯一的逆

$$[\boldsymbol{CB}]^{+}=-0.862$$

将上述式子代入 $\boldsymbol{K}=[\boldsymbol{CB}]^{+}(\boldsymbol{LC}-\boldsymbol{CA})$ 求出反馈增益阵

$$\boldsymbol{K}=[0.000\,1\quad -0.002\,6\quad 0.569\,8\quad 0]$$

用此反馈增益阵构成的闭环系统有系数阵$(\boldsymbol{A}+\boldsymbol{BK})$，由此求出闭环系统的

特征根为

$$\lambda_1 = 0,\quad \lambda_2 = -0.0088,\quad \lambda_3 = -0.2938,\quad \lambda_4 = -1.0$$

该系统在单位阶跃作用下的动态响应如图 2-35 所示。

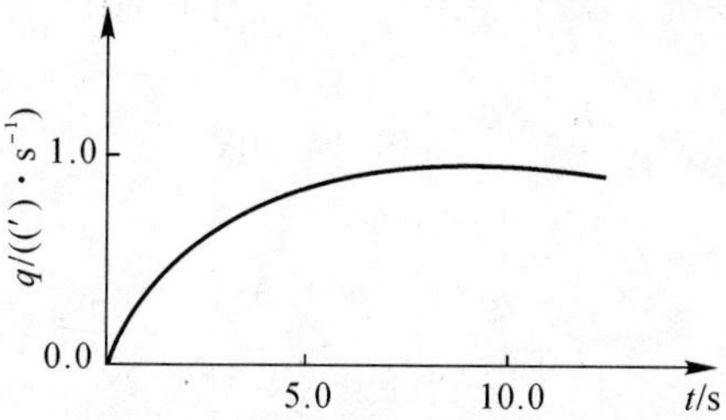

图 2-35　例 2-4 俯仰速率动态响应过程

例 2-5　某旋翼无人机横向运动方程如下：

$$\dot{\boldsymbol{x}} = \boldsymbol{A}\boldsymbol{x} + \boldsymbol{B}\boldsymbol{u}$$

$$\boldsymbol{y} = \boldsymbol{C}\boldsymbol{x}$$

$$\boldsymbol{x} = [\beta \quad P \quad r \quad \phi]^{\mathrm{T}},\quad \boldsymbol{u} = [\delta_A \quad \delta_T]^{\mathrm{T}}$$

$$\boldsymbol{A} = \begin{bmatrix} -0.1 & 0 & 0 & 30 \\ -0.05 & -3 & 1 & 0 \\ 0.04 & 0.2 & -1 & 0 \\ 0 & 1 & 0 & 0 \end{bmatrix},\quad \boldsymbol{B} = \begin{bmatrix} 30 & 20 \\ 30 & 10 \\ 0 & -15 \\ 0 & 0 \end{bmatrix}$$

式中，β 为侧滑角；P 为滚转速率；r 为偏航速率；ϕ 为滚转角；δ_A 为横向桨距变化值；δ_T 为尾桨桨距变化值。

假设各状态可观测，输出量为滚转速率 P 和侧滑角 β。设计一个反馈控制器，使系统的闭环极点配制成 -0.5 和 -0.1，从而改善无人机的飞行动态性能。

根据要求的输出变量，可以给出矩阵

$$\boldsymbol{C} = \begin{bmatrix} 1 & 0 & 0 & 0 \\ 0 & 1 & 0 & 0 \end{bmatrix}$$

该旋翼机特征多项式为

$$|s\boldsymbol{I} - \boldsymbol{A}| = (s + 0.244)(s + 3.282)(s^2 + 0.574s + 0.375)$$

期望特征多项式为

$$(\gamma + 0.5)(\gamma + 0.1) = \gamma^2 + 0.6\gamma + 0.05$$

具有希望特征值的模型矩阵为

$$\boldsymbol{L} = \begin{bmatrix} -0.5 & 0 \\ 0 & -0.1 \end{bmatrix}$$

利用求增益阵公式可求得增益阵 $\boldsymbol{K}$,即

$$[\boldsymbol{CB}]=\begin{bmatrix}30 & 20\\30 & 10\end{bmatrix}$$

因为 $[\boldsymbol{CB}]^{-1}$ 的秩为 2,所以 $[\boldsymbol{CB}]^{-1}$ 一定存在,则

$$[\boldsymbol{CB}]^{-1}=\frac{-1}{300}\begin{bmatrix}10 & -20\\-30 & 30\end{bmatrix}$$

$$[\boldsymbol{LC}]=\begin{bmatrix}-0.5 & 0 & 0 & 0\\0 & -0.1 & 0 & 0\end{bmatrix}$$

$$\boldsymbol{CA}=\begin{bmatrix}-0.1 & 0 & 0 & 30\\0.05 & -3 & 1 & 0\end{bmatrix}$$

$$(\boldsymbol{LC}-\boldsymbol{CA})=\begin{bmatrix}-0.4 & 0 & 0 & -30\\0.05 & 2.9 & -1 & 0\end{bmatrix}$$

$$\boldsymbol{K}=[\boldsymbol{CB}]^{-1}(\boldsymbol{LC}-\boldsymbol{CA})=\begin{bmatrix}0.0166 & 0.1933 & -0.067 & 1.0\\-0.045 & -2.9 & 0.1 & -3.0\end{bmatrix}$$

闭环系统的特征值为

$$|(\boldsymbol{A}+\boldsymbol{BK})|=|\lambda\boldsymbol{I}-(\boldsymbol{A}+\boldsymbol{BK})|=0$$

$$\lambda_1=-0.007$$

$$\lambda_2=-0.494$$

$$\lambda_3=-2.52$$

$$\lambda_4=-26.19$$

2.4.2 控制系统最优设计

对飞机动态行为的描述有一系列的技术要求,如果需要达到这些技术要求,就必须在飞机上再添加一些设备才能实现。之前描述的经典控制理论,通常通过过渡时间、瞬态振荡频率、峰值超调量等概念来刻画系统的动态响应。在用这些方法对系统进行设计时,需要对技术指标做一些折中,而且所设计的结果也不是唯一的。如果选择现代最优控制理论进行设计,那么可以精确达到某一性能指标,并且相应的控制设计结果是唯一的。接下来这节将论述最优控制的基本概念和性能指标的选择,以及各种最优控制设计的方法。

最优控制系统在特定输入作用的情况下能够达到最优性能。控制系统的最优化包括性能指标选择和最优控制系统设计两部分。其中性能指标常用积分形式表示为

$$J=\int_{t_0}^{T} L\{x,u,t\}\,\mathrm{d}t \tag{2-88}$$

当在控制输入 u_0 的作用下，系统响应从起始时刻 t_0 到结束时刻 T 的一段时间内 J 值最小，那么认为此时的系统达到最优。

2.5　数字飞行控制系统设计方法

由于数字式飞行控制系统的设计和一般计算机控制系统无本质差别，所以本节主要对系统设计中的一些特殊问题进行分析。图 2-36 所示为单通道纵向数字飞控系统的一般结构图。

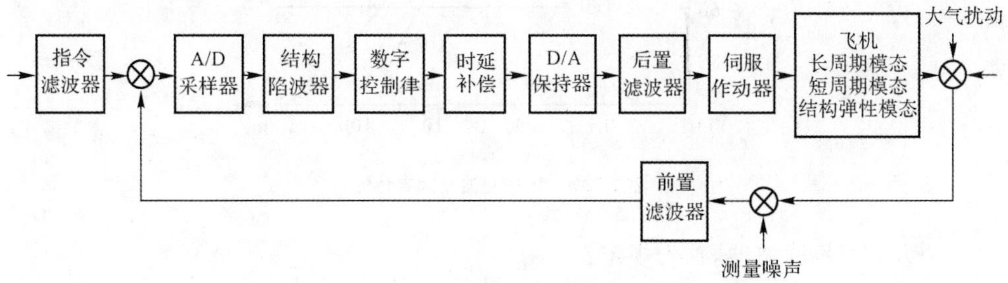

图 2-36　数字式飞控系统一般结构图

2.5.1　前置滤波器设计

由于在传感器中存在高频测量噪声，所以需要在信号采样之前进行模拟滤波。滤波器有一阶滤波器和二阶滤波器，设滤波器的交接频率为 ω_p，使得 $\omega_s/2$ 处的噪声幅值达到最小，则超过 $\omega_s/2$ 处的噪声干扰虽经过采样折叠到低频处，但是由于模值已较小，所以对系统复现有用信号影响不大。在数字控制（简称数控）系统中称该滤波器为抗混迭滤波器，它不仅可以减少信号失真，而且可以降低采样频率。

目前，选择模拟滤波器交接频率的方法有以下两种：

（1）选择交接频率 ω_p 远远大于控制系统频带，此时由它产生的相位滞后对系统动态特性影响不大，可以不再修正原来的控制律来补偿相位超前。同时选择 ω_s，使 ω_s 略大于 ω_p 以减少频率混迭。该方法最终所得的采样频率往往比系统带宽高 20 ～ 100 倍，并不理想。

(2) 设计一种有限带宽前置滤波器，允许滤波器在系统频带内有一定的相移。此时需要修正控制器的设计来补偿滤波器相移对系统的影响。该方法虽然会增加系统设计的复杂性，但是可以直接根据系统通频带大小选择采样频率。

下面简要说明在第二种方法的基础上前置滤波器结构形式的选择。如图 2－37 所示是 1 ～ 3 阶有限带宽滤波器的幅相频率特性。

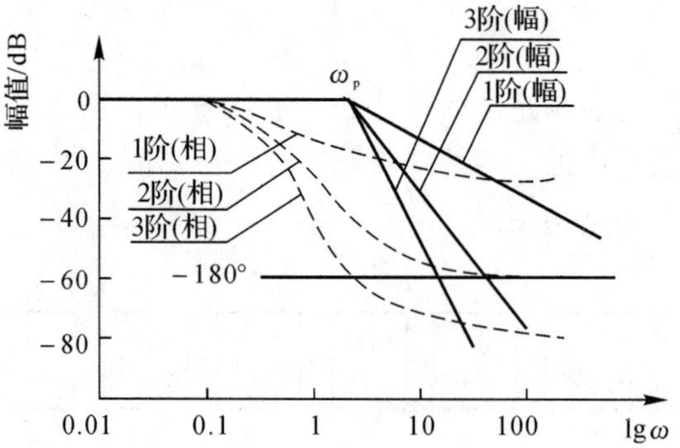

图 2－37　不同滤波器频率特性

为了评价滤波器，首先规定：

(1) 滤波器对输入有用信号最高频率 ω_m 处的允许相位滞后角为 θ_m，从而可以确定该滤波器的带宽 ω_p。

(2) 当 $\omega \geqslant \omega_s$ 时，滤波器对任何噪声最少能够衰减 20 dB。

在规定之后，就可以确定不同滤波器的 ω_s 值。满足上述两规定的比值 $C = \omega_s/\omega_m$ 可作为评价不同滤波器性能优劣的参数。C 值越小性能越好，图 2－38 表示不同形式的滤波器的 C 值随着相位滞后角 θ_m 变化而变化的过程。可以发现，阶数越高的滤波器，可以获得越小的比值 C。考虑系统实现的复杂性，二阶滤波器是最优的选择方案。目前数字飞控系统多采用一阶滤波器，主要是更希望实现简单。

例 2－6　设计惯性传感器信号(陀螺、加速度计) 的前置滤波器

已知飞机作刚体运动的最高频率为 2 Hz，现规定在此频率下滤波器形成的允许相位滞后为5°。如果使用二阶滤波器，则对应的C为51，由此可得采样频率应为 102 Hz(若允许相位滞后为 10°，则采样频率为 54 Hz)。

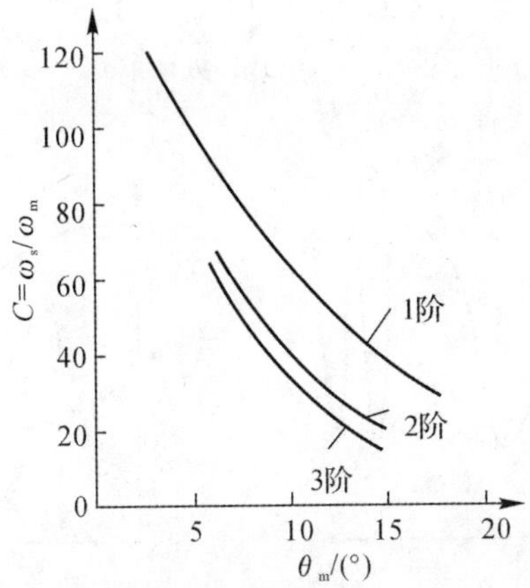

图 2-38　不同滤波器 θ_m 与 C 的关系

2.5.2　数字结构陷波器与后置滤波器的设计

惯性传感器信号的前置滤波器对抑制飞机结构弹性模态运动并不重要，此运动主要靠数字结构陷波器抑制。在设计数字结构陷波器的时候，必须考虑采样频率对结构陷波器特性的影响。结构陷波器在 s 域内的表达式如下：

$$G_N(s)=\frac{\dfrac{s^2}{\omega_d^2}+\dfrac{2(0.15)}{\omega_d}s+1}{\dfrac{s^2}{\omega_d^2}+\dfrac{2(0.5)}{\omega_d}s+1}$$

式中，ω_d 为设计的陷波频率。

现在通过不同无因次频率 ω_s/ω_d 来研究结构陷波器幅相频率特性，如图 2-39 所示。图中 ω/ω_d 分为 2，4，8，16 四种情况。可以发现，ω_s 的改变对陷波深度影响不大，并且四种情况的低频相位特性差别也不大。然而在 ω_s/ω_d 的值发生变化时，实际的陷波频率与设计陷波频率之间会产生差异。当 $\omega_s/\omega_d=2$ 时，实际陷波频率发生在 $\omega=0.79\omega_d$ 处；在 ω_s 提高之后，实际陷波频率才与 ω_d 一致。同时可以发现，当 ω_s 较低时，采样过程使略高于 ω_d 的频率处产生不理想的幅频特性。然而如果在 $\omega\leqslant 0.5\omega_s$ 的范围内，陷波器一般具有比较满意的幅频特性，因此对采样后的信号进行数字结构滤波时，应选择 ω_s/ω_d 的值为 8 或者 10。

图 2-40 所示为具有谐振峰的模拟信号经过两种不同采样速率的结构陷波后的幅频特性。图中的模拟信号由交接频率为 0.33ω_d 的一阶环节与 ω_d 处具有

谐振峰为 10 dB 的弱阻尼二阶环节串联而得。由图 2 - 40 可知，当 $\omega_s = 8\omega_d$ 时，采样过程仍可使陷波后的信号略有小的波动；当 $\omega_s = 16\omega_d$ 时，便不再出现上述波动情况。因此，一般选择 ω_s/ω_d 为 10。

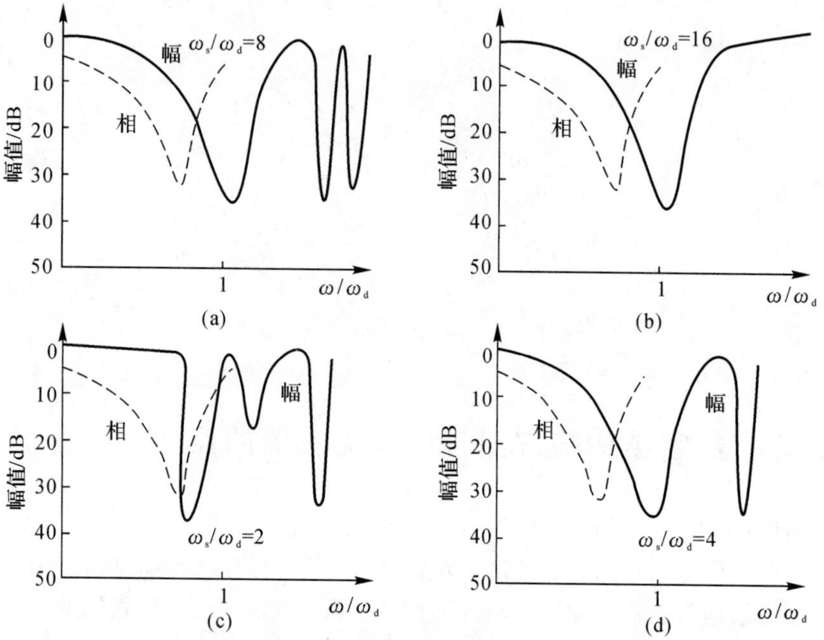

图 2 - 39　数字陷波器频率特性

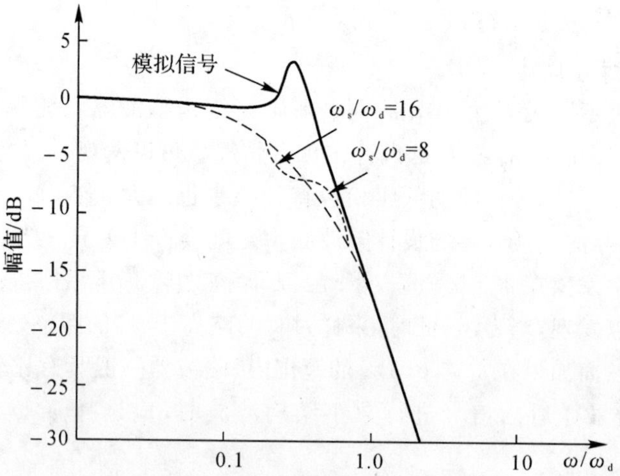

图 2 - 40　陷波效果的比较

飞行数控系统是控制连续对象的数字系统，采用零阶保持器作为信号复现保持装置。当采样频率够高时，零阶保持器的输出阶跃信号会得到执行伺服机构低通特性的滤波与平滑。当采样周期较大，而执行机构时间常数较小时，零阶保持器的输出信号将会增大系统输出信号的粗糙度，此时必须加上如图 2-39 所示的后置滤波器。后置滤波器的频率一般选择 $\omega_p=\frac{1}{2}\omega_s$，在必要时应该在控制器中补偿由后置滤波器引起的相移。

2.5.3　补偿系统中的时延

从图 2-39 中可以发现，在典型数字飞控系统中采样保持与计算时延对系统动态特性会产生不良影响，因此必须进行适当补偿。

设模拟信号 $x(t)$ 的傅里叶变换为 $x(\mathrm{j}\omega)$，经采样后的信号为

$$x^*(t)=\sum_{n=-\infty}^{\infty}x(nT)\delta(t-nT) \tag{2-89}$$

对式(2-89)进行傅里叶变换，得

$$x^*(\mathrm{j}\omega)=\frac{1}{T}\sum_{n=-\infty}^{+\infty}x[\mathrm{j}(\omega+n\omega_s)] \tag{2-90}$$

如果对式(2-90)仅仅取用小于采样频率 ω_s 的低频段，则式(2-90)可写作

$$x^*(\mathrm{j}\omega)\approx\frac{1}{T}x(\mathrm{j}\omega) \tag{2-91}$$

故采样器的近似传递函数为

$$W_s(s)=\frac{1}{T} \tag{2-92}$$

已知零阶保持器的传递函数为

$$W_{ZOH}(s)=\frac{1-\mathrm{e}^{-Ts}}{s} \tag{2-93}$$

结合上面两式可以得到采样保持器的传递函数如下：

$$W_{hs}(s)=\frac{1-\mathrm{e}^{-Ts}}{Ts} \tag{2-94a}$$

当采样周期较小时，可近似为

$$W_{hs}(s)=\frac{1-\left(1-Ts+\frac{T^2s^2}{2!}\right)}{Ts}=1-\frac{T}{2}s \tag{2-94b}$$

它与纯时延环节 $\mathrm{e}^{-\tau s}$ 的近似式 $1-\tau s$ 相比，当采样周期较小时，采样保持器等效时延为 $\tau=\frac{T}{2}$。

接下来考虑系统的计算时延。A/D 与 D/A 转换和实时处理信号都需要时间，用计算时间 T_c 表示。加上采样保持的时延 $\frac{T}{2}$ 便得到了总的系统时延 $T_s=\frac{T}{2}+T_c$。该系统时间将对飞控系统动态特性产生影响。例如，假设飞控系统的开环交接频率为 ω_c，由于存在时延 T_c，将在 ω_c 处产生相位滞后角 $\omega_c T_c$。如果飞控系统的 ω_c 为 5 rad/s，采样周期为 0.01 s，系统实时处理时间 $T_c=0.005$ s，则在 ω_c 处产生的相位滞后角为 $5\left(0.005+\frac{0.01}{2}\right)=0.05\ \text{rad}\approx 3°$。因此，对于弱阻尼的飞控系统，应该适当补偿由此造成的相移。

假设计算时延已经达到整个采样周期的时长，即 $T_c=T$，则采样保持及计算时延可以用传递函数表示为

$$W_{CH}(s)=\frac{1}{Ts}\left[e^{-Ts}(1-e^{-Ts})\right] \tag{2-95}$$

接下来利用拉格朗日插值公式来补偿式(2-95)引起的相位滞后。利用三点外推法，根据当前值、前一拍和前两拍的计算值，插值 1.5 周期的数值，作为本周期的函数。设 x_n 在 nT，$(n-1)T$，$(n-2)T$ 时刻的值为 $y(n)$，$y(n-1)$，$y(n-2)$，此时需要找出 $n+1.5T$ 时刻的函数值 $y'(n)$ 来补偿式(2-95)中产生的相位滞后。$y'(n)$ 的表达式为

$$\begin{aligned}y'(n)=&\frac{(x-x_{n-2})(x-x_{n-1})}{(x_n-x_{n-2})(x_n-x_{n-1})}y(n)+\frac{(x-x_{n-2})(x-x_n)}{(x_{n-1}-x_{n-2})(x_{n-1}-x_n)}y(n-1)+\\&\frac{(x-x_{n-1})(x-x_n)}{(x_{n-2}-x_{n-1})(x_{n-2}-x_n)}y(n-2)=\\&4.375y(n)-5.25y(n-1)+1.875y(n-2)\end{aligned}$$

上式为数字补偿器的差分方程形式，其 Z 传递函数为

$$W_{com}(Z)=1.875(Z^{-2}-2.8Z^{-1}+2.333)$$

运用双线性变换(Tustin 变换)，可以得到 S 域内相位超前补偿网络

$$W_{com}(S)=\frac{7.75T^2s^2+6Ts+2}{(Ts+2)(Ts+1)}$$

2.5.4 多模态控制律转换

现代飞行控制系统均由多模态进行控制，根据飞行状态的需要进行切换。飞控系统的模态转换实际上可以看作是控制律的切换，如图 2-41 所示。为了有效抑制由于模态转换而引起的舵面跳变，以及由此引起的飞机法向过载突变，需要采取有效的瞬变抑制技术。

2.5.4.1　多模态同步运算时瞬变抑制法

如图 2－41 所示，当控制律从 A 切换到 B 时，在控制律总输出口总体平滑瞬变过程。当各模态控制结构差异较大时，该方法显示出其优点：利用淡化环节 $a/(s+a)$ 使得被切换的模态 a 逐渐淡出，需要接入的模态 b 逐渐淡入，它有良好的瞬变抑制效果。但是缺点是多模态均需处在同步运算状态，会占用过多的机时与内存。另外，模态 a 的淡出过程相当于控制律 A 的输出 $A(t)$ 乘以 $\theta^{-a(t-t_0)}$（t_0 为转换时刻），模态 b 的淡入过程相当于模态 b 的输出 $B(t)$ 乘以 $1-\theta^{-a(t-t_0)}$。因此在切换过程中，系统所执行的控制律实际上为

$$A(t)\theta^{-a(t-t_0)}+B(t)(1-\theta^{-a(t-t_0)}) \tag{2-96}$$

但是由于该控制律的重叠现象只出现在短时间的淡化过程中，而且重叠现象又是按指数规律很快消失的，从而由此引起的对系统的影响也很快消失了。当然，这还必须通过足够的仿真实验来调整参数 a，来证实并获得满意的模态转换瞬变过程。

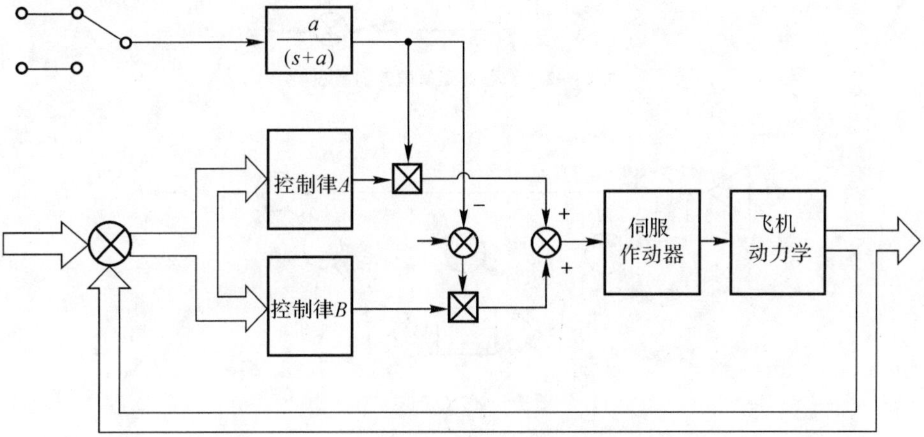

图 2－41　多模态同步运算时的控制律瞬变抑制

2.5.4.2　单模态运算时的瞬变抑制法

为了克服上述方法的缺点，可以只运算当前模态，如图 2－42 所示，即单模态运算法。为了有效抑制瞬变，转换时需对 b 模态进行初始化。b 模态初始化对系统稳定性并无影响，但是能有效抑制瞬变过程，因此提出如下初始化方法。

1. 共享环节初始化

飞控系统的各个模态中，有很多环节在模态转换前后是共享的，称之为共享

环节。例如：某角速率反馈回路中的相位超前环节 $(3s+12)/(s+12)$ 为共享环节。经过 Tustin 变换之后，其离散形式为

$$\frac{2.860\,465-2.720\,93Z^{-1}}{1-0.860\,465Z^{-1}}$$

对应的数字实现流程图如图 2-43 所示。模态转换时保留数字信号流程图中的内存值，不再清零。这相当于 a 模态的断点值作为 b 模态的初始值，即保留内存 $M_1\sim M_4$ 中的值。

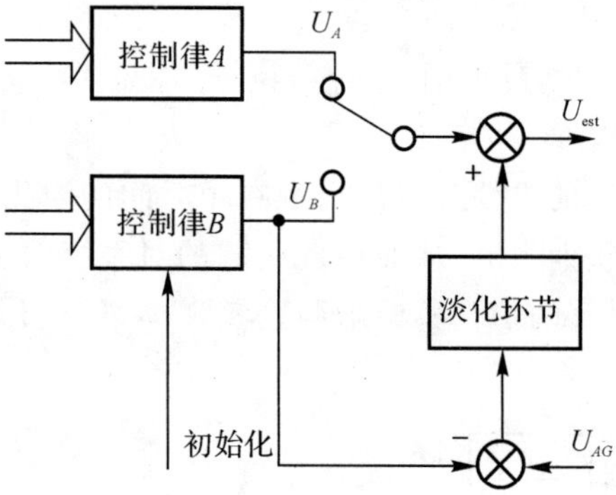

图 2-42　单模态运算瞬变抑制法

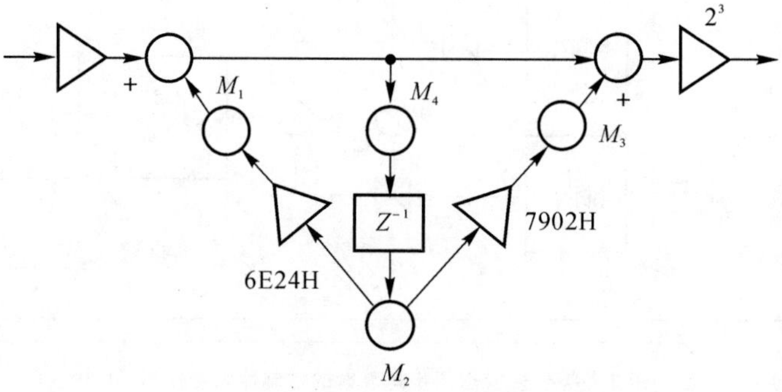

图 2-43　$(3s+12)/(s+12)$ 数字信号流程图

2. 非共享环节的初始化

b 模态相对于 a 模态所特有的环节叫作非共享环节。为了抑制该环节引起的顺便过程，用该环节转换时刻的当前稳态值对它进行初始化。例如：环节 $K/(Ts+1)$ 为 b 模态的非共享环节，经过 Tustin 变换之后，其数字信号流程图如图 2-44 所示。初始化时将该环节的当前输入 U_1 与该环节的增益 K 相乘后的积 U_0 置于内存 M_0 中，U_0 所引起的效应相当于该环节在初始值 U_0 作用下的脉冲

过渡函数。

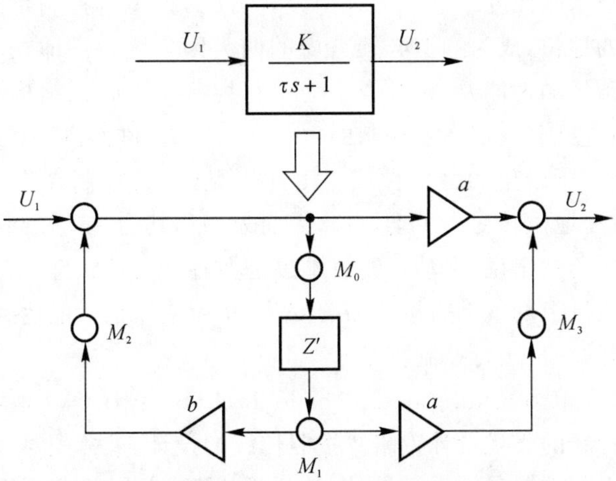

图 2-44　非共享环节的初始化

2.6　主动控制技术

从飞机设计的角度出发，主动控制技术（Active Control Technology，ACT）是在飞机设计的初始阶段就考虑飞行控制系统对总体设计的要求，充分发挥飞行控制系统功能的一种飞机设计技术。

传统飞机设计在总体布局设计时，主要考虑气动力、结构和发动机三大因素，并在它们之间进行折中以满足飞机的技术要求。采用这种方法设计飞机，为了获得某一方面的性能优势，常常必须在其他方面做出让步和牺牲。一般来说，这种飞机本身必须是稳定可飞的。在采用常规方法设计的飞机上所加入的飞行控制系统，充其量只能用飞机所提供的操纵面来提供必要的控制，它仅能对驾驶员的操纵或飞机的性能进行部分改善，而无根本性的提高。用这种方法设计的飞机上飞行控制系统只处于被动地位，它的基本功能是辅助驾驶员对飞机进行姿态和航迹控制，它对飞机的构形设计无直接影响。按传统方法设计飞机，常常会在上述的飞机三大要素的设计中产生矛盾且难以克服，从而限制了飞机性能的提高。例如，为了提供足够的升力以提高飞机的机动性，要求采用较大面积的机翼和平尾，结果使飞机的重力和阻力增加，为此又要求采用更大推重比的发动机，增加推力，发动机重力必然增加，这样飞机重力又进一步增加，反过来又会影响飞机的升力和机动性,限制了飞机性能的进一步提高。

主动控制技术则改变了这一传统的设计方法,把飞行控制系统提到和上述三大因素同等的地位,成为选型必须考虑的四大因素之一。即在飞机设计的初始阶段根据对飞机的性能要求,综合考虑飞行控制、气动力、结构和发动机的设计和选型,并通过充分发挥飞行控制的主动性和潜力,进而协调和解决所产生的矛盾,使飞机具有所希望的最佳性能。由此可见,飞行控制在飞机的总体设计中,由原来的被动地位转变为主动地位,因而人们称其为主动控制技术。

从飞行控制角度来说,主动控制技术也是在各种飞行状态下,通过飞行控制系统使作用在飞机上的气动力按照需要变化,从而使飞机性能达到最佳,并降低成本、使用费用的一种飞行控制技术。

随控布局(Control Configured Vehicle Technology,CCV)是 20 世纪 70 年代后提出的一种新的飞机设计策略。按照传统的设计方法,先对气动布局、飞机结构、发动机、飞行控制分别进行设计,然后再进行协调。随控布局要求在设计的初期阶段就充分考虑飞行控制技术对提高飞机性能所起的作用。因此 CCV 技术实际上是一种充分运用飞行控制技术进行飞机设计的新技术。

为实现 CCV 所需的飞行控制技术称为主动控制技术。因此,也可以认为随控布局飞机即运用主动控制技术的飞机。

CCV 飞机在常规操纵面的基础上,增加了一些新的操纵面(见图 2-45),附加了鸭翼、襟翼、扰流片等。通过采用多控制面,能使飞机气动布局达到最佳,从而产生各种新的飞行模态。

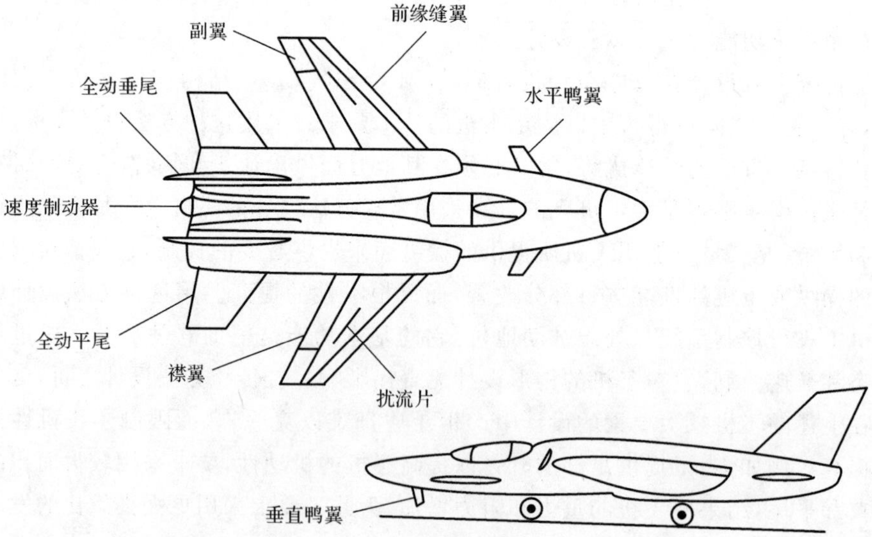

图 2-45　随控布局飞机

CCV 及主动控制技术是在解决传统飞机设计无法解决的矛盾时逐步发展起来的。实际上,用电子反馈的控制方式改善飞机的运动阻尼与稳定性,是主动控制的雏形。由于当时电子系统的可靠性不如机械系统,因此只允许电子增稳的舵面偏转有限权限(如 1°～6°),它限制了由电子反馈主动改变飞机性能的能力。随着数字化技术、可靠性技术及余度技术的发展和成熟,才实现了全时、全权限控制增稳系统。

传统的飞机设计为获得稳定性应用较大的平尾与垂尾,增加了重力。为保证机动能力需增加发动机的推力,以增加推/重比,这样会导致重力的再增加,并导致阻力与油耗的增加。因此仅就气动、结构及发动机三者难以设计出一架兼具机动性与稳定性的飞机。CCV 及其主动控制技术正是力求解决飞机稳定性与机动性之间的设计矛盾。主动控制的作用包括改善飞机的气动特性及结构特性两大方面。在改善气动特性方面主要包括放宽静稳定性(Relaxed Static Stability,RSS)、直接力控制(Direct Lift Control,DLC)和机动增强与阵风缓和;在改善结构特性方面包括载荷缓解和结构模态控制,包括乘坐品质控制、结构疲劳控制、主动颤振抑制。

2.7 放宽静稳定

2.7.1 放宽静稳定的途径及收益

图 2-46 对常规飞机与放宽静稳定(Relaxed Static Stability,RSS)飞机进行了比较。

放宽纵向静稳定是指把飞机的气动中心(焦点)向前移,可与飞机重心重合甚至移向重心前面,从而使自然飞机相应成为欠稳定、中性稳定及静不稳定。焦点 F 是当迎角变化 $\Delta\alpha$ 时所产生的升力增量 ΔL 的作用点,$\Delta\alpha$ 变化对焦点的力矩不变,故焦点是升力增量的作用点。

静不稳定的飞机一般采用减少平尾或鸭式布局来实现,依赖于电子反馈驱动安定面或升降舵,构成全权限的控制增稳系统以实现飞机的静稳定。放宽后的静不稳定飞机的气动特点包括:①纵向配平的后部尾翼给出的是正升力;②由于减少了安定面积,减小了配平阻力与重力,增加了燃油效率,其效益十分显著。

例如,美国波音公司对航程为 3 200 km、200 座双发运输机采用了 RSS 后,水平安定面比常规飞机减小了45%。由于机翼前移了108 cm,巡航配平阻力降低。洛克希德公司的L-1011飞机采用RSS后,阻力下降了2%,耗油下降了2%。A320采用RSS后省油2.5%。协和飞机在亚声速不稳定段升阻比提高了10%。F-16飞机当重心位置由25%C_A移到38%C_A时,在9 000 m高度最大推力下转弯速度增加0.75°/s(Ma=0.9)~1.1°/s(Ma=1.2),Ma从0.9增加到1.6其加速时间减少了1.8 s。Ma为0.8,0.9和1.2时的过载系数分别提高了0.2g,0.4g和0.6g。升阻比在亚声速时提高了8%,超声速时提高了15%。大型轰炸机B-52,采用RSS后,试验机平尾面积从84 m² 降到46 m²,减小了45%。对波音运输机,采用RSS后航程增加了417 km。

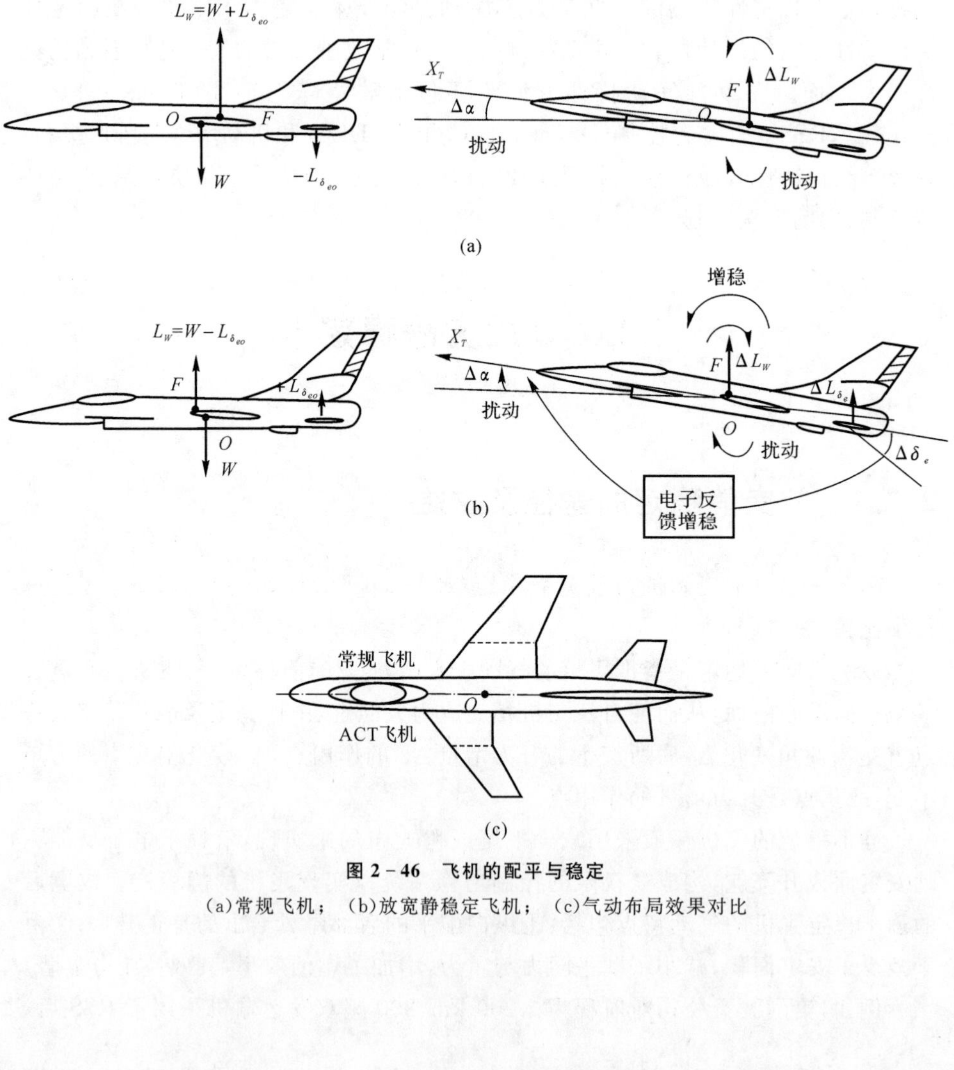

图2-46 飞机的配平与稳定

(a)常规飞机; (b)放宽静稳定飞机; (c)气动布局效果对比

2.7.2　放宽静稳定性飞机的静稳定度

飞机的纵向静稳定性用静稳定度 $C_{m_{C_L}}$ 来表示，即

$$C_{m_{C_L}} = \overline{X}_G - \overline{X}_F \tag{2-97}$$

式中，$\overline{X}_G = X_G/C_A$，表示飞机重心在平均气动弦上的相对位置；

$\overline{X}_F = X_F/C_A$，表示全机焦点在平均气动弦上的相对位置。

C_A 为平均气动弦长，如图 2-47 所示。

$C_{m_{C_L}} < 0$ 时飞机静稳定；

$C_{m_{C_L}} = 0$ 时飞机中性稳定；

$C_{m_{C_L}} > 0$ 时飞机静不稳定。

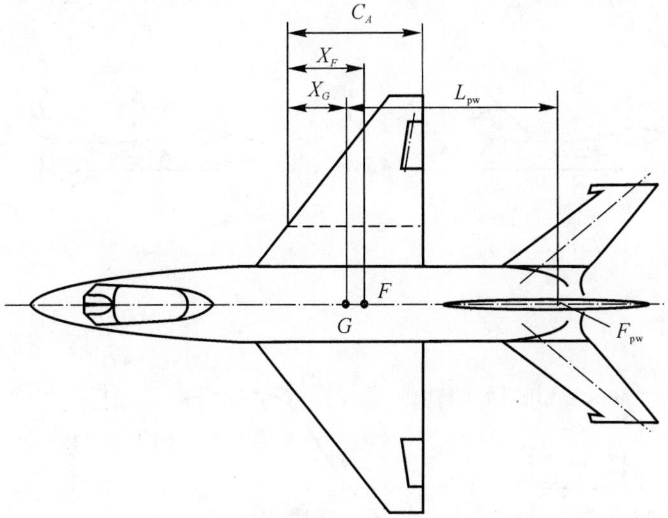

图 2-47　飞机重心、焦点及平均气动弦长

常规飞机为兼顾一定的自然稳定性与操纵性，对纵向静稳定度应有适度要求，一般亚声速时战斗机最佳 $C_{m_{C_L}} = -(3\% \sim 5\%)C_A$，重型轰炸机与运输机的 $C_{m_{C_L}}$ 不小于 $10\%C_A$。

图 2-48 所示为一般飞机与放宽静稳定飞机焦点随 Ma 移动所引起的影响。对于常规飞机如图 2-48(a) 所示，气动焦点总是在重心之后，升力所构成的低头力矩 M_L 和由平尾上偏形成的向下升力 L_φ 所构成的抬头力矩 M_{pw} 平衡。当作超声速飞行时，焦点显著后移，稳定度可增加 3 ～ 4 倍。此时平尾必须提供很

大的配平抬头力矩，从而导致平尾面积和平尾配平角增加，当飞机在升限上飞时，平尾配平角几乎到达极限位置，减小了机动飞行时平尾所需的偏角。又由于尾翼偏角增大，导致尾翼承载增大，其结构质量也相应增加。另外，机翼升力除了平衡重力以外，另需克服尾翼的向下升力，使可用法向力减小，影响飞机机动能力。为了增加机动性，必须增加迎角，此时诱导阻力骤增，显著减小了升阻比。

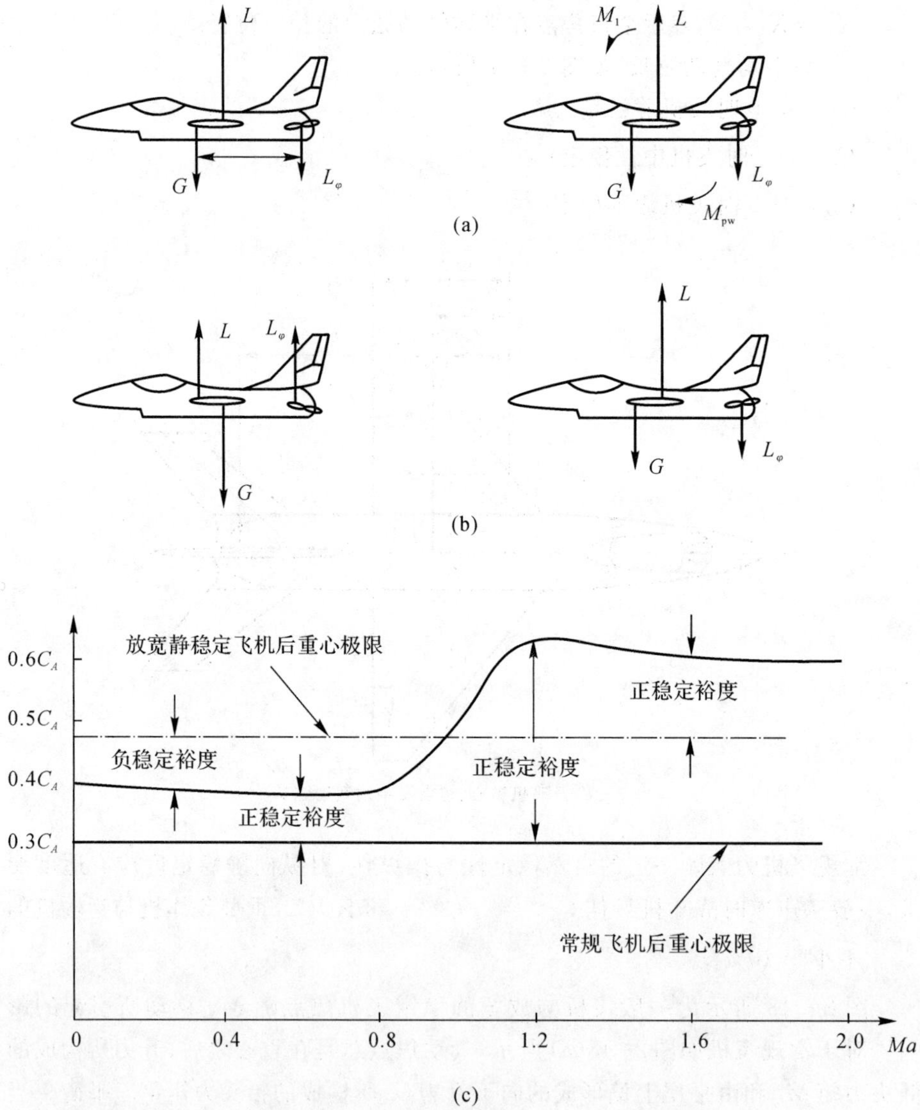

图 2-48　常规飞机与放宽静稳定飞机随 *Ma* 焦点移动对稳定性的影响

(a) 常规飞机；(b) 放宽静稳定飞机；(c) 常规飞机与放宽静稳定飞机随 *Ma* 焦点移动对稳定性的影响

采用放宽静稳定飞机如图 2－48(b) 所示，亚声速时设计成静不稳定（例如 $C_{m_{C_L}}=0.1$），超声速时为静稳定（例如 $C_{m_{C_L}}=-0.05$）。亚声速时，机翼升力形成抬头力矩，此时配平平尾的升力与机翼升力相加，从而使全机升力增加。此时为克服飞机重力所需机翼升力减小，迎角减小，故增加了升阻比。到达超声速时，如图 2－48(c) 所示，由于放宽静稳定飞机的重心比常规飞机靠后，所以正稳定裕度较小，此时配平平尾面积及重力均可减小。故超声速状态仍具有优良的升阻比。

2.8　直接力控制

常规飞机改变飞行轨迹时运用力矩，使飞机产生转动的一种操纵方式。以常规飞机为例，如图 2－49(a) 所示，若平尾上偏，$\Delta\delta_e$ 为负值。飞机产生抬头的操纵力矩形成 $\Delta\ddot{\theta}$，在不计阻尼力矩情况下，经过二次积分才产生姿态的变化 $\Delta\theta$，此时轨迹角还未变，形成迎角增量 $\Delta\alpha$ 从而产生升力变化，产生正的 $\Delta\dot{\gamma}$，两次积分后，引起轨迹高度的变化 ΔH。但是由于平尾上偏后形成的负升力增量，所以首先由它形成的高度变化 ΔH 是下沉的，一直到机翼由于 $\Delta\alpha$ 形成的正升力，超过了平尾负升力形成后飞机才开始上升。一般情况下，大型飞机比小型飞机的操纵滞后更为严重。

正常型飞机的轨迹响应滞后特性如图 2－49(b) 所示，在着陆近地平飞，遇到顺风干扰时，会造成撞地危险。因顺风使飞机空速减小，引起飞机下沉，飞行员拉杆在初始阶段会加大下沉速率，埋下近地飞行撞地隐患。但鸭式布局飞机则不会形成上述危险。

侧向操纵通过副翼改变飞行航迹也会产生类似的滞后现象。如图 2－49(c) 所示，副翼至航迹偏转角 χ 的变化需进行三次积分。这与纵向的 $\Delta\delta_e$ 至航迹倾斜角 γ 的变化需经三次积分一样。

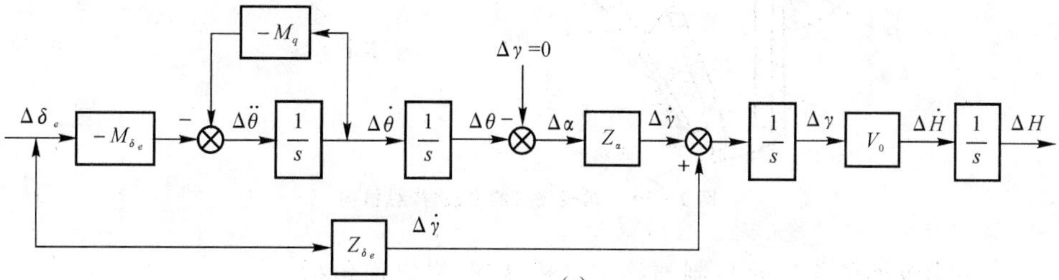

(a)

图 2－49　常规飞机操纵轨迹的特性

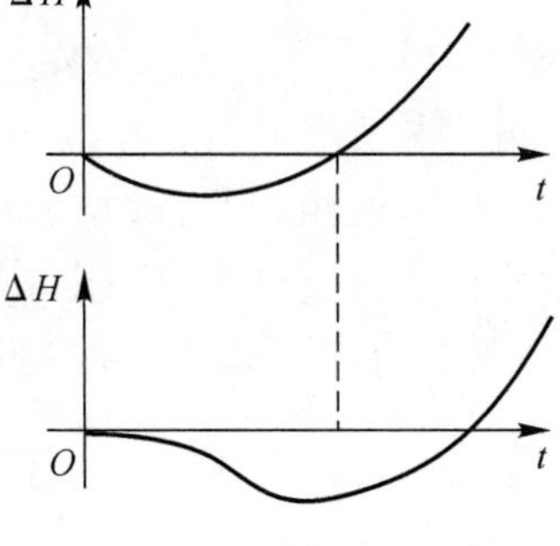

(b)

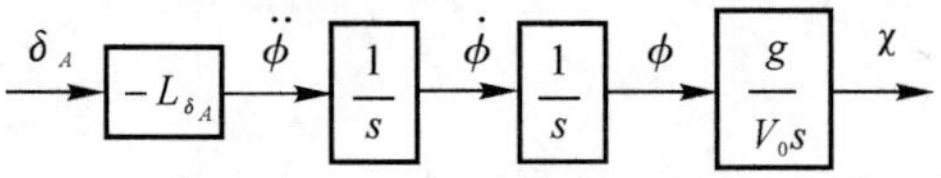

(c)

续图 2-49　常规飞机操纵轨迹的特性

2.8.1　完成特殊使命的气动布局

直接力控制是通过某种气动操纵面使飞机直接产生一种预期轨迹的力。为了阐述具有特殊使命的气动布局，对常规飞机的主、次操纵机构进行回顾，如图 2-50 所示。

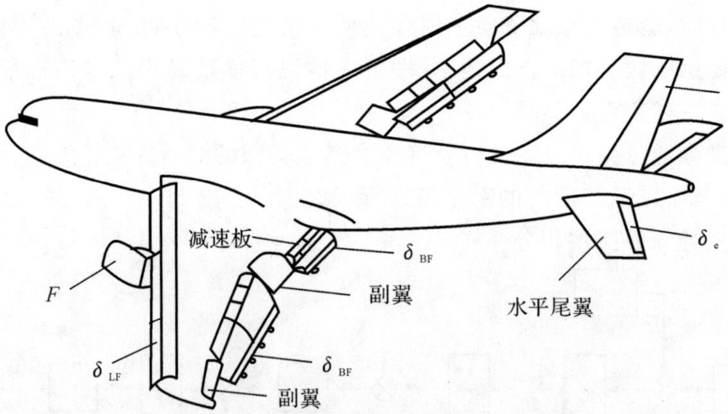

图 2-50　常规飞机的主、次操纵机构

主操纵面的作用是控制与稳定飞机状态，操纵面包括：

(1) 升降舵偏角 δ_e。

(2) 方向舵偏角 δ_r。

(3) 副翼舵偏角 δ_a。

次操纵机构的作用是调节定常飞行状态和飞行速度，主要包括：

(1) 升降舵配平调节，通过调节升降舵或安定面，建立力矩平衡。

(2) 起飞与着陆时增大机翼面积和机翼弯度的增升装置，主要有后缘襟翼 δ_{BF} 与前缘襟翼 δ_{LF}，如图 2-51 所示。

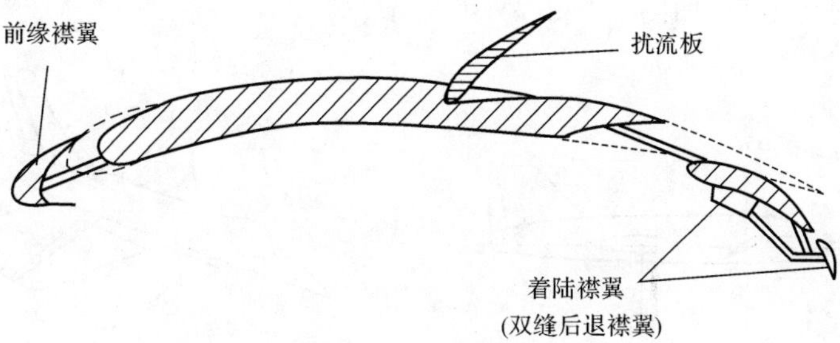

图 2-51　飞机翼剖面

(3) 减速板 δ_S，又称扰流板，陡降时增大阻力，减小升力。它亦可辅助副翼工作。

(4) 发动机推力调节的油门节流度 δ_T，推力作为唯一调节飞机能量的控制量，已发展成为飞行控制必要的调节量。

现代高性能飞机，由于作战任务需求，形成了如下特殊操纵形式：

(1) 在机翼翼端安装的发动机短舱可转动 $0 \sim 90°$，平飞时产生向前的推力，垂直起落悬停时产生升力，调整推力亦可控制飞行姿态[见图 2-52(a)]。

(2) 喷流转向 —— 控制发动机尾喷管转动(例如鹞式飞机)，产生附加的升力与操纵力矩[见图 2-52(b)]。

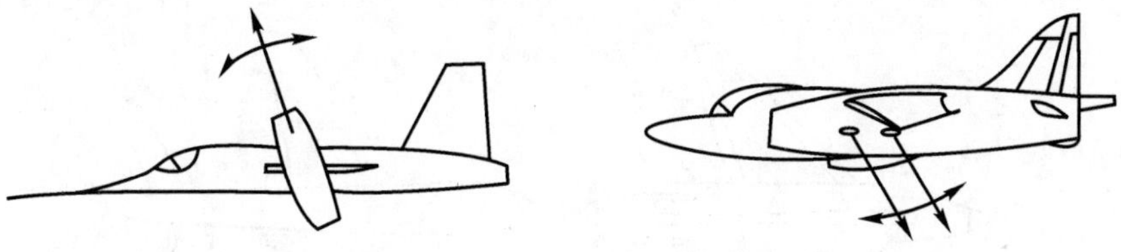

(a)　(b)

图 2-52　垂直及短距起落时推力转向

(3)增设附加操纵面产生直接升力与侧力，如图 2-53 所示。在飞机前部分别设置水平与垂直鸭式舵面，或附加的腹鳍舵。例如水平鸭翼的对称偏转与平尾的结合，如图 2-53(a)所示。它们的纵向力矩互相抵消，则可产生向上升力，曾在 F-4CCV 飞机上应用。如图 2-53(b)所示为垂直鸭翼偏转，借助垂直鸭翼与方向舵协调偏转，可产生直接侧力，曾在 YF-16CCV 飞机上得到验证。

(4)利用现有的操纵面调制出直接升力与侧力，例如在 X-31A 飞机上应用的同方向偏转副翼，在 YF-16 飞机上应用的后缘襟翼同向偏转，产生直接升力，差动偏转时产生滚动力矩，故又称为襟副翼(flaperon)。它与平尾同时偏转产生直接升力效果，如图 2-53(c)(d)所示。

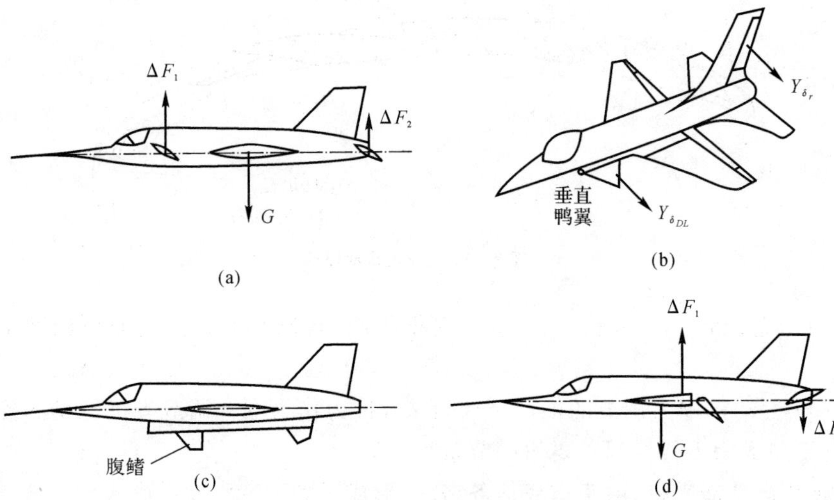

图 2-53 水平与垂直鸭翼及腹鳍

(5)由附加面与尾翼一起，协调偏转产生侧向直接力。如图 2-54 所示，图(a)为由飞机尾部的双立尾转动，图(b)为安装于机翼下面的双垂直面转动。它们的力矩效应由尾部方向舵偏转抵消。

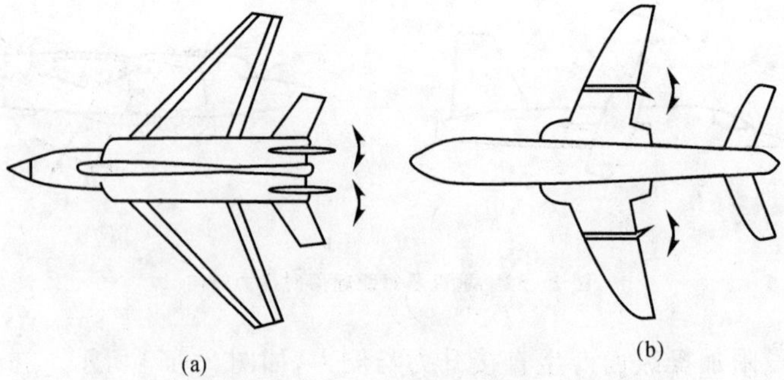

图 2-54 用于侧力操纵的操纵面

(a)双立尾；(b)机翼下排装垂直面

2.8.2　直接力控制的气动作用点位置

以直接升力为例，直接升力的作用点为了不对飞机构成力矩，其作用点不一定在重心上。它取决于作战模态。

设飞机在某高度作等速(V_0)直线定常飞行，此时

$$\sum M = M_0 + M_\alpha^a \alpha_P + M_{\delta_e}^a \delta_{e0} = 0 \tag{2-98}$$

式中，α_P 为定常平飞迎角；δ_{e_0} 为升降舵配平角；M_0 为 α 及 δ_{e0} 均为零时的纵向力矩。

若给出升降舵阶跃偏转，经历短周期过程后，进入稳态的定常曲线飞行，并认为此时速度仍为 V_0，其纵向力矩平衡式为

$$\sum M = M_0 + M_\alpha^a \alpha_P + M_q^a q + M_{\delta_e}^a \delta_e = 0 \tag{2-99}$$

式(2-99)减去式(2-98)，即

$$M_\alpha^a \Delta\alpha + M_q^a q + M_{\delta_e}^a \Delta\delta_e = 0 \tag{2-100}$$

由于静稳定

$$M_\alpha^a = (X_G - X_F) L_\alpha \tag{2-101}$$

又由于曲线定常飞行稳态后

$$q \approx \Delta\dot{\gamma} \approx \frac{1}{mV_0} \Delta\alpha L_\alpha \tag{2-102}$$

将式(2-101)、式(2-102)两式代入式(2-100)，可得

$$\Delta\delta_e = \frac{-1}{M_{\delta_e}^a}\left[(X_G - X_F) + \frac{M_q^a}{mV_0}\right] L_\alpha \Delta\alpha \tag{2-103}$$

法向过载增量为

$$\Delta n_Z = \frac{\Delta L}{G} = \frac{L_\alpha}{G} \Delta\alpha \tag{2-104}$$

用式(2-102)除以式(2-103)可得，产生单位过载的舵偏角为

$$\Delta\delta_e^{n_Z} = \frac{\Delta\delta_e}{\Delta n_Z} = \frac{-G}{M_{\delta_e}^a}\left[X_G - \left(X_F - \frac{M_q^a}{mV_0}\right)\right] \tag{2-105}$$

令

$$X_M = X_F - \frac{M_q^a}{mV_0} \tag{2-106}$$

式中，X_M 表示平均气动弦前缘至机动点 M 的距离，如图 2-55 所示。由于阻尼力矩系数 M_q^a 总是负值，故 X_M 总大于 X_F。将式(2-106)代入式(2-105)可得

$$\Delta\delta_e^{n_Z} = \frac{-G}{M_{\delta_e}^a}(X_G - X_M) \tag{2-107}$$

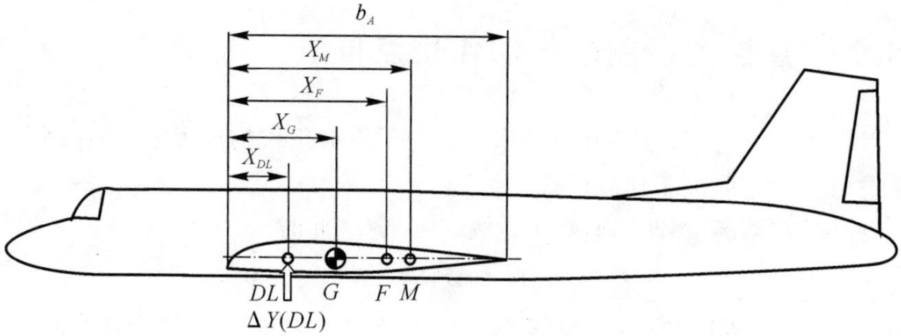

图 2-55　直接升力的作用点 X_{DL}

如图 2-55 所示，直接升力作用点 DL，离重心 G 的位置与机动点 M 离焦点 F 的距离相等。直接升力作用点与重心不重合的物理原因是稳态拉升时存在阻尼力矩 M_q。DL 不与重心 G 重合，其目的是由 L_{DL} 对重心构成的力矩去平衡直接升力模态稳态时的阻尼力矩 M_q。由下式可证明单位直接升力偏转角所构成的力矩等于由它引起的拉升阻尼力矩，即

$$L_{DL}(X_G - X_{DL}) = L_{DL}(X_M - X_F) = \frac{-L_{DL}}{mV_0}M_q^a = -\Delta\dot{\gamma}M_q^a \doteq -M_q^a q \tag{2-108}$$

2.8.3　纵向直接力控制模态

飞机直接力控制通过一些控制面的协调配合直接产生升力或侧力，操纵飞机作“非常规”机动飞行。这对提高现代飞机的作战能力，例如提高飞机机动性，提高轰炸准确度，进行精确飞行轨迹控制具有重要意义。直接力控制包括纵向直接力控制、侧向直接力控制及阻力/推力控制。以下以 YF-16CCV 飞机为背景，论述纵、侧向直接力控制基本工作模态的构成及工作机理。四种纵向直接力控制模态如图 2-56 所示。

纵向直接力控制采用襟副翼的同向偏转及平尾的协调来实现并产生以下四种工作模态。

(1) 直接升力模态($M_{\Delta\alpha=0}$)。在迎角不变的条件下($\Delta\alpha=0$)，控制飞机法向加速度，迅速而直接地控制纵向轨迹，以利于作战状态的迅速轨迹拉起。

(2) 机身俯仰指向($M_{\Delta\gamma=0}$)。在纵向飞行轨迹不变($\Delta\gamma=0$) 的条件下，改变飞机的俯仰姿态，以利于空地射击时延长接火时间。

(3) 垂直机身平移($M_{\Delta\theta=0}$)。在不改变俯仰姿态($\Delta\theta=0$) 的条件下，控制飞

机轨迹上下平移，以利于轨迹的精确修正。

(4) 机动增强／阵风缓和模态(M_{ME})。将常规俯仰控制与直接升力控制进行组合，以增强对法向加速度指令的响应能力，或抑制垂直阵风扰动的能力。

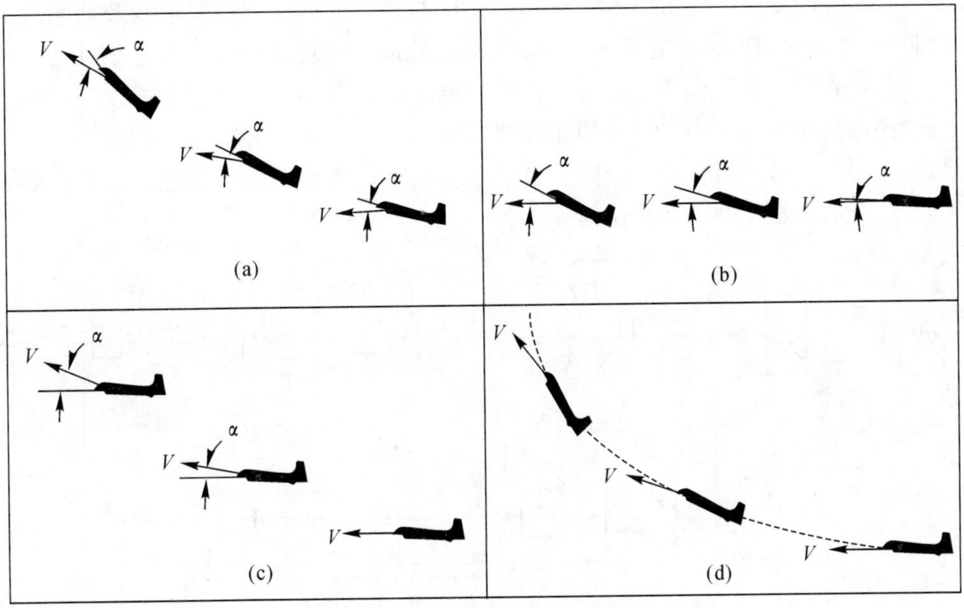

图 2－56　四种纵向直接力控制模态

1. 纵向基本控制模态(M_B)

以上 4 种直接力控制是在飞机基本控制模态的基础上，通过解耦及修正而形成的，因此首先论述其基本模态的构成。图 2－57 所示为基本模态 M_B 框图，基本模态即电传操纵的飞行控制系统。由于采用了放宽静稳定技术，飞机在亚声速飞行时为静不稳定，超声速时由于焦点后移成为静稳定，自然飞机的迎角在亚声速时构成正反馈，超声速时构成负反馈。

(1) 基本模态中设置由迎角传感器构成的迎角反馈增稳回路，并根据不同 M 数，按预定的程序改变反馈信息的大小与极性，使飞机在亚声速与超声速状态下均具有适中的稳定裕度。

(2) 设置法向加速度 Δa_z 反馈，使驾驶杆力信号与飞机法向加速度一一对应，从而使飞机操纵特性不随飞行速度、高度和飞机带外挂物时外形变化而改变。加速度计设置滞后网络以过滤高频噪声，所设置的速率陀螺反馈可以增加机体的俯仰运动阻尼。速率陀螺回路设置洗出网络，以滤去低频稳态信号，使系统对飞机稳态运动信息不起阻尼作用。

(3) 当执行平飞加速(发动机加大油门)时,驾驶杆可不施力。此时,控制系统能随速度的改变而自动改变舵面与迎角的大小,实现自动配平。为了改善飞机的操纵性,在基本模态的正向通道引入积分,以增加系统的无差度。

(4) 为了确保大范围内的飞行安全,基本模态设置指令过载限制及迎角限制。超声速飞行时迎角往往不大,法向过载易偏大;而低速飞行时,过载往往不大而迎角可能偏大,因此需要分别设置限制。过载限制只需在指令中设置限幅器,而迎角限制需要引入迎角的非线性反馈,如图 2-58 所示。为了使迎角限制具有良好效果,非线性斜率较陡。为了确保在强的迎角反馈下系统仍具有良好的稳定性,需在反馈中引入超前补偿。

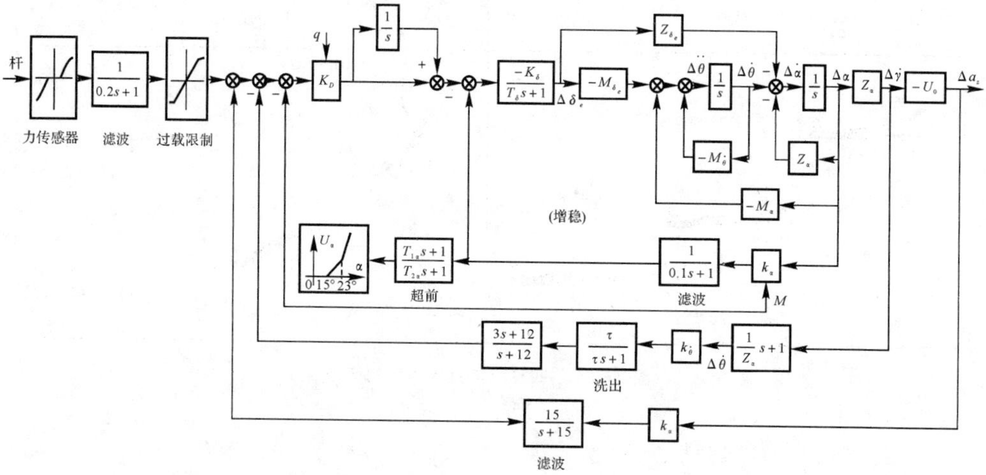

图 2-57 基本模态

2. 直接升力模态($M_{\Delta\alpha=0}$)的实现

直接升力模态要求控制法向加速度,保持原有迎角不变。飞行员(驾驶员)操纵驾驶杆顶部的直接升力按钮,输出电信号驱动襟副翼对称偏转,与此同时还相应输出信号驱动平尾偏转,以保持力矩平衡和原有迎角不变。另外,操纵直接升力过程中,驾驶杆并不施力,直接升力产生的法向加速度和俯仰速率将受到基本模态法向加速度反馈和俯仰速率反馈的阻尼,亦即法向加速度控制回路,此时,将改变迎角以确保法向加速度为零。因此,在操纵直接升力面时必须相应地输出信号分别抵消俯仰速率及法向加速度的反馈信号中,如图 2-59 所示。

由图2-59可知,直接升力模态和基本模态的联系是通过引入三个传递函数$\left(\frac{U_{\delta_e}}{U_{\delta_F}}\right)$,$\left(\frac{U_{\dot\theta}}{U_{\delta_F}}\right)$,$\left(\frac{U_{a_Z}}{U_{\delta_F}}\right)$。其目的是使系统解耦与补偿。它们的引入不影响基本

模态动特性。

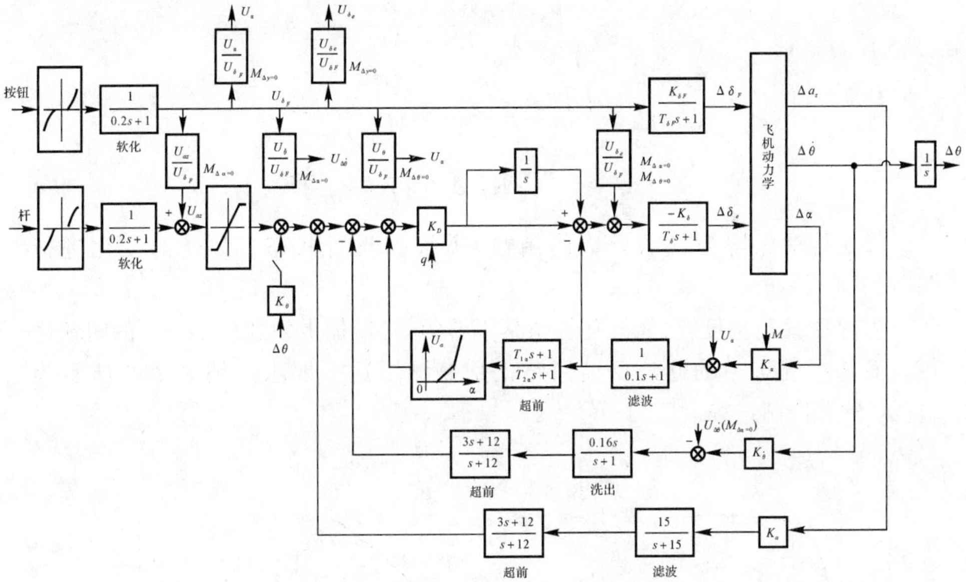

图 2－58　直接升力($M_{\Delta\alpha=0}$，$M_{\Delta\theta=0}$，$M_{\Delta\gamma=0}$)模态的构成

这三个传递函数如欲达到动态过程的主补偿是较困难的，实际上只求稳态补偿。传动比$\frac{U_{a_Z}}{U_{\delta_F}}$没有直接加到法向加速度的输出端，而是加到基本模态过载限幅器之前。其设计思想是，当直接升力过大，超过法向过载允许范围时，该信号 U_{a_Z} 受到限制，法向加速度反馈信号一旦超过 U_{a_Z} 信号的限幅值，基本模态就驱动舵机减小迎角，以确保过载的限制。

直接升力控制通道中也引入软化环节，以使飞机的机动不至过于剧烈。

传动比：$\left.\frac{U_{\delta_e}}{U_{\delta_F}}\right|_{\Delta\alpha=0}$，$\left.\frac{U_{a_Z}}{U_{\delta_F}}\right|_{\Delta\alpha=0}$，$\left.\frac{U_{\dot\theta}}{U_{\delta_F}}\right|_{\Delta\alpha=0}$的选择可根据它们的作用，列出主通道和补偿通道结构图，令其综合点稳态输出为零即得，如图 2－59 所示。

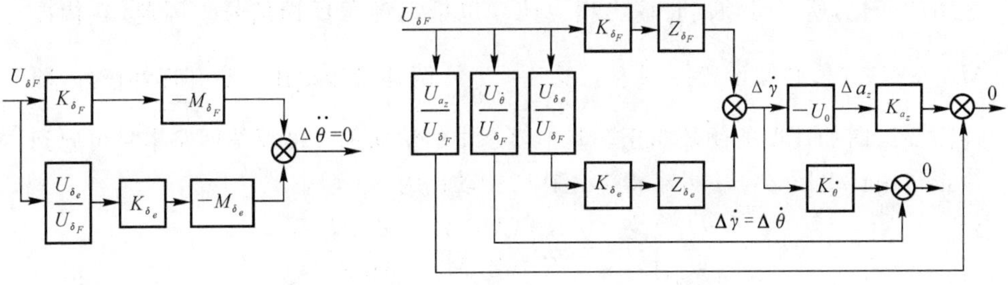

图 2－59　$M_{\Delta\alpha=0}$ 模态解耦及补偿传动比的求取

由图 2－59 可求得

$$\left.\frac{U_{\delta_e}}{U_{\delta_F}}\right|_{\Delta\alpha=0}=\frac{K_{\delta_F}}{K_{\delta_e}}\cdot\frac{M_{\delta_F}}{M_{\delta_e}}$$

$$\left.\frac{U_{a_Z}}{U_{\delta_F}}\right|_{\Delta\alpha=0}=U_0K_{\delta_F}\left(Z_{\delta_F}+\frac{M_{\delta_e}}{M_{\delta_F}}Z_{\delta_e}\right)K_{a_Z}$$

$$\left.\frac{U_{\dot\theta}}{U_{\delta_F}}\right|_{\Delta\alpha=0}=\left(\frac{M_{\delta_F}}{M_{\delta_e}}K_{\delta_e}Z_{\delta_e}+K_{\delta_F}Z_{\delta_F}\right)K_{\dot\theta}$$

以上传动比均为气动导数的函数，需根据飞行状态（M,q）的变化进行调节。

为保证控制精度，仅靠开环补偿是不够的，必须加上使迎角 $\Delta\alpha=0$ 的闭环修正。而基本模态中的迎角反馈回路正是兼顾了这一要求。图 2－60 所示为 $M_{\Delta\alpha=0}$ 模态控制过程。

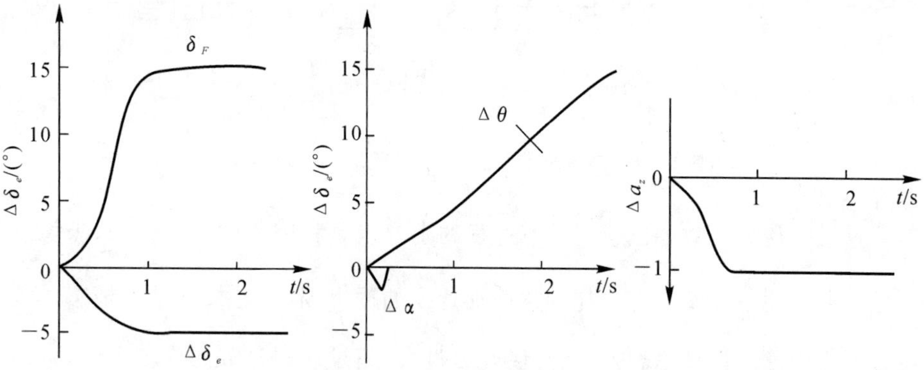

图 2－60　$M_{\Delta\alpha=0}$ 模态的控制特性

3. 机身俯仰模态 $M_{\Delta\gamma=0}$

机身俯仰模态要求在飞行轨迹不变（$\Delta\gamma=\Delta\dot\gamma=0$）的条件下，改变俯仰角（$\Delta\theta$），亦即改变迎角（$\Delta\alpha$）。因此在偏转襟副翼产生直接升力时，必须同时偏转平尾使迎角减小，以保持法向加速度不变。由于基本模态中的迎角反馈会阻止迎角的变化，所以必须同时输出相应信号以抵消迎角反馈信号。因此，在构成 $M_{\Delta\gamma=0}$ 模态时，必须设置$\left.\frac{U_{\delta_e}}{U_{\delta_F}}\right|_{\Delta\gamma=0}$ 及$\left.\frac{U_{\alpha}}{U_{\delta_F}}\right|_{\Delta\gamma=0}$ 两补偿传动比。除开环补偿外，同样需要法向加速度的闭环修正。基本模态中的法向加速度反馈回路本身可起到修正作用。由图 2－61 可求得上述补偿传动比为

$$\left.\frac{U_{\delta_e}}{U_{\delta_F}}\right|_{\Delta\gamma=0}=\frac{K_{\delta_F}(M_{\delta_F}Z_{\alpha}-Z_{\delta_P}M_{\alpha})}{K_{\delta_e}(Z_{\delta_e}M_{\alpha}-M_{\delta_e}Z_{\alpha})}$$

$$\left.\frac{U_\alpha}{U_{\delta_F}}\right|_{\Delta\gamma=0}=\frac{-k_\alpha}{M_\alpha}\left(k_{\delta_F}M_{\delta_F}+\left.\frac{U_{\delta_e}}{U_{\delta_F}}\right|_{\Delta\gamma=0}k_{\delta_e}M_{\delta_e}\right)$$

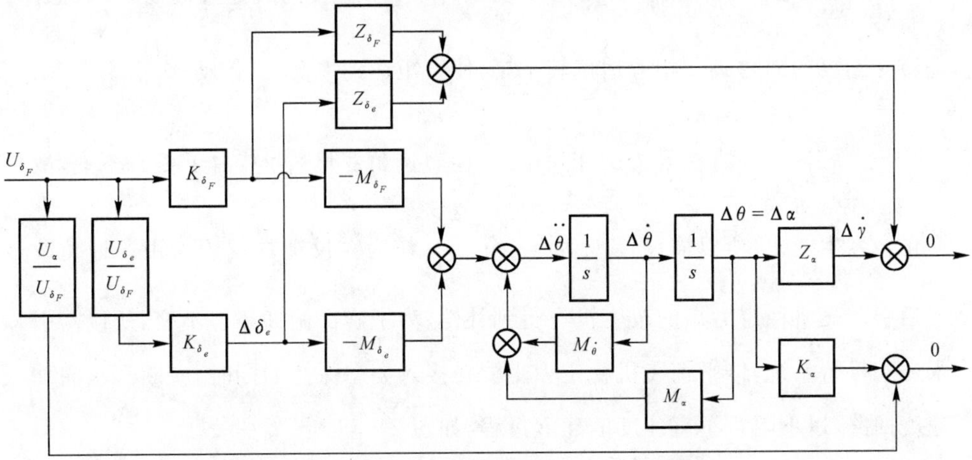

图 2-61　$M_{\Delta\gamma=0}$模态，求取补偿传动比结构图

图 2-62 所示为 $M_{\Delta\gamma=0}$ 动态过程。应指出的是 $\Delta\delta_e$ 的偏转一方面要平衡 $\Delta\delta_F$ 所引起的力矩，另外还需克服 $\Delta\alpha$ 引起的静稳定力矩。在两者共同的作用下，$\Delta\delta_e$ 比模态 $M_{\Delta\alpha=0}$ 时的偏转量减小。

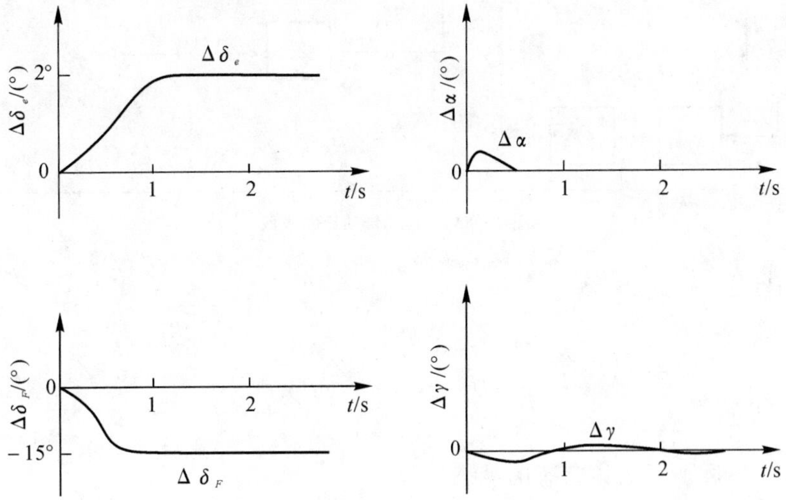

图 2-62　$M_{\Delta\gamma=0}$动态过程

4. 垂直平移模态 $M_{\Delta\theta=0}$

$M_{\Delta\theta=0}$ 模态要求保持俯仰姿态不变条件下，控制飞机的垂直速度。因此在偏转襟副翼的同时必须相应地偏转平尾，使力矩达到平衡，其传动比 $\left.\frac{U_{\delta_e}}{U_{\delta_F}}\right|_{\Delta\theta=0}$ 与 $\left.\frac{U_{\delta_e}}{U_{\delta_F}}\right|_{\Delta\alpha=0}$ 相同。在直接升力的作用下，产生轨迹角变化($\Delta\gamma$)，由于姿态不变，故迎角会发生变化，所以需设置传动比 $\left.\frac{U_\alpha}{U_{\delta_F}}\right|_{\Delta\theta=0}$ 作为 α 反馈的偏置。由于迎角改变后引起飞机稳定力矩的改变没有得到补偿，为了确保俯仰姿态不变，所以需引入姿态保持系统，以平衡飞机稳定力矩。在接入姿态保持的同时，应断开法向加速度回路，以不阻止垂直速度的建立过程，如图 2－58 所示。

$M_{\Delta\theta=0}$ 模态的迎角偏差量传动比 $\left.\frac{U_\alpha}{U_{\delta_F}}\right|_{\Delta\theta=0}$ 的求取，如图 2－63 所示。

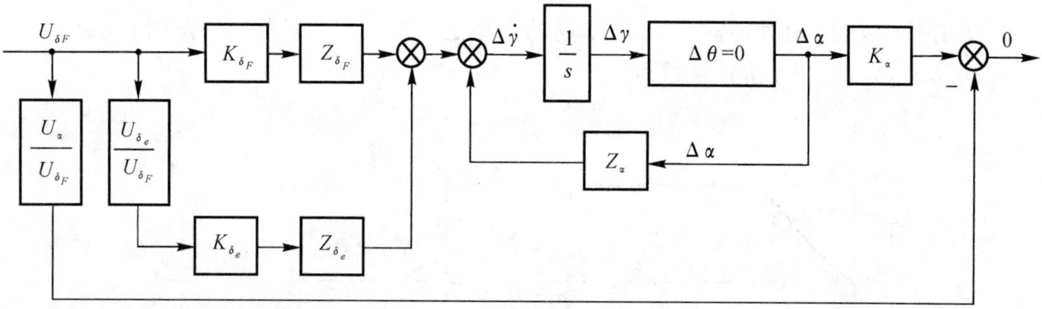

图 2－63　$M_{\Delta\theta=0}$ 传动比的求取

由图 2－63 可得

$$\left.\frac{U_\alpha}{U_{\delta_F}}\right|_{\Delta\theta=0}=\frac{-K_\alpha}{Z_\alpha}\left(K_{\delta_F}Z_{\delta_F}+\left.\frac{U_{\delta_e}}{U_{\delta_F}}\right|_{\Delta\theta=0}K_{\delta_e}Z_{\delta_e}\right)=\frac{-K_\alpha K_{\delta_F}}{Z_\alpha}\left(\frac{M_{\delta_F}}{M_{\delta_e}}Z_{\delta_e}+Z_{\delta_F}\right) \tag{2-109}$$

图 2－64 所示为该状态的动态过程。

在 $\Delta\delta_F$ 作用下，开始时建立法向加速度，在建立一定的迎角变化后，法向加速度趋向于零。飞机在姿态不变的条件下以一定的轨迹角飞行。

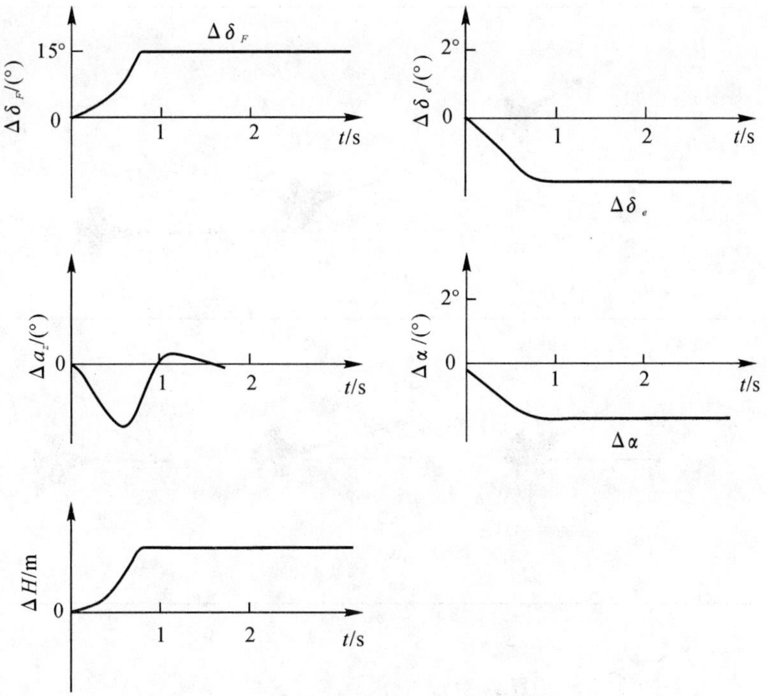

图 2-64　$M_{\Delta\theta=0}$ 动态过程

2.8.4　侧向直接力控制模态

侧向直接力的几种控制模态与纵向直接力的控制模态相类似。在基本侧向模态的基础上，借助安装在机头腹部的垂直鸭翼 δ_c 产生直接侧力，也可通过推力转向产生。利用方向舵 δ_r 及副翼舵 δ_a 的协调偏转进行解耦，按不同模态要求进行开环补偿及闭环修正，可产生以下三种模态，如图 2-65 所示。

(1) 直接侧力模态 $M_{\beta=0}$。在侧滑角 $\beta=0$，无滚转 $\Phi=0$ 的条件下，控制飞机的侧力或侧向加速度，实现飞机"平转弯"，可用于空战，空-地投放武器后快速转弯。

(2) 机身偏航指向模态 $M_{\chi=0}$。在航迹（侧向加速度）不变的条件下，控制飞机偏航姿态角 Ψ，可使飞机延长接火射击时间。

(3) 侧向平移模态 $M_{\psi=0}$。在不改变偏航姿态（$\psi=0$）的条件下控制飞机侧向加速度，达到左右平移，以利于侧向航迹的精确修正、着陆的抗侧风修正及编队飞行。

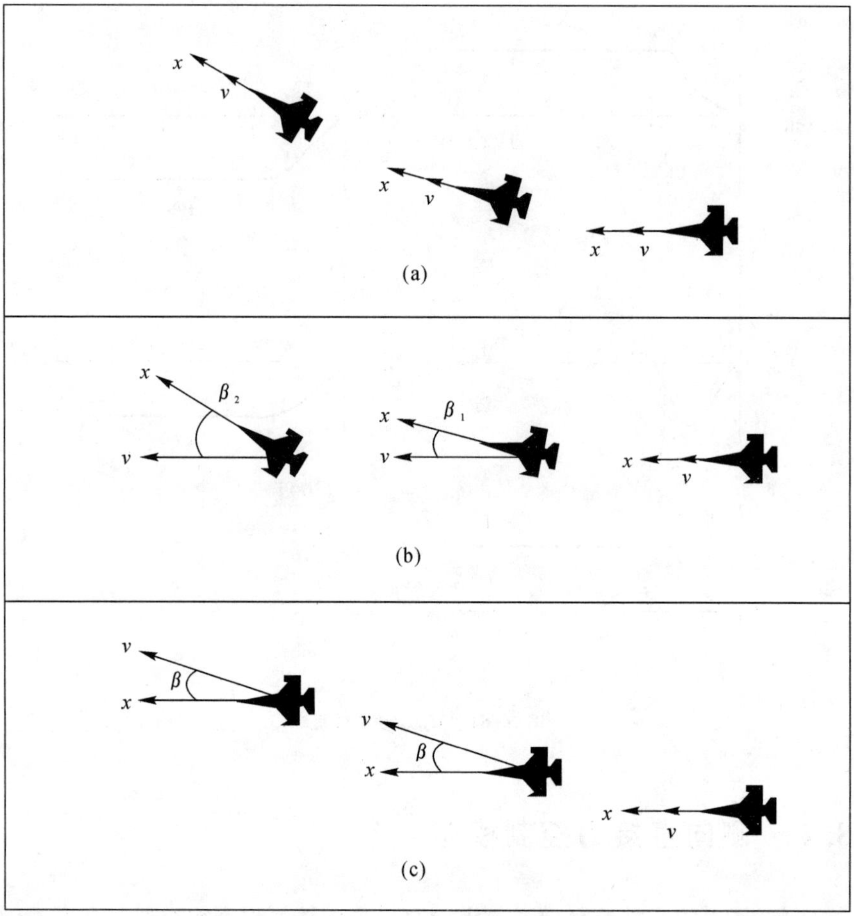

图 2－65　侧向控制三种模态

(a)$M_\beta=0$；(b)$M_{\Delta\chi}=0$；(c)$M_{\Delta\psi}=0$

1. 侧向基本模态 M_y

侧向基本模态的构成遵循副翼与方向舵协调控制的规则：由副翼舵通道执行控制指令使飞机产生滚转，产生侧向加速度 $\Delta a_y=v_0\Delta\dot{\chi}$，完成对航迹角 χ 的控制；由方向舵通道完成协调控制，力求机头跟踪速度向量，以消除侧滑角 β。当实现大迎角机动飞行时，要求飞机绕速度矢量轴进行滚转的控制要求。侧向基本模态的结构配置如图 2－66 所示。

飞机侧向小扰动动力学方程为

$$
\left.\begin{aligned}
\dot{\beta} &= -y_\beta \beta - y_{\delta_r}\delta_r - y_\phi \phi + \alpha_0 p - r - y_{\delta_c}\delta_c \\
\dot{p} &= -L_\beta \beta - L_p p - L_r r - L_{\delta_a}\delta_a - L_{\delta_r}\delta_r - L_{\delta_c}\delta_c \\
\dot{r} &= -N_\beta \beta - N_p p - N_r r - N_{\delta_r}\delta_r - N_{\delta_a}\delta_a - N_{\delta_c}\delta_c
\end{aligned}\right\} \qquad (2-110)
$$

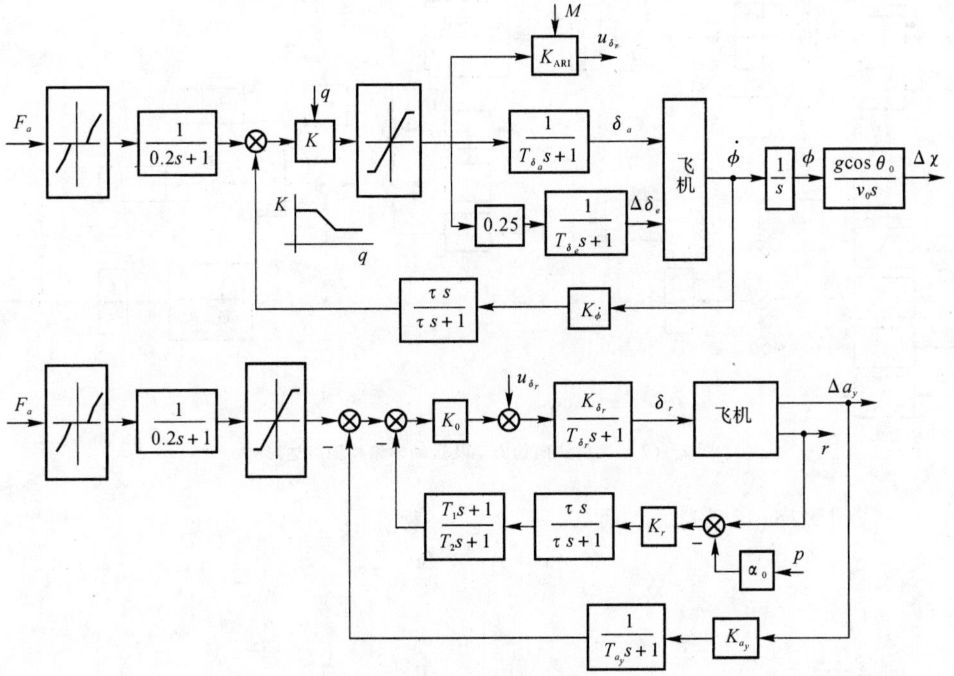

图 2-66　M_y 结构配置

运动学方程为

$$
\left.\begin{aligned}
\dot{\phi} &= p + \tan\theta_0 r \\
y_\phi &= -\frac{g\cos\theta_0}{u_0} \\
\dot{\psi} &= \frac{1}{\cos\theta_0} r \\
\chi &= \psi + \frac{\beta - \sin\alpha_0 \phi}{\cos\gamma_0} \\
\dot{y}_a &= u_0 \cos\gamma_0 \chi
\end{aligned}\right\} \qquad (2-111)
$$

为表明各物理量关系，列出其相应结构图，如图 2-67 所示。

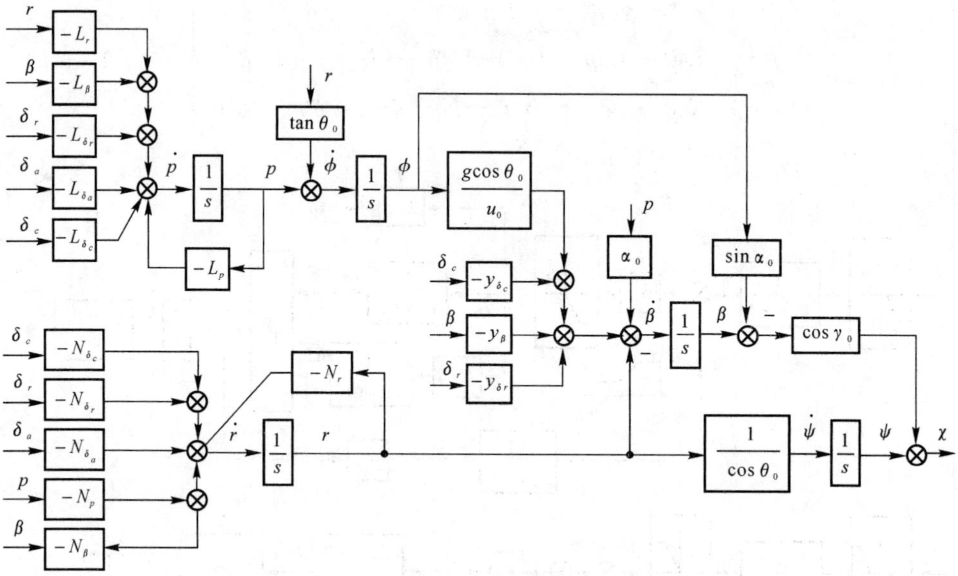

图 2-67　飞机侧向动力学及运动学结构图表达形式

飞机侧向运动的状态方程为

$$\dot{\boldsymbol{x}} = \boldsymbol{A}\boldsymbol{x} + \boldsymbol{B}\boldsymbol{u} \tag{2-112}$$

$$\boldsymbol{A} = \begin{bmatrix} -y_\beta & \alpha_0 & -1 & -y_\phi \\ -L_\beta & -L_p & -L_r & 0 \\ -N_\beta & -N_p & -N_r & 0 \\ 0 & 1 & \tan\theta_0 & 0 \end{bmatrix}, \quad \boldsymbol{B} = \begin{bmatrix} 0 & -y_{\delta_r} & -y_{\delta_c} \\ -L_{\delta_a} & -L_{\delta_r} & -L_{\delta_c} \\ -N_{\delta_a} & -N_{\delta_r} & -N_{\delta_c} \\ 0 & 0 & 0 \end{bmatrix}$$

为便于仿真研究，列出某歼击机在一定基准状态下的参数：

$$u_0 = 0.5M,\quad H = 0\ \text{km},\quad \alpha_0 = 12^\circ,\quad \gamma_0 = -3.5^\circ,$$

$$\phi_0 = \psi_0 = \beta_0 = 0,\quad p_0 = \gamma_0 = 0$$

$$\boldsymbol{A} = \begin{bmatrix} -0.354\,9 & 0.209\,4 & -1.000 & 0.057 \\ -63.32 & -2.446 & 0.822 & 0.000 \\ 4.73 & 0.048\,8 & -0.433 & 0.000 \\ 0.000 & 1.000 & 0.149\,5 & 0.000 \end{bmatrix}$$

$$\boldsymbol{B} = \begin{bmatrix} 0.000 & 0.048\,72 & -0.038 \\ -20.90 & 7.953 & -0.024\,0 \\ -0.505\,4 & -2.653 & -1.38 \\ 0.000 & 0.000 & 0.000 \end{bmatrix}$$

对图 2-68 所示侧向基本模态方向舵 δ_r 通道控制律构成的机理分析如下。

(1) 在 δ_r 中引入 r 反馈，对方向舵作用的荷兰滚模态进行阻尼。

图 2-68 所示曲线 1 为 δ_r 脉冲作用下，自然飞机响应，曲线 2 为引入 r 反馈响应后，飞机对 δ_r 响应，从而明显地显示了 r 反馈对阻尼荷兰滚模态作用。

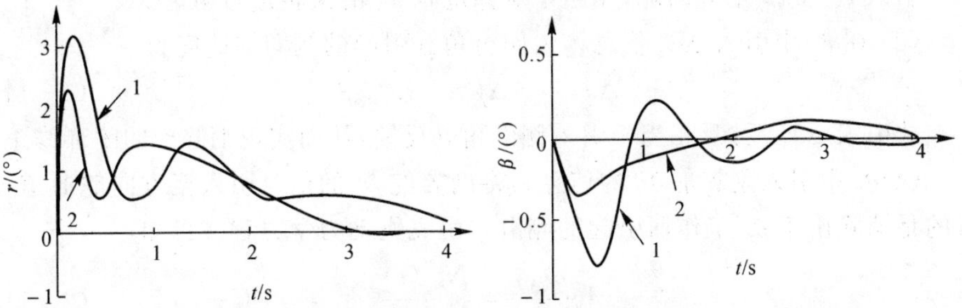

图 2-68　δ_r 通道具有不同控制律时的动特性

(2) 在 δ_r 中引入 $\alpha_0 p$ 作用。由侧力方程：

$$\dot{\beta} = -y_\beta \beta - y_\phi \phi + \alpha_0 p - r - y_{\delta_r} \delta_r$$

可知，若将 $\alpha_0 p$ 信息引入 δ_r 通道，如图 2-66 所示，使 $r=\alpha_0 p$，则可消除由基准迎角 α_0、滚转角速率 p 所引起的 $\dot{\beta}$。其物理实质是，引入 $\alpha_0 p$ 至 δ_r，且使 $r=\alpha_0 p$，相当于使飞机绕稳定轴 x_s（速度矢量 u）进行滚转，由图 2-69 可知，若

$$p\sin\alpha_0 - r\cos\alpha_0 = 0 \tag{2-113}$$

也即

$$r = p\tan\alpha_0 \doteq \alpha_0 p \tag{2-114}$$

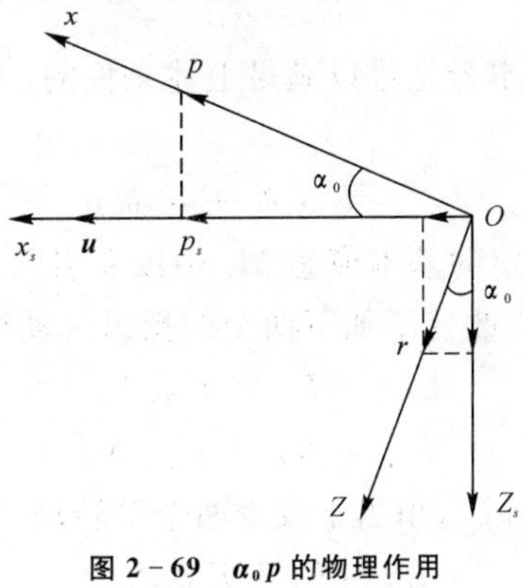

图 2-69　$\alpha_0 p$ 的物理作用

因此在较大迎角 α_0 下，δ_r 通道采用图 2-67 所示控制律可使飞机绕速度矢量 u 转动，以利于消除侧滑。另外，由图 2-69 可得

$$r_s = r\cos\alpha_0 - p\sin\alpha_0 \doteq r - \alpha_0 p \tag{2-115}$$

因此，图 2-66 中角速率通道控制律可写成

$$\delta_r=\frac{k_{\delta_r}}{T_{\delta_r}s+1}\frac{\tau s}{\tau s+1}\frac{T_1 s+1}{T_2 s+1}k_r k_0(r-\alpha_0 p) \tag{2-116}$$

引入 $r-\alpha_0 p$ 至方向舵，相当于对稳定轴 x_s 的滚转进行阻尼。

(3) 在 δ_r 中引入 Δa_y 信息。由侧滑角 β 引起的侧向加速度为

$$\Delta a_y=v_0\Delta\dot{\chi}=-v_0 y_\beta\beta \tag{2-117}$$

故引入 Δa_y 反馈，相当于引入侧滑角 β 反馈，从而实现消除 β 的闭环修正。

(4)δ_r 中引入副翼舵 δ_a 的信息。将副翼舵 δ_a 的信息引入至方向舵通道，其目的是消除由于 δ_a 工作而引起的侧滑。由飞机动力学方程式可知

$$\frac{\beta(s)}{\delta_a(s)}=\frac{N_{\delta_a}^{\beta}(s)}{\Delta(s)} \tag{2-118}$$

使 $N_{\delta_a}^{\beta}(s)=0$，则能消除由 δ_a 偏转而产生的侧滑。而

$$N_{\delta_c}^{\beta}(s)=(N_{\delta_a}-\alpha_0 L_{\delta_a})s^2+[N_{\delta_{aL}}(L_p+L_r\alpha_0)-L_{\delta_a}(N_p+N_r\alpha_0-y_\phi)]s+$$
$$L_{\delta_a}y_\phi N_r-N_{\delta_a}L_r y_\phi=As^2+Bs+C$$

故实现 $\beta=0$ 的自然飞机气动条件须满足：

当 $As^2=0$ 时，有

$$N_{\delta_a}=\alpha_0 L_{\delta_a} \tag{2-119}$$

当 $Bs=0$ 时，有

$$N_p=y_\phi+\alpha_0 p \tag{2-120}$$

当 $C=0$ 时，有

$$N_r=\alpha_0 L_r \tag{2-121}$$

但是，依靠自然飞机本身是难以满足上述条件的，为此，可在 δ_r 通道中引入如下交联信息：

$$\delta_r=K_{\text{ARI}}\delta_a+K_{\text{ARP}}p \tag{2-122}$$

注：在图 2-66 所确定的基本模态 M_y 中没有引入 K_{ARP} 项。

$K_{\text{ARI}}\delta_a$ 的引入相当于改变了如下两个舵操纵气动导数：

$$L_{\delta_a,e}=L_{\delta_a}+K_{\text{ARI}}L_{\delta_r} \tag{2-123}$$

$$N_{\delta_a,e}=N_{\delta_a}+K_{\text{ARI}}N_{\delta_r} \tag{2-124}$$

而交联项 $K_{\text{ARP}}p$ 引入 δ_r，相当于改变两个轴转动的阻尼特性：

$$L_{pe}=L_p+K_{\text{ARP}}L_{\delta_r} \tag{2-125}$$

$$N_{pe}=N_p+K_{\text{ARP}}N_{\delta_r} \tag{2-126}$$

将式(2-120) 至式(2-123) 代入式(2-115)，则可求得

$$N_{\delta_a}^{\beta}(s)\,|_{\delta_r=K_{\text{ARI}}\delta_a+K_{\text{ARP}}p}=As^2+Bs+C=0$$

的条件：

当 $As^2=0$ 时，有

$$N_{\delta_a}+K_{\mathrm{ARI}}N_{\delta_r}=(L_{\delta_a}+L_{\delta_r}K_{\mathrm{ARI}})\alpha_0 \tag{2-127}$$

当 $Bs=0$ 时，有

$$\alpha_0(L_p+K_{\mathrm{ARP}}+\alpha_0N_r)=\alpha_0N_r+(N_p+K_{\mathrm{ARP}})-y_\phi \tag{2-128}$$

当 $C=0$ 时，有

$$(L_{\delta_a}+K_{\mathrm{ARI}}L_{\delta_r})N_r=(N_{\delta_a}+K_{\mathrm{ARI}}N_{\delta_r})L_r \tag{2-129}$$

由式(2-127)及式(2-129)可分别求得满足式(2-127)及式(2-129)的 K_{ARI}：

$$K_{\mathrm{ARI}}=\frac{\alpha_0L_{\delta_a}-N_{\delta_a}}{N_{\delta_r}-L_{\delta_r}\alpha_0}\quad 或\quad K_{\mathrm{ARI}}=\frac{N_{\delta_a}L_r-L_{\delta_a}N_r}{L_{\delta_r}N_r-N_{\delta_r}L_r} \tag{2-130}$$

K_{ARI} 可通过仿真按式(2-130)折中地确定。

由式(2-127)可确定另一交联增益 K_{ARP} 值(在图 2-49 所确定的基本模态 M_y 中没有引入此项)

$$K_{\mathrm{ARP}}=\frac{\alpha_0(N_r-L_p)+N_p-y_\phi}{\alpha_0L_{\delta_r}-N_{\delta_r}} \tag{2-131}$$

如图 2-70 所示为侧滑角 β 对副翼舵 δ_a 的脉冲响应。其中曲线 1 为自然飞机时，曲线 2 为 δ_r 中只引入 r，α_0p 及 Δa_y 时的响应，曲线 3 为增加了副翼对方向舵通道的交联 $K_{\mathrm{ARI}}\delta_a$ 信息后 β 动态响应。显示了 $K_{\mathrm{ARI}}\delta_a$ 对消除侧滑的明显效果。

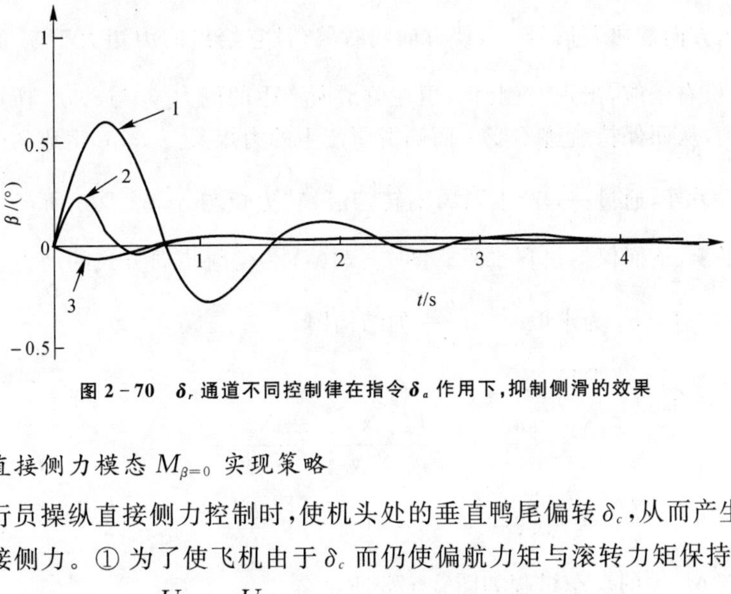

图 2-70　δ_r 通道不同控制律在指令 δ_a 作用下，抑制侧滑的效果

2. 直接侧力模态 $M_{\beta=0}$ 实现策略

飞行员操纵直接侧力控制时，使机头处的垂直鸭尾偏转 δ_c，从而产生改变航迹的直接侧力。① 为了使飞机由于 δ_c 而仍使偏航力矩与滚转力矩保持平衡，在此设置力矩解耦系数 $\frac{U_{\delta_r}}{U_{\delta_c}}$ 及 $\frac{U_{\delta_a}}{U_{\delta_c}}$ 使方向舵 δ_r 及副翼舵 δ_a 作相应偏转，如图

2-71(a) 所示，以实现平转弯。② 通过$\frac{U_{\dot{\psi}}}{U_{\delta_c}}$及$\frac{U_{a_y}}{U_{\delta_c}}$，产生偏航速率及侧向加速度偏置信号，以消除基本模态对平转弯的阻止作用。③ 为了使机头跟踪速度向量$\beta=0$，设置了β反馈至δ_r的闭环修正回路。故最终的$M_{\beta=0}$模态的实现策略如图2-71(b)(c) 所示。

由图 2-72，可得

$$\frac{u_{\delta_r}}{u_{\delta_c}}=-\frac{k_{\delta_c}N_{\delta_c}}{k_{\delta_r}N_{\delta_r}} \tag{2-132}$$

$$\frac{u_{\delta_a}}{u_{\delta_c}}=\frac{k_{\delta_c}}{k_{\delta_a}L_{\delta_a}}\left[\frac{N_{\delta_c}L_{\delta_r}}{N_{\delta_r}}-L_{\delta_c}\right] \tag{2-133}$$

$$\frac{u_{a_y}}{u_{\delta_c}}=u_0k_{a_y}\left[\frac{k_{\delta_c}N_{\delta_c}y_{\delta_r}}{N_{\delta_r}}-k_{\delta_r}y_{\delta_c}\right] \tag{2-134}$$

$$\frac{u_{\dot{\psi}}}{u_{\delta_c}}=k_{\dot{\psi}}k_{\delta_c}\left[\frac{N_{\delta_c}y_{\delta_r}}{N_{\delta_r}}-y_{\delta_c}\right] \tag{2-135}$$

$M_{\beta=0}$ 模态的动态过程如图 2-73 所示，δ_c 偏转 25°。

3. 机身偏航指向模态 $M_{\chi=0}$ 的实现策略

该模态要求在不改变航迹角 $\Delta\chi=0$ 的条件下，控制飞机的偏航姿态。例如需要向右偏航瞄准目标，飞行员给出指令使 δ_c 右偏，产生左侧力及左偏力矩。此时给出方向舵协调信号$\frac{u_{\delta_r}}{u_{\delta_c}}$，使方向舵右偏，且它给出的力矩大于 δ_c 的偏航力矩，使飞机右偏航，出现左侧滑。由左侧滑所产生的侧力 y_β 与δ_c，δ_r 所产生的侧力相平衡，从而保持航迹不变。而侧滑所产生的力矩又与δ_c，δ_r 生成的合成力矩相平衡。另外，通过$\frac{u_{\delta_a}}{u_{\delta_c}}$，产生副翼偏转，其滚转力矩与 δ_c，δ_r 及β 所产生的滚转力矩相平衡，从而保持机翼水平。图 2-74(a) 为偏航指向方式的动力学关系示意图，图 2-74(b) 为求取$\frac{u_{\delta_r}}{u_{\delta_c}}$及$\frac{u_{\delta_a}}{u_{\delta_c}}$的结构图。

由图 2-74 可求得

$$\frac{u_{\delta_r}}{u_{\delta_c}}=\frac{-k_{\delta_c}[N_\beta y_{\delta_c}+N_{\delta_c}y_\beta]}{k_{\delta_r}[N_\beta y_{\delta_r}+N_{\delta_r}y_\beta]} \tag{2-136}$$

$$\frac{u_{\delta_a}}{u_{\delta_c}}=\frac{k_{\delta_c}}{k_{\delta_a}}\left[\frac{N_{\delta_c}L_\beta}{L_{\delta_a}N_\beta}-\frac{L_{\delta_c}}{L_{\delta_a}}\right]+\frac{u_{\delta_r}}{u_{\delta_c}}\left[\frac{L_\beta N_{\delta_r}}{L_{\delta_a}N_\beta}-\frac{L_{\delta_r}}{L_{\delta_a}}\right]\frac{k_{\delta_r}}{k_{\delta_a}} \tag{2-137}$$

模态 $M_{\chi=0}$ 的动态过程如图 2-75 所示。

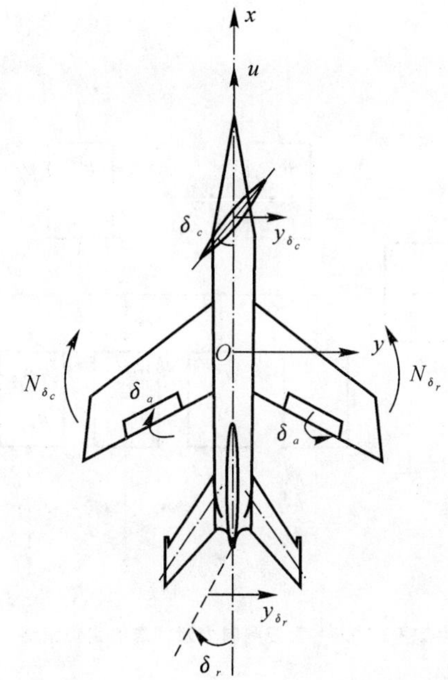

(a)

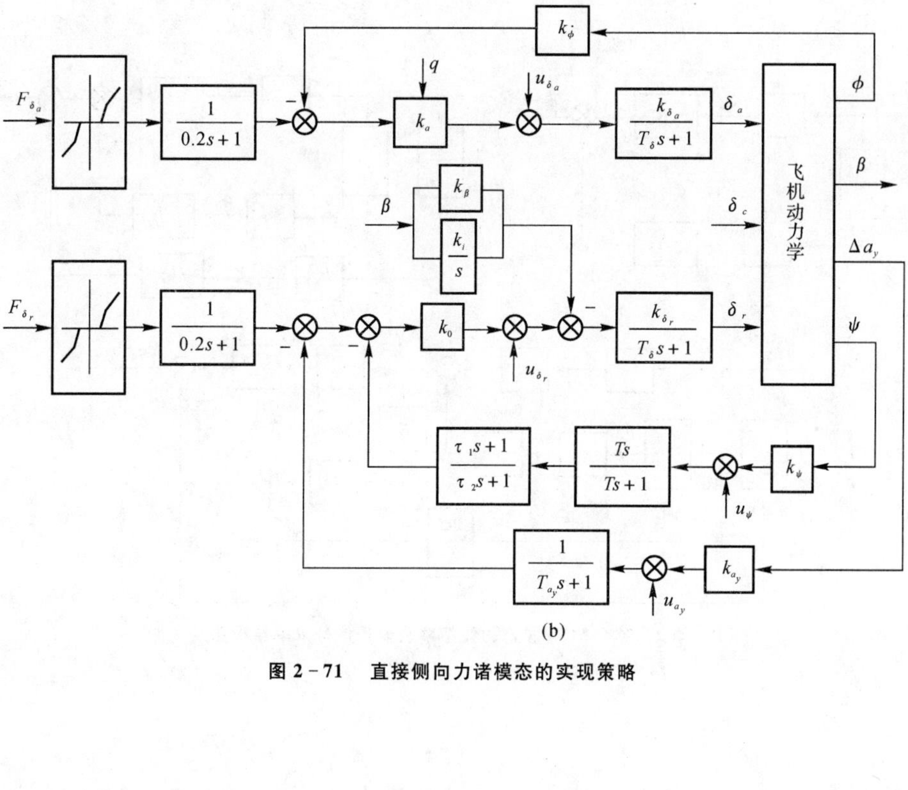

(b)

图 2-71　直接侧向力诸模态的实现策略

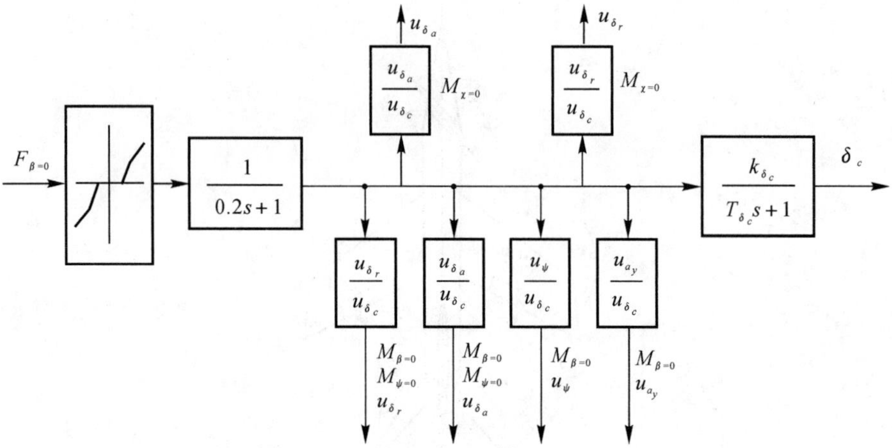

(c)

续图 2-71　直接侧向力诸模态的实现策略

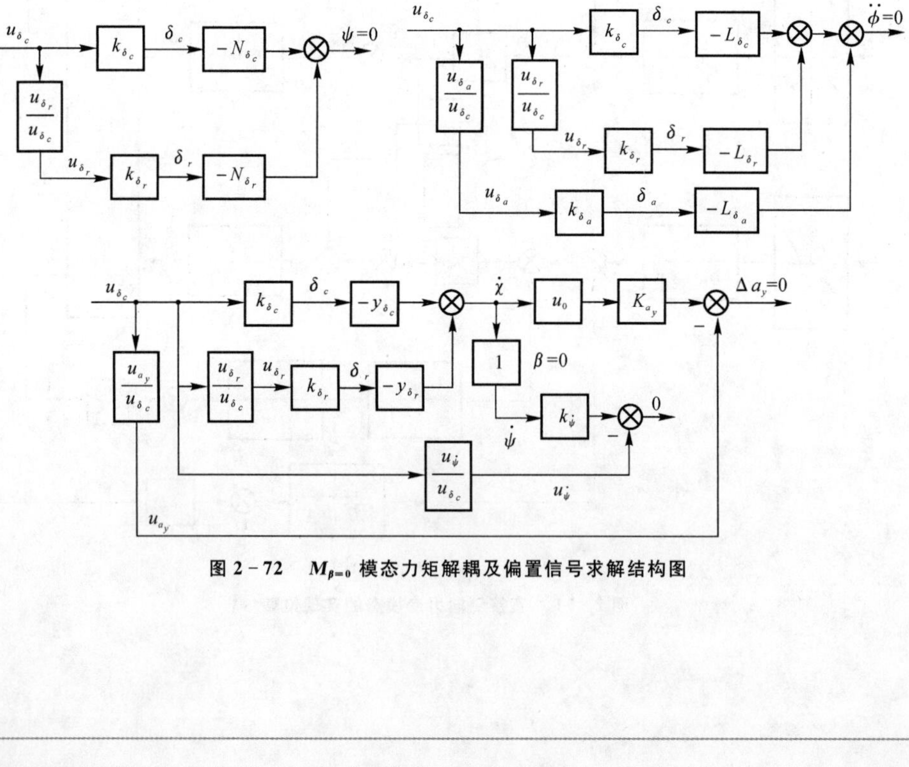

图 2-72　$M_{\beta=0}$ 模态力矩解耦及偏置信号求解结构图

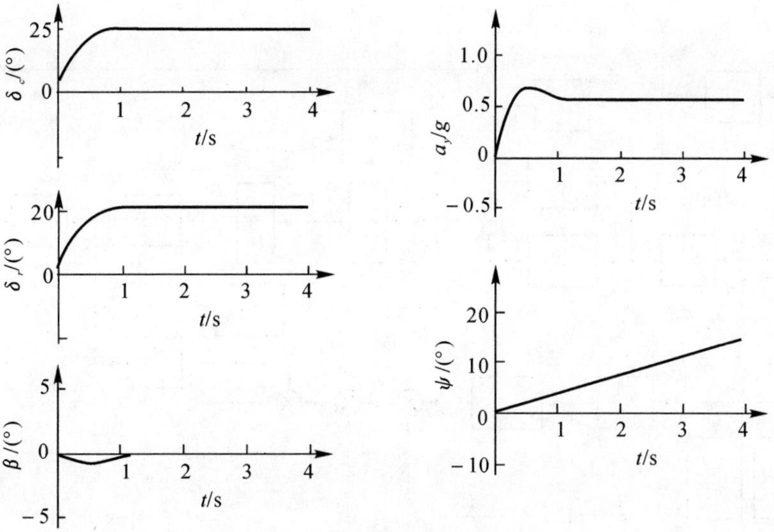

图 2-73　$M_{\beta=0}$ 模态控制的动态过程

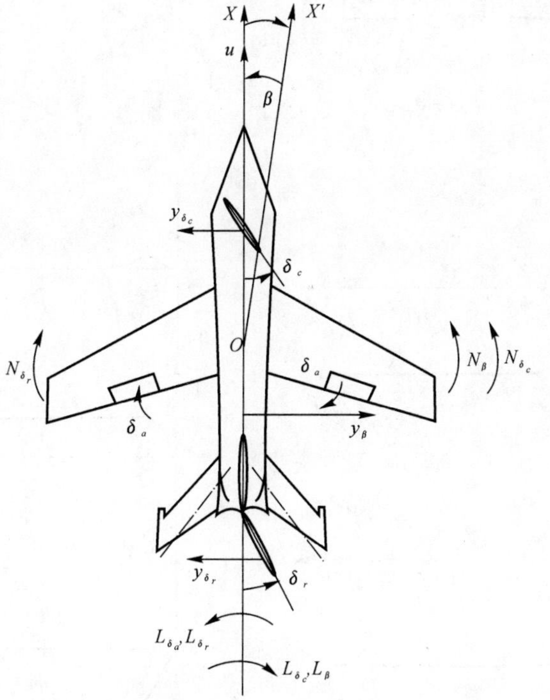

(a)

图　2-74

(a) 偏航指向方式的动力学关系示意图

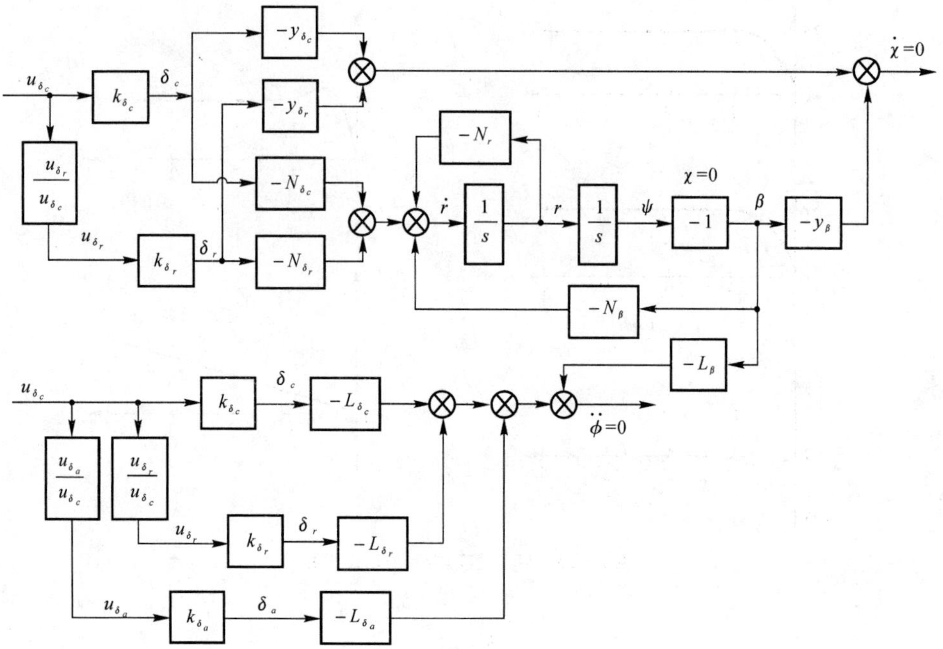

(b)

续图 2-74

(b) $M_{\chi=0}$ 模态协调信号求取原理图

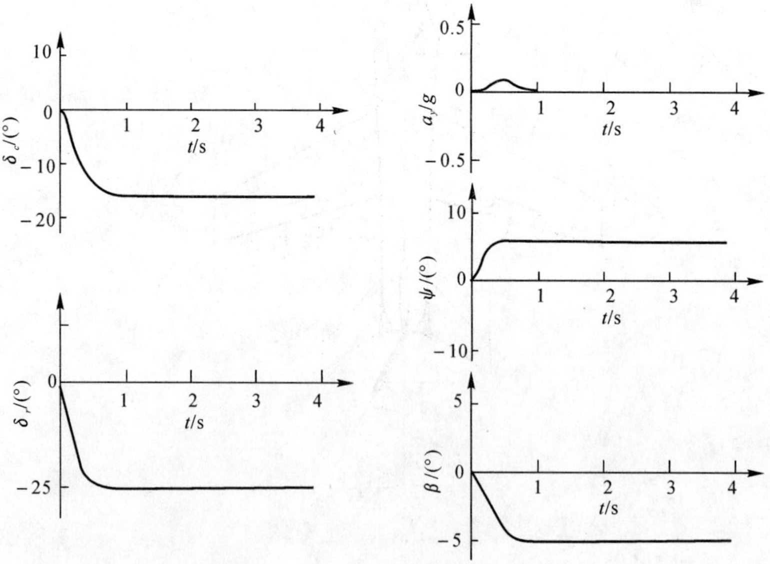

图 2-75 $M_{\chi=0}$ 模态动态响应

一般航向指向模态可使机头偏转 $\pm 5°$，该模态用于空对空，空对地的攻击中，可相应地扩大攻击范围。

4. 侧向平移模态 $M_{\psi=0}$

侧向平移是在不改变飞机航向姿态角（$\Delta\psi = 0$）及滚转角（$\Delta\phi = 0$）的条件下，控制飞机的侧向速度 u_y，使飞机作平移。其动力学关系如图 2－76(a) 所示。当需向右平移速度为 u_y 时，驾驶员发出指令，使 δ_c 左偏，同时：① 给出方向舵协调信号$\frac{u_{\delta_r}}{u_{\delta_c}}$，使 δ_r 向左偏，由其产生的偏航力矩与 δ_c 偏航力矩相反，起平衡作用。δ_r 的侧力与 δ_c 侧力相一致。两个侧力的合力使飞机产生侧向加速度及侧向平移速度 u_y，并引起侧滑角 β。② 为了使由 β 引起的偏航力矩不产生右偏航，应接通航向角稳定系统。③ 为了保持滚转力矩平衡，还应接通副翼通道的稳定系统。稳态时，由 β 引起的侧力与 δ_r，δ_c 引起的侧力平衡，飞机以恒定速度 u_y 作平移。

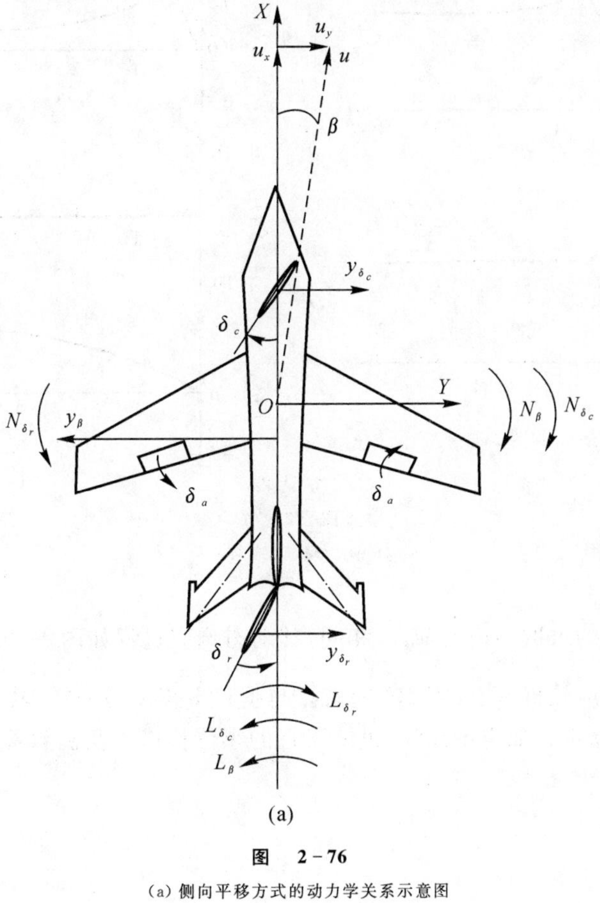

(a)

图　2－76

(a) 侧向平移方式的动力学关系示意图

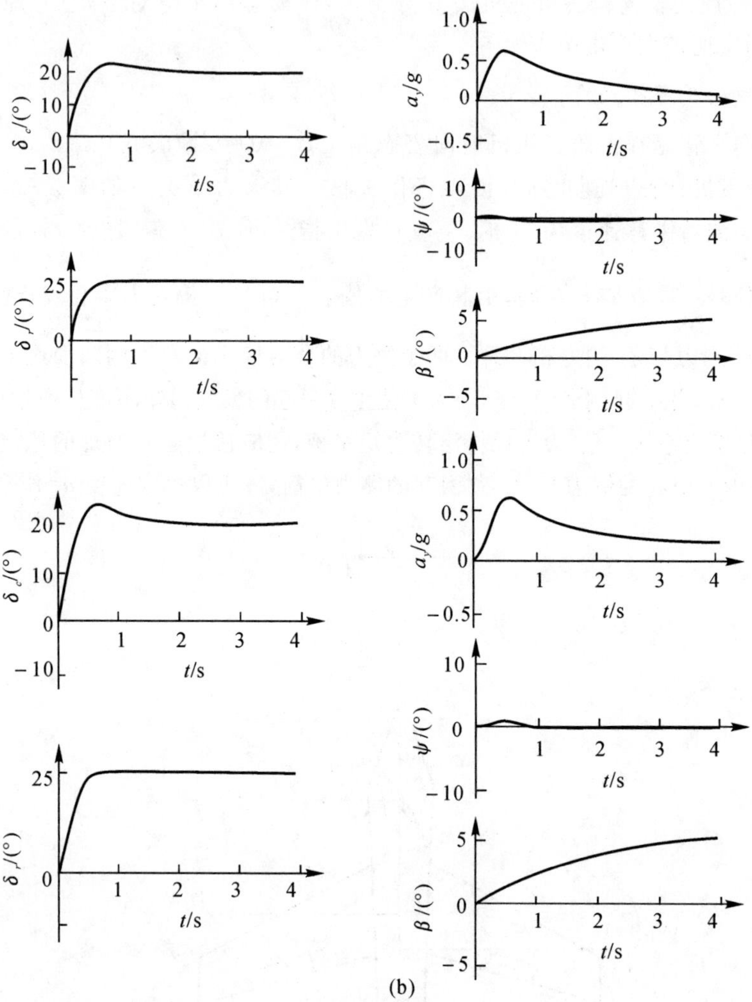

(b)

续图 2-76

(b) $M_{\psi=0}$ 模态动态响应

$\dfrac{u_{\delta_r}}{u_{\delta_c}}$ 及 $\dfrac{u_{\delta_a}}{u_{\delta_c}}$ 的求取与模态 $M_{\beta=0}$ 相同，其动态响应过程如图 2-76(b) 所示。侧向平移过程响应较慢，一般需 10″ 左右。与垂直平移模态一样，其主要用于小幅值、慢响应的修正。如空中加油、编队飞行的小位移修正及抗侧风着陆。

2.8.5　抗侧风着陆的主动控制技术

侧风对安全着陆有很大危害性，而常规飞机抗侧风着陆系统存在缺陷，使飞机设计人员的目光逐渐投向主动控制设计技术，将直接侧力这一主动控制技术用于抗侧风着陆。

本节将提出三种不同的抗侧风控制系统，即常规控制的：① 侧航法；② 侧滑法；③ 主动控制直接侧力控制法。首先阐述抗侧风着陆常规控制技术。

1. 抗侧风着陆的常规控制

飞机理想着陆的基本要求是：

(1) V_d 与跑道中心线方向一致，即航迹偏转角 $\Delta\chi=0$，本节假设中心线指北，故 $\Delta\chi=\chi$。

(2) 机体轴 X 与跑道中心线方向一致，以使起落架滑跑方向与跑道中心线一致。由以上两项可知，V_d 所构成的侧滑角 $\beta_d=0$。

(3) 机翼处于水平位置，即飞机滚转角 $\phi=0$，以避免大翼展飞机翼尖触地。

(4) 飞机相对跑道中心的侧向偏移 $\Delta Y=0$。

显然，与跑道中心线方向一致是着陆最基本要求。在侧风作用下，为保证地速仍与跑道中心一致，通常有所谓侧航法（crabbed approach）和侧滑法（sideslipping）。

1) 侧航法着陆示意图如图 2－77 所示，这是一种侧风作用下无侧滑的着陆形式，机头迎着侧风方向转过一偏航角 ψ，与空速 V_K 重合，即 $\psi=-\beta_w$，其中 β_w 为侧风所引起的等效扰动侧滑角，且

$$\beta_w\approx-\frac{W_y}{V_d}$$

此法的缺点是，抵消侧风气动效果是靠机头转向。这就要求在接地前飞机绕航向 Z 轴纠正偏航角，进行反侧航机动，使起落架随飞机而转向跑道中心线方向。

图 2－78 所示为侧航法的波速导引着陆系统结构图，由副翼与方向舵两通道组成，副翼 δ_a 通道的任务是在侧风作用下使飞机的航向稳定在跑道中心线上，力求使波束偏差角 $\lambda=0$；而方向舵通道由侧滑角传感器构成系统负反馈，使机头跟踪空速 V_K，完成无侧滑飞行。系统较全面地考虑了在侧风作用下的横侧向互相交联关系。侧向波束偏差纠正系统是在横滚角控制回路的基础上，采用误差的 PID 控制而构成的，其中所增加的角积分负反馈相当于波束偏差角的微分信号，以进一步改善系统的动特性。如图 2－79、图 2－80 所示分别为 －10 m/s

阶跃侧风及“1—cos”型阵风作用下三种抗侧风着陆系统动态响应，其中标志为1的是侧航着陆系统的动态响应。

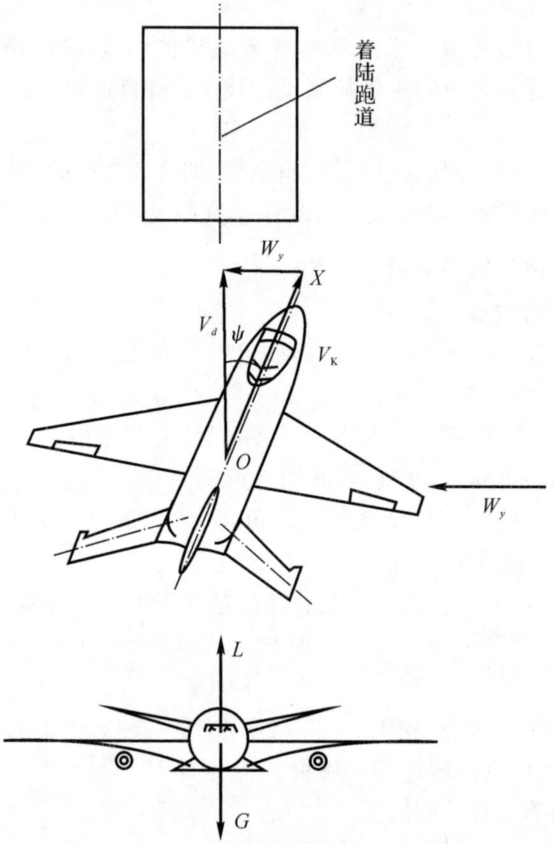

图 2-77　侧航法着陆示意图

2）侧滑法。地速 V_d 和飞机纵轴 X 均指向跑道中心线。在侧风作用下，带侧滑角 β_w 飞行，如图 2-81 所示。为平衡由于侧滑而引起的气动力，飞机必须有一滚转角 ϕ 以平衡侧滑而引起的侧力。因此，必须偏转相应的副翼 δ_a，与方向舵 δ_r 平衡由于侧滑而引起的滚转与偏航力矩。图 2-82 所示为 $\omega_y=10$ m/s 阶跃作用下，侧滑着陆系统 ϕ，δ_a，δ_r 的动态响应。

$$L\sin\phi+Y^{\beta}\beta_w=0 \tag{2-138}$$

可知，对短距起落飞机，由于起飞着陆速度的减小，侧风将等效成较大的 β_w，从而要求有较大的横滚角 ϕ，这种非对称着陆显然增加了大翼展飞机着陆时翼尖触地的危险。

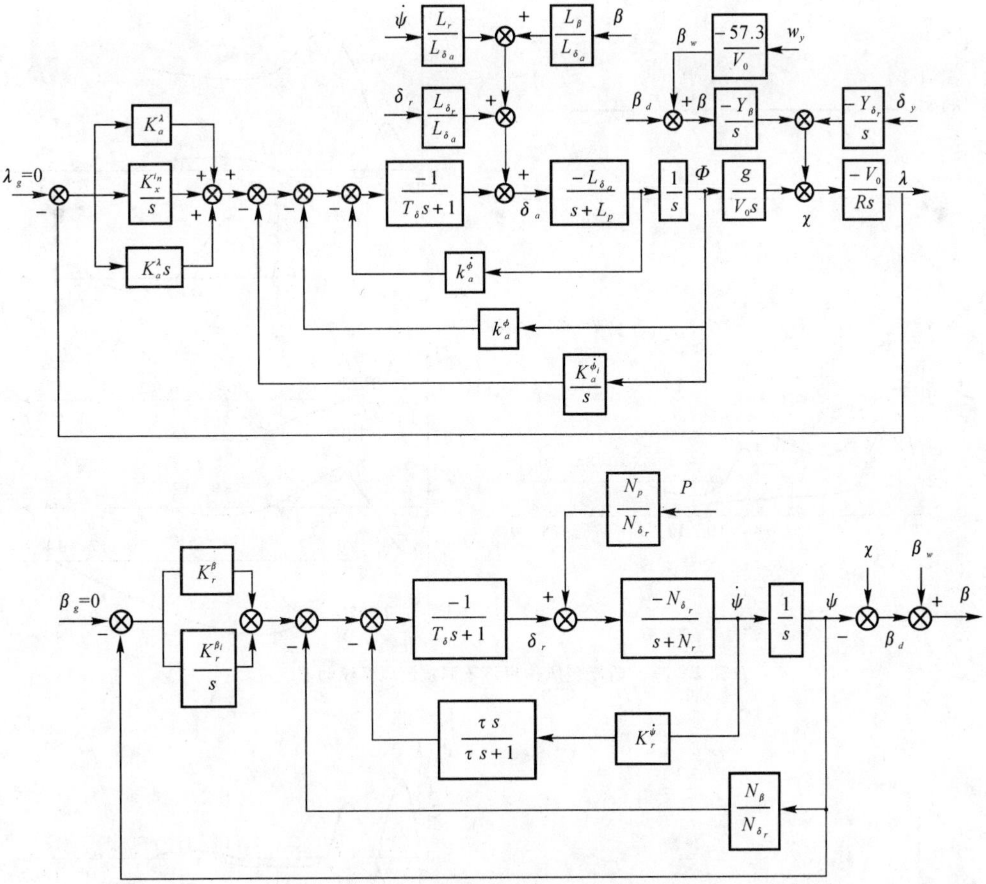

图 2-78　侧航法的波速导引着陆系统结构图

侧滑着陆系统结构图，其副翼通道与侧航法的图 2-78 一致，而方向舵通道由航向陀螺提供航向角的负反馈，以实现航向稳定。为便于比较，图 2-79 和图 2-80 中标志为 2 的曲线为侧滑着陆时系统动态响应。

2. 抗侧风着陆的主动控制技术

抗侧风的主动控制技术是指用直接力的气动效应以平衡侧风所致的侧滑气动效应，从而使图 2-83 所示的理想着陆状态成为可能。在有侧风情况下，机头 X 及地速 V_d 均对准跑道中心线，而飞机无须滚转 $\phi=0$，产生侧力的途径是多种的，但采用机头垂直鸭翼 δ_c 的优点是为平衡 δ_c 所需方向舵 δ_r 的偏转增强了侧力控制作用，另外也有助于排除有害的气流干扰影响。

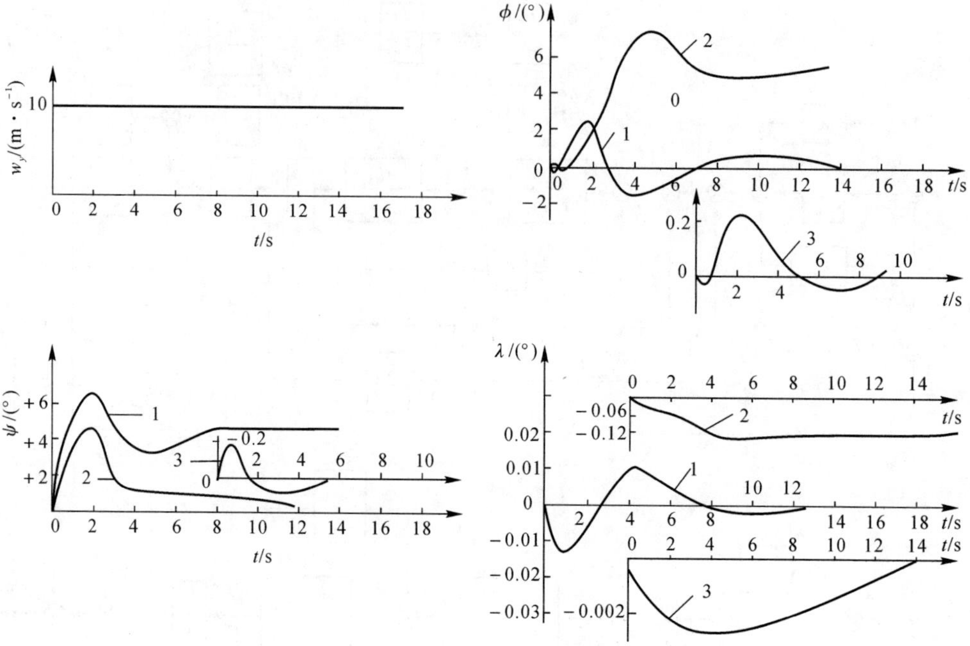

图 2-79　阶跃侧风作用下不同抗侧风系统动态响应

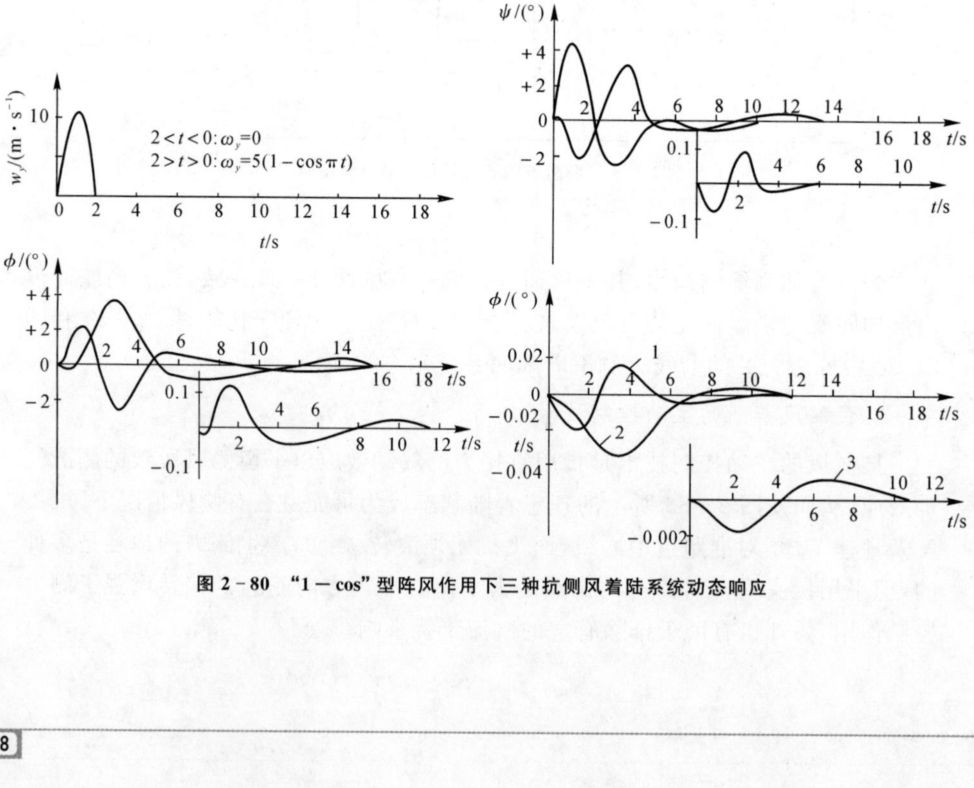

图 2-80　“1－cos”型阵风作用下三种抗侧风着陆系统动态响应

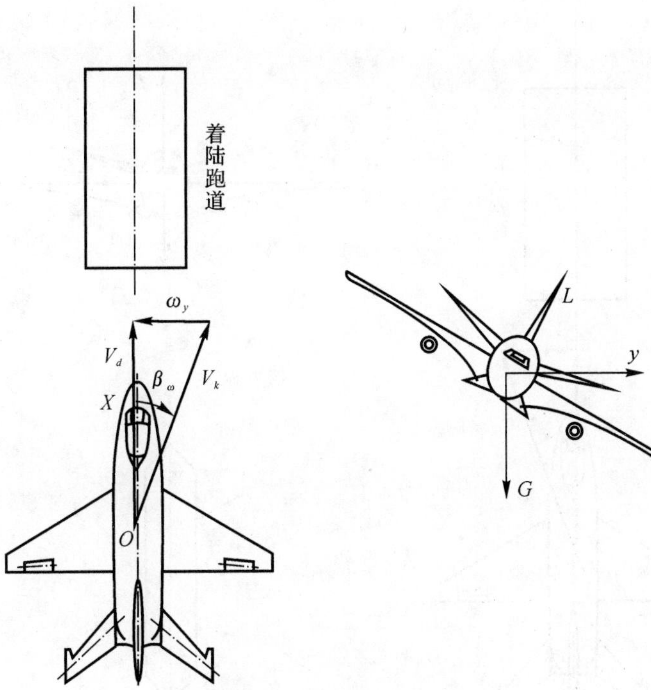

图 2-81　侧滑着陆系统示意图

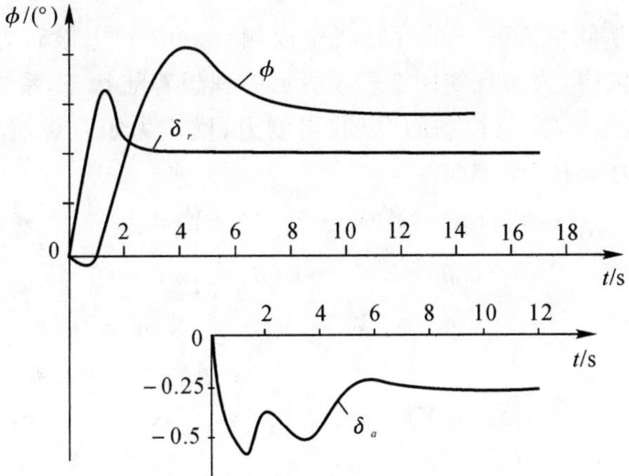

图 2-82　侧滑着陆系统在阶跃侧风作用下动态响应

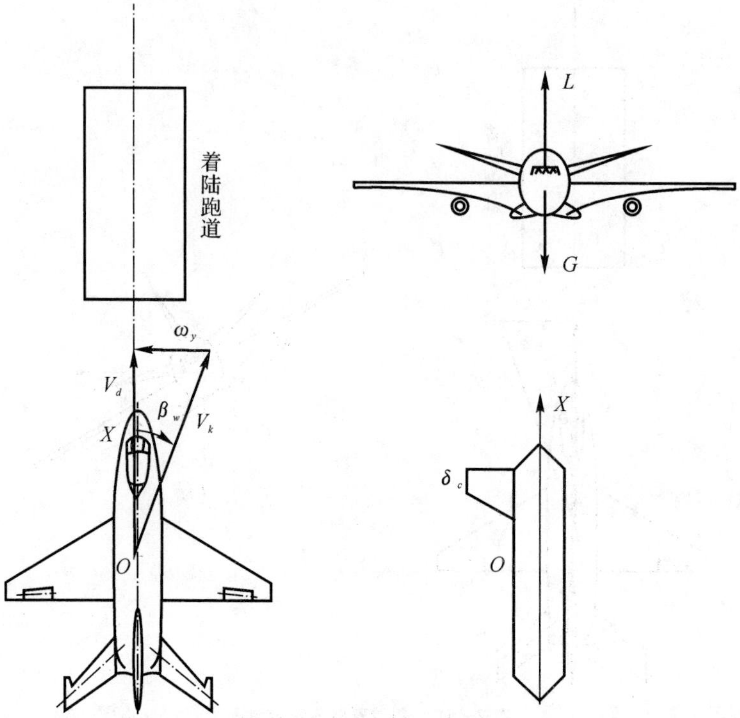

图 2-83　主动控制技术抗侧风着陆

由于飞机带侧滑着陆，β 的存在将生成侧力效应 $Y^{\beta}\beta$、滚转力矩效应 $L_{\beta}\beta$ 及偏航力矩 $N_{\beta}\beta$ 效应，为实现如图 2-83 所示的理想着陆状态，系统进入稳态后必须相应地偏转 δ_c，δ_a，δ_r 三控制面，以获得侧力、横滚力矩及偏航力矩平衡，此时的侧向运动动力学方程应为

$$\left.\begin{aligned}\dot{\chi}&=-Y_{\beta}\beta-Y_{\delta_r}\delta_r-Y_{\delta_a}\delta_a-Y_{\delta_c}\delta_c=0\\ \dot{P}&=-L_{\beta}\beta-L_{\delta_r}\delta_r-L_{\delta_a}\delta_a-L_{\delta_c}\delta_c=0\\ \dot{r}&=-N_{\beta}\beta-N_{\delta_r}\delta_r-N_{\delta_a}\delta_a-N_{\delta_c}\delta_c=0\end{aligned}\right\}\tag{2-139}$$

也即

$$\begin{bmatrix}Y_{\delta_c} & Y_{\delta_r} & Y_{\delta_a}\\ L_{\delta_c} & L_{\delta_r} & L_{\delta_a}\\ N_{\delta_c} & N_{\delta_r} & N_{\delta_a}\end{bmatrix}\begin{bmatrix}\delta_c\\ \delta_r\\ \delta_a\end{bmatrix}=-\begin{bmatrix}Y_{\beta}\\ L_{\beta}\\ N_{\beta}\end{bmatrix}\beta\tag{2-140}$$

由式(2-140)可得如下传递关系：

$$\left.\begin{aligned}K_{\beta}^{\delta_c}&=\frac{\delta_c}{\beta}=\frac{D_{\beta}^{\delta_c}}{D}\\K_{\beta}^{\delta_r}&=\frac{\delta_r}{\beta}=\frac{D_{\beta}^{\delta_r}}{D}\\K_{\beta}^{\delta_a}&=\frac{\delta_a}{\beta}=\frac{D_{\beta}^{\delta_a}}{D}\end{aligned}\right\}\tag{2-141}$$

式中

$$D=\begin{vmatrix}Y_{\delta_c}&Y_{\delta_r}&Y_{\delta_a}\\L_{\delta_c}&L_{\delta_r}&L_{\delta_a}\\N_{\delta_c}&N_{\delta_r}&N_{\delta_a}\end{vmatrix}$$

$$D_{\beta}^{\delta_c}=\begin{vmatrix}-Y_{\beta}&Y_{\delta_r}&Y_{\delta_a}\\-L_{\beta}&L_{\delta_r}&L_{\delta_a}\\-N_{\beta}&N_{\delta_r}&N_{\delta_a}\end{vmatrix}$$

$$D_{\beta}^{\delta_r}=\begin{vmatrix}Y_{\delta_c}&-Y_{\beta}&Y_{\delta_a}\\L_{\delta_c}&-L_{\beta}&L_{\delta_a}\\N_{\delta_c}&-N_{\beta}&N_{\delta_a}\end{vmatrix}$$

$$D_{\beta}^{\delta_a}=\begin{vmatrix}Y_{\delta_c}&Y_{\delta_r}&-Y_{\beta}\\L_{\delta_c}&L_{\delta_r}&-L_{\beta}\\N_{\delta_c}&N_{\delta_r}&-N_{\beta}\end{vmatrix}$$

当着陆状态的气动导数已知时，则可由侧滑角传感器感受出扰动角 β_w，并按式(2-141) 所表达的传动比去控制 δ_c，δ_r，δ_a 以实现如图 2-83 所示的稳定着陆关系，本节称之为开环补偿控制。但由于飞机本身的固有惯性与阻尼、横滚与航向之间的气动交联、伺服作动器的惯性滞后以及其他外界干扰等因素，仅开环补偿是不能达到预期性能的，还必须按图 2-84 那样，进行闭环修正，即仍然由副翼通道稳定波束偏差角 λ，由方向舵通道实现航向稳定。开环补偿控制分别加在三伺服舵回路之前，从而形成如下控制规律：

$$\delta_c=\frac{1}{T_{\delta}s+1}(K_{\beta}^{\delta_c}\beta)\tag{2-142}$$

$$\delta_r=\frac{1}{T_{\delta}s+1}\left(K_{\beta}^{\delta_r}\beta+\frac{\tau s}{\tau s+1}K_r^{\dot{\psi}}\dot{\psi}+K_r^{\psi}\psi+K_r^{\psi_i}\int\psi\mathrm{d}t\right)\tag{2-143}$$

$$\delta_a=\frac{1}{T_{\delta}s+1}\left(K_{\beta}^{\delta_{ar}}\beta+K_a^{\dot{\phi}}\dot{\phi}+K_a^{\phi_i}\int\phi\mathrm{d}t+K_a^{\lambda}\lambda+K_a^{\dot{\lambda}}\dot{\lambda}+K_x^{\lambda_i}\int\lambda\mathrm{d}t\right)\tag{2-144}$$

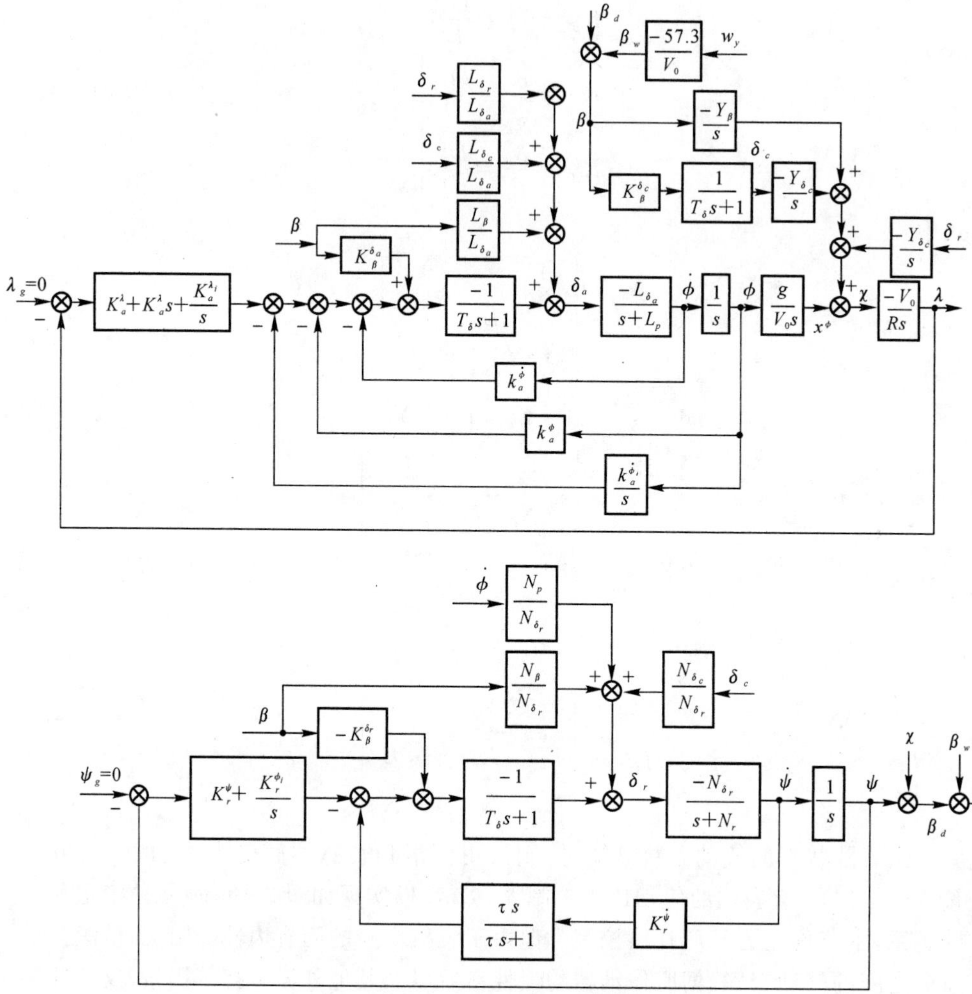

图 2-84　抗侧风的主动控制系统

式(2-142)表示采用垂直鸭翼δ_c后的侧力平衡方程。在理想情况下，由于δ_c的偏转已按式(2-141)补偿了侧滑β及方向舵δ_r所生成的侧力，故航迹偏转角χ及波束偏差角λ均为零；χ_ϕ是横滚角Φ所生成的航迹偏转角，它正体现了系统闭环修正所提供的补偿量。同理，式(2-143)和式(2-144)则分别为具有垂直鸭翼δ_c后的横滚力矩及偏航力矩平衡关系式。图2-79及图2-80中曲线3为采用主动控制技术后侧风扰动系统动态响应。各动态响应均在副翼通道总增益不变的前提下进行，也即采用调参数K_α^λ随距离R的减小而减小。仿真表明，本节提出的主动控制抗侧风着陆系统是十分接近理想着陆要求的。以 −10 m/s

阶跃侧风为例，动态过程中机头最大偏转角 $\psi < 0.2°$，仅为侧航法的 3%；最大滚转角 $\phi < 0.27°$，仅为侧滑法的 4%；最大波束偏差角 $\lambda < 0.002\ 8°$，仅为侧航法的 20% 及侧滑法的 3%，当 $R_0 = 2\ 660$ m 时，偏离跑道中心的最大距离 $Y = 0.13$ m。本系统控制对象为某海平面着陆状态的运输机，气动导数见表 2-1。

表 2-1　气动导数

变量	值	变量	值	变量	值	变量	值
Y_{ϕ}	−0.073 0	L_p	2.029	L_{δ_r}	−0.480 7	N_{δ_r}	1.379 3
Y_{β}	0.127 3	L_{δ_a}	22.018	N_P	−0.058 27	N_{δ_a}	−0.036 7
Y_{δ_r}	−0.036 3	L_r	−0.469 7	N_r	0.272 4	L_{δ_c}	0.024 0
Y_{δ_c}	−0.038 0	L_{β}	2.091	N_{β}	−1.655	N_{δ_c}	−1.380

2.9　无人机机动控制技术

无人机的机动通过改变作用于无人机的力和力矩来实现，而作用于无人机的气动力和力矩则由气流角和飞行速度等决定，飞行速度改变较为缓慢，因此快速机动可通过快速改变气流角来实现。如果将整个无人机相对于气流轴进行滚转，则可以快速实现迎角和侧滑角之间的转换，达到快速改变迎角和侧滑角的目的。例如无人机以10°的迎角无侧滑飞行，如果无人机绕气流轴滚转 80°，则变成10°侧滑角，0°迎角。

2.9.1　全姿态控制器

将整个无人机当作一个操作面进行操作，无人机的机动控制也称作全姿态控制(相当于气流轴系下的三轴姿态)。

全姿态控制器的核心思想是将绝对坐标系下外环控制器产生的指令映射到机体轴，以使其可以通过飞机的操纵面直接控制。其框架如图 2-85 所示。

外环控制器根据期望的三维轨迹、期望的空速产生一个平台系下的四元数指令 q_{cmd}，这个四元数指令反映了期望的姿态。将反映实际飞机姿态的四元数估值 q、期望的四元数指令 q_{cmd}、飞机的迎角 α、侧滑角 β 一起用来计算俯仰、滚转、偏航姿态给定 ϕ_X，ϕ_Y，ϕ_Z，这些姿态给定反映了从当前姿态变化到期望姿态需要绕 XYZ 轴的转动。然后，将这些姿态给定传递给底层的基本控制器，产生舵效应控制指令，最后由控制分配算法完成对舵机的控制。

全姿态控制器的自主机动综合控制框图如 2-86 所示：

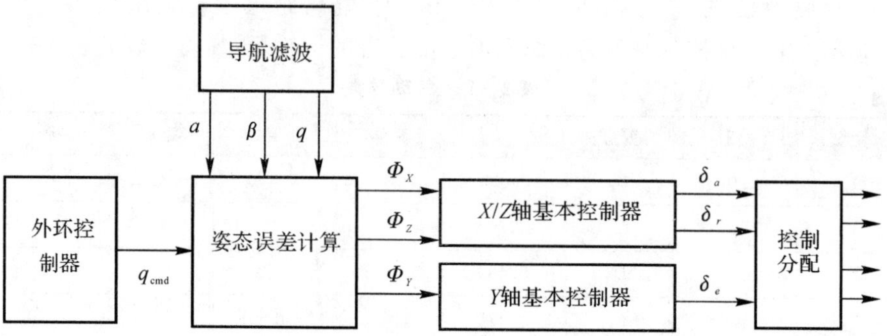

图 2-85　全姿态控制器框架

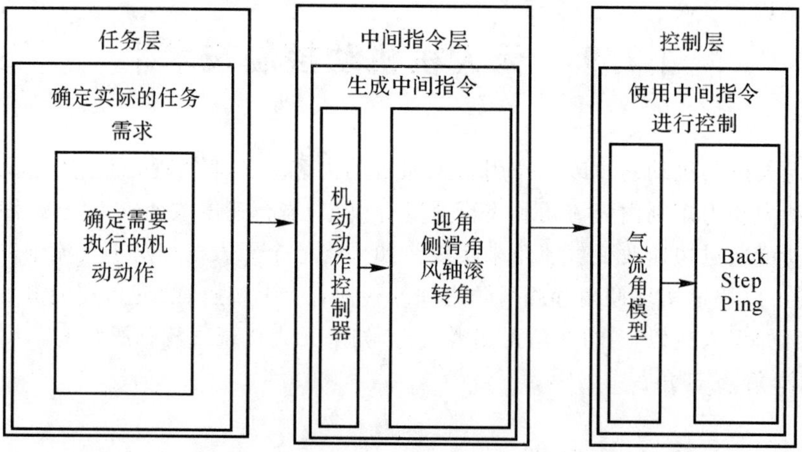

图 2-86　自主机动综合控制

该框架的共性在于都需要生成中间指令，并根据实际任务确定中间指令，其中，中间指令一般为迎角、侧滑角（或用纵向和侧向过载或加速度）和风轴滚转角（或滚转角）三个气流角，表示飞机相对于气流的姿态。在控制层面，气流角仍需要通过控制舵面改变飞行姿态，并通过姿态协同实现气流角控制，因此需要完成气流角指令到力矩的映射。

2.9.2　气流角到姿态角指令的转换

假设在姿态角过渡过程中地速矢量保持不变，从气流角向姿态角转换可通过如下方法进行：

$$[V_e,\alpha_{\mathrm{cmd}},\beta_{\mathrm{cmd}},\gamma_{\mathrm{cmd}}]\rightarrow[\phi_{\mathrm{cmd}},\theta_{\mathrm{cmd}},\psi_{\mathrm{cmd}}]$$

记飞机航迹角分别为：μ 为航迹倾斜角；ϕ 为航迹方位角；γ 为航迹滚转角。记地轴系到气流轴系的转换矩阵为 $\boldsymbol{S}_{\mu\phi\gamma}$，则有

$$\boldsymbol{X}_{\mathrm{wind}}=\boldsymbol{S}_{\mu\phi\gamma}\boldsymbol{X}_{\mathrm{earth}},\quad \boldsymbol{X}_{\mathrm{earth}}=\boldsymbol{S}_{\mu\phi\gamma}^{\mathrm{T}}\boldsymbol{X}_{\mathrm{wind}}$$

记机体系到气流轴系的转换矩阵为 $S_{\alpha\beta}$，则有

$$\boldsymbol{X}_{\mathrm{wind}}=\boldsymbol{S}_{\alpha\beta}\boldsymbol{X}_{\mathrm{body}},\quad \boldsymbol{X}_{\mathrm{body}}=\boldsymbol{S}_{\alpha\beta}^{\mathrm{T}}\boldsymbol{X}_{\mathrm{wind}}$$

记地轴系到机体轴系的转换矩阵为 $\boldsymbol{S}_{\theta\psi\phi}$，则有

$$\boldsymbol{X}_{\mathrm{body}}=\boldsymbol{S}_{\theta\psi\phi}\boldsymbol{X}_{\mathrm{earth}}\quad 和\quad \boldsymbol{X}_{\mathrm{earth}}=\boldsymbol{S}_{\theta\psi\phi}^{\mathrm{T}}\boldsymbol{X}_{\mathrm{body}}$$

由上面式子可得

$$\boldsymbol{X}_{\mathrm{wind}}=\boldsymbol{S}_{\mu\phi\gamma}\boldsymbol{X}_{\mathrm{earth}}=\boldsymbol{S}_{\alpha\beta}\boldsymbol{X}_{\mathrm{body}}=\boldsymbol{S}_{\alpha\beta}\boldsymbol{S}_{\theta\psi\phi}\boldsymbol{X}_{\mathrm{earth}}$$

即

$$\boldsymbol{S}_{\mu\phi\gamma}=\boldsymbol{S}_{\alpha\beta}\boldsymbol{S}_{\theta\psi\phi}\Rightarrow\boldsymbol{S}_{\theta\psi\phi}=\boldsymbol{S}_{\alpha\beta}^{\mathrm{T}}\boldsymbol{S}_{\mu\phi\gamma}$$

则问题转化成

$$[V_e,\gamma]\rightarrow[\mu,\phi,\gamma]$$

即

$$V_e\rightarrow[\mu,\phi]$$

前文中已经推导出：

$$\mu=-\arcsin(w_e/|V_e|)$$

$$\varphi=\arccos\left(u_e/\sqrt{u_e^2+v_e^2}\right)$$

将气流角转换到姿态角指令进行控制时发现需要结合油门控制，才能实现对气流角的控制，例如迎角控制，迎角稳态时需要和空速匹配，但如何设计自动油门，使得空速可以和迎角匹配，成为该控制器设计中的一个重要问题。

文献[3]研究了保持恒定迎角的飞行/推力综合控制，提出了迎角恒定的动力补偿方案，并与保持速度恒定的动力补偿进行了对比，指出保持恒定迎角能够使飞行轨迹对姿态进行快速精确的响应。该方案中动力补偿将迎角偏差信号、法向过载和升降舵偏度反馈到油门通道，得到最终的油门控制律为

$$\Delta\delta_T=\frac{1}{T_{\delta_s}+1}\left[\left(\frac{k_\alpha}{T_{\alpha s}+1}+\frac{k_{\alpha I}}{s}\right)\Delta\alpha+\frac{k_\alpha}{T_{\alpha s}+1}\Delta\alpha_z-k\delta_e\Delta\delta_e\right]\tag{2-145}$$

在模型中加入动力补偿控制器后，确实可以起到很大作用，使得迎角较为快速准确地跟踪参考信号。

加入推力补偿后，迎角控制可以实现较好的效果，但稳定侧滑飞行控制不住，究其原因，是因为飞机的航向静稳定性，稳态侧滑飞行需要结合滚转才行，而在稳态侧滑控制过程中，如何控制滚转通道，使其自动配平，这是一个值得研究

的问题。

侧滑角导数为

$$\dot{\beta}=p\sin\alpha-r\cos\alpha+\frac{Y_W}{m\overline{V}} \tag{2-146}$$

式中，Y_W 为飞机侧力，则有

$$Y_W=\left(\frac{1}{2}\rho V^2\right)S_W\left(C_{Y_\beta}\beta+C_{Y_{\delta_r}}\delta_r+C_{Y_{\delta_a}}\delta_a+C_{Y_{\bar{p}}}\dot{p}+C_{Y_{\bar{r}}}\dot{r}\right) \tag{2-147}$$

首先，实现正常飞机的固定侧滑水平直线飞行，从侧力的构成可以看出，正的侧滑需要负偏航和正滚转，以及副翼和方向舵同时控制，才能实现该飞行结果。因此采用如下指令生成方式：纵向回路采用高度保持，α_{cmd}采用高度保持回路的迎角响应值作为迎角指令。

滚转角和偏航角采用如下方式生成：

$$\left.\begin{aligned}\phi_{\text{cmd}}&=\text{PI}(\beta)\\ \phi_{\text{cmd}}&=-\text{PI}(\beta)\end{aligned}\right\} \tag{2-148}$$

式中，PI 是指比例积分控制器。

一种简便的方式是，不用生成气流角指令，纵向用高度保持和空速保持模态，横侧向用式(2-148)生成的偏航角和滚转角指令。该种方式容易实现，简单直观，但不符合全姿态控制器的框架，为统一框架，下面研究如何由姿态角指令再生成气流角指令。

先尝试如下框架：

$$(\alpha_{\text{cmd}}\quad \beta_{\text{cmd}})\rightarrow DCM_{wb}$$

$$(\phi_{\text{cmd}}\quad \theta_{\text{cmd}}\quad \phi_{\text{cmd}})\rightarrow DCM_{be}$$

$$DCM_{wb}\times DCM_{be}=DCM_{we}\rightarrow \phi_{a_{\text{cmd}}}$$

即得到三个气流角指令，求出姿态角指令。但发现这样求出的姿态角指令和($\phi_{\text{cmd}}\quad \theta_{\text{cmd}}\quad \phi_{\text{cmd}}$)不一致，究其原因是因为第一个 DCM_{we} 相当于含有航迹指令，而转换中用的是实际航迹，两个不一定一致。在 β 角保持时可以直接将生成的姿态角指令送入内环控制器，无须转换成气流角再转成姿态角。

2.9.3 动态逆

采用上述控制器发现可以控制迎角和侧滑角，但不能实现风轴滚转角 μ 的控制，遂采用文献[4]中的动态逆方案。动态逆的基本思想如下。

对于式(2-149)所示的输入仿射型非线性系统：

$$\dot{\boldsymbol{x}}=f(\boldsymbol{x})+g(\boldsymbol{x})\boldsymbol{u} \tag{2-149}$$

如期望的状态变化规律为

$$\dot{\boldsymbol{x}}=\boldsymbol{x}_d=\boldsymbol{w}_c(\boldsymbol{x}_c-\boldsymbol{x}) \tag{2-150}$$

则可反解出 $\boldsymbol{u}$ 为

$$\boldsymbol{u}=g^{-1}(\boldsymbol{x})(\boldsymbol{x}_c-f(\boldsymbol{x})) \tag{2-151}$$

可见该方法需要精确知道 g 和 f 的表达式才能求逆。

为了降低公式表达的复杂性，本章后续公式中出现的 S_α，C_α 等符号在此一一列出，其中

$$S_\alpha=\sin\alpha,\quad C_\alpha=\cos\alpha,\quad T_\alpha=\tan\alpha$$

$$S_\beta=\sin\beta,\quad C_\beta=\cos\beta,\quad T_\beta=\tan\beta$$

$$S_\mu=\sin\mu,\quad C_\mu=\cos\mu,\quad T_\mu=\tan\mu$$

$$S_\gamma=\sin\gamma,\quad C_\gamma=\cos\gamma,\quad T_\gamma=\tan\gamma$$

$$S_v=\sin v,\quad C_\nu=\cos\mathrm{v},\quad T_\nu=\tan v$$

动态逆方法基于气流轴的微分方程，为

$$\begin{aligned}\dot{\alpha}&=q-T\beta(pC_\alpha+rS_\alpha)+\frac{mgC_\gamma C_\mu-Y+T_zC_\alpha-T_xS_\alpha}{mvC_\beta}=\\&q-T\beta(pC_\alpha+rS_\alpha)+\frac{a_{zw}}{C_\beta v}\end{aligned} \tag{2-152}$$

$$\dot{\beta}=pS_\alpha-rC_\alpha+\frac{a_{yw}}{v} \tag{2-153}$$

上述结果与 Simulink 中自带模块中推出的关系一致，与文献[5]中的结果也一致。

Simulink 帮助文件中可以看出航迹滚转角的导数为

$$\dot{\mu}=[1\quad S_\mu T_\gamma\quad C_\mu T_\gamma]\begin{bmatrix}p_w\\q_w\\r_w\end{bmatrix} \tag{2-154}$$

又有

$$\begin{bmatrix}P\\Q\\R\end{bmatrix}=\begin{bmatrix}0 & S_\alpha\\1 & 0\\0 & -C_\alpha\end{bmatrix}\begin{bmatrix}\dot{\alpha}\\\dot{\beta}\end{bmatrix}+\begin{bmatrix}C_\alpha C_\beta & -C_\alpha S_\beta & -S_\alpha\\S_\beta & C_\beta & 0\\S_\alpha C_\beta & -S_\alpha S_\beta & C_\alpha\end{bmatrix}\begin{bmatrix}P_w\\Q_w\\R_w\end{bmatrix} \tag{2-155}$$

于是，可得

$$\begin{bmatrix}p_w\\q_w\\r_w\end{bmatrix}=DCM_{wb}\begin{bmatrix}p-\dot{\beta}S_\alpha\\q-\dot{\alpha}\\r+\dot{\beta}C_\alpha\end{bmatrix} \tag{2-156}$$

$$\dot{\mu}=[1 \quad S_{\mu}T_{\gamma} \quad C_{\mu}T_{\gamma}]DCM_{wb}\begin{bmatrix} p-\dot{\beta}S_{\alpha} \\ q-\dot{\alpha} \\ r+\dot{\beta}C_{\alpha} \end{bmatrix} \tag{2-157}$$

将式(2-156)、式(2-157)代入式(2-157)，得

$$\dot{\mu}=[1 \quad S\mu T_{\gamma} \quad C\mu T_{\gamma}]\begin{bmatrix} C_{\alpha}C_{\beta} & S_{\beta} & S_{\alpha}C_{\beta} \\ -C_{\alpha}S_{\beta} & C_{\beta} & -S_{\alpha}S_{\beta} \\ -S\alpha & 0 & C_{\alpha} \end{bmatrix}\begin{bmatrix} p-\dot{\beta}S_{\alpha} \\ q-\dot{\alpha} \\ r+\dot{\beta}C_{\alpha} \end{bmatrix}=$$

$$[C_{\alpha}C_{\beta}-C_{\alpha}C_{\beta}S_{\mu}T_{\gamma}-S_{\alpha}C_{\mu}T_{\gamma} \quad S_{\beta}+C_{\beta}S_{\mu}T_{\gamma} \quad S_{\alpha}C_{\beta}-S_{\alpha}S_{\beta}S_{\mu}T_{\gamma}+C_{\alpha}C_{\mu}T_{\gamma}]\times$$

$$\begin{bmatrix} p-\dot{\beta}S_{\alpha} \\ q-\dot{\alpha} \\ r+\dot{\beta}C_{\alpha} \end{bmatrix}\triangleq\mu_1\begin{bmatrix} p-\left(pS_{\alpha}-rC_{\alpha}+\dfrac{a_{yw}}{v}\right)S_{\alpha} \\ q-\left(q-T_{\beta}(pC_{\alpha}+rS_{\alpha})+\dfrac{a_{zw}}{C_{\beta}v}\right) \\ r+\left(pS_{\alpha}-rC_{\alpha}+\dfrac{a_{yw}}{v}\right)C_{\alpha} \end{bmatrix}=$$

$$\mu_1\begin{bmatrix} C_{\alpha}^2p+C_{\alpha}S_{\alpha}r-\dfrac{S_{\alpha}}{v}a_{yw} \\ T_{\beta}C_{\alpha}p-T_{\beta}S_{\alpha}r-\dfrac{1}{vC_{\beta}}a_{zw} \\ C_{\alpha}S_{\alpha}p+S_{\alpha}^2r+\dfrac{C_{\alpha}}{v}a_{yw} \end{bmatrix}=$$

$$[C_{\alpha}C_{\beta}-C_{\alpha}S_{\beta}S_{\mu}T_{\gamma}-S_{\alpha}C_{\mu}T_{\gamma} \quad S_{\beta}+C_{\beta}S_{\mu}T_{\gamma} \quad S_{\alpha}C_{\beta}-S_{\alpha}S_{\beta}S_{\mu}T_{\gamma}+C_{\alpha}C_{\mu}T_{\gamma}]\times$$

$$\begin{bmatrix} C_{\alpha}^2p+C_{\alpha}S_{\alpha}r-\dfrac{S_{\alpha}}{v}a_{yw} \\ T_{\beta}C_{\alpha}p-T_{\beta}S_{\alpha}r-\dfrac{1}{vC_{\beta}}a_{zw} \\ C_{\alpha}S_{\alpha}p+S_{\alpha}^2r+\dfrac{C_{\alpha}}{v}a_{yw} \end{bmatrix} \tag{2-158}$$

可见，气流角的状态方程可以写成

$$\begin{bmatrix} \dot{\alpha} \\ \dot{\beta} \\ \dot{\mu} \end{bmatrix}=f(\alpha,\beta,\mu,\gamma)\begin{bmatrix} p \\ q \\ r \end{bmatrix}+g(\alpha,\beta,\mu,\gamma,v)\begin{bmatrix} a_{xw} \\ a_{yw} \\ a_{zw} \end{bmatrix}=\begin{bmatrix} \boldsymbol{f}_{\alpha} \\ \boldsymbol{f}_{\beta} \\ \boldsymbol{f}_{\mu} \end{bmatrix}\begin{bmatrix} p \\ q \\ r \end{bmatrix}+\begin{bmatrix} \boldsymbol{g}_{\alpha} \\ \boldsymbol{g}_{\beta} \\ \boldsymbol{g}_{\mu} \end{bmatrix}\begin{bmatrix} a_{xw} \\ a_{yw} \\ a_{zw} \end{bmatrix} \tag{2-159}$$

由式(2-159)可得

$$\boldsymbol{f}_{\alpha}=[-T_{\beta}C_{\alpha} \quad 1 \quad -T_{\beta}S_{\alpha}] \tag{2-160}$$

$$\boldsymbol{g}_{\alpha}=\left[0 \quad 0 \quad -\frac{1}{C_{\beta}v}\right] \tag{2-161}$$

$$\boldsymbol{f}_\beta=[S_\alpha \quad 0 \quad -C_\alpha] \tag{2-162}$$

$$\boldsymbol{g}_\beta=\begin{bmatrix}0 & \dfrac{1}{v} & 0\end{bmatrix} \tag{2-163}$$

文献[5]给出了气流轴滚转角的导数如下式所示:(注意文献侧力 Y 方向与机体轴 Y 轴相同,阻力 D 和空速方向相反,升力 L 与 D 和 Y 都垂直,并指向机体上方(从驾驶员位置看朝上)),其中发动机推力 T_x, T_y, T_z 为机体轴系下。

$$\begin{aligned}\dot{\mu}=&\sec\beta(p\cos\alpha+r\sin\alpha)+\frac{L}{MV}(\tan\gamma\sin\mu+\tan\beta)+\frac{(Y+T_y)}{MV}\tan\gamma\cos\mu\cos\beta-\\&\frac{g}{V}\cos\gamma\cos\mu\tan\beta+\frac{(T_x\sin\alpha-T_z\sin\alpha)}{MV}(\tan\gamma\sin\mu+\tan\beta)-\\&\frac{(T_x\cos\alpha-T_z\sin\alpha)}{MV}(\tan\gamma\cos\mu+\sin\beta)\end{aligned}$$

式中,$(Y+T_y)\cos\beta$ 和 $(T_x\cos\alpha+T_z\sin\alpha)\sin\beta$ 为气动力和推力在 Y_w 轴上的分量,$(T_x\sin\alpha+T_z\cos\alpha)$ 为推力在 Z_w 轴上的分量,$\boldsymbol{g}_w=g[-\sin\gamma \quad \cos\gamma\sin\mu \quad \cos\gamma\cos\mu]^T$ 为 g 在气流轴系下的向量表示,则上式中 $\frac{g}{V}\cos\gamma\cos\mu\tan\beta=\frac{g_{wy}}{v}\cos\beta-\frac{g_{wz}}{v}(\tan\gamma\sin\mu+\tan\beta)$,故上式可以改写成

$$\dot{\mu}=\frac{[C_\alpha \quad 0 \quad S_\alpha]}{C_\beta}\begin{bmatrix}p\\q\\r\end{bmatrix}+\frac{[0 \quad T_\gamma C_\mu \quad T_\gamma S_\mu+T_\beta]}{v}\begin{bmatrix}a_{wx}\\a_{wy}\\a_{wz}\end{bmatrix} \tag{2-164}$$

考虑到传感器直接感受机体轴系下的过载,则有

$$\begin{bmatrix}a_{wx}\\a_{wy}\\a_{wz}\end{bmatrix}=gDCM_{wb}\begin{bmatrix}n_{xb}\\n_{yb}\\n_{zb}\end{bmatrix} \tag{2-165}$$

总结可得

$$\begin{aligned}\begin{bmatrix}\dot{\alpha}\\\dot{\beta}\\\dot{\mu}\end{bmatrix}=&\begin{bmatrix}-T_\beta C_\alpha & 1 & -T_\beta S_\alpha\\S_\alpha & 0 & -C_\alpha\\C_\alpha/C_\beta & 0 & S_\alpha/C_\beta\end{bmatrix}\begin{bmatrix}p\\q\\r\end{bmatrix}+\frac{g}{V}\begin{bmatrix}0 & 0 & -\dfrac{1}{C_\beta}\\0 & 1 & 0\\0 & T_\gamma C_\mu & T_\gamma S_\mu+T_\beta\end{bmatrix}DCM_{wb}\begin{bmatrix}n_{xb}\\n_{yb}\\n_{zb}\end{bmatrix}\triangleq\\&f(\alpha,\beta)\begin{bmatrix}p\\q\\r\end{bmatrix}+g(\alpha,\beta,\mu,\gamma,n_{xb},n_{yb},n_{zb})\end{aligned} \tag{2-166}$$

其中,定义 pqr 前面乘的矩阵为 $\boldsymbol{f}$,则 $\det(f)=1/\cos$,故 $\boldsymbol{f}$ 在侧滑角不为 90°时都是可逆的,在侧滑角不为 90°且航迹倾斜角不为 90°时,式(2-166)不会出现奇

异，考虑到对于固定翼飞机来说，上述两种极端情况一般不会出现，因此，式(2-166)对于固定翼飞机的机动飞行是有意义的。

p,q,r 微分方程省略。

$$\dot{V}=\frac{YS_\beta-D-mgS_\gamma+T_xC_\beta C_\alpha+T_yS_\beta+T_zC_\beta S_\alpha}{m} \tag{2-167}$$

$$\dot{\chi}=\frac{[LS_\mu+YC_\mu C_\beta+T_yC_\mu C_\beta+T_x(S_\mu S_\alpha-C_\mu S_\beta C_\alpha)-T_z(C_\mu S_\beta S_\alpha+S_\mu C_\alpha)]}{mvC_\gamma} \tag{2-168}$$

$$\dot{\gamma}=\frac{[LC_\mu-YS_\mu C_\beta-mgC_\gamma+T_x(S_\mu S_\beta C_\alpha+C_\mu S_\alpha)-T_yS_\mu C_\beta+T_z(S_\mu S_\beta S_\alpha-C_\mu C_\alpha)]}{mv} \tag{2-169}$$

$$\dot{x}=vC_\gamma C_\chi \tag{2-170}$$

$$\dot{y}=vC_\gamma S_\chi \tag{2-171}$$

$$\dot{h}=vS_\gamma \tag{2-172}$$

式中，L,D,Y 表示总的气动升力、阻力、侧力；T_x,T_y,T_z 为发动机推力沿三个轴的分量。

若只考虑纵向机动，侧向力和侧滑角都为 0，不考虑飞机发动机的安装角，即

$$T_x=T,\quad T_y=T_z=0$$

式(2-170)～式(2-172)可以写成：

$$\begin{bmatrix}\dot{\nu}\\ \dot{\chi}\\ \dot{\gamma}\end{bmatrix}=\begin{bmatrix}0 & -\dfrac{1}{m} & \dfrac{C_\alpha}{m}\\ \dfrac{S_\mu}{mvC_\gamma} & 0 & \dfrac{S_\mu S_\alpha}{mvC_\gamma}\\ \dfrac{C_\mu}{mv} & 0 & \dfrac{C_\mu S_\alpha}{mv}\end{bmatrix}\begin{bmatrix}L\\ D\\ T\end{bmatrix}+\begin{bmatrix}-gS_\gamma\\ 0\\ -\dfrac{gC_\gamma}{v}\end{bmatrix} \tag{2-173}$$

从式(2-173)可以导出：

$$\tan(\mu_c)=\frac{v\dot{\chi}_dC_\gamma}{v\dot{\gamma}_d+gC_\gamma} \tag{2-174}$$

α_c 和 T_c 可以通过如下两式迭代产生，即

$$\left.\begin{aligned}&T_c=\frac{1}{C_{\alpha_c}}\{m\dot{v}_d+D(v,\alpha_c)+mgS_\gamma\}\\ &T_cS_{\alpha_c}+L(v,\alpha_c)=mvC_\gamma S_{\mu_c}\dot{\chi}_d+mvC_{\mu_c}\dot{\gamma}_d+mgC_\gamma C_{\mu_c}\end{aligned}\right\} \tag{2-175}$$

式(2-175)中忽略了舵面及角速率对升力和阻力的影响，升力和阻力可表示为

$$\left.\begin{aligned} L &= QS_w C_L(\alpha) \\ D &= QS_w C_D(\alpha) \end{aligned}\right\} \tag{2-176}$$

实际应用时可将 C_L 和 C_D 进行拟合，拟合成迎角的多项式函数，以某小型无人机为例，将 C_L 和 C_D 随迎角的函数关系进行拟合，如图 2-87 及图 2-88 所示，$C_L = -264.6\alpha^4 + 81.57\alpha^3 - 5.298\alpha^2 + 5.511\alpha + 0.011\,68$；$C_D = -3.495\alpha^3 + 3.732\alpha^2 - 0.141\,9\alpha + 0.031\,14$

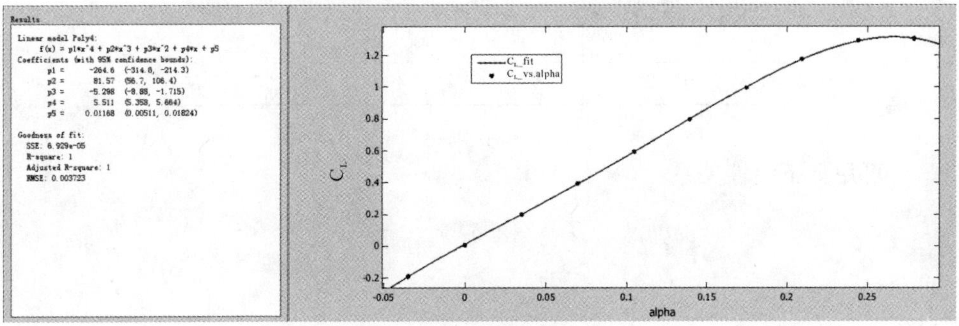

图 2-87　C_L 随迎角的函数关系

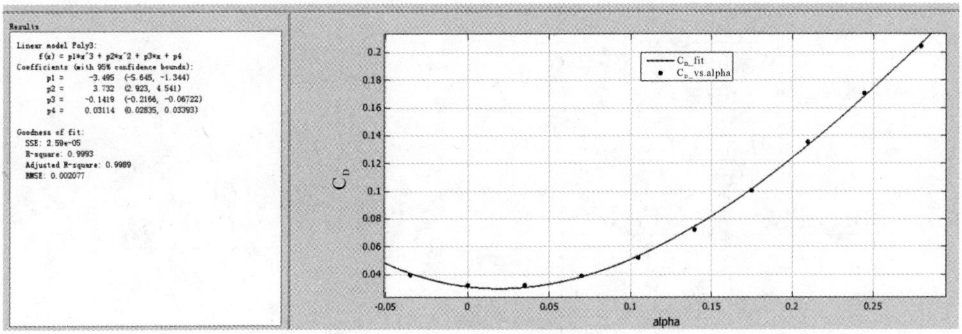

图 2-88　C_D 随迎角的函数关系

现在使用牛顿迭代法求解非线性方程组式(2-175)，由于控制指令具有连续性，所以相邻两拍的指令差别不可能太大，迭代初值可以取上一拍的指令值。

牛顿迭代法方法如下：

对于非线性方程组：

$$\begin{cases} f_1(x_1 \quad \cdots \quad x_n) = 0 \\ \qquad\qquad \ddots \\ f_n(x_1 \quad \cdots \quad x_n) = 0 \end{cases} \Rightarrow$$

$$\begin{cases} T_c - \dfrac{1}{C_{\alpha_c}}\{m\dot{v}_d + QS_wC_D(\alpha) + mgS_\gamma\} = 0 \\ T_cS_{\alpha_c} + QS_wC_L(\alpha) - (mvC_\gamma S_{\mu_c}\dot{\chi}_d + mvC_{\mu_c}\dot{\gamma}_d + mgC_\gamma C_{\mu_c}) = 0 \end{cases} \tag{2-177}$$

对于一个简单的发动机模型,油门-推力数据见表 2-2。

表 2-2 油门-推力数据

dt\Ma	0	0.06
0	0	0
1	24.5	26.46

可用如下线性关系:

$$T = 24.5\delta_T + \frac{98}{3Ma}$$

可得

$$\delta_{T_c} = \left(T_c - \frac{98}{3Ma}\right)/24.5$$

其雅克比矩阵为

$$\boldsymbol{F}(X) = \begin{bmatrix} \dfrac{\partial f_1(x)}{\partial x_1} & \cdots & \dfrac{\partial f_1(x)}{\partial x_n} \\ \vdots & \ddots & \vdots \\ \dfrac{\partial f_n(x)}{\partial x_1} & \cdots & \dfrac{\partial f_n(x)}{\partial x_n} \end{bmatrix} \Rightarrow$$

$$\begin{bmatrix} \dfrac{\partial f_1(T_c,\alpha_c)}{\partial T_c} & \dfrac{\partial f_1(T_c,\alpha_c)}{\partial \alpha_c} \\ \dfrac{\partial f_2(T_c,\alpha_c)}{\partial T_c} & \dfrac{\partial f_2(T_c,\alpha_c)}{\partial \alpha_c} \end{bmatrix} = \begin{bmatrix} 1 & QS_w\dfrac{C'_D(\alpha_c)C_{\alpha_c} - C_D(\alpha_c)S_{\alpha_c}}{C_{\alpha_c}^2} \\ S_{\alpha_c} & T_cC_{\alpha_c} + QS_wC'_L(\alpha) \end{bmatrix} \tag{2-178}$$

牛顿迭代法雅克比矩阵的可逆性不能得到保证,因此采用简单迭代法:将式(2-176)改写为如下形式:

$$\left.\begin{aligned} T_c &= T_c + T_cC_{\alpha_c} - \{m\dot{v}_d + QS_wC_D(\alpha) + mgS_\gamma\} \\ \alpha_c &= T_cS_{\alpha_c} + QS_wC_L(\alpha) - (mvC_\gamma S_{\mu_c}\dot{\chi}_d + mvC_{\mu_c}\dot{\gamma}_d + mgC_\gamma C_{\mu_c} + \alpha_c) \end{aligned}\right\} \tag{2-179}$$

即 $X=G(X)$,则迭代过程为 $X_{k+1}=G(X_k)$。采用简单迭代发现常会出现不收敛的情况,还是返回用牛顿迭代法。但采用牛顿迭代会产生奇异的情况,因此改用蒙特卡洛方法。

一种简单的蒙特卡洛方法步骤如下：

对于非线性方程组 $F(\boldsymbol{X})=0$，选取一组初值 $\boldsymbol{X}=\boldsymbol{X}_0$，模函数 $F_0=\|F(\boldsymbol{X})\|$ 和 $b>0$，在区间 $[-b,b]$ 上反复产生均匀分布的随机数向量 $\boldsymbol{r}$，计算 $F_1=\|F(\boldsymbol{X}+\boldsymbol{r})\|$，直到找到一组 $\boldsymbol{r}$，使得 $F_1<F_0$，则让 $F_1=F_0$，$\boldsymbol{X}_0=\boldsymbol{X}_0+\boldsymbol{r}$，若找不到，则扩大 b 的值，继续寻找，重复上述迭代步骤，直到 $F_0<\varepsilon$，则该步的 X_0 为方程组的近似解。

用该方法产生指令，仿真发现，不能跟踪住航迹角。究其原因可能是，外围的指令给得不协调。其他文献中大多使用最优化的方法生成外围的航迹指令，假设机动的初始状态和终止状态已知，则航迹指令生成问题可以被描述成一个最短时间、最优控制问题。

动态逆方法的框图如图 2-89 所示：

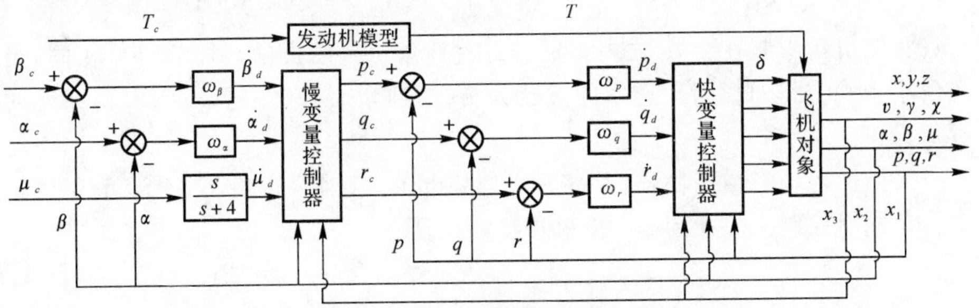

图 2-89　动态逆控制方案

根据响应快慢（文献[4]中根据奇异摄动理论），将 12 个状态变量划分为 4 组：

假设在控制内环变量时，外环的慢变变量保持不变。

x,y,z 表示飞机的航迹为最慢变量；

ν,γ,χ 表示飞机的速度为次慢变量；

α,β,μ 表示飞机气流角为快变量；

p,q,r 表示机体角速率为最快变量。

由于角速率与舵面偏转直接对应，所以内环直接采用角速率控制器，即图 2-89中的快变量控制器，另外，由于动态逆方法对于模型的准确性要求极高，若使用动态逆方法对姿态角速率进行控制，则需要对飞机的气动力矩建模十分准确，而这一点显然是难以满足的，所以对于姿态角速率的控制，可以采用一般的 PID 控制器。

其中，慢变量控制器实现气流角速率指令到姿态角速率的转换，可以看出式(2-166)中的运动学关系都是确定的，所以适合用动态逆方法进行控制。

根据式(2－166)有

$$\begin{bmatrix} p \\ q \\ r \end{bmatrix}_c = f^{-1}\left(\begin{bmatrix} \dot{\alpha} \\ \dot{\beta} \\ \dot{\mu} \end{bmatrix}_c - g\right) \tag{2-180}$$

得出角速率指令后，可以通过内环控制器获得舵偏指令。

考虑到内环姿态角速率控制器的参数与飞机的力矩系数关系较大，而在大机动时随着迎角、侧滑角以及马赫数的变化，需要调整控制器参数，所以需要增益调度，可考虑用线性变参数(Linear Parameter Varying，LPV)设计方法。

下面考察油门应该如何控制，对于无推力矢量的飞机来说，油门主要影响 n_{xb}，即机头指向方向的过载，将式(2－166)中的 g 项展开，主要考察 n_{xb} 对气流角导数的影响，即只考察 g 中的第一列，展开后，第一列为

$$[S_\alpha/C_\beta \quad -C_\alpha C_\beta \quad -C_\alpha C_\beta T_\gamma C_\mu - S_\alpha(T_\gamma S_\mu + T_\beta)]^{\mathrm{T}} \tag{2-181}$$

将侧滑角限制在±90°之内，可见 n_{xb} 对迎角速率的贡献与迎角符号相同，当迎角小于 90°时，对侧滑角速率的贡献为负；当迎角大于 90°时，对侧滑角速率的贡献为正。

采用上述动态逆控制器，给定迎角 30°指令，风轴滚转角 1°，对迎角和风轴滚转角同时控制响应如图 2－90 和图 2－91 所示。

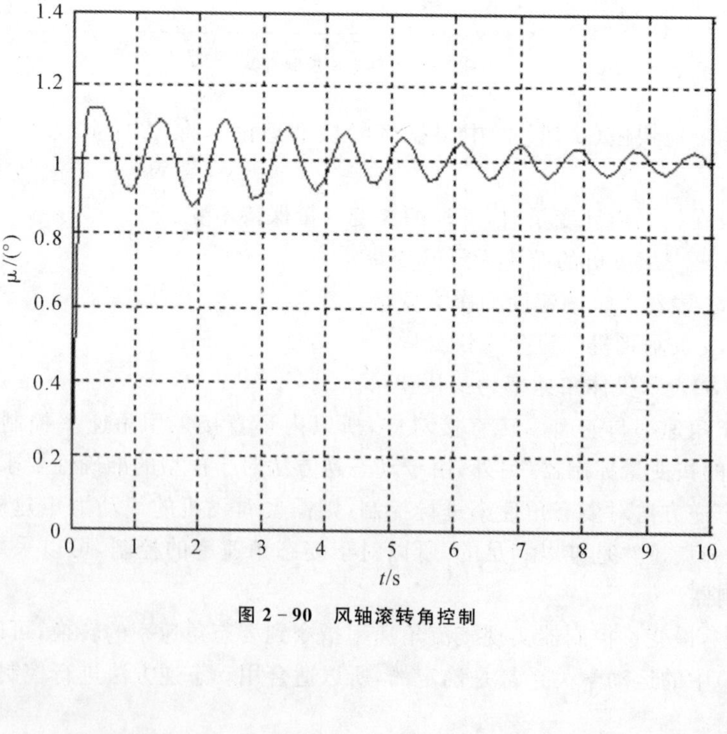

图 2－90　风轴滚转角控制

风轴滚转角震荡过大，阻尼过小，笔者认为其原因是角速率控制回路不能加入微分环节，因为角加速度信号不可测，但考虑到在机动过程中，对指令跟踪的精度要求较低，所以该响应也可以满足要求。

上面给出了气流角指令的动态逆控制方案，按照相同方法可以导出空速控制的动态逆方法，油门主要用于控制空速，通过从式(2-167)可以导出：

$$\dot{V}=a_{xw}=gDCM_{wb}\begin{bmatrix}n_{xb}\\n_{yb}\\n_{zb}\end{bmatrix}\begin{bmatrix}1 & 0 & 0\end{bmatrix}=g(C_{\alpha}C_{\beta}n_{xb}+S_{\beta}n_{yb}+S_{\alpha}C_{\beta}n_{zb}) \tag{2-182}$$

由于式(2-164)中有 $\tan\gamma$，在 $\gamma=90^{\circ}$ 时会产生奇异，所以尝试使用四元数方法消除该奇异情况。

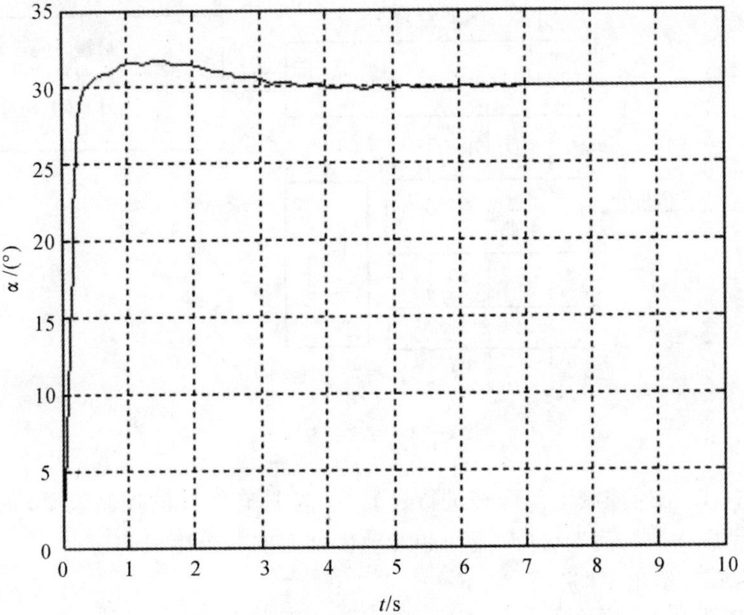

图 2-91　迎角响应

使用四元数方法消除奇异存在两个问题：三个航迹角 μ,γ,χ 在不同层面控制，不能统一起来，用四元数处理；没有航迹角速率量，实现四元数微分方程。

考虑用如下的逻辑方法消除奇异性：文献[6]针对飞机筋斗飞行时航迹角穿越 $\pm 90^{\circ}$ 时的象限划分，借助该思路，并考虑到在进行筋斗机动飞行时，航迹角在穿越 $\pm 90^{\circ}$ 时可以在航迹角接近 $\pm 90^{\circ}$ 的区间内断开动态逆控制器，角速率指令保持不变。

使用动态逆控制器可以较好地控制住气流角，气流角指令的产生在文献[5]中使用动态逆，但在该处使用动态逆，需要对飞机的气动力求逆，而对飞机的气动力建模通常具有较大误差，而且该文献中为了保证其逆存在，假设在机动过程中保持侧滑角为 0，该假设在处理纯粹纵向机动（例如眼镜蛇机动）时成立，但在其他很多复杂机动（例如弗罗洛夫法轮机动）中并不成立，为了克服上述两个缺点，本节使用最优控制方法获得气流角指令。

于是，本节中机动控制的框架如图 2－92 所示：

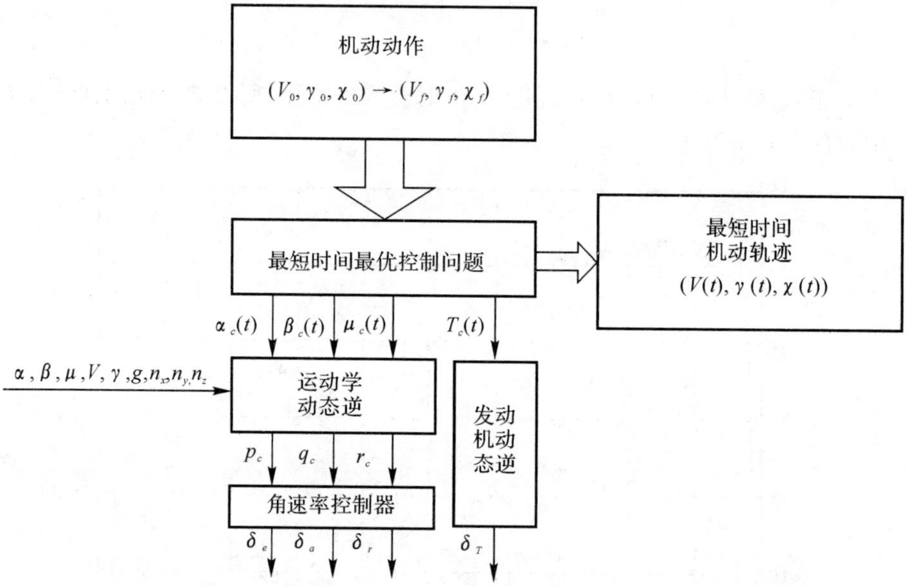

图 2－92　机动控制框架

其中，动态逆控制上面已经进行过研究，且具有较好的控制效果，下面研究最短时间最优控制问题，即气流角和发动机推力的指令生成问题。

文献[7] 给出了“机动”如下一个定义：

机动是指两个配平轨迹之间的有限时间过渡过程，在本书的研究中，认为一个机动的起止状态都是已知的，但终态达到的时间是未知的，将机动控制问题描述成一个最短时间最优控制问题进行求解。

最优控制问题中的动态系统的状态方程可以用式(2－183)～式(2－187)表示，选取状态为

$$\boldsymbol{x}=[\nu \quad \gamma \quad \chi]^{\mathrm{T}} \tag{2-183}$$

控制输入为

$$\boldsymbol{u}=[\alpha \quad \beta \quad \mu \quad T]^{\mathrm{T}} \tag{2-184}$$

边界条件为

$$\left.\begin{aligned}\nu(t_0)&=\nu_0\\ \gamma(t_0)&=\gamma_0\\ \chi(t_0)&=\chi_0\end{aligned}\right\}\tag{2-185}$$

$$\left.\begin{aligned}\nu(t_f)&=\nu_f\\ \gamma(t_f)&=\gamma_f\\ \chi(t_f)&=\chi_f\end{aligned}\right\}\tag{2-186}$$

性能函数为

$$J=t_f-t_0=\int_{t_0}^{t_f}1\mathrm{d}t\tag{2-187}$$

2.10　本章小结

本章介绍了飞行控制系统常用的控制律组成及设计方法，包括姿态控制、航向控制、高度控制、速度控制等基本控制方法及通用数字信号处理，以及现代飞机的主动控制技术、无人机机动控制技术等。

参考文献

[1] JOURDAN D, PIEDMONTE M, GAVRILETS V, et al. Enhancing UAV Survivability Through Damage Tolerant Control [C]//AIAA Guidance, Navigation, and Control Conference. Toronto, Ontario Canda, 2010:1-26.

[2] 吴成富，邵朋院，戢凤. 基于侧滑配平的单副翼极限位置卡死控制方法研究[J]. 西北工业大学学报，2014，32(1):137-141.

[3] 杨一栋，江驹. 保持飞行迎角恒定的飞行推力综合控制[J]. 航空学报，1996,17(4):460-464.

[4] 谢蓉，王新民，李俨. 超机动飞机动态逆-PID 控制器设计[J]. 飞行力学，2009,27(2):67-71.

[5] Snell, S. A. Nonlinear Dynamic-inversion Flight Control of Supermaneuverable Aircraft [D]. Ninnesota, USA: University of

Minnesota，1991.

[6] 左玲，张新国. 用于大机动飞行仿真的四元数改进算法[J]. 系统仿真学报，2006，18(11)：3018－3020，3029.

[7] FRAZZOLI E. DAHLEH M A，FERON E. Robust Hybrid Control for Autonomous Vehicle Motion Planning [C]//IEEE Conference on Decision & Control. IEEE，2000.

[8] 王娜，席剑辉，黄宇，等. 无人机单副翼有限卡死时荷兰滚运动分析[J]. 仪器仪表学报，2009，30(6)：838－842.

[9] 闫冰，吴成富，邵朋院，等. 基于遗传算法的半开环单侧副翼卡死控制[J]. 西北工业大学学报，2016，34(1)：79－84.

第3章

无人机自动起降系统控制律设计

无人机的安全起飞与着陆技术是无人机顺利完成各项飞行任务的前提，尤其是在复杂的战场环境下，起飞着陆技术直接决定了能否在最大限度降低损失的情况下完成战略目标[1-2]。本章基于地面动力学建模与线性化模型，重点开展无人机滑跑起飞与自主着陆控制律的设计。

3.1 无人机空中地面一体化动力学建模

无人机起降过程按照不同的受力情况和任务需求可以分为多个阶段，主要涉及地面滑行状态和空中飞行状态。本章以某三点式小型无人机为研究对象，建立了空中和地面一体的数学模型，无人机起降系统模型总体框架如图 3 - 1 所示。

空中与地面一体化的无人机机体模型可以分为以下几个模块。

(1)空气动力模块：该模块根据无人机的原始气动力系数、动导数和大气状态，计算出无人机空中各种气动力和力矩。

(2)发动机模块：该模块主要是根据当前的飞行速度、油门的开度等，计算发动机的推力和油耗。

(3)重力模块：计算无人机的重力。

(4)起落架模块：该模块用于计算无人机在地面运动的力和力矩，主要包括起落架受压缩后地面的支撑力、侧力、摩擦力及相关力矩，该模块根据触地检测来判断起落架是否使能用，保证了空中与地面模型的一体化。

(5)六自由度飞机模型：该模块主要用于解算无人机六自由度刚体运动学方程、动力学方程，综合飞机受到的各种力和力矩，对沿着地面坐标系或者机体坐标系的各个轴向的角加速度和线加速度进行计算，通过积分得到角速度、姿态角、速度和位置等信号。

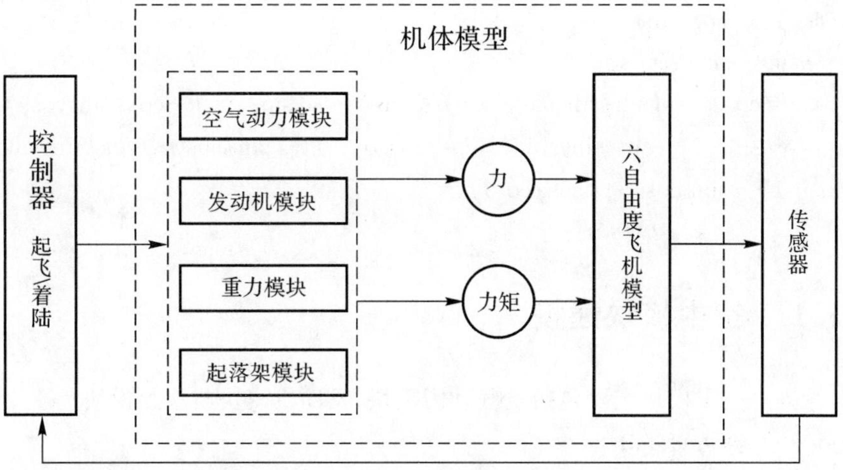

图 3-1　系统总体框架

除机体模型外为完成飞行任务还需要传感器模块和起降控制器模块。

(1)传感器模块：主要包括各种传感器的模型，例如空速管、高度传感器、惯导传感器、差分 GPS 等。

(2)控制器模块：主要包括起飞和着陆过程中各个控制器、导航计算以及控制逻辑等模块。

由牛顿第二定律可知，通过计算无人机的合力和合力矩，可以推导出无人机的运动方程，通过角速率与姿态角的关系及坐标系转换可以得到无人机动力学方程。有关无人机六自由度方程的详细推导可以参考文献[3-4]。此处首先给出飞机六自由度方程[见式(3-1)]，简要介绍空气动力模块、发动机模块和重力模块的建立，重点分析起落架的受力与建模，地面模型的建立是起降控制系统设计的重要前提。

$$\left.\begin{aligned}
&F_x = m(\dot{u} + qw - rv)\\
&F_y = m(\dot{v} + ru - pw)\\
&F_z = m(\dot{w} + pv - qu)\\
&M_x = I_{xx}\dot{p} + (I_{zz} - I_{yy})qr - I_{xz}(\dot{r} + pq)\\
&M_y = I_{yy}\dot{q} + (I_{xx} - I_{zz})rp + I_{xz}(p^2 - r^2)\\
&M_z = I_{zz}\dot{r} + (I_{yy} - I_{xx})pq - I_{xz}(\dot{p} - rq)\\
&p = \dot{\phi} - \dot{\psi}\sin\theta\\
&q = \dot{\theta}\cos\phi - \dot{\psi}\cos\theta\sin\phi\\
&r = -\dot{\theta}\sin\phi + \dot{\psi}\cos\theta\cos\phi\\
&\dot{x}_g = u\cos\theta\cos\psi + v(\sin\phi\sin\theta\cos\psi - \cos\phi\sin\psi) + \omega(\sin\phi\sin\psi + \cos\phi\sin\theta\cos\psi)\\
&\dot{y}_g = u\cos\theta\sin\psi + v(\sin\phi\sin\theta\sin\psi + \cos\phi\cos\psi) + \omega(-\sin\phi\cos\psi + \cos\phi\sin\theta\sin\psi)\\
&\dot{h} = u\sin\theta - v\sin\phi\cos\theta - \omega\cos\phi\cos\theta
\end{aligned}\right\}\tag{3-1}$$

3.1.1 空中模块建模

无人机空中模块主要包括空气动力模块、发动机模块与重力模块。

1.空气动力模块建模

无人机的气动力可以分成升力、阻力和侧力，在速度坐标系下，分别用 L，D，Y 表示，其计算公式见式(3-2)：这里所有的气动力系数都是在吹风数据和流体力学计算的基础上，使用曲线拟合的方法，可得

$$\left.\begin{aligned}
L &= C_L Q S_W\\
D &= C_D Q S_W\\
Y &= C_Y Q S_W
\end{aligned}\right\}\tag{3-2}$$

式中，C_D，C_L，C_Y 是阻力系数、升力系数和侧力系数；Q 为动压；S_W 为参考面积。

无人机有三种气动力矩：滚转力矩、俯仰力矩和偏航力矩。机体轴坐标系下，分别用 M_x，M_y，M_z 表示，其计算公式为

$$\left.\begin{aligned}
M_x &= C_l Q S_W b\\
M_y &= C_m Q S_W c_A\\
M_z &= C_n Q S_W b
\end{aligned}\right\}\tag{3-3}$$

式中，C_l，C_m，C_n 分别是滚转力矩系数、俯仰力矩系数和偏航力矩系数；c_A 为平均气动弦长；b 为机翼翼展。具体的推导过程见参考文献[3]。

2. 发动机模块建模

发动机主要产生的力是推力 $\boldsymbol{T}$ 和力矩 $\boldsymbol{M}_T$。推力的大小根据飞行状态油门开度等计算，在机体坐标系下，设发动机的安装角度 α_T 即为发动机与 x_b 轴的投影夹角，发动机推力为

$$\boldsymbol{T}=\begin{bmatrix}T_x\\T_y\\T_z\end{bmatrix}=\begin{bmatrix}T\cos\alpha_T\\0\\-T\sin\alpha_T\end{bmatrix}\tag{3-4}$$

在机体坐标系下，设质心到发动机推力线的距离为 h_t，推力 $\boldsymbol{T}$ 作用在飞机上的力矩为

$$\boldsymbol{M}_T=\begin{bmatrix}0\\-Th_t\\0\end{bmatrix}\tag{3-5}$$

3. 重力模块建模

由于本章所研究的无人机是电力驱动，飞行时间较短，所以认为无人机质量在整个起飞着陆过程是一个定值。在地面坐标系下，设重力为 $\boldsymbol{G}$，方向垂直向下，由于其作用点为重心，故不产生力矩，则重力的表达式为式(3-6)，式中 m 为无人机的质量，g 为重力加速度，则有

$$\boldsymbol{G}=\begin{bmatrix}0\\0\\mg\end{bmatrix}\tag{3-6}$$

3.1.2　起落架模块建模

无人机在地面滑跑运动过程中，根据地面受力状态和运动特点建立地面滑跑模型[5-7]，地面作用在无人机起落架上的力主要有支撑力 P、侧力 F 以及摩擦力 Q，受力过程如图 3-2 所示。

1. 地面支撑力的计算

无人机地面滑跑时由于起落架支柱与轮胎受到压缩而产生了支撑力，三轮的支撑力可以根据运动特性建立数学方程求解[5]（方法一），也可以根据机轮的机械特性进行受力分析求解[6]（方法二）。方法一只能计算出稳态的支撑力的解，无法得到瞬态的值，本章给出后一种方法。

假设机轮的弹性系数为 K，阻尼系数为 C，根据机轮的机械特性，三轮的支撑力可以用 $K\Delta Z+C\Delta\dot{Z}$ 来描述，ΔZ，$\Delta\dot{Z}$ 分别为各支柱的压缩量和压缩速度。

在地面坐标系下，起落架触地点的 z 轴坐标可以通过结合地面系下重心坐标 z_c^g 与经过方向余弦 C_{31}，C_{32}，C_{33} 转换的机体系重心坐标（x_g^b，y_g^b，z_g^b）进行求解，即

$$z_g^g = z_c^g + C_{31}x_g^b + C_{32}y_g^b + C_{33}z_g^b \tag{3-7}$$

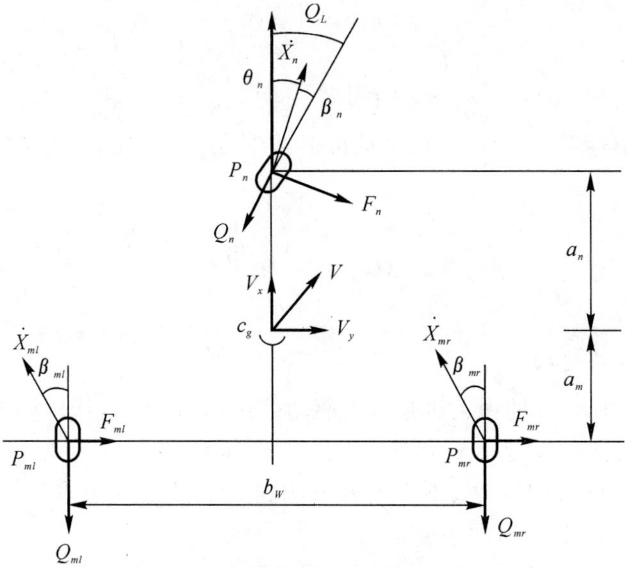

图 3-2　无人机地面滑跑受力示意图

滑跑时起落架触地点坐标应与跑道在地面坐标系中的 z 轴坐标 z_r^g 相等，则有

$$z_g^g = z_r^g \tag{3-8}$$

起落架支柱的压缩量、变化率和支撑力为

$$\Delta Z = z_g^b - z_g^{b\prime} = z_g^b - \frac{z_r^g - z_c^g - C_{31}x_g^b - C_{32}y_g^b}{C_{33}} \tag{3-9}$$

$$\Delta\dot{Z} = \frac{\Delta Z(t) - \Delta\dot{Z}(t-T)}{T} \tag{3-10}$$

$$P = K\Delta Z + C\Delta\dot{Z} \tag{3-11}$$

在地面坐标系中，无人机所受支撑力为

$$\boldsymbol{P} = [0 \quad 0 \quad -(P_n + P_{ml} + P_{mr})]^{\mathrm{T}} \tag{3-12}$$

在机体坐标系中，支撑力产生的俯仰力矩、滚转力矩和偏航力矩为

$$\boldsymbol{M}=\begin{bmatrix}M_x\\M_y\\M_z\end{bmatrix}=\begin{bmatrix}(P_{ml}-P_{mr})\dfrac{b_W}{2}\\P_n a_n-(P_{ml}+P_{mr})a_m\\0\end{bmatrix} \tag{3-13}$$

式中，P_n，P_{ml}，P_{mr} 分别为地面对前轮和左右主轮的支持力；b_W 为主轮距；a_n，a_m 分别为前后轮到重心投影的纵向距离。

2. 侧力与摩擦力的计算

无人机在地面转弯时，机轮与地面摩擦产生垂直于机轮旋转面的侧偏力，在其运动方向与机轮平面就会形成侧偏角 β。侧力可以看成是机轮发生侧向滑动时阻碍其运动的一种摩擦力，主要与侧偏角和支撑力有关，通过数据拟合可得计算侧偏力的经验公式为

$$F_n=C_A\beta(1-C_B\beta^2)P \tag{3-14}$$

式中 C_A，C_B 为侧向运动的侧力系数；其中 P 为地面对机轮的支撑力，β 结合图 3-2 得出

$$\beta_n=\theta_L-\arctan\left(\frac{v_y+ra_n}{v_x\cos\theta}\right) \tag{3-15}$$

$$\beta_{ml}=\arctan\left[\frac{ra_n-v_y}{v_x\cos\theta+r\dfrac{b_W}{2}}\right] \tag{3-16}$$

$$\beta_{mr}=\arctan\left[\frac{ra_n-v_y}{v_x\cos\theta-r\dfrac{b_W}{2}}\right] \tag{3-17}$$

设机轮与地面的滚动摩擦因数为 μ，则机轮受到的摩擦力分别为

$$\begin{bmatrix}Q_n\\Q_{ml}\\Q_{mr}\end{bmatrix}=\begin{bmatrix}\mu P_n\\\mu P_{ml}\\\mu P_{mr}\end{bmatrix} \tag{3-18}$$

3. 合力和合力矩

在稳定坐标系下，地面作用在机轮上的合力为

$$\boldsymbol{f}=\begin{bmatrix}f_x\\f_y\\f_z\end{bmatrix}=\begin{bmatrix}-F_n\sin\theta_L-Q_n\cos\theta_L-Q_{ml}-Q_{mr}\\F_n\cos\theta_L-Q_n\sin\theta_L+F_{ml}+F_{mr}\\-P_n-P_{ml}-P_{mr}\end{bmatrix} \tag{3-19}$$

在机体坐标系下，合力所产生的合力矩为

$$\boldsymbol{M}_f=\begin{bmatrix}(P_{ml}-P_{mr})\dfrac{b_w}{2}-\cos\theta_L(F_n-Q_n)h_1-F_mh_2\\ P_na_n-P_ma_m-(F_n\sin\theta_L+Q_n\cos\theta_L)h_1-Q_mh_2\\ -F_ma_m+\cos\theta_L(F_n-Q_n)a_n+(Q_{ml}-Q_{mr})\dfrac{b_w}{2}\end{bmatrix}\tag{3-20}$$

$$P_m=P_{ml}+P_{mr};\quad Q_m=Q_{ml}+Q_{mr};\quad F_m=F_{ml}+F_{mr}$$

式中，h_1，h_2 为前后轮胎到水平基准面的垂直距离，根据受力分析结合无人机空中数学模型可得到地面滑跑的数学模型。

以上所建立的无人机六自由度方程为非线性方程，在控制律设计中不能使用数值求解方程的手段来研究系统特性，也无法采用经典线性系统下的传递函数、拉氏变换、傅里叶变换、特征根、根轨迹等方法探究系统结构参数、操纵性能与稳定性的关系[3]。因此，系统性能分析和控制律设计就需要将非线性模型线性化。

3.2 无人机空中地面一体模型小扰动线性化

小扰动线性化理论为研究系统的稳定性和操纵性提供了可行的方案，其核心思想是寻找平衡状态，将微分方程在平衡点附近展开，忽略高阶小量进而得到一阶线性近似[4]。

线性化是相对某基准工作点进行的，所谓基准运动是指平衡状态下的运动。配平是指通过舵面的偏转，使飞机在飞行时的合外力与合外力矩为零，为线性化提供一个基准飞行状态[4]。本章使用 MATLAB/Simulink 中的 Control Design 工具箱来实现，该工具箱中的 Linear Analysis 具有用于配平的 Trim 工具。

3.2.1 小扰动线性化原理

扰动运动指在外来干扰（如大气紊流、发动机的变化和误操纵等因素）作用下，无人机偏离平衡点条件下的运动，即非基准运动[4]。若扰动运动与基准运动之间的差别甚小，则可视为小扰动运动。线性化的过程就是在基准运动的状态下加入小扰动运动，计算得到线性化后的传递函数或状态空间。

具体步骤是先确定系统的平衡状态，通过配平找到使状态导数项为零的平衡点，然后在平衡点 x_0 附近对非线性微分方程使用泰勒级数展开，并进行一阶近似，忽略展开式中的高阶小量，最终可以得到无人机的线性化数学模型，即

$$\left.\begin{aligned}\Delta\dot{x}(t)&=\left.\frac{\partial f[x(t),u(t),t]}{\partial x(t)}\right|_{x(t)=x_0}\Delta x(t)+\left.\frac{\partial f[x(t),u(t),t]}{\partial \mathrm{u}(t)}\right|_{u(t)=u_0}\Delta u(t)\\ \Delta y(t)&=\left.\frac{\partial h[x(t),u(t),t]}{\partial x(t)}\right|_{x(t)=x_0}\Delta x(t)+\left.\frac{\partial h[x(t),u(t),t]}{\partial \mathrm{u}(t)}\right|_{u(t)=u_0}\Delta u(t)\end{aligned}\right\}\tag{3-21}$$

式中，$\Delta x(t)=x(t)-x_0$；$\Delta u(t)=u(t)-u_0$。

令

$$\left.\begin{aligned}A&=\left.\frac{\partial f[x(t),u(t),t]}{\partial x(t)}\right|_{x(t)=x_0}\\ B&=\left.\frac{\partial f[x(t),u(t),t]}{\partial u(t)}\right|_{u(t)=u_0}\\ C&=\left.\frac{\partial h[x(t),u(t),t]}{\partial x(t)}\right|_{x(t)=x_0}\\ D&=\left.\frac{\partial h[x(t),u(t),t]}{\partial u(t)}\right|_{u(t)=u_0}\end{aligned}\right\}\tag{3-22}$$

通过小扰动线性化的方法，能够将无人机非线性模型简化成横侧向的线性化模型与纵向的线性化模型。

横侧向的线性化状态空间表达为

$$\dot{\boldsymbol{X}}=\boldsymbol{AX}+\boldsymbol{BU}\tag{3-23}$$

$$\boldsymbol{X}=[\beta \quad p \quad \phi \quad r]^{\mathrm{T}},\quad \boldsymbol{U}=[\delta_a \quad \delta_r]^{\mathrm{T}}$$

$$\boldsymbol{A}=\begin{bmatrix}-n_{1\beta} & -n_{1p} & -n_{1\phi} & -n_{1r}\\ -n_{2\beta} & -n_{2p} & 0 & -n_{2r}\\ 0 & 1 & 0 & -\theta_0\\ -n_{3\beta} & -n_{3p} & 0 & -n_{3r}\end{bmatrix},\quad \boldsymbol{B}=\begin{bmatrix}0 & -n_{1\delta_r}\\ -n_{2\delta_a} & -n_{2\delta_r}\\ 0 & 0\\ -n_{3\delta_a} & -n_{3\delta_r}\end{bmatrix}\tag{3-24}$$

横侧向状态方程为

$$\begin{bmatrix}\dot{\beta}\\ \dot{p}\\ \dot{\phi}\\ \dot{r}\end{bmatrix}=\begin{bmatrix}-n_{1\beta} & -n_{1p} & -n_{1\phi} & -n_{1r}\\ -n_{2\beta} & -n_{2p} & 0 & -n_{2r}\\ 0 & 1 & 0 & -\theta_0\\ -n_{3\beta} & -n_{3p} & 0 & -n_{3r}\end{bmatrix}\begin{bmatrix}\beta\\ p\\ \phi\\ r\end{bmatrix}+\begin{bmatrix}0 & -n_{1\delta_r}\\ -n_{2\delta_a} & -n_{2\delta_r}\\ 0 & 0\\ -n_{3\delta_a} & -n_{3\delta_r}\end{bmatrix}\begin{bmatrix}\delta_a\\ \delta_r\end{bmatrix}\tag{3-25}$$

纵向运动的线性化状态空间描述：

$$\dot{\boldsymbol{X}}=\boldsymbol{AX}+\boldsymbol{BU}\tag{3-26}$$

$$\boldsymbol{X}=[v \quad \alpha \quad q \quad \theta]^{\mathrm{T}},\quad \boldsymbol{U}=[\delta_e \quad \delta_T]^{\mathrm{T}}\tag{3-27}$$

$$\boldsymbol{A}=\begin{bmatrix} -n_{1v} & -n_{1\alpha} & 0 & -n_{1\theta} \\ -n_{2v} & -n_{2\alpha} & 1 & -n_{2\theta} \\ -n_{3v} & -n_{3\alpha} & -n_{3q} & -n_{3\theta} \\ 0 & 0 & 1 & 0 \end{bmatrix},\quad \boldsymbol{B}=\begin{bmatrix} 0 & -n_{1\delta_r} \\ -n_{2\delta_e} & 0 \\ -n_{3\delta_e} & -n_{3\delta_r} \\ 0 & 0 \end{bmatrix} \tag{3-28}$$

纵向状态方程为

$$\begin{bmatrix} \dot{v} \\ \dot{\alpha} \\ \dot{q} \\ \dot{\theta} \end{bmatrix}=\begin{bmatrix} -n_{1v} & -n_{1\alpha} & 0 & -n_{1\theta} \\ -n_{2v} & -n_{2\alpha} & 1 & -n_{2\theta} \\ -n_{3v} & -n_{3\alpha} & -n_{3q} & -n_{3\theta} \\ 0 & 0 & 1 & 0 \end{bmatrix}\begin{bmatrix} v \\ \alpha \\ q \\ \theta \end{bmatrix}+\begin{bmatrix} 0 & -n_{1\delta_r} \\ -n_{2\delta_e} & 0 \\ -n_{3\delta_e} & -n_{3\delta_r} \\ 0 & 0 \end{bmatrix}\begin{bmatrix} \delta_e \\ \delta_T \end{bmatrix} \tag{3-29}$$

3.2.2 线性化实现与稳定性分析

书中采用基于 MATLAB/Simulink 模型的线性化方法，使用 Control Design 工具箱中的 Linear Analysis 工具实现非线性模型的线性化。系统输入信号包括升降舵 δ_e、副翼 δ_a、方向舵 δ_r、油门 δ_T。系统输出信号包括滚转角速率 p、俯仰角速率 q、偏航角 r、滚转角 ϕ、俯仰角 θ、偏航角 ϕ、迎角 α、侧滑角 β、空速 V_α、飞机纵向位置 x、飞机侧向位置 y、飞机高度 H、飞行马赫数 Ma、航迹倾斜角 γ、高度变化率 $\dot{H}$、飞机侧向过载 n_{yb}、飞机垂直过载 n_{zb}、动压 Q 以及地速 V_e。

1. 空中无人机线性化实现与分析

本章选取无人机质量为 6.9 kg，平衡点处高度为 700 m，速度为 25 m/s，在空中正常平飞时的配平结果见表 3-1。

表 3-1　正常无人机平飞配平结果

δ_{al}/(°)	δ_{ar}/(°)	δ_{vl}/(°)	δ_{vr}/(°)	δ_t/(°)	β/(°)
0	0	−4.04	−4.04	0.446	0
α/(°)	**H/m**	**Va(m·s^{-1})**	**ϕ/(°)**	**θ/(°)**	**ψ/(°)**
3.76	700	25	0	3.76	0

线性化状态矩阵的特征根见表 3-2。

侧向特征根见图 3-3 和表 3-3。

表 3-2　特征根

特征根
−6.161 9 + 9.056 9i
−6.161 9 − 9.056 9i
−20.362 7 + 0.000 0i
−1.148 1 + 5.557 3i
−1.148 1 − 5.557 3i
−0.056 3 + 0.475 0i
−0.056 3 − 0.475 0i
−0.046 1+ 0.000 0i

表 3-3　侧向方程特征根

特征根
20.362 7
−1.148 1 + 5.557 3i
−1.148 1 − 5.557 3i
−0.046 1

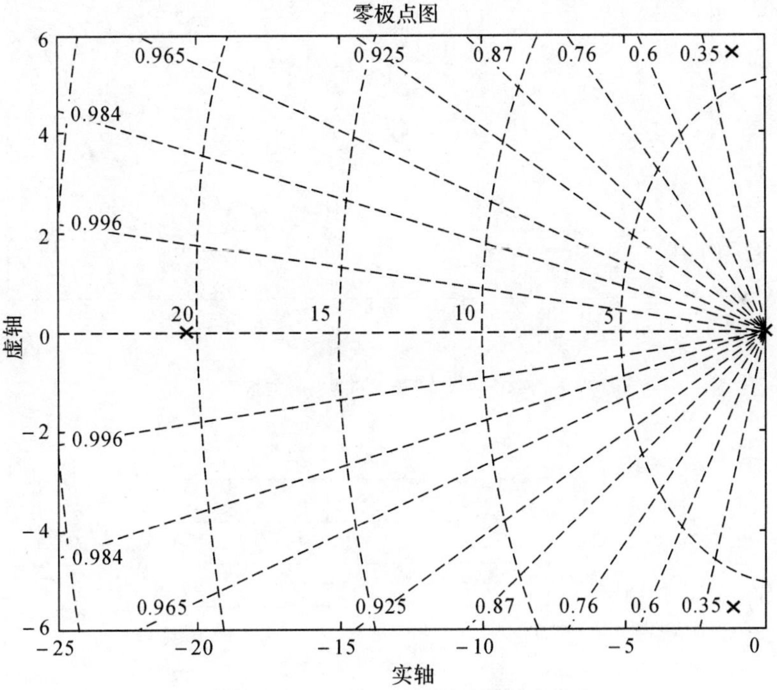

图 3-3　正常无人机横侧向特征根

无人机的横侧向运动一般分为三个模态：荷兰滚运动模态、快速滚转阻尼运动模态和螺旋运动模态。其中荷兰滚运动模态对应特征方程的一对共轭复根，快速滚转阻尼运动模态对应特征方程的大负实根，缓慢螺旋运动模态对应特征方程的小根(可正可负)。由以上横侧向的特征根可知,在选定的状态点上,无人机侧向荷兰滚模态、快速滚转阻尼模态和螺旋模态均稳定,可以不考虑横侧向增稳系统的设计。

纵向特征根见图 3-4 和表 3-4。

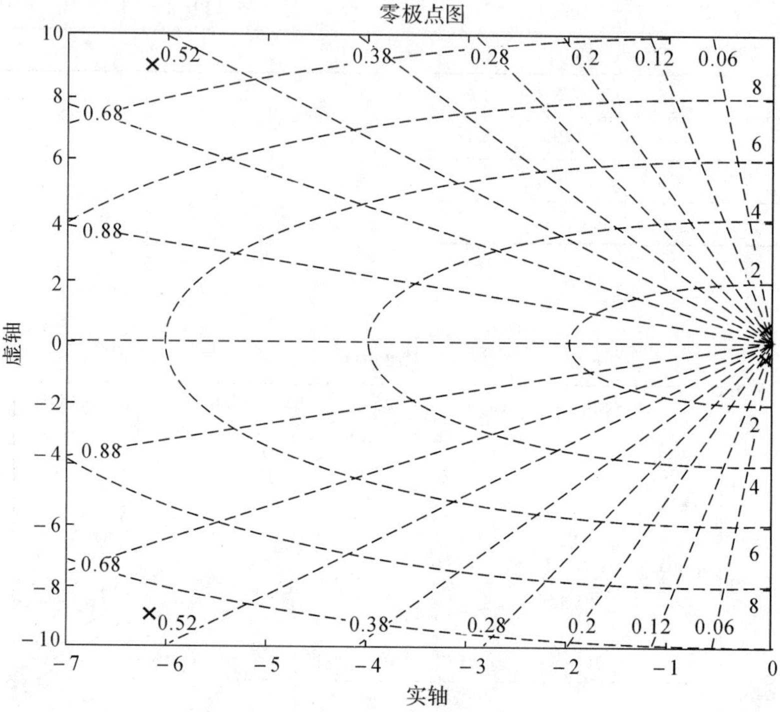

图 3-4 正常无人机纵向特征根

表 3-4 纵向方程特征根

特征根
−6.161 9 + 9.056 9i
−6.161 9 − 9.056 9i
−0.056 3 + 0.475 0i
−0.056 3 − 0.475 0i

无人机纵向运动可以分为短周期运动模态和长周期运动模态。短周期运动模态对应特征方程的一对大的共轭复根,在 s 平面中离虚轴较远,收敛速率较快;长周期运动模态对应特征方程的一对小的共轭复根,在 s 平面中离虚轴较

近，对系统动态性能影响较大。以上特征根均分布在 s 平面的左半平面，故在选定的状态点上，无人机纵向长短周期模态均稳定，不需要单独设计纵向增稳系统。

2. 地面滑跑分段线性化实现与分析

在滑跑起飞过程中，油门开度最大，滑跑阶段为加速过程，而在着陆滑跑过程中，发动机停止工作，由于地面的摩擦力作用，无人机做减速运动。滑跑阶段与速度关系较大，非线性较大，为方便控制律的设计，本章选取地面高度 500 m，不同速度时为不同的状态点，各设计点见表 3－5。

表 3－5　设计点

设计点	高度/m	速度/(m・s^{-1})
1	500	3
2	500	5
3	500	8
4	500	10
5	500	15

各设计点的配平结果见表 3－6。

表 3－6　配平结果

设计点	H/m	V_x/(m・s^{-1})	V_y/(m・s^{-1})	V_z/(m・s^{-1})	δ_t
1	500	3	-2.85×10^{-11}	0.009 29	0.031 8
2	500	5	-7.4×10^{-10}	0.015 6	0.038 3
3	500	8	-2.32×10^{-7}	0.031	0.059
4	500	10	-2.04×10^{-7}	0.031 7	0.069 1
5	500	15	-1.11×10^{-4}	0.032 5	0.122

在设计点 1 处线性化的特征根如图 3－5 所示。

同理在其他设计点处线性化，各个设计点的结果见表 3－7。

由线性化结果可知，在不同的速度下，以上线性化特征方程的特征根都负的实部，在 s 平面的左半平面，故在以上不同的状态点上，无人机纵向运动均稳定。

为研究速度变化对系统动态的影响，在不同速度的设计点处的阻尼比和自然频率，见表 3－8。

表 3-7 线性化结果(各设计点及其特征根)

设计点 1	设计点 2	设计点 3	设计点 4	设计点 5
−0.217 5 +68.712 5i	−0.358 6 +68.654 8i	−0.546 1 +68.534 8i	−0.678 5 +68.378 9i	−0.906 5 +67.882 5i
−0.217 5 −68.712 5i	−0.358 6 −68.654 8i	−0.546 1 −68.534 8i	−0.678 5 −68.378 9i	−0.906 5 −67.882 5i
−6.726 9 +57.556 4i	−4.613 4 +58.799 0i	−3.586 7 +59.210 8i	−3.323 9 +59.331 7i	−3.294 5 +59.449 8i
−6.726 9 −57.556 4i	−4.613 4 −58.799 0i	−3.586 7 −59.210 8i	−3.323 9 −59.331 7i	−3.294 5 −59.449 8i
−0.956 4 +49.640 3i	−1.597 8 +49.738 3i	−2.568 6 +49.958 9i	−3.235 4 +50.203 7i	−4.971 1 +51.021 8i
−0.956 4 −49.640 3i	−1.597 8 −49.738 3i	−2.568 6 −49.958 9i	−3.235 4 −50.203 7i	−4.971 1 −51.021 8i
−14.912 8	−8.486 6	−3.640 7 + 2.109 0i	−3.003 6 + 1.692 8i	−2.196 3 + 1.620 2i
−4.649 2	−3.064 9	−3.640 7 − 2.109 0i	−3.003 6 − 1.692 8i	−2.196 3 − 1.620 2i
−0.012 9	−0.021 8	−0.044 0	−0.044 0	−0.067 9

表 3-8 不同设计点线性化结果阻尼比和自然频率

设计点 1		设计点 2		设计点 3		设计点 4		设计点 5	
ξ	ω_n	ξ	ω_n	ξ	ω_n	ξ	ω_n	ξ	ω_n
0.003 2	68.712 8	0.005 2	68.655 8	0.008 0	68.537 0	0.009 9	68.382 2	0.013 4	67.888 5
0.003 2	68.712 8	0.005 2	68.655 8	0.008 0	68.537 0	0.009 9	68.382 2	0.013 4	67.888 5
0.116 1	57.948 2	0.078 2	58.979 7	0.060 5	59.319 3	0.055 9	59.424 8	0.055 3	59.541 0
0.116 1	57.948 2	0.078 2	58.979 7	0.060 5	59.319 3	0.055 9	59.424 8	0.055 3	59.541 0
0.019 3	49.649 5	0.032 1	49.763 9	0.051 3	50.024 9	0.064 3	50.307 8	0.097 0	51.263 4
0.019 3	49.649 5	0.032 1	49.763 9	0.051 3	50.024 9	0.064 3	50.307 8	0.097 0	51.263 4
1	14.912 8	1	8.486 6	0.865 3	4.207 4	0.871 2	3.447 7	0.804 7	2.729 3
1	4.649 2	1	3.064 9	0.865 3	4.207 4	0.871 2	3.447 7	0.804 7	2.729 3
1	0.012 9	1	0.021 8	1	0.041 1	1	0.044 0	1	0.067 9

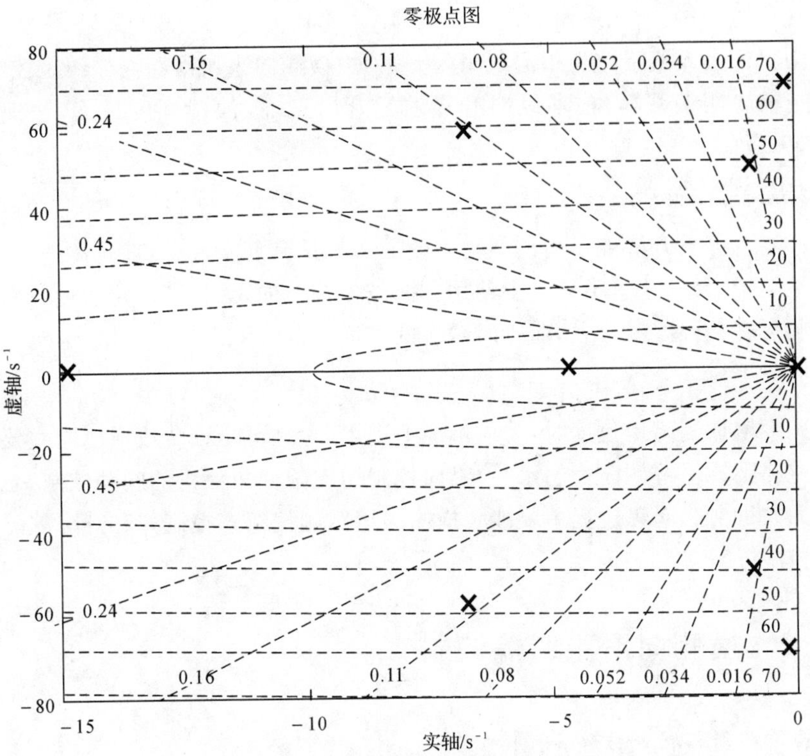

图 3-5　地面模型在设计点 1 处线性化的特征根

随着速度的增加，各个设计点处线性系统的特征根的阻尼比和自然频率变化不统一，但就离虚轴最近的特征根来说，随着速度的增加，自然频率增大，系统的稳定性相对增加。但是速度变化对系统特征根的影响较明显，在控制律设计时应该考虑地面模型的非线性。

3.3　无人机滑跑起飞系统控制律设计

3.3.1　滑跑起飞控制方案

对于 1.3.4 节自主飞行的图 1-15 所提到的三个起飞阶段分别设计控制方案如下[8-10]：

1.三轮滑跑

为保证无人机沿跑道中心线滑行[8]，书中横侧向采用滑跑侧偏纠正控制律，为保证前轮纠偏载荷，前期纵向升降舵配合出正舵，油门开度最大，快速加速起飞。

2.两轮滑跑

一定速度下升降舵产生的气动力使无人机达到起飞迎角，前轮离地，只有后轮着地继续滑跑，这里横侧向上使用方向舵保持航向，为保证一定速度下前轮平稳抬起，纵向升降舵给出抬前轮时对应的舵面。

3.空中爬升

速度增加到离地速度时，无人机离地进入爬升阶段，该阶段横侧向主要使用方向舵和副翼保持侧向姿态水平，纵向控制切入俯仰角保持的爬升控制。

无人机滑跑起飞过程主要涉及横侧向滑跑侧偏纠正控制律和升降舵配合的纵向控制方案[8]。

3.3.2 横侧向滑跑纠偏控制

1.滑跑纠偏控制方案

滑跑阶段主要涉及两个关键问题：一是对无人机及跑道的精准定位，这就需要精确的导航定位系统，这里使用差分 GPS 提供位置、速度等信号；二是纠偏控制律的准确控制，在有侧偏角和侧偏距的情况下引导无人机沿跑道中心线滑行。为了消除侧偏角和侧偏距，横侧向的控制方案分为航向控制和侧偏距控制。两种控制方案各有利弊。

航向控制的目的是使无人机沿平行跑道方向滑行，可以通过速度控制来实现，消除速度在垂直跑道方向上的分量，保证无人机航向与跑道航行一致，速度控制响应迅速、震荡小，在较宽的跑道和较小的侧偏距下可以迅速使无人机沿直线滑跑；但单一的航向控制没有修正侧偏距的能力，在侧向偏离较大的情况下无法适用，而一般的无人机跑道比较窄，只使用速度控制有冲出跑道的危险。

侧偏距控制的目的是消除无人机与跑道中心线的距离。在不考虑时间的情况下，只通过侧偏控制最终可以满足压线滑跑，但调节时间较长，轨迹震荡较大，机头航向与跑道航线可能出现偏差，单一的轨迹控制的性能有待提升。

为了确保滑跑侧偏纠正控制律的快速性和准确性，采用侧向速度和侧向偏离组合的控制方案，分别采用 PID 控制结构，引入速度信号和加速度信号提高快速性，引入位置信号消除距离误差，提高准确性，使速度和位移在垂直跑道方向上的分量都稳定到零，从理论的角度可以较准确地实现滑跑控制。

滑跑控制一般通过差动刹车或者前轮转向实现，其中前轮转向方式最为灵活。本章研究对象无刹车机制，故这里采用前轮转向的方式，为提高系统性能，加入了方向舵的配合，在整个滑跑阶段将前轮与方向舵联动起来，最终实现纠偏控制，其中速度使用自动油门控制。在低速滑跑时，方向舵产生的气动力很小，地面对飞机的作用力较大，前轮转向起主导作用。在高速滑跑时，升力增加，前轮载荷减小，方向舵产生的气动力增加，方向舵纠偏起主导作用。

侧向控制律基本结构如图 3-6 所示。

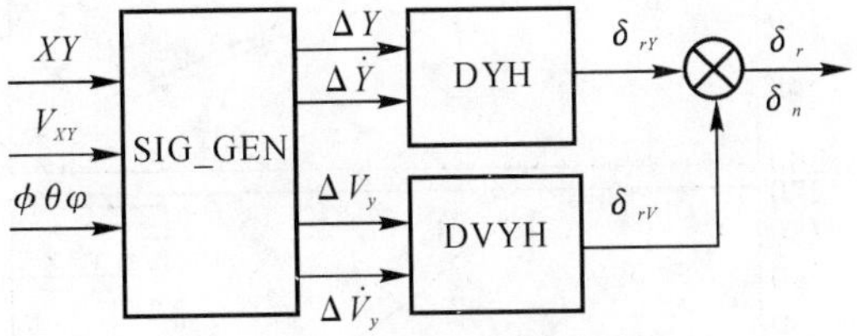

图 3-6　侧向控制律结构

图中，DYH 为侧向偏离控制，DVYH 为侧向速度控制，两个控制器均采用经典 PID 控制结构，SIG_GEN 模块为信号产生模块，该模块通过使用传感器测量信号来计算控制器需要的输入信号，计算过程主要为坐标转换。有如下假设：飞机滑跑时需要跟踪的跑道为一条有向直线，用直线上一点的坐标和直线的方向角度唯一确定。

DYH 与 DVYH 控制律分别为

$$\delta_{rY}=K_{P_{\mathrm{DYH}}}\Delta Y+K_{I_{\mathrm{DYH}}}\int\Delta Y\mathrm{d}t+K_{D_{\mathrm{DYH}}}\Delta\dot{Y} \tag{3-30}$$

$$\delta_{rV}=K_{P_{\mathrm{DVYH}}}\Delta V_y+K_{I_{\mathrm{DVYH}}}\int\Delta V_y\mathrm{d}t+K_{D_{\mathrm{DVYH}}}\Delta\dot{V}_y \tag{3-31}$$

式中，ΔY，ΔV_y 分别为侧向偏差和侧向速度。SIG_GEN 模块中设所跟踪航线初始点坐标为 (x_0, y_0)，航向为 ψ_l，则有

$$\Delta Y=[(x-x_0)\tan\psi_l+y_0-y]\cos\psi_l \tag{3-32}$$

$$\Delta\dot{Y}=\Delta V_y=V_{ex}\sin\psi_l-V_{ey}\cos\psi_l \tag{3-33}$$

飞机在地面滑跑时滚转角和俯仰角都很小，为简化计算，设其为 0，有

$$\Delta\dot{V}_y=a_x\sin(\psi_l-\psi)-a_y\cos(\psi_l-\psi) \tag{3-34}$$

式中，a_x 和 a_y 为飞机机体轴 x 向和 y 向的加速度，可由加速度计测得。

将非线性模型在 $V=15$ m/s，地面海拔 $H=500$ m 处配平，并进行小扰动线性化得到线性化模型，在线性化模型的基础上，通过根轨迹的方法分别设计 6 个

控制律参数，由于式(3-34)中存在非线性环节，在验证式(3-30)、式(3-31)控制律的时候令式(3-34)为0，控制律参数见表3-9。

表3-9　滑跑侧偏纠正控制律参数

$K_{P_{DYR}}$	$K_{I_{DYR}}$	$K_{D_{DYR}}$	$K_{P_{DVYR}}$	$K_{I_{DVYR}}$	$K_{D_{DVYR}}$
0.01	0.1	0.5	0.35	0.6	0.3

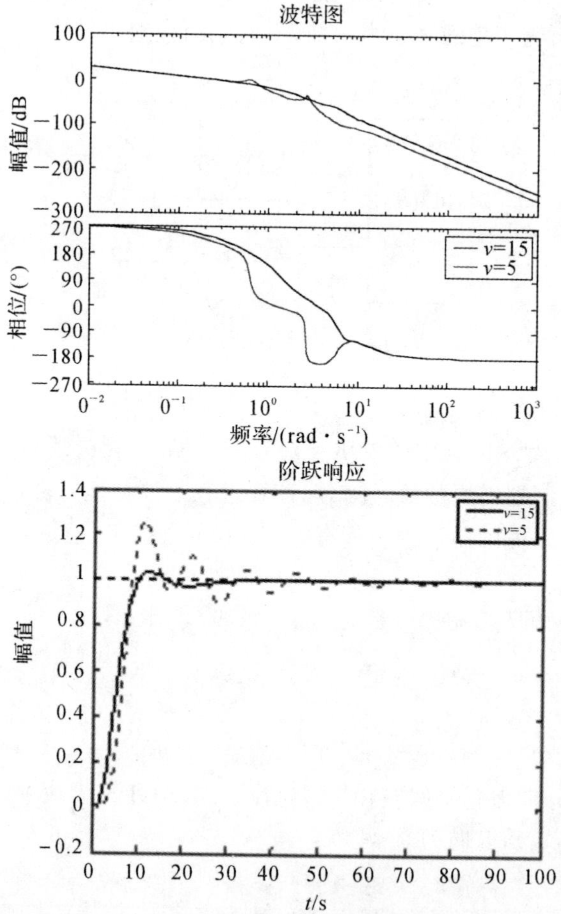

图3-7　波特图与阶跃响应

该组参数在 $V=15$ m/s(见图3-7实线)的线性模型下的幅值裕度为12.9 dB，相位裕度为63.5°，超调为3.3%，调节时间为9.1 s，系统的稳定裕度较高。由于地面模型有较大的非线性，同一组系数在 $V=5$ m/s(见图3-7虚线)的线性模型下,幅值裕度为 4.89 dB,相位裕度为 50.9°,超调量为 26.1%,调节时间为 40 s,稳定性明显减弱,在低速时震荡较大,这组系数不适用,同样适用于低速段的系数在高速段纠偏性能下降,故需要对控制器进行改进。

2. 滑跑纠偏模糊控制器设计

由于地面滑跑的数学模型非线性较大,所以单组参数的 PID 控制器很难在低速与高速同时适用,为保证整个速度段的纠偏性能,在不同速度下分别设计不同的参数。由于 DVYH 侧向速度控制受速度影响较大,所以采用线性插值和模糊控制的方法对 DVYH 模块进行改进,其中线性插值使用 Matlab 中的 INTERP 函数实现,下面介绍模糊控制器的设计,针对 DVYH 模块中 $K_{P_{DVYH}}$, $K_{D_{DVYH}}$ 两个参数设计的控制规律见表 3-10。

表 3-10　模糊控制规律

E_1	E				
	NB	NS	ZO	PS	PB
NB	U1	U2	U4	U6	U7
NS	U1	U3	U4	U6	U8
ZO	U2	U3	U5	U7	U8
PS	U2	U4	U6	U7	U9
PB	U3	U4	U6	U8	U9

其中 E 和 $E1$ 分别对应 ΔV_y 和 $\Delta \dot{V}_y$,积分项保持不变,U 的论域为[−2 2],分有 9 个等级,见表 3-11。

表 3-11　论域等级

U1	U2	U3	U4	U5	U6	U7	U8	U9
NB	NMB	NMS	NS	ZO	PS	PMS	PMB	PB

模糊控制器的规则如图 3-8 所示。

在 8.16 m 侧偏距和 10°侧偏角的初始条件下,速度从 0 m/s 增加到 15 m/s 时选用不同方法的跟踪轨迹和侧向偏离图如图 3-9 和图 3-10 所示。

从图中可知,采用一组系数在低速时有较大的震荡,19 s 之后误差基本减小到 0 附近,通过插值的方法得到的震荡和侧向偏差都有所减小,使用模糊控制器后,低速段震荡明显减小在 0.5 m 范围内,侧向偏离在 10 s 内很快减小到零附近,在整个速度变化过程中,跟踪结果平滑,最后选用模糊控制器。

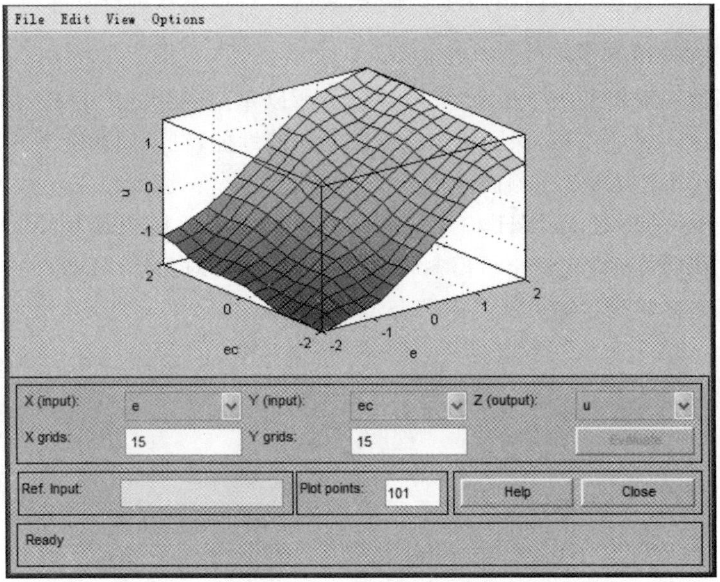

图 3－8 模糊控制器规则

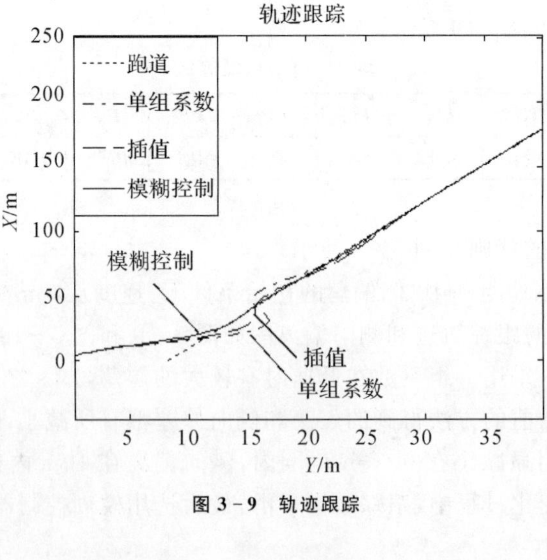

图 3－9 轨迹跟踪

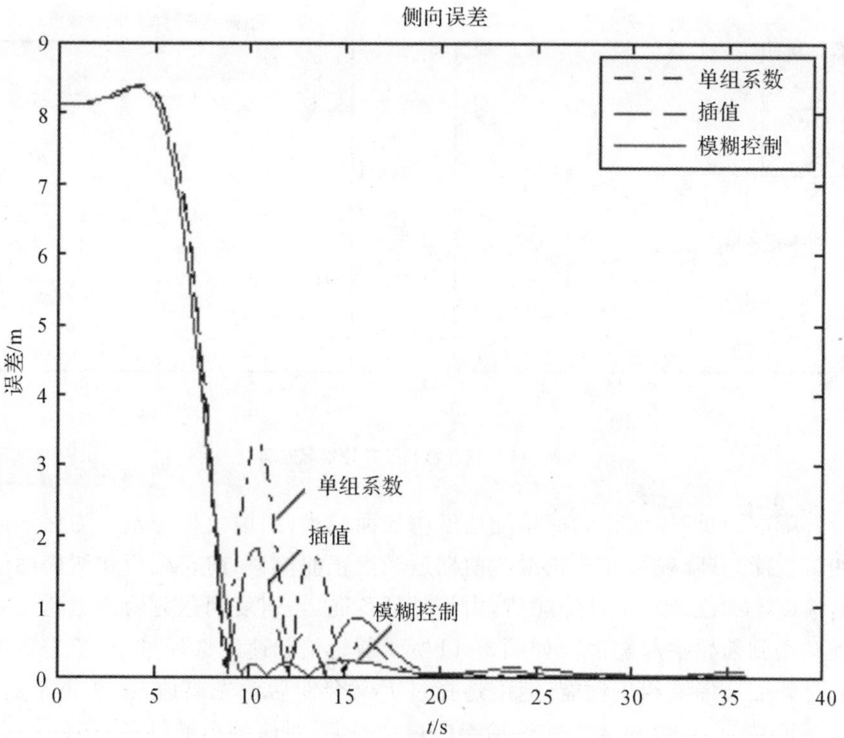

图 3-10　侧向误差

3.3.3　纵向起飞控制

升降舵的控制对整个滑跑起飞过程至关重要。升降舵负偏，随着速度增加会影响纠偏性能；升降舵正偏过大，机头有触地危险，离地时切入俯仰角控制；升降舵瞬时大幅度负偏可能造成机尾擦地。为了研究纵向的控制方案，需要对滑跑段的前轮抬起速度、前轮抬起舵面等性能进行计算[8-10]。无人机在三轮滑跑段法向力和力矩平衡方程式为

$$\left.\begin{aligned} L+T\cos\alpha+P_n+P_m-G=0 \\ M_n+M_m+M_x+M_y+M_z=0 \end{aligned}\right\} \tag{3-35}$$

式中，P_n，P_m，M_n，M_m 分别是前后轮载荷量和俯仰力矩；M_x，M_y，M_z 是空中合力矩在机体系下三轴的分量，在机场高度和发动机推力一定时，前轮载荷与迎角、滑行速度和升降舵出舵量大小有关，两轮滑跑时有 $M_n=0$，$M_m=0$，抬前轮的时机主要由速度、升降舵出舵量等决定，变化曲线如图 3-11 所示

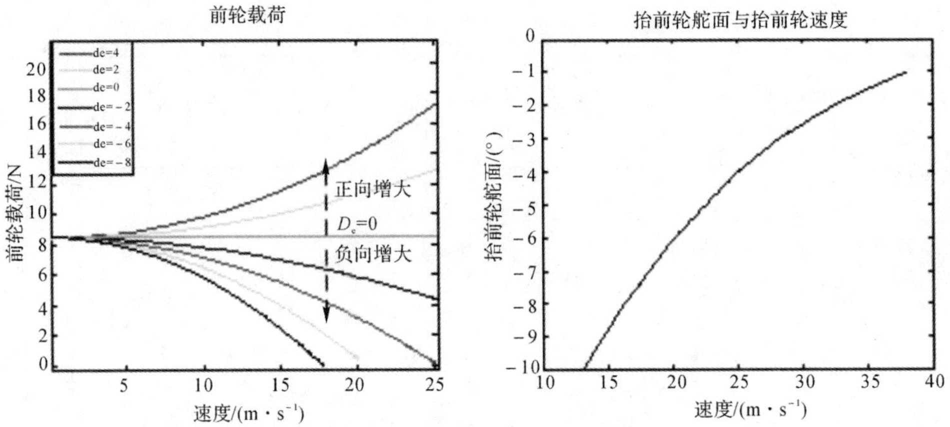

图 3-11　前轮载荷及前轮抬起舵面

升降舵为负时，前轮载荷量随速度增加而减小，纠偏效果变差。为保证前轮的纠偏性能，升降舵可在三轮滑跑前期适当给正舵，增加前轮载荷和纠偏性能。随着速度增加逐渐减小升降舵值，由正舵到负舵，当速度到达前轮抬起速度时升降舵减小到前轮抬起舵面。如图3-11所示前轮抬起速度选择过小，所需负偏较大的升降舵会影响纠偏性能，速度选择过大又会使后轮先离地，无法正常起飞，选取速度在18～20 m/s为前轮抬起的最佳时期，对应的出舵量在−6°～−8°范围内。速度进一步增大，飞机离地切入俯仰角控制，为防止升降舵瞬时大幅度负偏，可以逐渐增大俯仰角指令到爬升俯仰角的配平值。

为确保整个滑跑起飞控制策略一致，纵向采用俯仰角控制间接控制升降舵值，但不同阶段的俯仰角指令不同，其指令生成器如下：

$$\theta_c = K(V - V_m) + \theta_e,\quad K = \begin{cases} K_1, & V \geqslant V_m \\ K_2, & V < V_m \end{cases} \tag{3-36}$$

$$\theta_{\text{tfg}} = \begin{cases} \theta_{\text{ctrim}}, & \theta_c \geqslant \theta_{\text{ctrim}} \\ \theta_c, & \theta_{\text{lim}} \leqslant \theta_c < \theta_{\text{ctrim}} \\ \theta_{\text{lim}}, & \theta < \theta_{\text{lim}} \end{cases} \tag{3-37}$$

根据速度的变化给出滑跑段俯仰角的参考信号 θ_c，其中 V_m 是前轮抬起速度；θ_e 是前轮抬起升降舵值对应的俯仰角；K_1，K_2 为不同的斜率。为保证起飞过程平稳，在 θ_c 信号之后又加入了饱和环节，其中 θ_{lim} 是为保证机头不触地的最小俯仰角，其值为负值，θ_{ctrim} 为爬升阶段配平点的配平俯仰角，θ_{tfg} 为最终的俯仰角指令。内环的控制律为

$$\delta_e = K_{\text{P}}(\theta - \theta_{\text{tfg}}) + K_{\text{I}}\int(\theta - \theta_{\text{tfg}})\,\mathrm{d}t + K_{\text{D}_q} \tag{3-38}$$

利用根轨迹法，$V/(\mathrm{m\cdot s^{-1}})$根据时频域响应特性，确定其参数 $K_P=0.45$，$K_I=0.25$，$K_D=0.15$。俯仰角指令与升降舵随着速度的变化如图 3-12 所示。

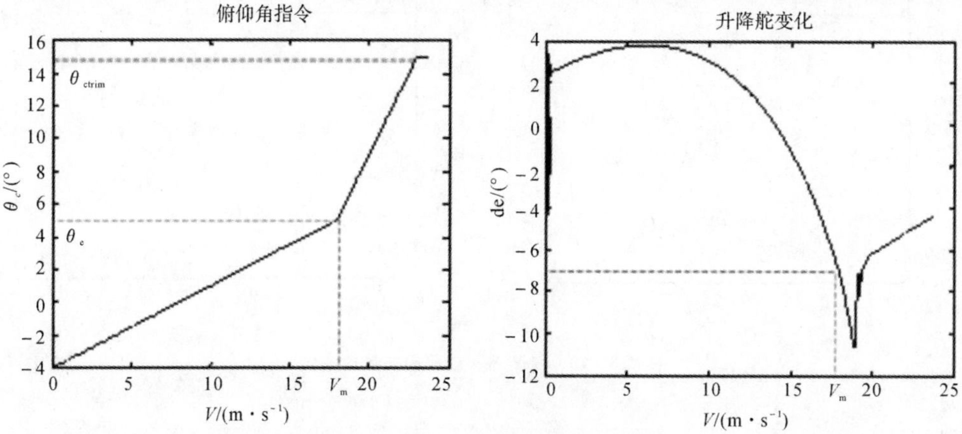

图 3-12　俯仰角指令与升降舵变化

为验证滑跑起飞的控制方案的合理性，在地面高度为海拔 500 m，3 m 的侧偏距、无侧偏角、速度为零的初始条件下进行非线性仿真，在逐渐加速的过程中，起飞阶段各响应如图 3-13 所示。

结果表明，在 10 s 内侧向误差基本稳定在 0 左右，21 s 之前为三轮滑跑阶段，速度达到 18 m/s，升降舵为前轮抬起舵面，21～23 s 为两轮滑跑阶段，到达离地速度 19 m/s，23 s 后进入爬升阶段，起飞过程纵向平稳离地，横侧向保持跑道航向并有一定的纠偏能力。

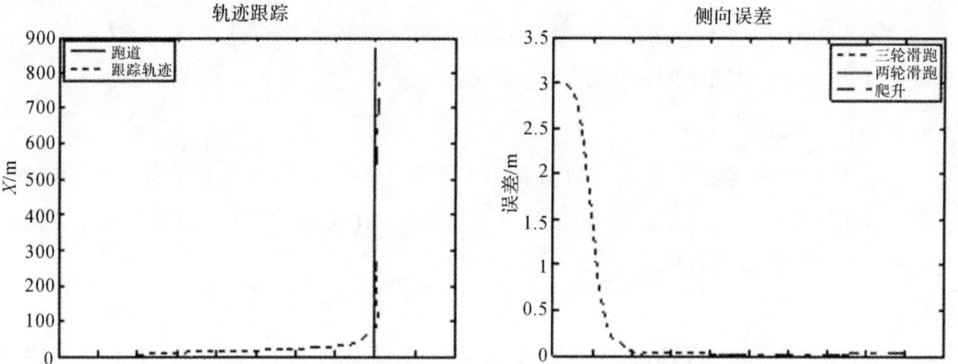

图 3-13　滑跑起飞过程相关量的变化

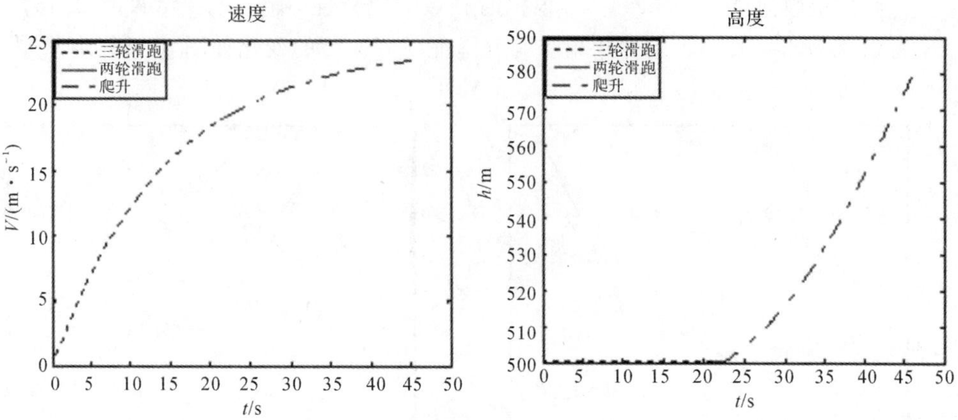

续图 3-13　滑跑起飞过程相关量的变化

3.4　无人机着陆系统控制律设计

3.4.1　着陆控制方案

对于 1.3.4 节自主飞行的图 1-15 涉及的着陆阶段的控制方案设计如下：

1. 进场飞行

无人机在跑道上方进场高度处，沿跑道平飞等待捕获轨迹后下滑，这里的进场高度为 50 m，主要使用平飞的控制方案。

2. 轨迹捕获

这里使用撞线的方式进行轨迹捕获（见图 1-15），当无人机在下滑轨迹的延长线上一个矩形框内时，则认为对导引窗 1 对窗成功，具备下滑条件，可以进入下滑阶段，否则进行复飞。

3. 直线下滑

该阶段无人机获得最终下滑指令接入下滑轨迹控制律，沿下滑轨迹线下降到拉平高度，以一定的下滑轨迹角（−2.5°～−6°）下滑，与此同时，系统应自动修正无人机的侧滑角和由于侧风干扰所引起的侧向偏离。文中使用横侧向轨迹控制消除离跑道中心侧向距离，纵向下滑线控制保证无人机按指定轨迹下滑。

4. 末端拉平

当无人机下滑到拉平距离时判断是否对准跑道上空的导引窗 2，若飞机不在指定的窗体范围内，则认为不具备下降条件，需要进行复飞。若无人机对导引窗 2 成功后，进入拉平阶段，为了减小无人机触地时的垂直速度，这里采用指数拉平的控制策略，调整无人机迎角，保持抬头状态。

5. 飘落

在拉平阶段结束后，飞行离地面高度为 0.5～0.8 m 时，将油门关闭，使无人机飘落，减小前向速度，经过自动调整速度和迎角达到着陆接地速度 $\dot{H}_{\mathrm{man}}=-0.5\ \mathrm{m/s}$ 后，进一步减小迎角使无人机的重力大于升力，无人机起落架主轮着地完成飘落阶段，这里的触地判断条件是纵向过载大于 $2g$。

6. 地面滑跑

检测触地后，后起落架着地，两轮滑行，很快三轮着地，减速滑跑，直到减速停止。此过程也使用与起飞滑跑类似的滑跑控制律，为了快速减速，在初始滑跑阶段通过摩擦力和调整航行的方向舵来减速，当速度降到一定值时，再用升降舵配合产生刹车作用。

无人机的着陆控制律可以分为横侧向和纵向来进行设计，其中横侧向控制包括内环的滚转角保持、偏航角保持和外环的侧向偏离控制以及地面滑跑纠偏控制；纵向控制包括俯仰角控制、高度保持、下滑线控制、拉平控制、滑跑纵向控制、空速保持[11-14]。

3.4.2　横侧向着陆控制

1. 滚转角保持

在无人机飞行过程中，滚转角保持的目的是控制无人机保持给定的滚转姿态，在其起飞、爬升、平飞和着陆时，都要求其能够在一定的干扰下稳定到给定的滚转角处；此外，当无人机转弯时，需要飞机滚转产生的侧力来改变航向、消除侧向偏差，滚转角保持控制是其他侧向控制模态的内回路。这里使用经典的PID控制结构设计滚转角保持控制律，则有

$$\delta_a = K_{\phi \mathrm{D}} p + K_{\phi \mathrm{P}}(\phi - \phi_g) + K_{\phi \mathrm{I}}\int(\phi - \phi_g)\mathrm{d}t \tag{3-39}$$

式中，$K_{\phi \mathrm{P}}$(RAH_KP) 为滚转角比例项反馈系数，该系数影响系统整体的动态性能；$K_{\phi \mathrm{I}}$(RAH_KI) 为滚转角积分项的系数，该系数用于消除系统的稳态误差；$K_{\phi \mathrm{D}}$(RAH_KD) 为微分项，即滚转角速率反馈系数，该系数用于增加系统的阻

尼，提高系统的快速性。利用根轨迹法，根据时域响应和频域特性，经过调试确定的各参数见表 3-12。

表 3-12　滚转角保持控制律参数

$K_{\phi P}$	$K_{\phi I}$	$K_{\phi D}$
1	0.13	0.4

线性模型的滚转角通道的波特图和阶跃响应如图 3-14 所示。

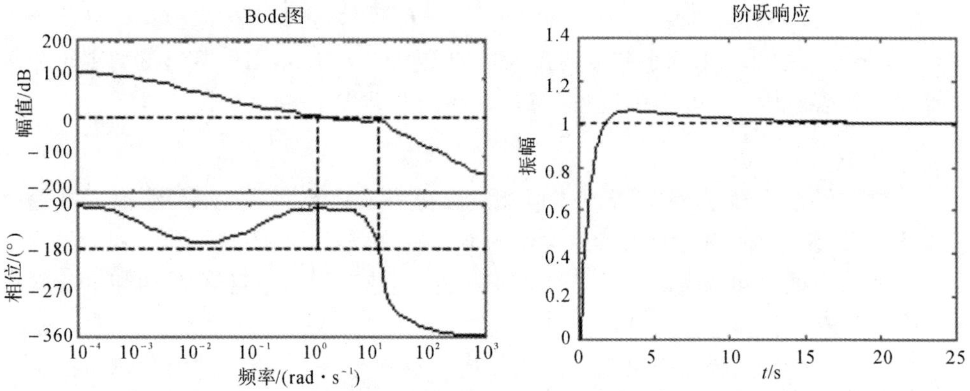

图 3-14　滚转角通道波特图与阶跃响应

在这组系数下线性系统的幅值裕度为 10.77 dB，相位裕度为 80.12°，满足线性频域指标；阶跃响应的超调量为 6.16%，调节时间为 5.43 s，满足线性时域指标。

将这组系数代入非线性模型，当给定 $\phi_c = 10°$ 时非线性模型的响应如图 3-15 所示，响应与线性模型基本一致，满足性能指标。

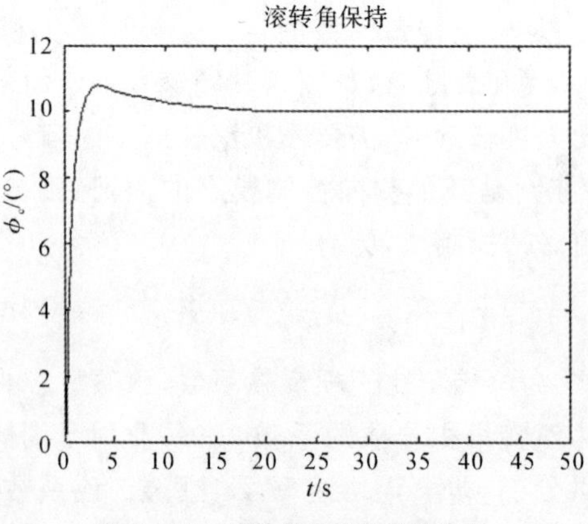

图 3-15　滚转角保持非线性响应

2. 偏航角保持

偏航角保持是指控制飞机保持给定的偏航姿态，偏航角保持是侧向运动的基本工作方式，应用于自动起飞、自动进场着陆等飞行阶段，主要控制飞机在给定航向上飞行。这里航向保持与滚转姿态保持分开使用，都是侧向偏离控制的内回路。其中偏航角保持采用经典的 PID 控制结构，只使用方向舵通道实现。

偏航角保持的控制律为

$$\delta_r = K_{\psi D} r + K_{\psi P}(\psi - \psi_g) + K_{\psi I}\int(\psi - \psi_g)\mathrm{d}t \tag{3-40}$$

式中，$K_{\psi P}$（YAH_KP）为偏航角比例项反馈系数，该系数影响系统整体的动态性能；$K_{\psi I}$（YAH_KPI）为偏航角积分项的系数，该系数用于消除系统的稳态误差；$K_{\psi D}$（YAH_KD）为微分项，即偏航角速率反馈系数，该系数用于增加系统的阻尼，利用根轨迹法，根据时域响应和频域特性，经过调试后确定的各项参数见表 3-13。

表 3-13　偏航角保持控制律参数

$K_{\psi P}$	$K_{\psi I}$	$K_{\psi D}$
0.24	0.11	0.05

线性模型的滚转角通道的波特图和阶跃响应如图 3-16 所示。

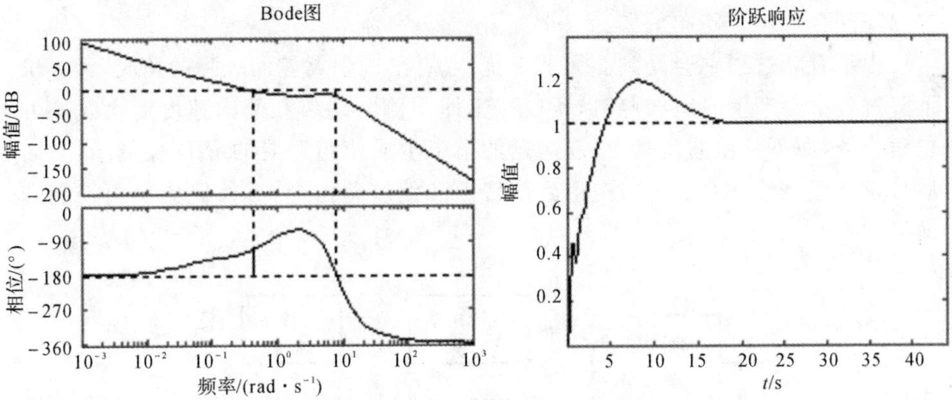

图 3-16　偏航角通道波特图与阶跃响应

在这组系数下线性系统的幅值裕度为 10.29 dB，相位裕度为 69.04°，满足线性频域指标；阶跃响应的超调量为 17.73%，调节时间为 14.66 s，满足线性时域指标。

将这组系数代入非线性模型，当给定 $\psi_c = 10°$ 时非线性模型的响应如图

3－17所示,满足非线性性能指标。

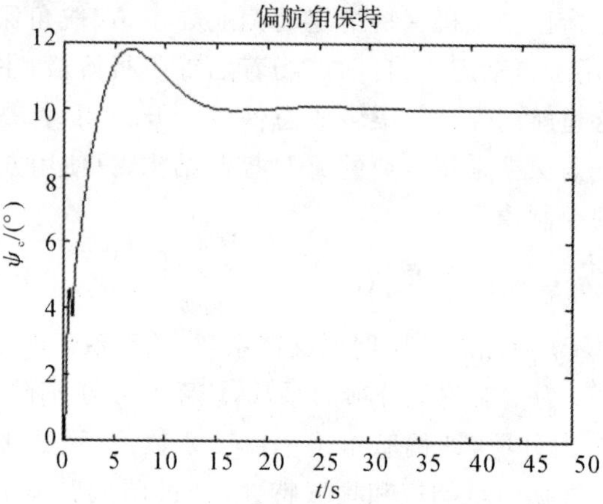

图3－17　偏航角保持非线性响应

3.侧向偏离控制

侧向偏离控制的目的是在无人机进场、下滑、拉平等阶段,修正无人机相对于跑道中心线的侧偏,保证无人机着陆过程中与跑道中心线侧偏为零。侧向偏离控制是飞机侧向轨迹控制的基本工作方式之一[14]。这里以侧向偏离与侧向速度为输入信号,以内环的偏航角保持和滚转角保持控制为内回路,通过副翼和方向舵配合来修正侧向偏离。

由于着陆过程中会受到侧风的干扰,或者出现副翼舵面故障的情况,无人机下降过程中会产生一定的侧滑,所以这里使用侧向偏离和侧向速度产生航迹方位角指令,而不是偏航角指令,航迹角的指令生成使用经典的PID控制结构,之后分别通过两个KI控制结构得到滚转角和偏航角指令,具体侧向偏离控制方案见图3－18。

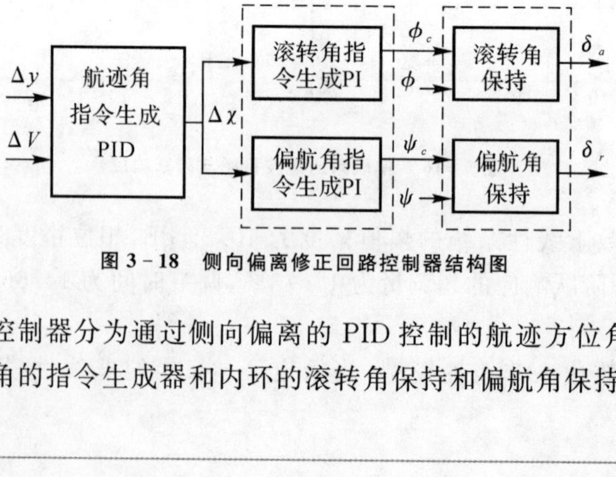

图3－18　侧向偏离修正回路控制器结构图

侧向偏离控制器分为通过侧向偏离的PID控制的航迹方位角指令生成器、滚转角和偏航角的指令生成器和内环的滚转角保持和偏航角保持三部分。

侧向偏离控制律为

$$\chi_c = K_{\chi P}\Delta y + K_{\chi I}\int \Delta y \mathrm{d}t + K_{\chi D}\Delta v \tag{3-41}$$

$$\left.\begin{aligned}\phi_{\chi c} &= K_{P\phi}(\chi_c - \chi) + K_{I\phi}\int(\chi_c - \chi)\mathrm{d}t \\ \psi_{\chi c} &= K_{P\psi}(\chi_c - \chi) + K_{I\psi}\int(\chi_c - \chi)\mathrm{d}t\end{aligned}\right\} \tag{3-42}$$

式中，$K_{\chi P}$(CHI_P) 为侧向偏离的比例项反馈系数；$K_{\chi I}$(CHI_I) 为侧向偏离积分项的系数，该系数用于消除系统的稳态误差；$K_{\chi D}$(CHI_D) 为侧向偏离的微分项；$K_{P\phi}$(KP1) 为滚转通道航迹方位角比例项的反馈系数；$K_{I\phi}$(KI1) 为滚转通道航迹方位角积分项的反馈系数。同理，$K_{P\psi}$(KP2) 为偏航通道航迹方位角比例项的反馈系数；$K_{I\psi}$(KI2) 为偏航通道航迹方位角积分项的反馈系数，通过将侧向偏差和侧向速度减小到零，从理论的角度实现侧向偏离控制。利用根轨迹法，根据时域响应和频域特性，经过调试确定的各参数见表 3-14。

表 3-14　侧向偏离控制律参数

$K_{\chi P}$	$K_{\chi I}$	$K_{\chi D}$	$K_{P\phi}$	$K_{I\phi}$	$K_{P\psi}$	$K_{I\psi}$
0.5	0.01	0.2	0.9	0.15	0.8	0.2

假设无人机轨迹捕获成功后，在初始下滑时刻加入 10 m 的侧向偏离扰动，其余角度初始值为零。仿真结果如图 3-19 所示。

由图 3-19 仿真结果可以看到，下滑瞬间无人机与跑道具有 10 m 侧向偏离，通过侧向偏离控制，在 20 s 内快速控制无人机与跑道的偏差收敛到零附近，滚转角与偏航角经过小范围波动后保持飞机航向和横侧向的水平。

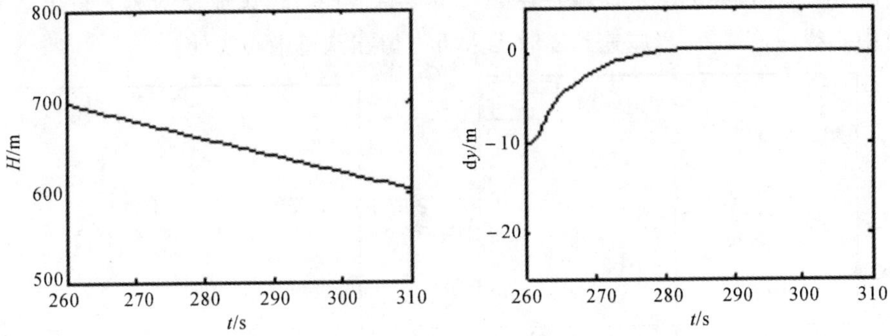

图 3-19　侧向偏离控制非线性仿真曲线

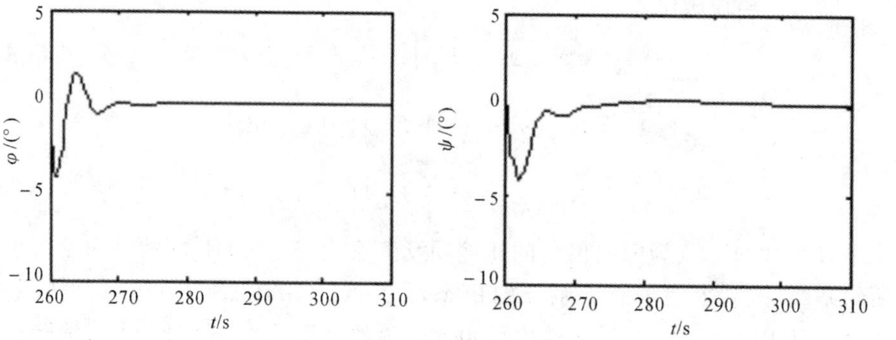

续图 3-19　侧向偏离控制非线性仿真曲线

4. 滑跑纠偏控制

着陆减速滑跑的横侧向控制律与起飞滑跑横侧向纠偏控制律一致，采用侧向偏离和侧向速度的控制，通过前轮与方向舵联动实现。该阶段与起飞滑跑阶段的不同之处在于纵向的升降舵控制和油门控制，横侧向纠偏的控制律如下：

$$\delta_{rY}=K_{P_{DYH}}\Delta Y+K_{I_{DYH}}\int\Delta Y\mathrm{d}t+K_{D_{DYH}}\Delta\dot{Y} \tag{3-43}$$

$$\delta_{rV}=K_{P_{DVYH}}\Delta V_y+K_{I_{DVYH}}\int\Delta V_y\mathrm{d}t+K_{D_{DVYH}}\Delta\dot{V}_y \tag{3-44}$$

相关系数与起飞滑跑阶段相同，这里不再赘述。

假设在无人机触地时距离跑道中心线有 3 m 的偏差，地面高度为 500 m 时非线性仿真结果如图 3-20 所示。

由图 3-20 仿真结果可以看到，无人机在着陆滑跑阶段出现 3 m 的侧向偏离时，滑跑纠偏控制将侧向偏差在 20 s 内控制到零，较快地控制无人机沿着跑道中心线减速滑行，当减速到零时无人机停留在跑道中心线处。

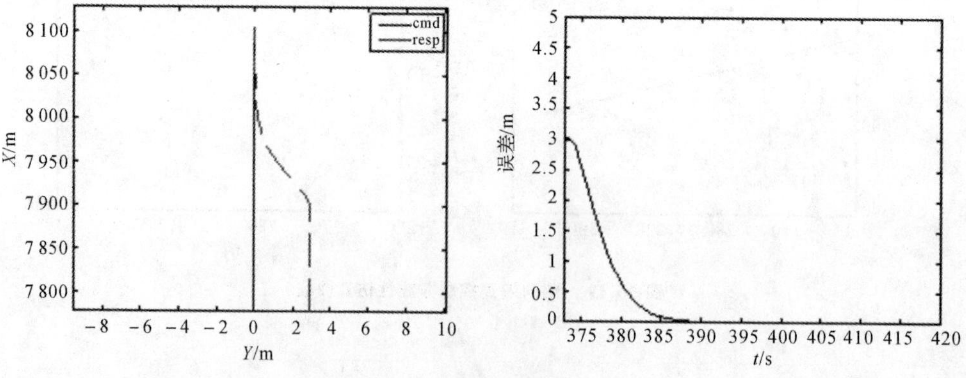

图 3-20　着陆滑跑纠偏响应

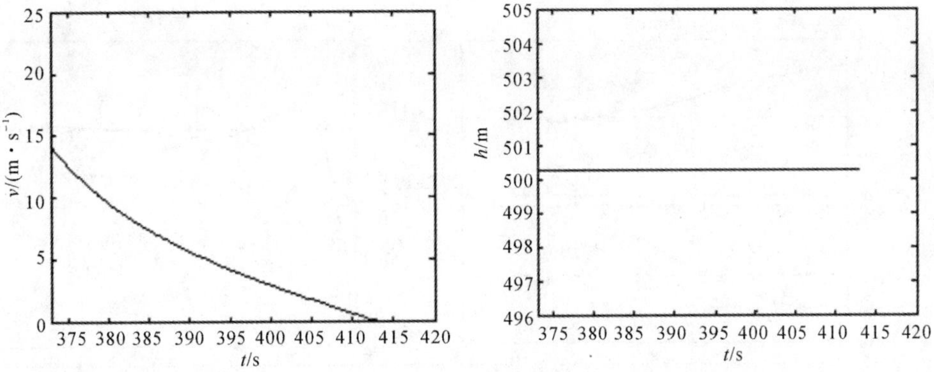

续图 3-20　着陆滑跑纠偏响应

3.4.3　纵向着陆控制

1. 俯仰角保持

俯仰角保持是指控制无人机保持给定的俯仰姿态，并具有抵抗干扰的能力，应用于起飞爬升、平飞、着陆等阶段。俯仰角保持是高度保持的内回路，在纵向控制中起关键性作用，决定了整个纵向控制性能的好坏。这里俯仰角保持使用经典的 PID 控制结构，引入俯仰角速率信号增加稳定性，引入俯仰角的积分项来消除稳态误差。

俯仰角保持控制律为

$$\delta_e = K_{\theta P}(\theta - \theta_g) + K_{\theta I}\int(\theta - \theta_g)\mathrm{d}t + K_{\theta D}q \tag{3-45}$$

式中，$K_{\theta P}$(PAH_KP) 为俯仰角比例项反馈系数，该系数影响系统整体的动态性能；$K_{\theta I}$(PAH_KI) 为俯仰角积分项的系数，该系数用于消除系统的稳态误差；$K_{\theta D}$(PAH_KD) 为微分项，即俯仰角速率反馈系数，该系数用于增加系统的阻尼，提高系统的快速性，图中 δ_{e0} 为配平升降舵，并且指令信号加入了饱和环节限制幅值。利用根轨迹法，根据时域响应和频域特性，经过调试确定的各参数见表 3-15。

表 3-15　俯仰角保持控制律参数

$K_{\theta P}$	$K_{\theta I}$	$K_{\theta D}$
0.45	0.25	0.15

线性模型的俯仰角通道的波特图和阶跃响应如图 3-21 所示。

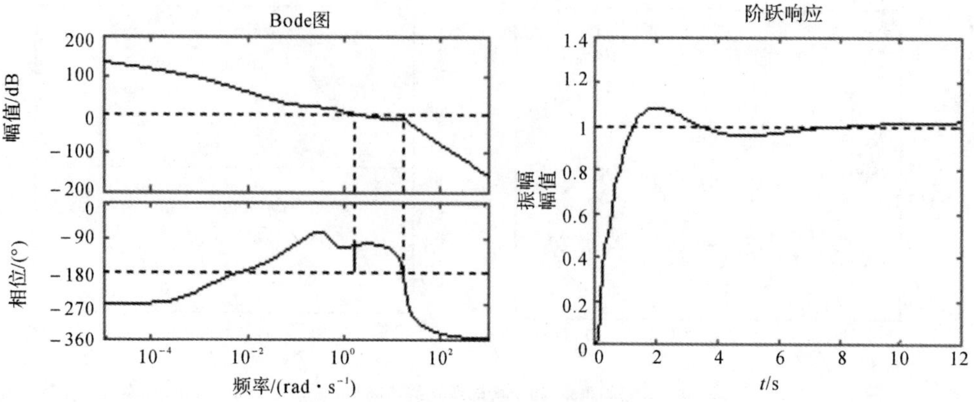

图 3-21　俯仰角通道波特图与阶跃响应

在这组系数下线性系统的幅值裕度为 11.32 dB，相位裕度为 69.06°，满足线性频域指标；阶跃响应的超调量为 8.22%，调节时间为 2.57 s，满足线性时域指标。

将这组系数代入非线性模型，当给定 $\theta_c = 10°$ 时非线性模型的响应如图 3-22 所示，满足非线性性能指标。

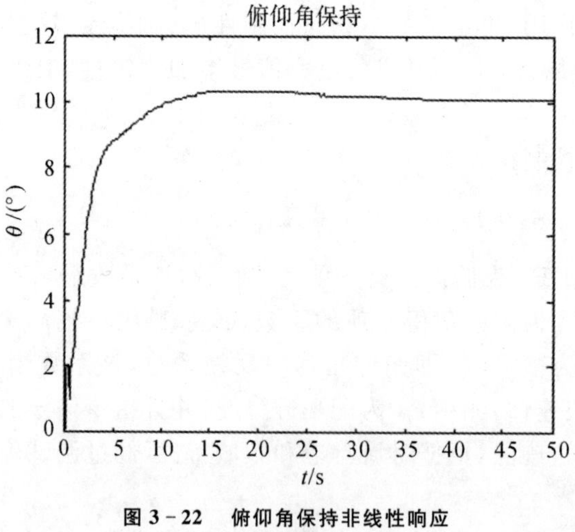

图 3-22　俯仰角保持非线性响应

2. 高度保持

高度保持指无人机具有保持当前高度的能力，并在干扰下能够以一定的性能恢复给定高度。进场飞行阶段主要使用高度保持控制律保证无人机以进场高度在跑道上空飞行。高度保持以俯仰角保持为内回路，采用经典的 PID 控制结构，引入高度偏差信号、高度积分信号和微分信号。

高度保持控制律为

$$\left.\begin{aligned}\theta_g &= K_{HD}\Delta\dot{H} + K_{HP}\Delta H + K_{HI}\int\Delta H\,\mathrm{d}t\\ \Delta H &= H - H_g\end{aligned}\right\}\tag{3-46}$$

式中，K_{HP}(KHA_P) 为高度比例项反馈系数，该系数影响系统整体的动态性能；K_{HI}(KHA _I) 为高度积分项的系数，该系数用于消除系统的稳态误差；K_{HD}(KHA _D) 为高度变化率反馈系数，该系数用于增加系统的阻尼，提高系统的快速性，其中加入了饱和环节限制高度差的幅值。利用根轨迹法，根据时域响应和频域特性，经过调试确定的各参数见表 3-16。

表 3-16　高度保持控制律参数

K_{HP}	K_{HI}	K_{HD}
2.4	0.05	0.6

线性模型的高度通道的波特图和阶跃响应如图 3-23 所示。

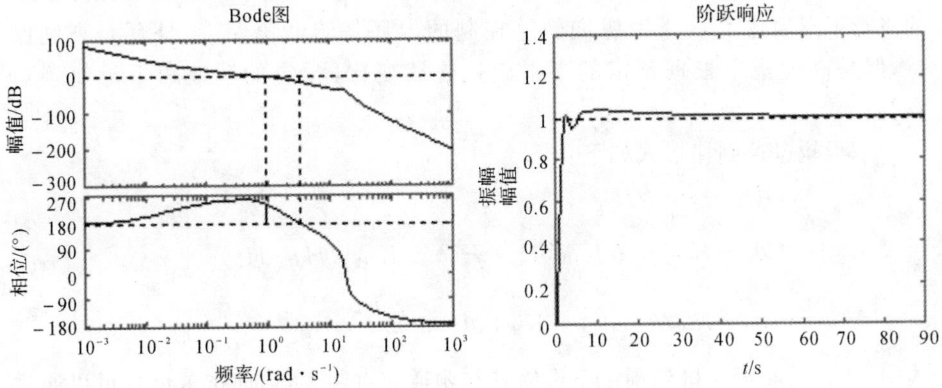

图 3-23　高度保持通道波特图与阶跃响应

在这组系数下线性系统的幅值裕度为 16.29 dB，相位裕度为 68.86°，满足线性频域指标；阶跃响应的超调量为 3.69%，调节时间为 2.03 s，满足线性时域指标。

将对应的参数代入非线性模型，当高度指令差为 20 m 时，非线性响应如图 3-24 所示。

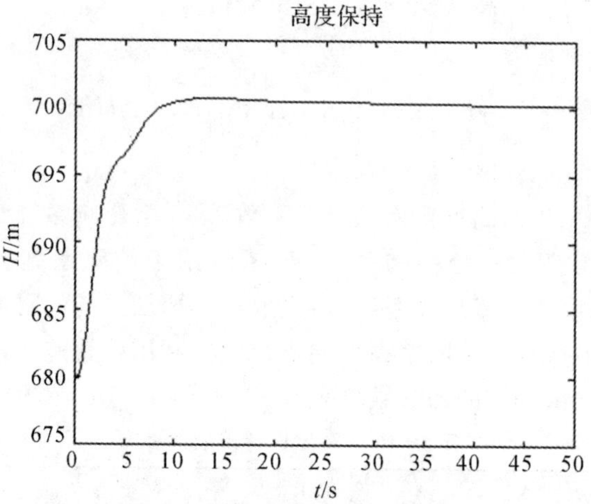

图 3-24　高度保持非线性响应

3. 下滑纵向轨迹控制

下滑纵向轨迹控制又叫下滑线控制，是使无人机以足够的准确度跟踪预定的飞行下滑轨迹[11]。下滑纵向轨迹控制的内环是俯仰角保持，外环是高度保持，但是高度指令根据预定的下滑轨迹连续变化，预定的轨迹跟下滑航迹角有关。

下滑轨迹控制律形式如下：

$$\left.\begin{aligned} &H_g = \sin(\gamma)R \\ &\theta_g = K_{HD}\dot{H} + K_{HP}(H - H_g) + K_{HI}\int(H - H_g)\mathrm{d}t \\ &\delta_e = K_{\theta P}(\theta - \theta_g) + K_{\theta I}\int(\theta - \theta_g)\,\mathrm{d}t + K_{\theta D}\dot{\theta} \end{aligned}\right\} \tag{3-47}$$

式中，R 为当前无人机到预定下滑轨迹与跑道交点距离，当前位置信息可以通过 DGPS/INS 得到，按照 $-5°$ 下滑角计算出当前位置高度指令 H_g；$H_g = \sin(5/57.3)R$，通过外环的高度保持和内环的俯仰角保持，无人机纵向沿下滑轨迹飞行。

图 3-25 所示为非线性模型下，无人机从进场高度 700 m 开始下滑相关状态的变化图。

由下滑轨迹跟踪仿真图可知，经过开始短暂的波动，10 s 内高度能够准确地跟踪预定下滑轨迹，高度变化率、俯仰角及航迹倾斜角在 10 s 内达到稳定，下滑角基本稳定在给定的 $-5°$。

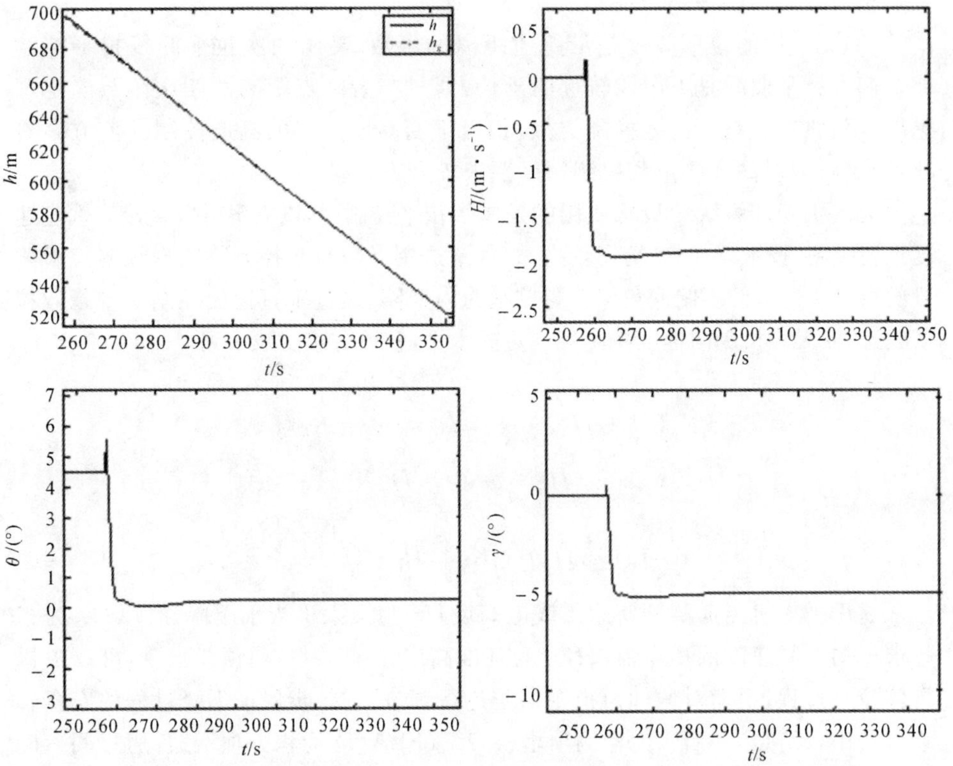

图 3 - 25　下滑轨迹跟踪过程

4. 拉平控制

为了保证着陆安全，应使无人机从下滑阶段平稳过渡到抬头着地阶段，这就需要设计纵向拉平控制律，使无人机满足触地垂直速度、触地俯仰角等参数要求，末端拉平阶段是无人机着陆过程最重要的阶段。目前主要有三种常用的拉平控制律。

(1)无人机的垂直下降速率是时间的函数。该方法需要无人机在特定的高度处开始拉平，并且需要进行某些调整来获得初始下降速率或无人机的地速，由于初始高度和下降速率都需要用到无线电高度表，故在设备简单时，这种方案无法适用。同时，该方法着陆精度较差，目前这种方法已经很少被使用。

(2)无人机的垂直下降速率是高度的函数，又叫指数拉平控制律[14]。该方案目前在自动着陆控制系统中使用较多，指数拉平控制律的目的是使无人机的垂直下降速率随着高度的下降而相应地减少，使每个瞬间的下降速度和它当前的高度成比例。因此，无人机在接地时具有固定的下降速率。这种控制律方案着陆精度较高，且容易实现。

(3)无人机的拉平高度是沿跑道距离的函数，又叫四次拉平曲线拉平控制律。四次拉平曲线是下滑段轨迹的延伸，通过与着陆点距离的四次函数确定理想的着陆轨迹。与下滑线控制类似，相当于变高度指令的高度控制。该方案着陆点准确，但对高度测量和控制精度要求较高。

无人机着陆系统中最常使用的是指数拉平控制律，该方案可以直接对垂直速度进行控制，技术较成熟、精度较高，故本章选用指数拉平控制律实现纵向拉平阶段的控制。这里使用俯仰角保持与控制为内回路，通过垂直速度控制实现指数拉平轨迹，使无人机纵向速度减小到规定的水平，触地时速度减小到－0.5 m/s。

拉平控制律为

$$K_h(H+H_{\text{bias}})+K_{\dot h}\dot H=0;\tau=K_{\dot h}/K_h$$

$$\dot H_g=-\frac{H}{\tau}+\dot H_b$$

$$\theta_g=K_{h\text{P}}(\dot H-\dot H_g)+K_{h\text{I}}\int(\dot H-\dot H_g)\text{d}t+\theta_{g-\text{ini}} \tag{3-48}$$

这里无人机当前高度使用无线电高度，$\dot H$ 为无人机当前下降速度，$\dot H_g$ 为指数求出的下降速度的指令值，H_{bias} 为基准高度，$\theta_{g-\text{ini}}$ 为一项预置指令，可以根据具体拉平过程，手动对俯仰角指令信号进行调节，进一步保证下降过程的安全。

式中，$K_{h\text{P}}$(FLA_P) 为比例项增益，$K_{h\text{I}}$(FLA_I) 为积分项增益，通过调参确定各参数见表 3－17。

表 3－17　拉平控制器参数

$K_{h\text{P}}$	$K_{h\text{I}}$
1.5	0.001 5

当拉平高度为 20 m 时，拉平阶段高度与纵向速度变化情况如图 3－26 所示。

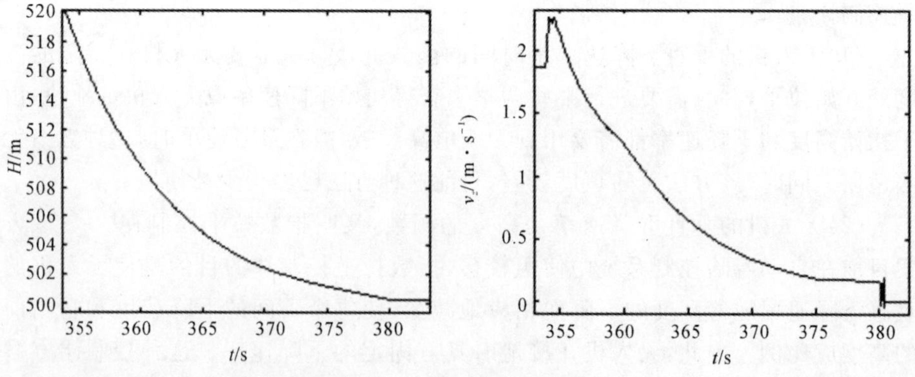

图 3－26　拉平阶段非线性响应

从图中可知，拉平过程中无人机高度呈指数曲线平滑下降到地面，无人机在触地时的垂直速度小于 0.5 m/s，满足拉平段的性能指标。

5. 着陆滑跑纵向控制

无人机成功拉平后，在距地面 0.5～0.8 m 的时候关闭发动机，在重力的作用下，无人机经过飘落阶段起落架后轮先着地，本章所使用的触地条件为纵向过载大于 2 倍的重力加速度，此时旋转轴为后轮触地的支点处，紧接着前轮着地。由于本章研究对象没有刹车机制，在地面摩擦力的作用下，无人机最终会停下来，但为了缩短滑跑距离，这里主要使用升降舵配合给正舵的方式刹车。由于在地面滑跑的初始阶段，无人机着陆瞬间，轮胎速度会在很短时间内增加到一个很大的值，这时如果使用升降舵刹车可能会对飞机的整体结构造成冲击，并且会有机头触地的危险，所以在滑跑的后期引入纵向的方向舵控制，使无人机低头增大地面对起落架的支撑力，进而增大摩擦阻力，起到后期刹车的作用。

滑跑阶段升降舵的控制与前轮载荷相关，速度越大，升降舵正偏越大，有机头触地的危险。当速度小于一定速度时，升降舵可以逐渐正偏，这样既可以增加前轮载荷以提高滑跑的纠偏性能，又能增大摩擦阻力，起到刹车减速的作用。根据升降舵与速度的关系，前文已经通过载荷分析得出了滑跑起飞时的控制策略，为保持控制策略的一致性，着陆阶段的纵向控制律也使用俯仰角保持为内回路，通过一定速度下俯仰角指令的变化来控制升降舵，其中起飞段的速度与俯仰角指令和升降舵响应见图 3 - 12。

根据式(3 - 27)以及图 3 - 12，着陆阶段取速度小于 8 m/s 时俯仰角指令小于零的阶段，对于升降舵，在着陆前期，速度大于 8 m/s 时俯仰角指令为零，相应的升降舵不发挥作用；当速度小于 8 m/s 时，俯仰角指令与起飞段一致，故着陆时纵向控制律为

$$\theta_{\text{landg}}=\begin{cases}0, & \theta_{\text{tfg}}\geqslant 0\\ \theta_{\text{tfg}}, & -4\leqslant\theta_{\text{c}}<0\\ -4, & \theta_{\text{tfg}}<-4\end{cases}\tag{3-49}$$

$$\delta_{\text{e}}=K_{\text{P}}(\theta-\theta_{\text{landg}})+K_{\text{D}}q\tag{3-50}$$

式中，θ_{tfg} 为起飞时的纵向控制俯仰角指令，在此基础上加入了 -4 到 0 的饱和环节，与起飞滑跑控制律相比内环的参数为 $K_{\text{P}}=0.8$，$K_{\text{D}}=0.15$，这里去掉了积分项。

在着陆滑跑阶段无人机速度与俯仰角指令和升降舵响应图如 3 - 27 所示。

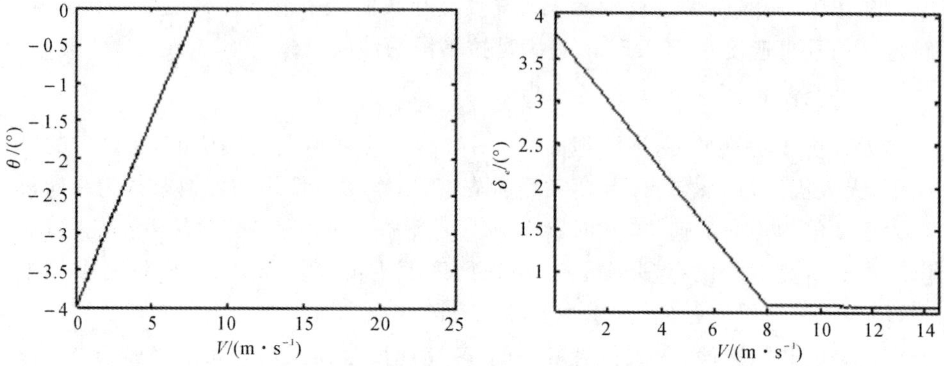

图 3-27　着陆滑跑纵向相关量变化曲线

6. 空速保持

空速保持与控制在无人机起降阶段起着关键性作用，并且空速控制是航迹控制的必要前提。本节通过自动油门来实现空速保持，通过调整油门的大小开度来改变发动机推力，从而实现空速的调节。

空速保持控制律为

$$\delta t = K_V \frac{V_a - V_{ac}}{V_{ac}} \tag{3-51}$$

式中，V_{ac}是给定速度；K_V(KTH_P)是比例增益，实际油门的范围为0～1，需要加入相应的饱和环节。经过调参，选取 $K_V = -3$。由于自动油门只有比例项，没有积分项，所以最终稳定后会有一定的稳态误差。

当初始 $V_0 = 20$ m/s，$V_{ac} = 25$ m/s 时，非线性的响应如下：

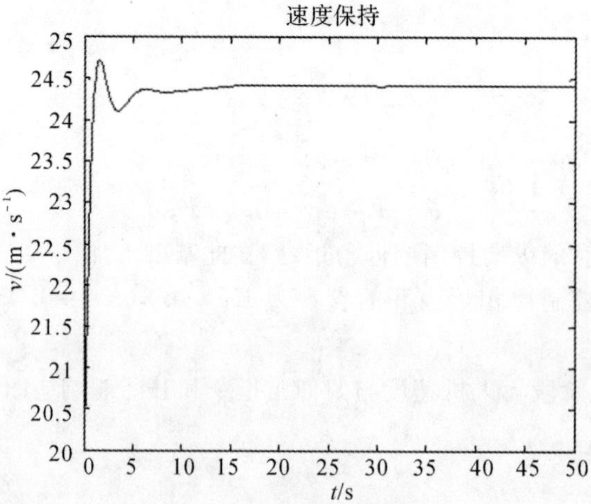

图 3-28　空速保持非线性响应

速度很快就能稳定,但没有积分项的自动油门存在一个较小的稳态误差,其对整个飞行状态影响较小。

3.4.4　无人机着陆过程仿真

为实现无人机着陆全过程的数字仿真,需要对不同阶段建立控制逻辑,本章结合 Matlab/Simulink 仿真环境,利用 Stateflow 建立了飞行模态的控制逻辑。Stateflow 是一种有限状态机的图形化设计与实现工具。在进行 Simulink 仿真过程中,利用图形化工具实现不同状态间的转换,解决复杂的逻辑转换问题,实现逻辑关系的检测与控制。

利用 Stateflow 结合 Simulink 对着陆过程进行非线性仿真,初始条件是 700 m,25 m/s 进场平飞,为测试侧向偏离控制,在下滑的初始段加入 10 m 的侧偏扰动,地面高度为 500 m,跑道航向为 0°时,仿真过程中相关量的变化如图 3 - 29 所示。

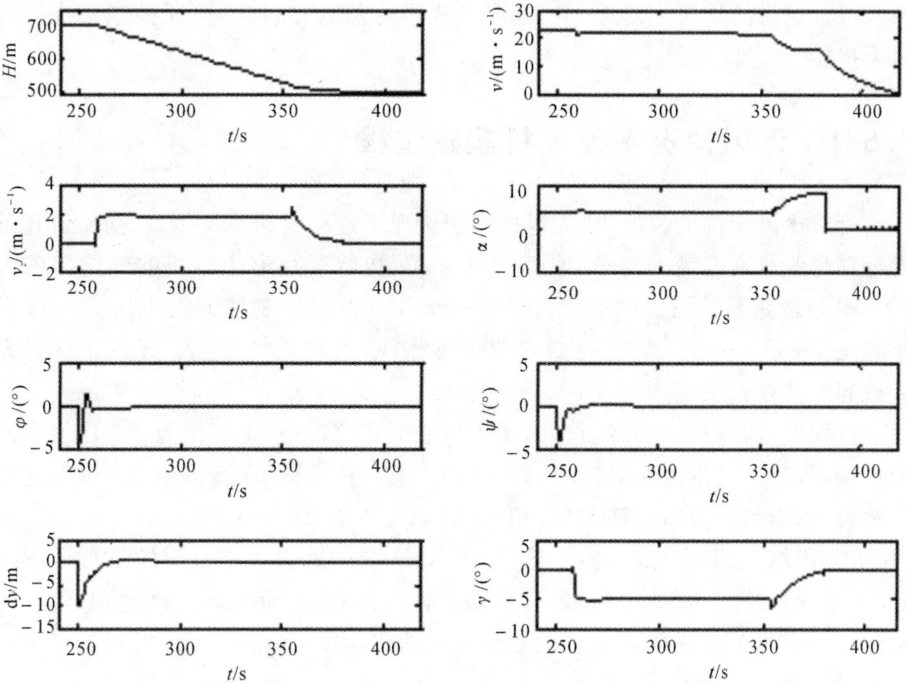

图 3 - 29　纵向着陆仿真结果图

仿真结果分析:仿真结果见图 3 - 29,从图中曲线可以看出无人机在 240 s

时进场，248 s时撞线成功进行下滑，此时加入10 m的侧偏干扰，在20 s内侧向偏离稳定到零附近，偏航角和滚转角也在20 s内快速回零，下滑段航迹角保持在−5°。在345 s时无人机在20 m高处对窗成功，进入拉平阶段，该阶段高度变化平滑，垂直速度从3 m/s减小到0.5 m/s以下。在375 s时无人机触地，纵向速度只有0.3 m/s，滑跑阶段侧向偏差保持在零附近。无人机的着陆轨迹比较符合理想轨迹，符合设计要求。

3.5 风干扰对无人机起降过程的影响

无人机在飞行过程中会受到大气环境的影响，其中风干扰对无人机起降过程的安全性影响较大[15]。风干扰主要表现为风速的时间和空间的变化，无人机起降过程中，由于飞行高度低，风干扰显得更加重要[16]。根据风速矢量相对飞机飞行方向的不同，风又可分成无风、顺风、逆风和侧风等。本章分别在无风、顺风、逆风、侧风的情况下对无人机起降过程进行仿真和对比，验证控制系统的抗风干扰能力。

3.5.1 无风情况下无人机起降过程

为对比风干扰的情况，在无风的理想情况下进行了非线性仿真，初始仿真条件分别是跑道高度为500 m、跑道航向为0°、初始距跑道中心线的侧向偏差为3 m，开始滑跑时油门开度最大，通过Stateflow逻辑控制使无人机从500 m开始起飞爬升到700 m处，保持高度700 m平飞，等待进场着陆。无风干扰时无人机起降过程相关量如图3-30所示。

由图3-30所示的曲线可知，无人机在无风情况下，地面滑行5 s内侧偏距减小到零，13 s后进入爬升阶段，13～135 s无人机保持10°俯仰角、21 m/s速度平稳爬升，横侧向保持姿态平稳，135 s后无人机以24 m/s速度、700 m高度平飞，等待进场，258 s时成功捕获轨迹，进入下滑阶段，并保持−5°的下滑角下滑到20 m处，对窗成功进入拉平阶段，垂直速度逐渐减小，触地时速度为0.3 m/s，高度变化平滑，371 s时触地进入滑跑阶段，经过40 s的滑行，413 s时减速到0，滑行距离为246.32 m。

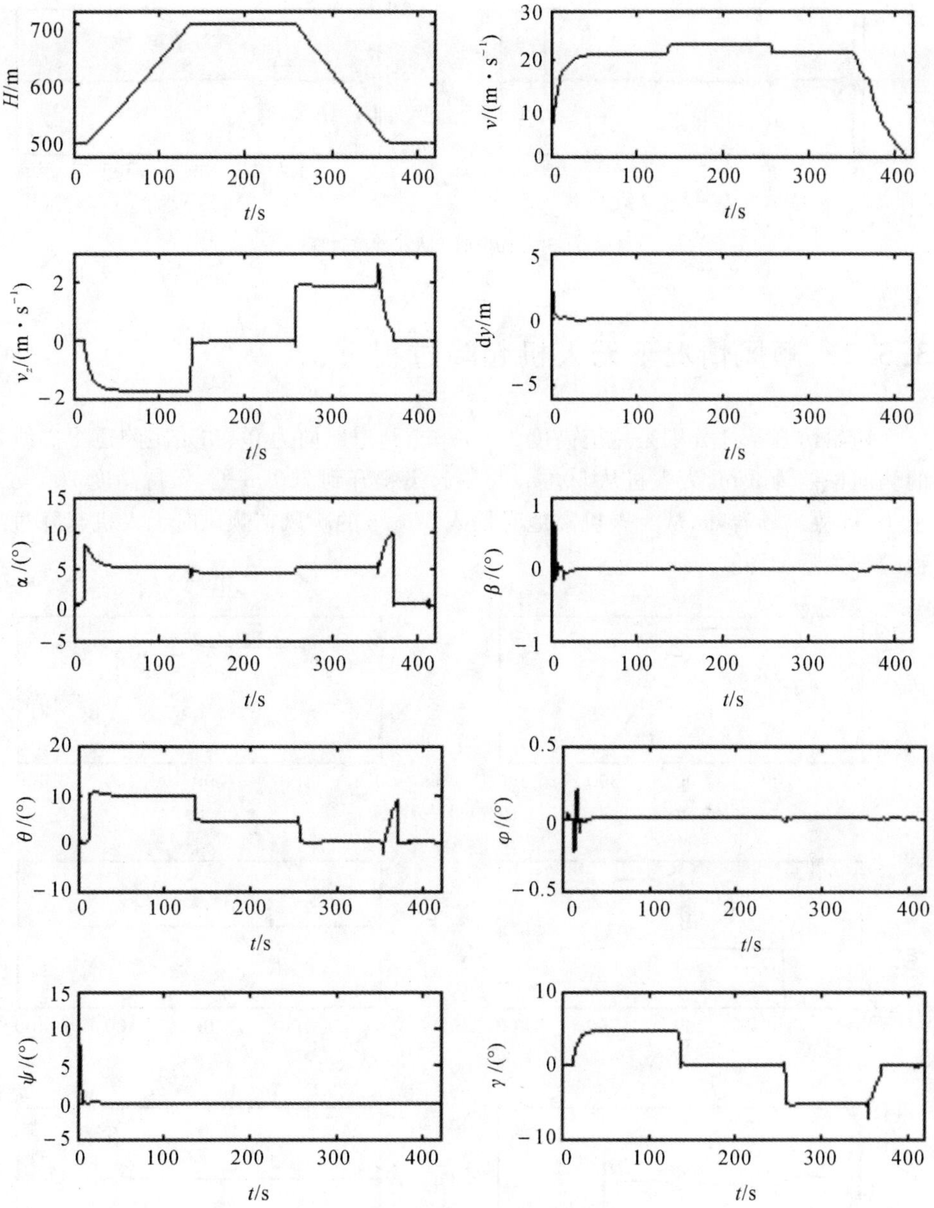

图 3－30　无风时无人机起降过程

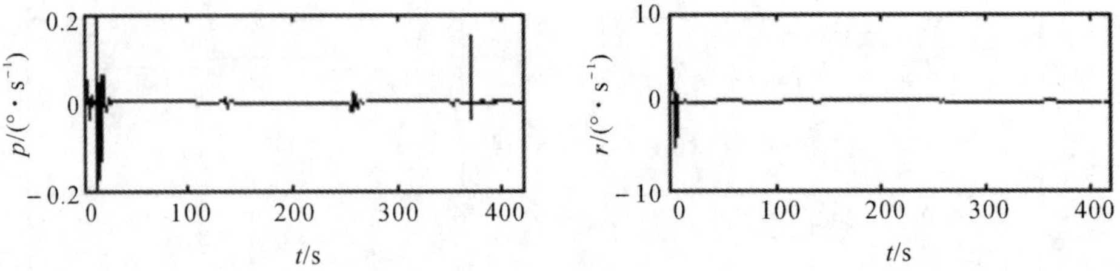

续图 3-30　无风时无人机起降过程

3.5.2　顺风情况下无人机起降过程

初始仿真条件分别是跑道高度为 500 m、跑道航向为 0°、初始距跑道中心线的侧向偏差为 3 m，无人机从 500 m 开始起飞爬升到 700 m 处，保持高度 700 m 平飞，等待进场着陆，从无人机离地时加入 5 m/s 的顺风。顺风时无人机起降过程的相关量如图 3-31 所示。

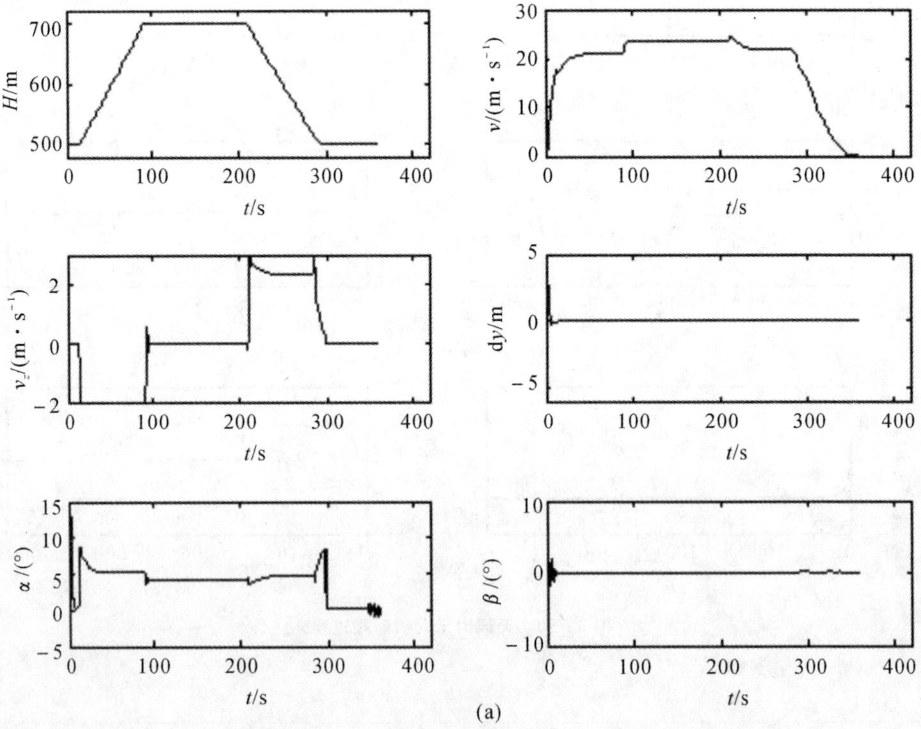

图 3-31　顺风情况下无人机起降过程

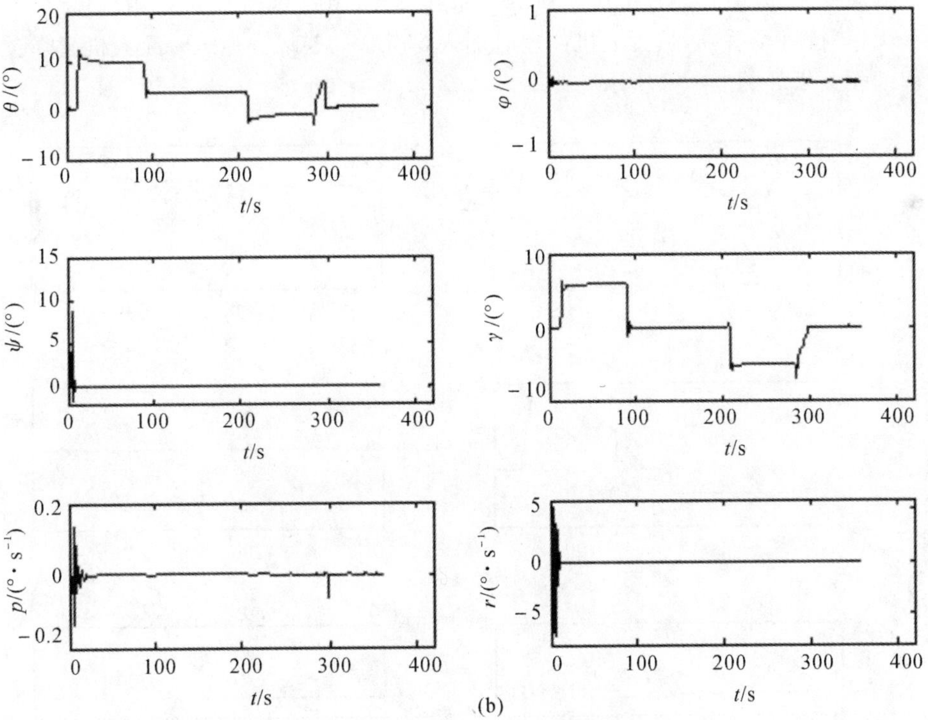

续图 3-31　顺风情况下无人机起降过程

由图中曲线可以看出，无人机在 5 m/s 的顺风情况下，地面滑行 5 s 内侧偏距减小到零，13 s 后进入爬升阶段，13～92 s 无人机保持 10°俯仰角、21 m/s 的速度平稳爬升，横侧向保持姿态平稳，92 s 后无人机以 24 m/s 速度、700 m 高度平飞，等待进场，210 s 时成功捕获轨迹，进入下滑阶段，并保持－5°的下滑角下滑到 20 m 处，对窗成功进入拉平阶段，垂直速度逐渐减小，触地时速度为 0.2 m/s，高度变化平滑，298 s 时触地进入滑跑阶段，经过 49 s 的滑行，347 s 时减速到 0，滑行距离为 311.20 m。

与无风相比，顺风情况下，爬升阶段明显减小，顺风爬升经过 79 s 后进入 700 m 平飞，比无风时缩短了 43 s，着陆段也明显缩短，顺风时由下滑阶段到触地只用了 88 s，比无风时缩短了 25 s，顺风时触地纵向速度有所减小，滑跑阶段较无风时增加了 9 s，滑跑距离增加了 65 m。

3.5.3　逆风情况下无人机起降过程

初始仿真条件分别是跑道高度为 500 m、跑道航向为 0°、初始距跑道中心线的侧向偏差为 3 m，无人机从 500 m 开始起飞爬升到 700 m 处，保持高度 700 m 平飞，等待进场着陆，从无人机离地时加入 5 m/s 的逆风。逆风时无人机起降过程的相关量如图 3-32 所示。

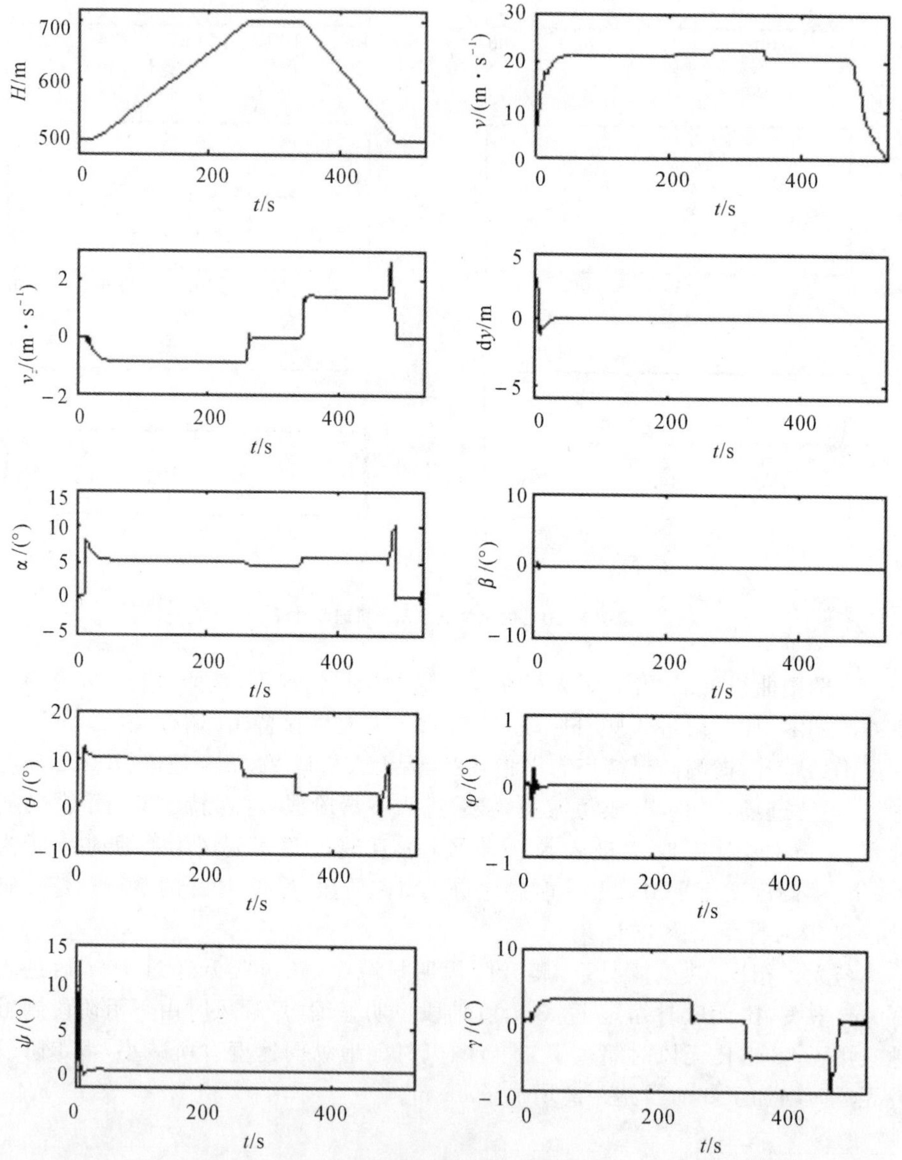

图 3-32 逆风情况下无人机起降过程

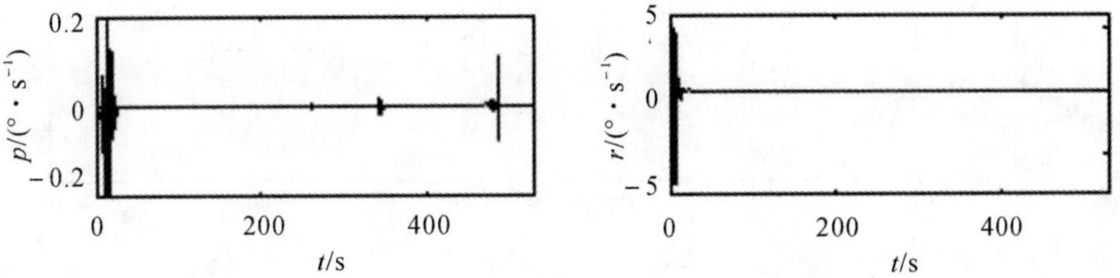

续图 3-32　逆风情况下无人机起降过程

由图中曲线可以看出无人机在 5 m/s 逆风情况下，地面滑行 5 s 内侧偏距减小到零，13 s 后进入爬升阶段，13～260 s 无人机保持 10°俯仰角、21 m/s 速度平稳爬升，横侧向保持姿态平稳，260 s 后无人机以 24 m/s 速度、700 m 高度平飞，等待进场，345 s 时成功捕获轨迹，进入下滑阶段，并保持－5°的下滑角下滑到 20 m 处，对窗成功进入拉平阶段，垂直速度逐渐减小，触地时速度为 0.45 m/s，高度变化平滑，490 s 时触地进入滑跑阶段，经过 38 s 的滑行，528 s 时减速到 0，滑行距离为 255.77 m。

与无风相比，逆风情况下，爬升阶段明显增加，顺风爬升经过 247 s 后进入 700 m 平飞，比无风时增加了 125 s，着陆段也明显增加，逆风时由下滑阶段到触地耗时 145 s，比无风时增加了 32 s，顺风时触地纵向速度有所增加，但在 0.5 m/s 的范围内，滑跑阶段较无风时缩短了 2 s，滑跑距离减小了 9 m。

3.5.4　侧风情况下无人机起降过程

初始仿真条件为，跑道高度为 500 m、跑道航向为 0°、初始距跑道中心线的侧向偏差为 3 m，无人机从 500 m 开始起飞爬升到 700 m 处，保持高度 700 m 平飞，等待进场着陆，从无人机离地时加入 5 m/s 的侧风。侧风时无人机起降过程相关量如图 3-33 所示。

由图中曲线可以看出，无人机在 5 m/s 侧风情况下，地面滑行 5 s 内侧偏距减小到零，13 s 后进入爬升阶段，离地时由于加入 5 m/s 侧风，开始时会有一个侧向偏差，通过侧向偏差控制逐渐减小到 0，由于侧向速度的存在，无人机将保持一个侧滑角飞行，13～125 s 无人机保持 10°俯仰角、21 m/s 速度平稳爬升，横侧向由于侧风的影响有一个－9°的侧滑，进入下滑阶段，并保持－5°的下滑角下滑到 20 m 处，对窗成功进入拉平阶段，垂直速度逐渐减小，触地时速度为 0.3 m/s，高度变化平滑，369 s 时触地进入滑跑阶段，经过 41 s 的滑行 410 s 时减速到 0，滑行距离为 242.79 m。

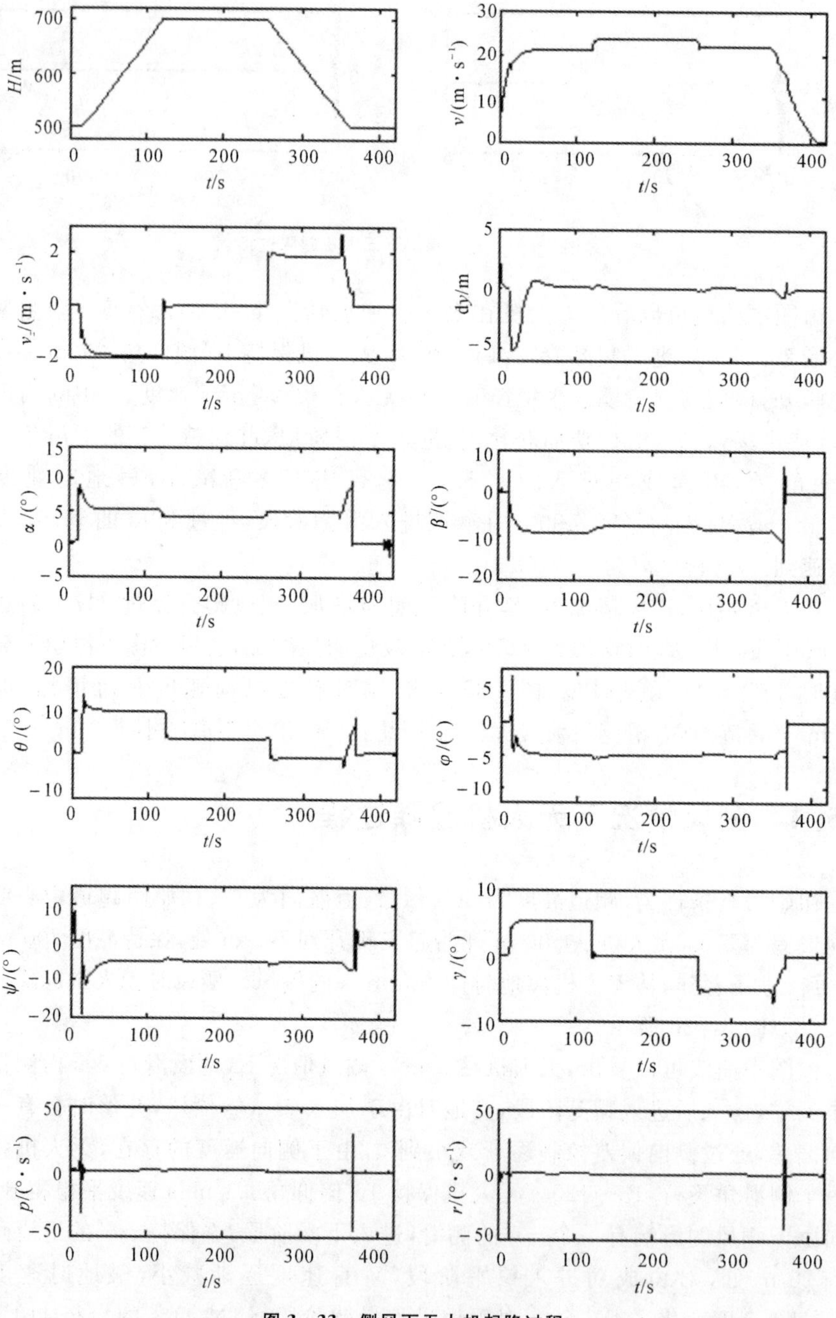

图 3-33　侧风下无人机起降过程

综上所述，在无风、顺风、逆风以及侧风条件下，无人机起降过程仍能满足性能要求，起降系统具有一定的抗风干扰能力。

3.6 本章小结

本章首先介绍了无人机地面空中一体化的建模与线性化分析，其次系统地给出了无人机滑跑起飞与自动着陆各个阶段的控制策略。分别从纵向和横侧向设计了起飞阶段和着陆阶段的控制律，并进行了非线性仿真。其中包含起飞阶段横侧向滑跑侧偏纠正控制律和纵向升降舵控制律，着陆阶段横侧向包括滚转角保持、偏航角保持、侧向偏差控制以及着陆滑跑纠偏控制，纵向包括俯仰角控制、高度保持控制、下滑线控制、拉平控制、着陆滑跑纵向控制以及速度控制，仿真验证了设计的起降控制律可以满足性能指标的要求。最后研究了风干扰对无人机起降的影响，分别对无风、顺风、逆风和侧风情况下的仿真结果进行了分析和比较，验证了控制方案的抗风干扰的特性。

参考文献

[1] Hauke E E S, Ferreyra E G, Lemus J L, et al. Take - off System and Method for Unmanned Aerial Vehicles: U. S. Patent 9,868,548[P]. 2018 - 1 - 16.

[2] Kügler M E, Heller M, Holzapfel F. Automatic Take - off and Landing on the Maiden Flight of a Novel Fixed - Wing UAV[C]//2018 Flight Testing Conference, 2018: 4275.

[3] 鲁道夫布罗克豪斯. 飞行控制[M]. 北京:国防工业出版社,1999.

[4] 吴森堂，费玉华. 飞行控制系统[M]. 北京:北京航空航天大学出版社，2005.

[5] 陈晨，周洲. 无人机滑跑起飞过程及其数学模型研究[J]. 科学技术与工程，2007，7(13)：3198 - 3201.

[6] Yan B, Wu C. Research on Taxi Modeling and Taking - off Control for UAV[C]//2014 Seventh International Symposium on Computational Intelligence and Design. IEEE, 2014, 1: 108 - 111.

[7] 王丽君，吴成富，陈伟. 模型线性化方法在飞机着陆滑跑过程中的应用研究[J]. 计算机测量与控制，2009，17(01)：209-211，230.
[8] 吴成富，闫冰，邵朋院. 基于模糊控制的无人机滑跑起飞控制方法研究[J]. 西北工业大学学报，2015(1)：33-39.
[9] Kügler M E，Holzapfel F. Designing a Safe and Robust Automatic Take-off Maneuver for a Fixed-wing UAV[C]//2016 14th International Conference on Control，Automation，Robotics and Vision (ICARCV). IEEE，2016：1-6.
[10] Ghamry K A，Dong Y，Kamel M A，et al. Real-time Autonomous Take-off，Tracking and Landing of UAV on a Moving UGV Platform [C]//2016 24th Mediterranean Conference on Control and Automation (MED). IEEE，2016：1236-1241.
[11] 闫冰. 故障下无人机起降控制技术研究[D]. 西安：西北工业大学，2015.
[12] 吴成富，冯乐，隋丹，等. 模型预测控制算法在飞机自动着陆控制系统中的应用[J]. 西北工业大学学报，2004，22(2)：140-144.
[13] Suresh S，Ratnoo A. Fixed-Wing UAV Guidance for Autonomous Landing on a Translating Platform[C]//AIAA Scitech 2019 Forum. 2019：1170.
[14] 吴成富，杨国强，马松辉. 无人机自动着陆低空纵向导引与瞬态抑制研究[J]. 西北工业大学学报，2007，25(2)：195-198.
[15] 王鹏，陈怀民，吴成富，等. 飞翼无人机着陆过程中的抗侧风控制研究[C]// 中国航空学会控制与应用学术年会，2008.
[16] 程士广. 无人机自动起飞/着陆的控制技术研究[D]. 南京：南京航空航天大学，2012.

第 4 章
高可靠飞行控制系统

4.1 引　　言

飞行控制系统的高可靠性是飞行安全的重要保证。当飞机出现故障或者受到意外损伤时，飞行控制系统如果能够依据故障特性和损伤特性迅速改变控制策略，通过对控制系统的重构或者重组实现飞机最低安全性要求，这对于保证飞机飞行任务的继续执行或者安全返航具有重要的意义。因此，未来先进飞机的飞行控制系统应该具备较强的容错能力，以满足高可靠性的要求。容错飞行控制系统的研究正是为了确保飞行控制系统的可靠性和可维护性，降低寿命周期费用，提升飞机的生存性。到目前为止，容错飞行控制系统理论尚处于蓬勃发展阶段，并成为各国航空界的主要研究课题。

无人机以其低成本、零伤亡、强环境适应性等特点逐渐成为不可缺少的空中力量，可用于执行战略侦察、监视、空中预警、通信中继、电子干扰、对敌作战等任务。随着任务能力的提升，具有无人作战、长航时、高空高速、强带载能力、查打一体化等能力的高性能无人机系统得到了蓬勃的发展。由于这些无人机系统往往造价昂贵、具有重要的战术战略价值，所以对无人机的可靠性和安全性提出了更高的要求[1]。飞行控制系统想要实现高可靠、容错的目的，必须容忍两类错误：一类是自身的故障（包括传感器、执行机构、飞控计算机），另一类是外界环境造成的损伤，即容错的概念涵盖了容忍故障和容忍损伤两方面内容。

在飞行控制系统中，容错控制的主要目的是提高系统的安全性和可靠性。

对飞行控制系统中的故障部件，要求容错控制系统能够快速、准确地隔离故障，并采用相应的重构手段确保系统持续、稳定、安全地运行。因此，实时、稳定的重构控制方法是容错飞行控制的主要目标，而对故障系统进行快速、准确的判断是容错飞行控制系统所要解决的关键问题。本章研究了鲁棒模型参考自适应控制算法、神经网络自适应鲁棒非线性模型逆控制算法、航线飞行制导律以及综合自适应制导与控制算法，并通过仿真和试飞验证了算法的有效性和可行性。

4.2　鲁棒模型参考自适应飞行控制

模型参考自适应控制（Model Reference Adaptive Control，MRAC）是目前理论上较成熟且应用极其广泛的一种自适应控制方法[7-12]。这种方法是一种显式自适应控制方法，在自适应控制发展早期就对人们具有相当大的吸引力。MRAC 通常主要由参考模型、控制器、被控对象（过程对象）和自适应机构等部分组成。参考模型被用来确定由被控对象和可调控制器构成的基本回路的期望性能。在系统运行中，整体力求使被控对象和参考模型之间保持动态一致。当两者输出产生误差时，系统将通过自适应机构修改可调控制器结构或者参数使被控对象响应跟随参考模型输出。模型参考自适应控制具有自适应速度快，控制策略便于推广到一大类非线性系统的自适应控制中去的特点。通常 MRAC 主要包括三种设计方法，即局部参数最优化设计、超稳定性理论设计和李雅普诺夫稳定性（Lyapunov Stability）设计。其中，局部参数最优化设计也被称为 MIT（Massachusetts Institute of Technology，MIT）方案，其设计原理是先构造一个依赖广义误差和可调参数的目标函数，并视之为可调参数空间中的超平面，再利用参数最优化方法使目标函数逐渐减小，直到其值达到最小或位于包含最小值的某个领域为止，最终满足可调系统与参考模型之间的一致性要求；超稳定性理论能够给出一族自适应律，给设计人员提供一定的灵活性，并针对具体情况方便地选用自己所需的自适应律；Lyapunov 稳定性方法利用 Lyapunov 第二方法推导自适应控制律，以保证系统具有全局收敛稳定性。这种方法给自适应控制技术带来了新的生机，使其得以迅速发展。下面的算法全部基于 Lyapunov 稳定性理论设计和输出反馈进行设计。

4.2.1　输出反馈模型参考自适应控制结构和算法

飞机在飞行过程中，由于外界环境的不确定性、大机动飞行和自身故障等原因,自身的动力学参数会发生较大的变化,自适应控制针对上述问题具有良好的控制性能。其与普通控制方法的区别在于自适应控制器的参数是变化的,并且有一个根据系统中信号自动在线矫正这些参数的机制。其基本思想是,基于测量得到的信号,对不确定的被控对象参数(或者等价地说,相应的控制器参数)进行在线估计,并在控制输入计算中使用参数的估计值,因而自适应控制系统可以视为带有参数在线估计的控制系统。无论是由线性被控对象还是非线性被控对象,得到的自适应控制系统本质上都是非线性的,其分析和设计与 Lyapunov 理论具有紧密联系。

一般地说,输出反馈模型参考自适应控制系统可用图 4-1 表示,它由 4 部分组成:带有位置参数的被控对象、参考模型(它描述控制系统的期望输出)、带有可校正参数的反馈控制规律和校正参数的自适应规律。

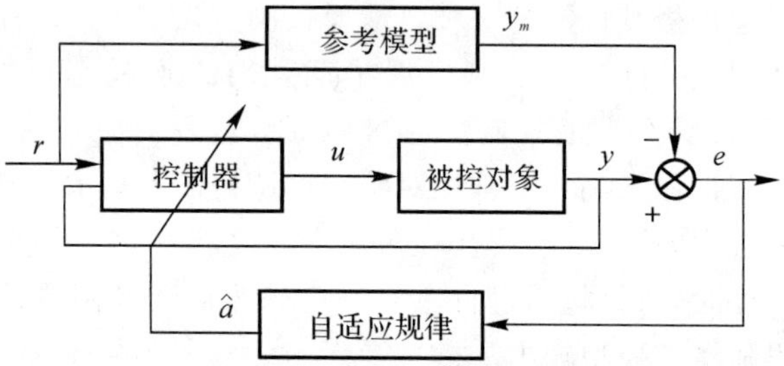

图 4-1　输出反馈模型参考自适应控制系统

尽管被控对象的参数未知但假设其结构是已知的。对于线性系统,这意味着系统的极点和零点个数是已知的,但它们的位置是未知的。对于非线性系统而言,这意味着动态方程的结构是已知的,但某些参数未知。参考模型用来指明自适应系统对外部指令的理想响应,使得自适应机制在校正参数时,试图使系统响应尽量与理想响应接近。参考模型的选择是自适应控制系统设计的一部分,它必须满足两个要求:一方面,它应当能反映控制任务中指定的性能,如上升时间、调节时间、超频或频域特性等;另一方面,这种理想性态应当是自适应控制系统可以达到的,即当给定对象模型结构后,对参考模型的结构有一些特有的限制(如阶数和相对阶)。控制器通常是带有一些可校正的参数,其应当具备“完全跟踪能力”,即当被控对象的参数精确地给出时,相应的控制器应当使系统的输出与参数模型的输出相等。当参数未知时,自适应机制将校正参数,从而渐近地达到完全跟踪。如果控制规律中可调整的参数是线性的,则称控制器是参数线性化的。为了得到保证稳定性和跟踪收敛性的自适应机制,现有的自适应控制设计通常要求控制器参数线性化。很明显,与传统控制的主要区别就在于有这种自适应机制，自适应设计的主要问题是综合出这样的自适应机制。许多稳定性理论可以用来达到这一目的，如李雅普诺夫理论、超稳定性理论、耗散理论等。尽管其中一种方法可能比另一种方法更加方便，但结果常常是等价的。

图4-2所示为直接模型参考自适应控制(Direct Model Reference Adaptive Dmra, DMRAC)结构，其特点是不单独对控制器参数进行辨识，而直接对输出误差 $e=y-y_m$ 进行跟踪设计。模型参考自适应控制器(MRAC)输入 r、输出 y、内部滤波信号 $\boldsymbol{\omega}$、参数 $[c_0 \quad \boldsymbol{\theta}_1^{\mathrm{T}} \quad \boldsymbol{\theta}_0^{\mathrm{T}} \quad \boldsymbol{\theta}_2^{\mathrm{T}}]^{\mathrm{T}}$，$\boldsymbol{y}_m$ 一起构成控制律和自适应律，从而跟踪参考模型的输出。

整个结构分为4部分：相对阶为 $n-m$ 参考模型 $\hat{\boldsymbol{M}}(s)=\boldsymbol{k}_m\times\hat{\boldsymbol{n}}_m(s)/\hat{\boldsymbol{d}}_m(s)$、前馈控制部分、反馈控制部分以及自适应律。$\hat{\boldsymbol{M}}(s)$ 为设计成的被跟踪系统；Λ，h 是滤波器的状态空间形式；输出信号为 ω；c_0 使增益配置到模型增益 k_m。控制器参数 $[c_0 \quad \boldsymbol{\theta}_1 \quad \boldsymbol{\theta}_2^{\mathrm{T}} \quad \boldsymbol{\theta}_0]^{\mathrm{T}}$ 受到自适应律的调节，使得具有参数不确定性被控对象的实际输出与模型输出一致。图4-2等价形式如图4-3所示，其中滤波器 $\hat{\boldsymbol{c}}(s)/\hat{\boldsymbol{\lambda}}(s)$ 的作用是将被控对象的零点配置成参考模型的零点；反馈部分由滤波器 $\hat{\boldsymbol{d}}(s)/\hat{\boldsymbol{\lambda}}(s)$ 组成，作用是配成参考模型的极点。

根据图4-3并沿用上面的符号，有控制律式(4-1)。式中 c_0 是标量，$\hat{\boldsymbol{c}}(s)$，$\hat{\boldsymbol{d}}(s)$ 的阶数为 $n-2$，$n-1$，写成线性参数形式如式(4-2)。由于这类闭环系统的误差动态可以写成式(4-3)的形式($\bar{\boldsymbol{v}}(t)$ 为外部扰动)。取 $\hat{\boldsymbol{M}}(s)$ 为相对阶为1的最小相位系统来满足严正实条件，根据无源性系统相关性质，选择式(4-4)的传统“梯度型”自适应律，式中 sgn 为取符号运算符，γ 为自适应增益。在无外扰 $\bar{v}(t)$ 的理想情况下，式(4-4)的传统“梯度型”自适应律可以保证信号 x,ω,ϕ 均有界，e_1 渐近收敛到零，文献[13,14]有较详细的讨论和稳定性证明，即

$$\boldsymbol{u}=c_0 r+\frac{\hat{\boldsymbol{c}}(s)}{\hat{\boldsymbol{\lambda}}(s)}(u)+\frac{\hat{\boldsymbol{d}}(s)}{\hat{\boldsymbol{\lambda}}(s)}(y_p) \tag{4-1}$$

$$\left.\begin{aligned}
&\boldsymbol{u}=c_0(t)r+\boldsymbol{\theta}_1^{\mathrm{T}}(t)\omega_1+\boldsymbol{\theta}_2^{\mathrm{T}}(t)\omega_2+\boldsymbol{\theta}_0(t)y_p=\boldsymbol{\theta}^{\mathrm{T}}(t)\boldsymbol{\omega}(t)\\
&\dot{\boldsymbol{\omega}}_1=\boldsymbol{E}\boldsymbol{\omega}_1+\boldsymbol{f}\cdot\boldsymbol{u}\\
&\dot{\boldsymbol{\omega}}_2=\boldsymbol{E}\boldsymbol{\omega}_2+\boldsymbol{f}\cdot\boldsymbol{y}_p\\
&\boldsymbol{\theta}(t)=[c_0(t) \quad \boldsymbol{\theta}_1^{\mathrm{T}}(t) \quad \boldsymbol{\theta}_2^{\mathrm{T}}(t) \quad \boldsymbol{\theta}_0^{\mathrm{T}}(t)]^{\mathrm{T}}\\
&\boldsymbol{\omega}(t)=[\boldsymbol{r} \quad \boldsymbol{\omega}_1^{\mathrm{T}} \quad \boldsymbol{\omega}_2^{\mathrm{T}} \quad \boldsymbol{y}_p]
\end{aligned}\right\} \tag{4-2}$$

$$\left.\begin{aligned}
&\dot{x}=\boldsymbol{A}x+\boldsymbol{b}\left[\frac{1}{c_0^*}\boldsymbol{\phi}^{\mathrm{T}}\boldsymbol{\omega}\right]+\boldsymbol{b}\,\frac{1}{c_0^*}\bar{v}(t)\overset{\mathrm{def}}{=\!=\!=}\boldsymbol{e}_1=\boldsymbol{c}^{\mathrm{T}}\boldsymbol{x}\\
&\boldsymbol{e}_1(t)=\hat{\boldsymbol{M}}(s)\left[(\boldsymbol{\phi}(t)^{\mathrm{T}}\boldsymbol{\omega}+\bar{\boldsymbol{v}}(t))/c_0^*\right]
\end{aligned}\right\} \tag{4-3}$$

$$\dot{\boldsymbol{\phi}}(t)=\dot{\boldsymbol{\theta}}(t)=-\operatorname{sgn}(k)\gamma\boldsymbol{e}_1\boldsymbol{\omega}(t), \quad k=1/c_0^* \tag{4-4}$$

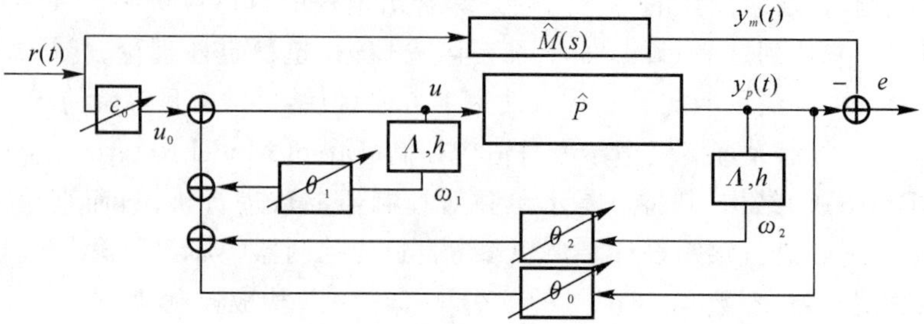

图 4-2　直接模型参考自适应控制(DMRAC)基本结构

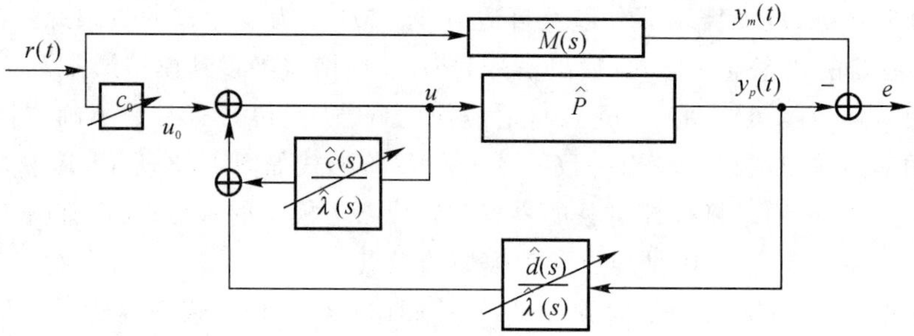

图 4-3　DMRAC 的等价形式

4.2.2　级联式侧滑飞行模型参考自适应控制

当飞机在飞行过程中突然遭遇诸如单侧副翼卡死故障或单侧机翼部分损失时，虽然可以偏转另一侧副翼来提供恢复力矩，但是稳定时间长，风险大，并且占用大量的副翼裕度使得机动能力降低，所以需要改变控制策略。从文献[15]可以看出，通过侧滑角配平稳定后仍留有足够的副翼偏转裕度来进行任务机动。下面给出级联式侧滑飞行模型参考自适应控制方法，并给出相应的控制算法设计结果[13-14,16]。

图 4-4 所示为针对传统布局固定翼的自适应侧滑飞行控制结构。整个控制结构由姿态保持、高度 H 保持、空速 V_a 保持、侧滑角 β 保持控制器组成。在侧向通道中，β 保持控制器和滚转角 φ、偏航角速率 r 控制器级联、输入信号 β_c 与反馈信号 β 作差后通过 PID 滤波器，输出作为 φ 和 r 控制器的给定信号，并最终分别输出为副翼 da 和方向舵 dr 指令，以此调节并跟踪 β_c。高度 H 保持与俯仰角 θ 保持级联，并和速度保持 V_a 一样均用 PID 实现，控制器输出信号送入俯仰角保持器和空速保持器中，继而调节升降舵 de 和油门 dt 从而跟踪 H_c，V_{ac}。这种两极控

制结构不仅能够使飞机在舵面故障下飞行或侧滑飞行，而且能够在此基础上直线飞行，有利于航路点绕飞。控制算法方面，由于大侧滑机动过程或单侧副翼舵机卡死故障下的侧向传递函数都会发生分子、分母系数不确定和变化的现象，所以需要对副翼 — 滚转角通道($da\to\phi$) 和方向舵 — 偏航角速率通道($dr\to r$) 设计模型参考自适应控制器(MRAC) 来适应不确定性。外环级联的侧滑角β控制器、纵向控制器以及空速V_a保持控制器均采用PID控制算法实现。现在针对滚转角 ϕ 和偏航角速率r控制通道进行 MRAC 设计。

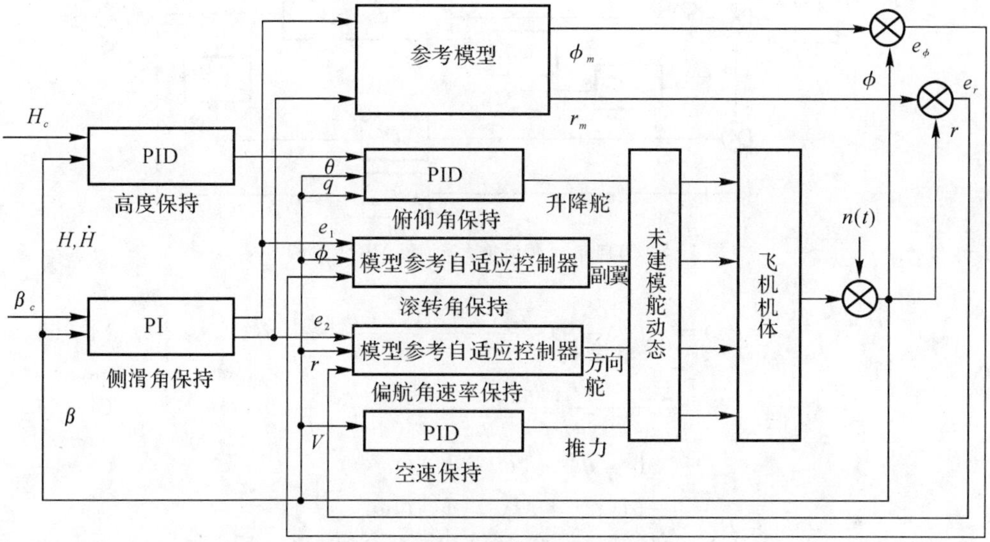

图 4-4　自适应侧滑飞行控制结构图

直接模型参考自适应控制的特点是不单独对控制器参数进行辨识，而直接对输出误差 $e=y-y_m$ 进行跟踪设计。通过对一些小型飞机在舵面卡死故障下的配平点进行线性化发现，$dr\to r$通道传递函数的相对阶一般为$n^*=1$，而 $da\to\phi$ 一般为 $n^*=2$。

图 4-5 所示为相对阶 $n^*=1$ 控制通道 $dr\to r$ 的 MRAC 结构图。不失一般性，这里将参考模型的相对阶也设为 $n^*=1$。被控对象和参考模型的传递函数如式(4-5) 和式(4-6) 所示。根据参考模型的结构，利用前向通道 Λ,h 和控制器参数 θ_1 组成的传递函数$(\alpha_1 s^2+\alpha_2 s^1+\alpha_3)/(s^3+b_{m1}s^2+b_{m2}s^1+b_{m3})$ 将被控对象的零点配置为参考模型的零点；利用反馈通道 Λ,h 和控制器参数θ_0,θ_2 组成的传递函数$(\beta_1 s^3+\beta_2 s^2+\beta_3 s^1+\beta_4)/(s^3+b_{m1}s^2+b_{m2}s^1+b_{m3})$ 将被控对象的极点配置为参考模型的极点；c_0 将被控对象的高频增益 k_p 配置为参考模型的高频增益 k_m。设 θ^* 为参数的理想值，则参数误差为 $\phi(t)=\theta(t)-\theta^*$，控制律为式

(4-7)。为了得到使跟踪误差 e 收敛到零的自适应律，首先需要发现跟踪误差和参数误差之间的关系。将式(4-7)带入被控对象传递函数，并利用一点简单的技巧，得到 $e(t)$ 与 $\phi(t)$ 的关系式(4-8)。由于模型相对阶 $n^*=1$ 满足严正实要求，故选择式(4-9)的"梯度"型自适应律。式中 sgn 为取符号运算符，γ 为自适应增益。

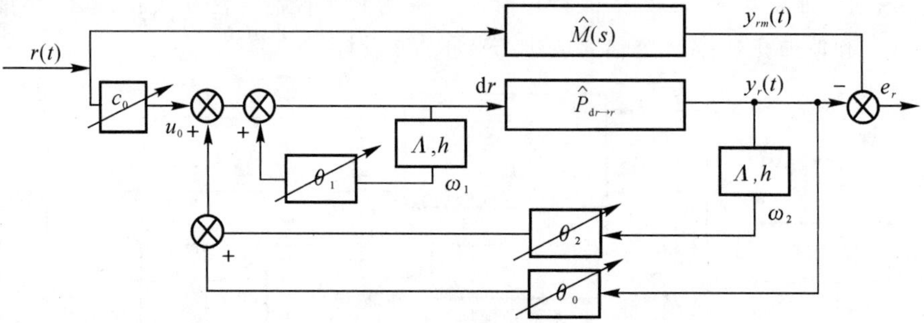

图 4-5　方向舵—偏航角速率通道 MRAC 结构图

$$\boldsymbol{y}_p(s)=k_p\frac{s^3+b_{p1}s^2+b_{p2}s^1+b_{p3}}{s^4+a_{p1}s^3+a_{p2}s^2+a_{p3}s^1+a_{p4}}\hat{u}(s) \tag{4-5}$$

$$\boldsymbol{y}_m(s)=k_m\frac{s^3+b_{m1}s^2+b_{m2}s^1+b_{m3}}{s^4+a_{m1}s^3+b_{m2}s^2+b_{m3}s^1+b_{m4}}\mathrm{d}r(s) \tag{4-6}$$

$$\mathrm{d}r=\boldsymbol{\theta}^{*\mathrm{T}}\boldsymbol{\omega}(t)+\boldsymbol{\phi}^{\mathrm{T}}(t)\boldsymbol{\omega}(t) \tag{4-7}$$

$$\boldsymbol{y}_r(t)=\hat{\boldsymbol{M}}(s)r+\hat{\boldsymbol{M}}(s)[\boldsymbol{\phi}^{\mathrm{T}}(t)\boldsymbol{\omega}/c_0^*]\quad\Rightarrow$$

$$\boldsymbol{e}_r(t)=\hat{\boldsymbol{M}}(s)[\boldsymbol{\phi}^{\mathrm{T}}(t)\boldsymbol{\omega}/c_0^*]=\hat{M}(s)[k\boldsymbol{\phi}^{\mathrm{T}}(t)\boldsymbol{\omega}] \tag{4-8}$$

$$\dot{\boldsymbol{\phi}}(t)=-\mathrm{sgn}(k)\gamma\boldsymbol{e}\boldsymbol{\omega}(t) \tag{4-9}$$

由于被控飞机 d$a\to\phi$ 通道传递函数相对阶为 2，所以需要对图 4-5 的控制结构进行扩展。记 d$a\to\phi$ 通道输出误差为 e_{phi}，构造 S 域算子 $L(s)$ 使得 $\hat{M}(s)L(s)$ 严正实，则有式(4-10)的辅助误差 e_{aux} 和式(4-11)增广误差 ε。令 $L^{-1}(s)=\hat{M}(s)$ 得式(4-12)，式中 $v(t)$ 是等效外扰。d$a\to\phi$ 控制通道的扩展 MRAC 结构图如图 4-6 所示，则有

$$\boldsymbol{e}_{\mathrm{aux}}(t)\overset{\mathrm{def}}{=\!=\!=}\frac{1}{c_0^*}\hat{\boldsymbol{M}}(s)\boldsymbol{L}(s)[\boldsymbol{\phi}^{\mathrm{T}}(t)\boldsymbol{L}^{-1}(s)-\boldsymbol{L}^{-1}(s)\boldsymbol{\phi}^{\mathrm{T}}(t)]\boldsymbol{\omega}(t) \tag{4-10}$$

$$\boldsymbol{\varepsilon}(t)=\boldsymbol{e}_{phi}(t)+\boldsymbol{e}_{aux}(t)=\frac{1}{c_0^*}\hat{\boldsymbol{M}}(s)L(s)\boldsymbol{\phi}^{\mathrm{T}}(t)\boldsymbol{L}^{-1}(s)\boldsymbol{\omega}(t) \tag{4-11}$$

$$\left.\begin{aligned}&\boldsymbol{\varepsilon}(t)=\boldsymbol{e}_{phi}(t)+\boldsymbol{e}_{aux}(t)=\frac{1}{c_0^*}\boldsymbol{\phi}^{\mathrm{T}}(t)\boldsymbol{\zeta}(t)+\frac{1}{c_0^*}\boldsymbol{v}(t)\\&\boldsymbol{\zeta}(t)=\hat{\boldsymbol{M}}(s)\boldsymbol{\omega}(t)\\&\boldsymbol{v}(t)=\hat{\boldsymbol{M}}(s)\bar{\boldsymbol{v}}(t)\end{aligned}\right\} \tag{4-12}$$

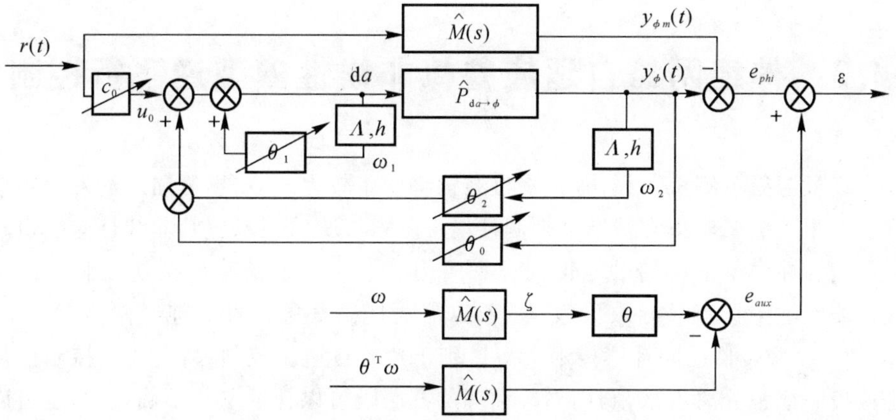

图 4-6　副翼—滚转角通道扩展 MRAC 结构图

不失一般性，这里选用归一化后的梯度型自适应律为式(4-13)，则整个误差系统在理想情况下渐进稳定，有

$$\dot{\boldsymbol{\phi}}(t)=\dot{\boldsymbol{\theta}}(t)=\frac{-\mathrm{sgn}(k)\boldsymbol{\gamma\varepsilon\zeta}}{1+\boldsymbol{\xi}^{\mathrm{T}}\boldsymbol{\xi}},\quad \boldsymbol{\xi}^{\mathrm{T}}\overset{\mathrm{def}}{=\!=\!=}[\boldsymbol{\omega}^{\mathrm{T}}\quad \boldsymbol{\zeta}^{\mathrm{T}}] \tag{4-13}$$

值得一提的是，为了解决扰动和未建模动态的鲁棒问题，需要对自适应律进行改进和扩展，下面对已有的方法进行简述和分析。死区(Dead Zone)方法依赖一个假设边界已知的非参数不确定项，当误差范数小于一定数值时，李氏函数的导数小于等于零。其缺点是对这个不确定项的保守估计会使误差变大从而出现“bursting”现象；投影参数(Parameter Projection)方法将自适应参数约束到一个包含理想参数的凸集边界上，其缺点是理想边界不容易估计，并且这种方法不能解决因输出扰动产生的参数漂移现象；σ 校正(σ-modification)方法在有界扰动下能够保证有界稳定，但在理想情况下且存在持续激励(Persistent Excitation，PE)时，无法使误差系统渐近收敛；e 校正(e-modification)方法在理想情况和有充分激励的条件下，可使状态误差和参数误差渐近收敛到原点，并在有扰和未建模动态下使误差系统有界稳定。为了进一步增加自适应控制系统对扰动和未建模舵动态的鲁棒性，减小 e-modification 律下误差 $\|e\|$，$\|\phi\|$ 的界限，对 e-modification 律、σ-modification 律取长补短，文献[14]在级联式侧滑飞行模型参考自适应控制结构研究基础上，提出 e-σ-modification 混合自适应律，并针对外部扰动和输入未建模动态情况，详细讨论了在此混合自适应律的影响下闭环系统的稳定性。

4.3 神经网络自适应鲁棒非线性模型逆飞行控制

飞机遭受单侧机翼损伤后，飞机结构将发生较大改变，纵侧向运动发生强耦合。由于飞机在非正常情况下控制性能下降，运动会比较剧烈，非线性影响也较大。非线性模型逆控制已经得到大量应用[17-20]。由于精确模型逆控制对模型误差非常敏感且容易导致失效[21]，所以需要提高其鲁棒性。神经网络(Neural Network，NN)自适应补偿技术[22-25]区别于传统自适应控制，将自适应控制律从经典控制律中分离出来，利用NN训练的方法既可以补偿参数不确定性，也可以补偿非参数不确定性。通俗地说，就是当飞机在非正常情况下存在非线性模型误差时，可以利用NN自适应元素从整体上补偿非线性模型误差，其鲁棒性和通用性更强。

4.3.1 相关数学基础

设有非线性系统由式(4-14)所示：

$$\left.\begin{aligned}\dot{\boldsymbol{x}}_1&=\boldsymbol{f}_1(\boldsymbol{x}_1)+\boldsymbol{g}_1(\boldsymbol{x}_1)\boldsymbol{x}_2\\\dot{\boldsymbol{x}}_2&=\boldsymbol{f}_2(\boldsymbol{x}_1,\boldsymbol{x}_2,\boldsymbol{u})\end{aligned}\right\}\tag{4-14}$$

式中，$\boldsymbol{x}_1,\boldsymbol{x}_2,\boldsymbol{u}\in\mathbf{R}^n$；$\boldsymbol{g}_1(\boldsymbol{x}_1)$对所有$\boldsymbol{x}_1$非奇异。假设子系统$\boldsymbol{x}_1$是精确已知的，子系统$\boldsymbol{x}_2$是近似已知的。进一步，将$\boldsymbol{x}_2$作为一式的输入，并假设有一个$\boldsymbol{x}_1$误差动态的稳定模型逆控制器$\boldsymbol{\alpha}_1(\boldsymbol{x}_1,t)$由式(4-15)所示：

$$\boldsymbol{\alpha}_1(\boldsymbol{x}_1,t)=\boldsymbol{g}_1^{-1}(\boldsymbol{x}_1)[K_1(\boldsymbol{x}_{1c}-\boldsymbol{x}_1)+\dot{\boldsymbol{x}}_{1c}(t)-f(\boldsymbol{x}_1)]\tag{4-15}$$

式中，$x_{1c}(t)$代表指令向量。误差状态的定义如式(4-16)。则x_1的线性误差动态为式(4-17)：

$$\left.\begin{aligned}\tilde{\boldsymbol{x}}_1&=\boldsymbol{x}_{1c}(t)-\boldsymbol{x}_1\\\tilde{\boldsymbol{x}}_2&=\boldsymbol{\alpha}_1(\boldsymbol{x}_1,t)-\boldsymbol{x}_2\end{aligned}\right\}\tag{4-16}$$

$$\dot{\tilde{\boldsymbol{x}}}_1=-\boldsymbol{K}_1\tilde{\boldsymbol{x}}_1\tag{4-17}$$

于是，在Lyapunov函数$\boldsymbol{V}_1=1/2\tilde{\boldsymbol{x}}_1^{\mathrm{T}}\tilde{\boldsymbol{x}}_1$下，$\boldsymbol{\alpha}_1(\boldsymbol{x}_1,t)$是$\tilde{\boldsymbol{x}}_1$的全局渐近稳定控制器。但是实际上$\boldsymbol{\alpha}_1(\boldsymbol{x}_1,t)$并不等于$\boldsymbol{x}_2$。所以实际的$\boldsymbol{x}_1,\boldsymbol{x}_2$联合误差方程为

$$\left.\begin{aligned}\dot{\tilde{\boldsymbol{x}}}_1&=-\boldsymbol{K}_1\tilde{\boldsymbol{x}}_1+\boldsymbol{g}_1(\boldsymbol{x}_1)\tilde{\boldsymbol{x}}_2\\\dot{\tilde{\boldsymbol{x}}}_2&=\dot{\boldsymbol{\alpha}}_1(\boldsymbol{x}_1,t)-\boldsymbol{f}_2(\boldsymbol{x}_1,\boldsymbol{x}_2,\boldsymbol{u})\end{aligned}\right\}\tag{4-18}$$

由于 $\boldsymbol{f}_2$ 是近似已知的，所以利用近似动态逆控制器 $\boldsymbol{u}=\hat{\boldsymbol{f}}_2^{-1}(\boldsymbol{x}_1,\boldsymbol{x}_2,\boldsymbol{v})$ 可以得到近似线性化。式中 $\tilde{\boldsymbol{f}}:\mathbf{R}^n\times\mathbf{R}^n\times\mathbf{R}^n\rightarrow\mathbf{R}^n$ 表示非线性映射，为逆误差。将式(4-19)重写得到式(4-20)。综合误差系统式(4-20)可以利用不同的技术进行构造，例如时间尺度分离控制(two time - scale control)、后步控制(backstepping control)、输入-状态稳定控制(Input - State Stable, ISS)等。现在简要给出设计方法，即

$$\left.\begin{aligned}\dot{\boldsymbol{x}}_2&=\boldsymbol{v}+\tilde{\boldsymbol{f}}(\boldsymbol{x}_1,\boldsymbol{x}_2,\boldsymbol{v})\\\tilde{\boldsymbol{f}}(\boldsymbol{x}_1,\boldsymbol{x}_2,\boldsymbol{v})&=\boldsymbol{f}_2(\boldsymbol{x}_1,\boldsymbol{x}_2,\boldsymbol{u})-\hat{\boldsymbol{f}}_2(\boldsymbol{x}_1,\boldsymbol{x}_2,\boldsymbol{u})\end{aligned}\right\}\tag{4-19}$$

$$\left.\begin{aligned}\dot{\tilde{\boldsymbol{x}}}_1&=-\boldsymbol{K}_1\tilde{\boldsymbol{x}}_1+\boldsymbol{g}_1(\boldsymbol{x}_1)\tilde{\boldsymbol{x}}_2\\\dot{\tilde{\boldsymbol{x}}}_2&=\dot{\boldsymbol{\alpha}}_1(\boldsymbol{x}_1,t)-[\boldsymbol{v}+\tilde{\boldsymbol{f}}(\boldsymbol{x}_1,\boldsymbol{x}_2,\boldsymbol{v})]\end{aligned}\right\}\tag{4-20}$$

1. 时间尺度分离控制(two time－scale control)

这种方法的关键是忽略 $\tilde{\boldsymbol{x}}_2$ 对 $\tilde{\boldsymbol{x}}_1$ 的耦合性，从而增强两组状态之间的时间尺度分离。在这种情况下，误差动态可写为式(4-21)。这样问题就变成了只要稳定 $\tilde{\boldsymbol{x}}_2$ 即可。这时可有式(4-22)的伪控制量设计。式中 $\boldsymbol{K}_2$ 相对 $\boldsymbol{K}_1$ 需选择的充分大从而形成时间尺度分离。$\boldsymbol{v}_{ad}(t)$ 可以选择 NN 来实现，即

$$\left.\begin{aligned}\dot{\tilde{\boldsymbol{x}}}_1&=-\boldsymbol{K}_1\tilde{\boldsymbol{x}}_1+\boldsymbol{g}_1(\boldsymbol{x}_1)\tilde{\boldsymbol{x}}_2\\\dot{\tilde{\boldsymbol{x}}}_2&=\dot{\boldsymbol{\alpha}}_1(\boldsymbol{x}_1,t)-[\boldsymbol{v}+\tilde{\boldsymbol{f}}(\boldsymbol{x}_1,\boldsymbol{x}_2,\boldsymbol{v})]\end{aligned}\right\}\tag{4-21}$$

$$\boldsymbol{v}(t)=\boldsymbol{K}_2\tilde{\boldsymbol{x}}_2+\dot{\boldsymbol{\alpha}}(\boldsymbol{x}_1,t)-\boldsymbol{v}_{ad}(t)\tag{4-22}$$

2. 后步控制(backstepping control)

当 $\tilde{\boldsymbol{x}}_1$ 和 $\tilde{\boldsymbol{x}}_2$ 的耦合性不能分离时，利用后步控制可以构建 $\boldsymbol{v}(t)$ 来同时稳定 $\tilde{\boldsymbol{x}}_1$ 和 $\tilde{\boldsymbol{x}}_2$。考虑 Lyapunov 候选方程式(4-23)，求导并代入式(4-20)得到式(4-24)。如果选用伪控制律式(4-25)，并代入式(4-24)，则有式(4-26)。这里的 $\boldsymbol{v}_{ad}(t)$ 仍选用 *NN* 来实现，而在时间尺度分离控制中并没有出现式(4-25)中的 $\boldsymbol{g}_1^{\mathrm{T}}(\boldsymbol{x}_1)\tilde{\boldsymbol{x}}_1$，是由于此项用来补偿 $\tilde{\boldsymbol{x}}_1$，$\tilde{\boldsymbol{x}}_2$ 之间的耦合影响。

$$\left.\begin{aligned}\boldsymbol{V}_2&=\frac{1}{2}\tilde{\boldsymbol{x}}_1^{\mathrm{T}}\tilde{\boldsymbol{x}}_1+\frac{1}{2}\tilde{\boldsymbol{x}}_2^{\mathrm{T}}\tilde{\boldsymbol{x}}_2\\\boldsymbol{V}_2&=\frac{1}{2}\tilde{\boldsymbol{x}}_1^{\mathrm{T}}\tilde{\boldsymbol{x}}_1+\frac{1}{2}\tilde{\boldsymbol{x}}_2^{\mathrm{T}}\tilde{\boldsymbol{x}}_2\end{aligned}\right\}\tag{4-23}$$

$$\begin{aligned}\dot{\boldsymbol{V}}_2=&\tilde{\boldsymbol{x}}_1^{\mathrm{T}}\dot{\tilde{\boldsymbol{x}}}_1+\tilde{\boldsymbol{x}}_2^{\mathrm{T}}\dot{\tilde{\boldsymbol{x}}}_2=\\&\tilde{\boldsymbol{x}}_1^{\mathrm{T}}[-\boldsymbol{K}_1\tilde{\boldsymbol{x}}_1+\boldsymbol{g}_1(\boldsymbol{x}_1)\tilde{\boldsymbol{x}}_2]+\tilde{\boldsymbol{x}}_2^{\mathrm{T}}[\dot{\alpha}_1(\boldsymbol{x}_1,t)-[\boldsymbol{v}+\tilde{\boldsymbol{f}}(\boldsymbol{x}_1,\boldsymbol{x}_2,\boldsymbol{v})]]=\\&-\tilde{\boldsymbol{x}}_1^{\mathrm{T}}\boldsymbol{K}_1\tilde{\boldsymbol{x}}_1+\tilde{\boldsymbol{x}}_1\boldsymbol{g}_1(\boldsymbol{x}_1)\tilde{\boldsymbol{x}}_2+\tilde{\boldsymbol{x}}_2^{\mathrm{T}}[\dot{\alpha}_1(\boldsymbol{x}_1,t)-[\boldsymbol{v}+\tilde{\boldsymbol{f}}(\boldsymbol{x}_1,\boldsymbol{x}_2,\boldsymbol{v})]]\end{aligned}\tag{4-24}$$

$$v(t)=\boldsymbol{g}_1^{\mathrm{T}}(\boldsymbol{x}_1)\tilde{\boldsymbol{x}}_1+\boldsymbol{K}_2\tilde{\boldsymbol{x}}_2+\dot{\alpha}_1(\boldsymbol{x}_1,t)-\boldsymbol{v}_{ad}(t) \tag{4-25}$$

$$\dot{\boldsymbol{V}}_2=\tilde{\boldsymbol{x}}_1^{\mathrm{T}}\dot{\tilde{\boldsymbol{x}}}_1+\tilde{\boldsymbol{x}}_2^{\mathrm{T}}\dot{\tilde{\boldsymbol{x}}}_2=-\tilde{\boldsymbol{x}}_1^{\mathrm{T}}\boldsymbol{K}_1\tilde{\boldsymbol{x}}_1+\tilde{\boldsymbol{x}}_1\boldsymbol{g}_1(\boldsymbol{x}_1)\tilde{\boldsymbol{x}}_2+\tilde{\boldsymbol{x}}_2^{\mathrm{T}}[\dot{\boldsymbol{\alpha}}_1(\boldsymbol{x}_1,t)-\tilde{\boldsymbol{f}}(\boldsymbol{x}_1,\boldsymbol{x}_2,\boldsymbol{v})] \tag{4-26}$$

3. 输入-状态稳定控制(ISS)

定义 4.1 系统 $\dot{\boldsymbol{x}}=\boldsymbol{f}(\boldsymbol{x},\boldsymbol{u},t)$，$\boldsymbol{f}$ 对于 t 分段连续，对于 $\boldsymbol{x}$ 和 $\boldsymbol{u}$ 局部 Lipschitz。如果存在 KL 类函数 β、K 类 γ、正实数 d，使得对于任何 $x(0)$ 和 $[0\quad+\infty]$ 上连续有界的 $\boldsymbol{u}$，系统在 $t\geqslant 0$ 上有解，并在 $0\leqslant t_0\leqslant t$ 满足式(4-27)，则系统被称为是输入-状态实际稳定控制(Input - Sstate Ppractically Sstable，ISPS)。当 $d=0$ 时，系统被称为是输入-状态稳定控制(ISS)，则有

$$|\boldsymbol{x}(t)|\leqslant\beta(|\boldsymbol{x}(t_0)|,t-t_0)+\gamma(\sup_{t_0\leqslant\tau\leqslant t}|\boldsymbol{u}(\tau)|)+d \tag{4-27}$$

定理 4.1 假设对于系统 $\dot{\boldsymbol{x}}=\boldsymbol{f}(\boldsymbol{x},\boldsymbol{u},t)$，存在一个 C^1 函数 $V(\boldsymbol{x},t):\mathbf{R}^n\times\mathbf{R}^+\rightarrow\mathbf{R}^+$，对于所有的 $\boldsymbol{x}\in\mathbf{R}^n$ 和 $u\in\mathbf{R}^m$，有式(4-28)和式(4-29)成立，式中 γ_1，γ_2 是 K_∞ 类函数，γ_3 是 K 类函数，则有

$$\gamma_1(|\boldsymbol{x}|)\leqslant V(\boldsymbol{x},t)\leqslant\gamma_2(|\boldsymbol{x}|) \tag{4-28}$$

$$|\boldsymbol{x}|\geqslant\rho(|\boldsymbol{u}|)\quad\Rightarrow\quad\frac{\partial V}{\partial t}+\frac{\partial V}{\partial x}f(\boldsymbol{x},\boldsymbol{u},t)\leqslant-\gamma_3(|x|) \tag{4-29}$$

那么系统是 $\gamma=\gamma_1^{-1}\circ\gamma_2\circ\rho$ 的 ISS 系统。

在稳定全局渐进稳定控制器式(4-15)的基础上扩展新的控制器式(4-30)。定义新的误差变量式(4-31)。将式(4-31)代入式(4-14)中得到式(4-32)。选用 Lyapunov 函数 $\boldsymbol{V}_1=1/2\tilde{\boldsymbol{x}}_1^{\mathrm{T}}\tilde{\boldsymbol{x}}_1$，求导后代入式(4-32)有式(4-33)，写成有界形式如式(4-34)，进一步有式(4-35)成立。因此，根据定理4.1，式(4-32)关于 z 是 ISS 的。

$$\bar{\boldsymbol{\alpha}}_1(\boldsymbol{x}_1,t)=\boldsymbol{\alpha}_1(\boldsymbol{x}_1,t)+\boldsymbol{g}_1^{\mathrm{T}}(\partial\boldsymbol{V}_1/\tilde{\boldsymbol{x}}_1) \tag{4-30}$$

$$\boldsymbol{z}=\bar{\boldsymbol{\alpha}}_1(\boldsymbol{x}_1,t)-\boldsymbol{x}_2 \tag{4-31}$$

$$\dot{\tilde{\boldsymbol{x}}}_1=-\boldsymbol{K}_1\tilde{\boldsymbol{x}}_1-\boldsymbol{g}_1\boldsymbol{g}_1^{\mathrm{T}}\tilde{\boldsymbol{x}}_1+\boldsymbol{g}_1(\boldsymbol{x}_1)\boldsymbol{z} \tag{4-32}$$

$$\begin{aligned}\dot{\boldsymbol{V}}_1=&-\tilde{\boldsymbol{x}}_1^{\mathrm{T}}\boldsymbol{K}_1\tilde{\boldsymbol{x}}_1-\tilde{\boldsymbol{x}}_1^{\mathrm{T}}\boldsymbol{g}_1\boldsymbol{g}_1^{\mathrm{T}}\tilde{\boldsymbol{x}}_1-\tilde{\boldsymbol{x}}_1^{\mathrm{T}}\boldsymbol{g}_1\boldsymbol{z}=\\&-\tilde{\boldsymbol{x}}_1^{\mathrm{T}}\boldsymbol{K}_1\tilde{\boldsymbol{x}}_1-(\tilde{\boldsymbol{x}}_1^{\mathrm{T}}\boldsymbol{g}_1\boldsymbol{g}_1^{\mathrm{T}}\tilde{\boldsymbol{x}}_1-\tilde{\boldsymbol{x}}_1^{\mathrm{T}}\boldsymbol{g}_1\boldsymbol{z}+1/4\boldsymbol{z}^{\mathrm{T}}\boldsymbol{z})+1/4\boldsymbol{z}^{\mathrm{T}}\boldsymbol{z}=\\&-\tilde{\boldsymbol{x}}_1^{\mathrm{T}}\boldsymbol{K}_1\tilde{\boldsymbol{x}}_1-(\boldsymbol{g}_1^{\mathrm{T}}\tilde{\boldsymbol{x}}_1-1/2\boldsymbol{z})^{\mathrm{T}}(\boldsymbol{g}_1^{\mathrm{T}}\tilde{\boldsymbol{x}}_1-1/2\boldsymbol{z})+1/4\boldsymbol{z}^{\mathrm{T}}\boldsymbol{z}\end{aligned} \tag{4-33}$$

$$\dot{\boldsymbol{V}}_1=-3/4\tilde{\boldsymbol{x}}_1^{\mathrm{T}}\boldsymbol{K}_1\tilde{\boldsymbol{x}}_1-1/4(\tilde{\boldsymbol{x}}_1^{\mathrm{T}}\boldsymbol{K}_1\tilde{\boldsymbol{x}}_1-\boldsymbol{z}^{\mathrm{T}}\boldsymbol{z}) \tag{4-34}$$

$$|\tilde{\boldsymbol{x}}_1|\geqslant\sigma[\boldsymbol{K}_1]^{-1/2}|\boldsymbol{z}|\quad\Rightarrow\quad\dot{\boldsymbol{V}}_1(\tilde{\boldsymbol{x}}_1)\leqslant 0 \tag{4-35}$$

ISS属性允许独立于 $\tilde{\boldsymbol{x}}_1$ 解决 $\boldsymbol{z}$ 误差动态的稳定性。在这种情况下式(4-21)可以改写成式(4-36)，其形式与时间尺度分离控制下的形式相同，但是 $\boldsymbol{z}$ 与 $\tilde{\boldsymbol{x}}_1$ 耦合问题的解决是通过 $\bar{\boldsymbol{\alpha}}(\boldsymbol{x}_1,t)$ 实现的。$\bar{\boldsymbol{\alpha}}(\boldsymbol{x}_1,t)$ 在形式上与后步控制相同。

$$\left.\begin{aligned}\dot{\tilde{\boldsymbol{x}}}_1 &= -\boldsymbol{K}_1\tilde{\boldsymbol{x}}_1 + \boldsymbol{g}_1(\boldsymbol{x}_1)\boldsymbol{z} \\ \dot{\boldsymbol{z}} &= \dot{\bar{\boldsymbol{\alpha}}}_1(\boldsymbol{x}_1, t) - [\boldsymbol{v} + \tilde{\boldsymbol{f}}(\boldsymbol{x}_1, \boldsymbol{x}_2, v)]\end{aligned}\right\} \tag{4-36}$$

4.3.2　姿态二阶系统神经网络自适应非线性模型逆飞行控制

姿态二阶系统如式(4－37)所示，式中 $\boldsymbol{x} = [\boldsymbol{\varphi} \quad \boldsymbol{\phi} \quad \boldsymbol{\psi}]^{\mathrm{T}}, \boldsymbol{u} \in \mathbf{R}^3$。

$$\ddot{\boldsymbol{x}} = \boldsymbol{f}(\boldsymbol{x}, \dot{\boldsymbol{x}}, \boldsymbol{u}) \tag{4-37}$$

基于上面的结果，令式(4－38)为姿态二阶系统近似态动力学模型。$\hat{\boldsymbol{g}}_1(\boldsymbol{x}, \dot{\boldsymbol{x}})$ 由稳定性导数、控制导数所组成，可能会有其他没有显式表示的状态。结合式(4－37)和式(4－38)，动力学方程有例如式(4－39)的表达形式，其中 $\boldsymbol{\Delta}'(\boldsymbol{x}, \dot{\boldsymbol{x}}, \boldsymbol{v})$ 是模型误差。利用式(4－40)的 PD 伪控制量可以规定系统响应。式中 $\boldsymbol{x}_c(t)$ 是姿态指令，$\boldsymbol{K}_{\mathrm{p}}, \boldsymbol{K}_{\mathrm{d}}$ 分别是比例、微分增益矩阵。将式(4－40)代入式(4－39)得到闭环系统方程，其中 $\tilde{\boldsymbol{x}} = [\tilde{\boldsymbol{\varphi}} \quad \tilde{\boldsymbol{\phi}} \quad \tilde{\boldsymbol{\psi}}]^{\mathrm{T}}$。$\boldsymbol{K}_{\mathrm{p}}, \boldsymbol{K}_{\mathrm{d}}$ 使得闭环系统在无逆误差时依照性能指标渐进稳定，则有

$$\ddot{\boldsymbol{x}} \approx \hat{\boldsymbol{f}}(\boldsymbol{x}, \dot{\boldsymbol{x}}, \boldsymbol{u}) = \hat{\boldsymbol{f}}_1(\boldsymbol{x}, \dot{\boldsymbol{x}}) + \hat{\boldsymbol{g}}_1(\boldsymbol{x}, \dot{\boldsymbol{x}})\boldsymbol{u} \tag{4-38}$$

$$\begin{aligned}\ddot{\boldsymbol{x}} &= \boldsymbol{v} + \boldsymbol{\Delta}'(\boldsymbol{x}, \dot{\boldsymbol{x}}, \boldsymbol{v}) \\ \boldsymbol{\Delta}'(\boldsymbol{x}, \dot{\boldsymbol{x}}, \boldsymbol{v}) &= \tilde{\boldsymbol{f}}(\boldsymbol{x}, \dot{\boldsymbol{x}}, \boldsymbol{u}) = \boldsymbol{f}(\boldsymbol{x}, \dot{\boldsymbol{x}}, \boldsymbol{v}) - \hat{\boldsymbol{f}}(\boldsymbol{x}, \dot{\boldsymbol{x}}, \boldsymbol{v})\end{aligned} \tag{4-39}$$

$$\boldsymbol{v} = \ddot{\boldsymbol{x}}_c(t) + \boldsymbol{v}_{pd}(t) = \ddot{\boldsymbol{x}}_c(t) + \boldsymbol{K}_{\mathrm{p}}(\boldsymbol{x}_c(t) - \ddot{\boldsymbol{x}}(t)) + \boldsymbol{K}_{\mathrm{d}}(\dot{\boldsymbol{x}}_c(t) - \dot{\boldsymbol{x}}(t)) \tag{4-40}$$

$$\ddot{\tilde{\boldsymbol{x}}} + \boldsymbol{K}_{\mathrm{p}}\dot{\tilde{\boldsymbol{x}}} + \boldsymbol{K}_{\mathrm{d}}\tilde{\boldsymbol{x}} = -\boldsymbol{\Delta}(\boldsymbol{x}, \dot{\boldsymbol{x}}, \boldsymbol{v}) \tag{4-41}$$

为了对式(4－39)中的 $\boldsymbol{\Delta}'(\boldsymbol{x}, \dot{\boldsymbol{x}}, \boldsymbol{v})$ 进行补偿，需要对式(4－40)增加自适应信号 $\boldsymbol{v}_{ad}(t)$，扩展后的伪控制量为式(4－42)，$\boldsymbol{v}_{ad}(t)$ 通过神经网络 NN 实现。这样式(4－41)可改为状态空间形式为式(4－43)，$\boldsymbol{A}$ 为赫尔维茨(Hurwitz)矩阵。可以看出，$\boldsymbol{\Delta}'(\boldsymbol{x}, \dot{\boldsymbol{x}}, \boldsymbol{v})$ 依赖 $\boldsymbol{x}, \dot{\boldsymbol{x}}, \boldsymbol{v}$，所以神经网络的输入也应该拥有 $\boldsymbol{x}, \dot{\boldsymbol{x}}, \boldsymbol{v}$，则

$$\boldsymbol{v} = \ddot{\boldsymbol{x}}_c(t) + \boldsymbol{v}_{pd}(t) - \boldsymbol{v}_{ad}(t) \tag{4-42}$$

$$\begin{gathered}\dot{\boldsymbol{e}} = \boldsymbol{A}\boldsymbol{e} + \boldsymbol{b}(\boldsymbol{v}_{ad}(t) - \boldsymbol{\Delta}'(\boldsymbol{x}, \dot{\boldsymbol{x}}, \boldsymbol{v})) \\ \boldsymbol{e} = \begin{bmatrix}\tilde{\boldsymbol{x}} \\ \dot{\tilde{\boldsymbol{x}}}\end{bmatrix}, \quad \boldsymbol{A} = \begin{bmatrix}\boldsymbol{0} & \boldsymbol{I} \\ -\boldsymbol{K}_{\mathrm{p}} & -\boldsymbol{K}_{\mathrm{d}}\end{bmatrix}, \quad \boldsymbol{b} = \begin{bmatrix}\boldsymbol{0} \\ \boldsymbol{I}\end{bmatrix}\end{gathered} \tag{4-43}$$

$\boldsymbol{\Delta}'(\boldsymbol{x}, \dot{\boldsymbol{x}}, \boldsymbol{v})$ 可以用一组理想权重的近似度较低的基本和积神经网络(Sum-Product Network，SPN)来表示，而 $\boldsymbol{v}_{ad}(t)$ 的实现可以用估计参数下的 SPN 神经网络来表示，那么闭环误差方程可写为式(4－44)。选择如基本梯度型自适应

律，式中 $\boldsymbol{\gamma}_i > 0$ 为自适应增益，$\boldsymbol{\beta}_i(\boldsymbol{x},\dot{\boldsymbol{x}},\boldsymbol{u})$ 是 SPN 的基函数。

$$\dot{\boldsymbol{e}} = \boldsymbol{A}\boldsymbol{e} + \boldsymbol{b}(\boldsymbol{v}_{ad} - \boldsymbol{\Delta}^*) + \boldsymbol{b}(\boldsymbol{\Delta}^* - \boldsymbol{\Delta}') = \boldsymbol{A}\boldsymbol{e} + \boldsymbol{b}\widetilde{\boldsymbol{W}}^{\mathrm{T}}\boldsymbol{\beta} - \boldsymbol{b}\boldsymbol{\varepsilon} \tag{4-44}$$

$$\widetilde{\boldsymbol{W}} = \begin{cases} -\boldsymbol{\gamma}\boldsymbol{e}^{\mathrm{T}}\boldsymbol{P}_0\boldsymbol{b}\boldsymbol{\beta}(\boldsymbol{x},\dot{\boldsymbol{x}},\boldsymbol{v}), & \forall \|\boldsymbol{e}\| > \boldsymbol{e}_0 \\ 0, & \forall \|\boldsymbol{e}\| \leqslant \boldsymbol{e}_0 \end{cases}$$

$$\boldsymbol{P}_{0_i} = \begin{bmatrix} \dfrac{K_{d_i}}{2K_{p_i}} + \dfrac{K_{p_i}}{2K_{d_i}}\left(1 + \dfrac{1}{K_{p_i}}\right) & \dfrac{1}{2K_{p_i}} \\ \dfrac{1}{2K_{p_i}} & \dfrac{1}{2K_{d_i}}\left(1 + \dfrac{1}{K_{p_i}}\right) \end{bmatrix} \tag{4-45}$$

自适应律式(4-45)只在状态误差向量 $\boldsymbol{e}_i$ 的范数位于“死区”之外才调整，$\boldsymbol{e}_0$ 定义了死区的大小。较大的 $\boldsymbol{e}_0$ 会出现较大的误差容忍以及较少的神经网络(Neural Network，NN)参数调整时间。另外，式(4-45)是通过在线求积分实现的，所以其可以与其他算法并行实现。

现在对式(4-39)、式(4-42)、式(4-45)所组成闭环系统的有界稳定性进行简要的证明。定义 Lyapunov 方程为式(4-46)，式中 E_0 表示 $\|\boldsymbol{e}\|_2 = \boldsymbol{e}_0$ 时，$1/2\boldsymbol{e}^{\mathrm{T}}\boldsymbol{P}_0\boldsymbol{e}$ 的值。tr 表示求迹。$\boldsymbol{P}_0$ 的定义符合关系是 $\boldsymbol{A}^{\mathrm{T}}\boldsymbol{P} + \boldsymbol{P}\boldsymbol{A} = -\boldsymbol{I}$。对 V 求导，带入式(4-45)并进行简单的推导得到式(4-47)。如果式(4-45)中的 $\boldsymbol{e}_0$ 满足式(4-48)，则当 $\|\boldsymbol{e}\|_2 > \boldsymbol{e}_0$ 时，$\dot{\boldsymbol{V}} < 0$；而在死区 $\|\boldsymbol{e}\|_2 \leqslant \boldsymbol{e}_0$ 内，因为 $\dot{\widetilde{\boldsymbol{W}}} = 0$，所以有 $\dot{\boldsymbol{V}} = 0$。所以如果状态误差和 $\boldsymbol{e}$ 和参数误差 $\widetilde{\boldsymbol{W}}$ 的初值都是有界的，那么 $\|\boldsymbol{e}\|_2$ 和 $\|\widetilde{\boldsymbol{W}}\|_2$ 时一致有界的，即

$$\boldsymbol{V} = \begin{cases} -\dfrac{1}{2}\boldsymbol{e}^{\mathrm{T}}\boldsymbol{P}_0\boldsymbol{e} + \dfrac{1}{2\gamma}\mathrm{tr}(\widetilde{\boldsymbol{W}}^{\mathrm{T}}\widetilde{\boldsymbol{W}}), & \|\boldsymbol{e}\|_2 > e_0 \\ E_0 + \dfrac{1}{2\gamma}\mathrm{tr}(\widetilde{\boldsymbol{W}}^{\mathrm{T}}\widetilde{\boldsymbol{W}}), & \|\boldsymbol{e}\|_2 \leqslant e_0 \end{cases} \tag{4-46}$$

$$\begin{aligned} \dot{\boldsymbol{V}} = & -\frac{1}{2}\boldsymbol{e}^{\mathrm{T}}\boldsymbol{e} + \boldsymbol{e}^{\mathrm{T}}\boldsymbol{P}\boldsymbol{b}[\widetilde{\boldsymbol{W}}^{\mathrm{T}}\boldsymbol{\beta} + (\boldsymbol{\Delta}^* - \boldsymbol{\Delta}')] + \frac{1}{\gamma}\mathrm{tr}(\widetilde{\boldsymbol{W}}^{\mathrm{T}}\dot{\widetilde{\boldsymbol{W}}}) \leqslant \\ & -\frac{1}{2}\boldsymbol{e}^{\mathrm{T}}\boldsymbol{e} + \boldsymbol{\varepsilon}|\boldsymbol{e}^{\mathrm{T}}\boldsymbol{P}\boldsymbol{b}| + \mathrm{tr}\left[\widetilde{\boldsymbol{W}}^{\mathrm{T}}\left(\boldsymbol{e}^{\mathrm{T}}\boldsymbol{P}\boldsymbol{b}\boldsymbol{\beta} + \frac{1}{\gamma}\dot{\widetilde{\boldsymbol{W}}}\right)\right] \leqslant \\ & -\frac{1}{2}\boldsymbol{e}^{\mathrm{T}}\boldsymbol{e} + \boldsymbol{\varepsilon}|\boldsymbol{e}^{\mathrm{T}}\boldsymbol{P}\boldsymbol{b}| \leqslant \\ & -\frac{1}{2}\|\boldsymbol{e}\|_2[\lambda_{\min}(I)\|\boldsymbol{e}\|_2 - 2\varepsilon\lambda_{\min}(\boldsymbol{P}_0)] \end{aligned} \tag{4-47}$$

$$\boldsymbol{e}_0 > 2\varepsilon\lambda_{\max}(\boldsymbol{P}_0) \tag{4-48}$$

如果理想权重神经网络对模型逆误差的近似是完美的，即 $\boldsymbol{\varepsilon} = 0$，那么依据式(4-48)，死区大小缩减至零，误差动态改写为式(4-49)和式(4-50)，继而式(4-47)简化成式(4-51)。由于 $\boldsymbol{V}$ 有下界，$\dot{\boldsymbol{V}}$ 是半负定，在 $\widetilde{\boldsymbol{W}},\boldsymbol{\beta}(\boldsymbol{x},\dot{\boldsymbol{x}},\boldsymbol{v})$ 有界下

可以得到 $\dot{V}$ 有界，且 $\dot{V} \to 0$，最终得到 $e \to 0, t \to \infty$，即误差状态渐近收敛到零，有

$$\dot{e} = Ae + b\widetilde{W}^{\mathrm{T}}\boldsymbol{\beta}(x, \dot{x}, v) \tag{4-49}$$

$$\dot{\widetilde{W}} = -\gamma e^{\mathrm{T}} P_0 b\boldsymbol{\beta}(x, \dot{x}, v) \tag{4-50}$$

$$\dot{V} = -\frac{1}{2}e^{\mathrm{T}}e \leqslant 0 \tag{4-51}$$

上述针对理想非线性系统式(4-39)，在基本模型逆伪控制律式(4-42)和自适应律式(4-45)的影响下，使得误差系统式(4-43)在 Lyapunov 稳定性证明下得以有界甚至渐进稳定。为了进一步增强控制算法的鲁棒性，特别是飞机在遭受外部扰动、自身故障甚至恶性损伤情况下的鲁棒性，下面将从两个方面扩展控制算法①增强自适应信号（单隐层神经网络）近似模型逆误差的能力；②增强对力矩扰动的鲁棒性。

将三轴姿态二阶非线性动力学方程式(4-37)改成式(4-52)的形式，式中 $d(t)$ 是外界扰动，在这里等效成为力矩扰动，并且满足 $|\boldsymbol{d}(t)| < \bar{\boldsymbol{d}}$。将已知的标称动力学模型和近似误差写为式(4-53)，$\tilde{f}$ 对应故障或损伤前飞机模型。现在给出单隐层(Single Hidden Layer，SHL)神经网络结构和性质、伪控制量构造以及逆过程实现方法[26]，有

$$\ddot{x} = f(x, \dot{x}, u) - d(t) \tag{4-52}$$

$$\begin{aligned} \hat{f}(x, \dot{x}, u) &= \hat{f}_1(x, \dot{x}) + \hat{g}_1(x, \dot{x})u \\ \tilde{f} &= f(x, \dot{x}, u) - \hat{f}(x, \dot{x}, u) \end{aligned} \tag{4-53}$$

1. SHL 神经网络结构及其性质

假设 4.1　对于式(4-54)结构的 SHL 神经网络，在某一紧集 D' 中，存在一组如式(4-55)所示的有界理想参数 W^* 和 V^* 对误差式(4-56)进行统一近似，并满足式(4-57)，其中 $0 \leqslant \|\boldsymbol{\varepsilon}\| \leqslant \bar{\boldsymbol{\varepsilon}}$，则有

$$y = W^{\mathrm{T}}\boldsymbol{\sigma}(V^{\mathrm{T}}\bar{x}) \tag{4-54}$$

$$\left\| \begin{bmatrix} W^* & 0 \\ 0 & V^* \end{bmatrix} \right\| = \|Z^*\| \leqslant \bar{Z} \tag{4-55}$$

$$\tilde{f}(x, \dot{x}, u) = f(x, \dot{x}, u) - \hat{f}(x, \dot{x}, u) \tag{4-56}$$

$$W^{*\mathrm{T}}\boldsymbol{\sigma}(V^{*\mathrm{T}}\bar{x}) = \tilde{f}(x, \dot{x}, u) + \boldsymbol{\varepsilon} \tag{4-57}$$

SHL 神经网络在种类上属于消息传递神经网络(Message Passing Neural Network，MPNN)神经网络，其特点是只有一个隐层，函数表达式见式(4-58)，其中 $\bar{x} \in \mathbf{R}^{n_1}$ 和 $v \in \mathbf{R}^{n_3}$ 分别为输入和输出；N_1, N_2, N_3 分别为输入节点数、隐层神经元节点数、输出节点数；式(4-59)中 $\boldsymbol{\sigma}(z)$ 为 sigmoidal 反曲活化函数，a 为活化电势，θ_v 是 $\boldsymbol{\sigma}(z)$ 输入中的阈值偏移量。为了方便，定义权重矩阵式

(4－60)、活化函数列向量为式(4－61)、输入列向量为式(4－62)、单隐层输出误差为式(4－63)。另外,为了在后面稳定性证明中能让 σ 函数出现 NN 权重线性项,有必要进行式泰勒展开 。式(4－64) 为 $\boldsymbol{\sigma}^*$ 在 $\hat{\boldsymbol{\sigma}}$ 点进行的泰勒展开式,式中 $\boldsymbol{\sigma}'_z(\hat{z})$ 见式(4－65),则有

$$y_i=\sum_{j=1}^{N_2}\left[w_{ij}\sigma_j\left(\sum_{k=1}^{N_1}v_{jk}\bar{x}_k+\theta_{wi}b_w\right)\right],\quad i=1,2,3,\cdots,N_3 \tag{4-58}$$

$$\boldsymbol{\sigma}(z)=\frac{1}{1+\mathrm{e}^{-az}} \tag{4-59}$$

$$\mathbf{V}=\begin{bmatrix}\theta_{v1} & \cdots & \theta_{vn_2}\\ v_{1,1} & \cdots & v_{1,n_2}\\ \vdots & \ddots & \vdots\\ v_{n_1,1} & \cdots & v_{n1,n_2}\end{bmatrix},\quad \boldsymbol{W}=\begin{bmatrix}\theta_{w1} & \cdots & \theta_{wn_3}\\ w_{1,1} & \cdots & w_{1,n_3}\\ \vdots & \ddots & \vdots\\ w_{n_2,1} & \cdots & w_{n2,n_3}\end{bmatrix} \tag{4-60}$$

$$\boldsymbol{\sigma}(z)\doteq\begin{bmatrix}bw & \sigma(z_1) & \sigma(z_2) & \cdots & \sigma(z_{n_2})\end{bmatrix}^{\mathrm{T}} \tag{4-61}$$

$$\bar{\boldsymbol{x}}=[b_v\quad x] \tag{4-62}$$

$$\tilde{\boldsymbol{\sigma}}\doteq\hat{\boldsymbol{\sigma}}-\boldsymbol{\sigma}^*=\boldsymbol{\sigma}(\hat{\boldsymbol{V}}^{\mathrm{T}}\bar{\boldsymbol{x}})-\boldsymbol{\sigma}(\boldsymbol{V}^{*\mathrm{T}}\bar{\boldsymbol{x}}) \tag{4-63}$$

$$\boldsymbol{\sigma}^*=\hat{\boldsymbol{\sigma}}-\boldsymbol{\sigma}'_z(\hat{\boldsymbol{V}}^{\mathrm{T}}\bar{\boldsymbol{x}})\tilde{\boldsymbol{V}}^{\mathrm{T}}\bar{\boldsymbol{x}}+O(\tilde{\boldsymbol{V}}^{\mathrm{T}}\bar{\boldsymbol{x}})^2 \tag{4-64}$$

$$\boldsymbol{\sigma}'_z(\hat{z})=\begin{bmatrix}0 & \cdots & 0\\ \dfrac{\partial\sigma(z_1)}{\partial z_1} & \cdots & 0\\ \vdots & \ddots & \vdots\\ 0 & \cdots & \dfrac{\partial\sigma(z_{n_2})}{\partial z_{n_2}}\end{bmatrix},\quad \hat{\boldsymbol{z}}=[\hat{z}_1\quad \hat{z}_1\quad \cdots]^{\mathrm{T}} \tag{4-65}$$

根据式(4－59) 和式(4－65) 可得 $\|\boldsymbol{\sigma}'_z(\hat{z})\|<c_3$,$c_3$ 为某正常数;化简为式(4－64) 并利用上面结论可得式(4－66);因为 NN 输入 $\bar{\boldsymbol{x}}$ 的形式见式(4－67),其中 $\tilde{\boldsymbol{x}}$,$\boldsymbol{x}_c$,$\boldsymbol{v}_{ad}$ 分别为三轴姿态角的误差向量、指令向量、自适应伪控制量,b_v 为常数,则

$$|O(\tilde{\boldsymbol{V}}^{*\mathrm{T}}\bar{\boldsymbol{x}})^2|\leqslant c'_0+c'_1\|\tilde{\boldsymbol{Z}}\|_F|\bar{\boldsymbol{x}}|;\quad \boldsymbol{c}'_i\in\mathbf{R}^+ \tag{4-66}$$

$$\bar{\boldsymbol{x}}=\begin{bmatrix}\boldsymbol{b}_v & \tilde{\boldsymbol{x}}^{\mathrm{T}} & \dot{\tilde{\boldsymbol{x}}}^{\mathrm{T}} & \tilde{\boldsymbol{x}}_c^{\mathrm{T}} & \dot{\boldsymbol{x}}_c^{\mathrm{T}} & \ddot{\boldsymbol{x}}_c^{\mathrm{T}} & \boldsymbol{v}_{ad} & \|\hat{\boldsymbol{Z}}\|\end{bmatrix}^{\mathrm{T}} \tag{4-67}$$

现在构造的伪控制量除了能补偿模型误差外,也具有鲁棒外界扰动的功能。利用式(4－53) 构造伪控制量 $\boldsymbol{v}$ (peusdo－control variable)[见式(4－68)]。进一步联合式(4－52)、式(4－56)、式(4－57) 得到式(4－69)。则构造伪控制律、自适应 NN 权重更新律见式(4－70) 和式(4－71)。将式(4－70) 带

入式(4-69)中并利用式(4-64)得到误差式(4-72),注意式中出现$\hat{W}$、$\hat{V}$的线性项,这为 Lyapunov 稳定性证明提供了必要条件,w 的界限见 式(4-73),则有

$$v=\hat{f}(x,\dot{x},u)=\hat{f}_1(x,\dot{x})+\hat{g}_1(x,\dot{x})u \tag{4-68}$$

$$\ddot{x}=v+f(x,\dot{x},u)-\hat{f}(x,\dot{x},u)-d(t)=v+W^{*\mathrm{T}}\sigma(V^{*\mathrm{T}}\bar{x})-\varepsilon-d(t) \tag{4-69}$$

$$\left.\begin{aligned}
&u=\hat{g}_1^{-1}(v-\hat{f}_1)\\
&v=v_{pd}-v_{ad}-v_r\\
&v_{pd}=\ddot{x}_c+K_D\dot{\tilde{x}}+K_P\\
&v_{ad}=\hat{W}^{\mathrm{T}}\hat{\sigma}\\
&v_r=-K_{r_0}\zeta^{\mathrm{T}}-K_{r_1}(\|\hat{Z}\|+\bar{Z})\zeta^{\mathrm{T}};\quad K_{r_0},K_{r_1}>0
\end{aligned}\right\} \tag{4-70}$$

$$\left.\begin{aligned}
&\dot{\hat{W}}=\dot{\tilde{W}}=-\Gamma_W\{(\hat{\sigma}-\sigma'_z\hat{V}^{\mathrm{T}}\bar{x})\zeta+\lambda|\zeta|\hat{W}\}\\
&\dot{\hat{V}}=\dot{\tilde{V}}=-\Gamma_V\{\bar{x}\zeta\hat{W}^{\mathrm{T}}\sigma'_z+\lambda|\zeta|\hat{V}\}
\end{aligned}\quad \Gamma_W,\quad \Gamma_V,\quad \lambda>0\right\} \tag{4-71}$$

$$\begin{aligned}
\dot{e}=&Ae+b[\hat{W}^{\mathrm{T}}\hat{\sigma}-W^{*\mathrm{T}}\sigma^{*}+v_r+(\varepsilon+d(t))]=\\
&Ae+b[\hat{W}^{\mathrm{T}}(\hat{\sigma}-\sigma'_zV^{\mathrm{T}}\bar{x})+\hat{W}^{\mathrm{T}}\sigma'_z\tilde{V}^{\mathrm{T}}\bar{x}+v_r+w]
\end{aligned} \tag{4-72}$$

$$|w|\leqslant c_0+c_1\|\tilde{Z}\|+c_2\ \|\tilde{Z}\|^{\mathrm{T}}+c_3\|\tilde{Z}\||\zeta| \tag{4-73}$$

图 4-7 所示为上述 SHL 神经网络自适应鲁棒非线性模型逆控制方案,主要包括两部分:①点划线框内为伪控制信号 v 的组成部分,包括传统的比例微分(Proportion Differentiation,PD)项、通过 NN 训练用来补偿逆误差的 v_{ad} 项和鲁棒项 v_r;②虚线框部分表示的近似模型逆过程将 v 逆向计算成控制信号 u。细虚线通过的部分为模型逆的等价形式。此二阶系统神经网络自适应非线性模型逆闭环系统的稳定性证明在此不予赘述。

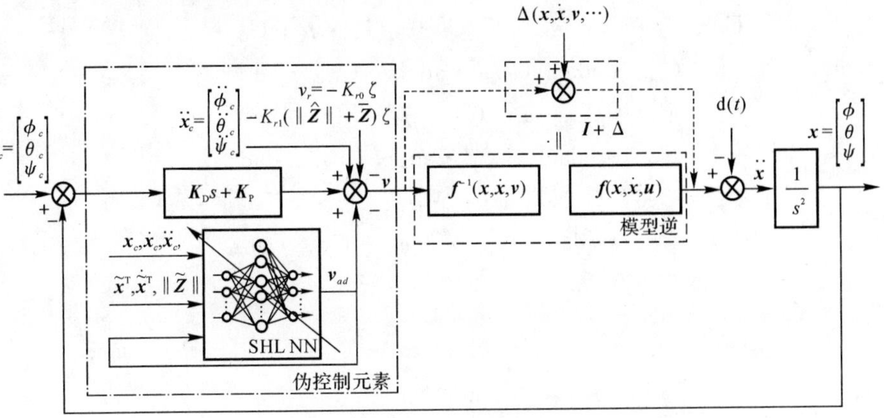

图 4-7　SHL 神经网络自适应鲁棒非线性模型逆飞行控制结构

2.逆过程实现

这部分基于三轴飞行姿态角与角加速度运动方程的关系，研究从伪控制量 $\boldsymbol{v}$ 到舵偏指令 $\boldsymbol{u}_{\mathrm{cmd}}$ 的实现过程，分为以下三步：

(1) 根据式(4－53)第一式和伪控制量的定义有式(4－74)，式中 $\boldsymbol{x}=[\phi\quad\theta\quad\psi]^{\mathrm{T}}$ 表示三轴姿态角，$\boldsymbol{u}_{\mathrm{cmd}}=[\mathrm{ada}\quad\mathrm{adeb}\quad\mathrm{adr}]^{\mathrm{T}}$ 表示副翼、升降舵、方向舵偏转。将角速率与姿态角变化率的关系式求导并结合式(4－74)得到需要的角加速度见式(4－75)，则有

$$\ddot{\boldsymbol{x}}=\boldsymbol{v}=\hat{\boldsymbol{f}}(\boldsymbol{x},\dot{\boldsymbol{x}},\boldsymbol{u}_{\mathrm{cmd}}) \tag{4-74}$$

$$\left.\begin{aligned}\dot{p}&=v_1-v_3\sin\theta-\dot{\psi}\dot{\theta}\cos\theta\\ \dot{q}&=v_2\cos\phi-\dot{\theta}\dot{\phi}\sin\phi+v_3\sin\phi\cos\phi+\dot{\psi}\dot{\phi}\cos\phi\cos\theta-\dot{\psi}\dot{\theta}\sin\phi\sin\theta\\ \dot{r}&=-v_2\sin\phi-\dot{\theta}\dot{\phi}\cos\phi+v_3\cos\phi\cos\theta-\dot{\psi}\dot{\phi}\sin\phi\cos\theta-\dot{\psi}\dot{\theta}\cos\phi\sin\theta\end{aligned}\right\} \tag{4-75}$$

(2) 将式(4－75)代入角加速度运动方程式(4－76)中得到需要的三轴力矩 L,M,N。由于力矩主要是由气动力产生的，所以利用式(4－77)进一步得到气动力矩系数 C_L,C_M,C_N，式中 $\bar{Q},S,b,\bar{c}$ 分别表示动压、机翼参考面积、翼展、平均气动弦长，则有

$$\left.\begin{aligned}L&=I_{XX}\dot{p}-I_{XZ}\dot{r}-I_{XZ}pq+(I_{ZZ}-I_{XX})qr\\ M&=I_{YY}\dot{q}+(I_{XX}-I_{ZZ})pr+I_{XZ}(p^2-r^2)\\ N&=I_{ZZ}\dot{r}-I_{XZ}\dot{p}-I_{XZ}qr+(I_{YY}-I_{XX})pq\end{aligned}\right\} \tag{4-76}$$

$$C_L=\frac{L}{\bar{Q}Sb},\quad CM=\frac{M}{\bar{Q}S\bar{c}},\quad C_N=\frac{N}{\bar{Q}Sb} \tag{4-77}$$

(3) 利用气流角气动建模表达式(4－78)即可反解出舵偏指令 $\boldsymbol{u}_{\mathrm{cmd}}=[\mathrm{ada}\quad\mathrm{adeb}\quad\mathrm{adr}]^{\mathrm{T}}$，式中，$\alpha,\beta$ 为当前迎角、侧滑角值；$\bar{p},\bar{q},\bar{r}$ 为当前无量纲角速率值；C_{Lx} 为相应的气动导数，则有

$$\left.\begin{aligned}C_L&=C_{L0}+C_{L\alpha}\cdot\alpha+C_{L\beta}\cdot\beta+C_{L\bar{p}}\cdot\bar{p}+C_{L\bar{r}}\cdot\bar{r}+\\ &\quad C_{L\mathrm{ada}}\cdot\mathrm{ada}+C_{L\mathrm{adeb}}\cdot\mathrm{adeb}+C_{L\mathrm{adr}}\cdot\mathrm{adr}\\ C_M&=C_{M0}+C_{M\alpha}\cdot\alpha+C_{M\beta}\cdot\beta+C_{Mq}\cdot\bar{q}+\\ &\quad C_{M\mathrm{ada}}\cdot\mathrm{ada}+C_{M\mathrm{adeb}}\cdot\mathrm{adeb}+C_{M\mathrm{adr}}\cdot\mathrm{adr}\\ C_N&=C_{N0}+C_{N\alpha}\cdot\alpha+C_{N\beta}\cdot\beta+C_{N\bar{p}}\cdot\bar{p}+C_{N\bar{r}}\cdot\bar{r}+\\ &\quad C_{N\mathrm{ada}}\cdot\mathrm{ada}+C_{N\mathrm{adeb}}\cdot\mathrm{adeb}+C_{N\mathrm{adr}}\cdot\mathrm{adr}\end{aligned}\right\} \tag{4-78}$$

4.4 航线飞行制导与控制组合

为了使飞机在发生不对称故障/损伤(比如单侧副翼卡死或单侧机翼损伤)后仍然能够稳定和保证一定性能地完成航线跟踪和过弯功能,本章首先给出基于线加速度指令的制导律,通过偏航角辅助算法实现向能力不足侧进行航线跟踪和过弯;然后将制导与上文自适应姿态控制算法结合,设计出一种自适应制导与控制算法系统。

基于线加速度指令的航线跟踪制导律在功能上与传统航线跟踪制导律一样,即让飞机在给定空速下跟踪地面系2D航线,高度保持在飞往航路点高度。其同样分为纵向制导、侧向制导和空速制导。本节简明地给出制导指令生成过程。

1. 纵向制导律

纵向制导律的任务是计算纵向需要的加速度制导指令 a_{zg},并最终给出俯仰角姿态控制指令 θ_c。首先利用式(4-79)计算纵向速度给定 V_{vc},式中 τ_{altitude} 是高度响应所需的比例项时间常数,V_{vc} 朝上为正。然后纵向加速度制导指令 a_{zg} 通过式(4-80)来计算,其方向为在铅垂面朝下并与速度方向垂直,式中 τ_{vvc} 对于高度响应为所需的微分项时间常数,即

$$V_{vc}=\frac{H_c-H}{\tau_{\text{altitude}}}+\dot{H}_c \tag{4-79}$$

$$a_{zg}=\frac{-(V_{vc}-V_v)}{\tau_{vc}} \tag{4-80}$$

利用式(4-80)和式(4-86)的制导指令 a_{zg} 和 a_{yg},通过式(4-81)比例积分(Proportion Integration,PI)控制得出迎角控制指令 $\Delta\alpha_c$,式中 $K_{p\alpha}$ 为比例增益,ϕ 为机体滚转角,S_z 为机体 Z 轴实际测量加速度,α_{cI} 为积分项。有了俯仰角指令 $\Delta\theta_c$,就可以分别根据卡死前后的配平值 θ_{trim} 为内环俯仰姿态控制提供输入 $\theta_c=\Delta\theta_c+\theta_{\text{trim}}$,则有

$$\begin{aligned}\Delta\alpha_c&=\frac{-K_{p\alpha}}{V_a^2}(a_{zg}\cos\phi-a_{yg}\sin\phi-S_Z)+\alpha_{cI}\\ \dot{\alpha}_{cI}&=K_{I\alpha}(\Delta\alpha_c-\alpha_{cI})\end{aligned} \tag{4-81}$$

$$\Delta\theta_c=\frac{\Delta\alpha_c+(\chi-\psi)\sin\phi}{\cos\phi}+\gamma\approx\frac{\Delta\alpha_c+\beta\sin\phi}{\cos\phi}+\gamma \tag{4-82}$$

2. 侧向制导律

为了在航路点间按照指定航线进行飞行，利用式(4－83)计算出在地面 2D 坐标系下所需要的垂直于航线方向的速度分量，式中 τ_{interc} 为时间常数。进一步，为了达到 V_{interc} 所需要地速方向与航线方向之间的偏差 ΔT_{interc} 通过式(4－84)得到，式中，V_g 为地速值。期望偏航角 ψ_c 由式(4－85)得到，式中 T_{course} 为所跟踪航线航向，这样，侧向加速度制导指令 a_{yg} 可以通过 PD 环节式(4－86)近似计算，方向与过机体 X 轴铅垂面垂直，向右为正。按照同样的思路，利用 a_{zg} 和 a_{yg} 通过式(4－87)和假设空速轴与机体 X 轴重合来计算 ϕ_c，式中 g_0 为重力加速度，γ 为航迹倾角，则有

$$V_{\text{interc}}=\frac{\mathrm{d}y}{\tau_{\text{interc}}} \tag{4-83}$$

$$\Delta T_{\text{interc}}=\arcsin\frac{V_{\text{interc}}}{V_g} \tag{4-84}$$

$$\psi_c=T_{\text{course}}+\Delta T_{\text{interc}} \tag{4-85}$$

$$a_{yg}=\Delta T_{\text{interc}}\frac{2V_g}{\tau_{P\psi\text{interc}}}+\frac{2V_g\mathrm{d}(\Delta T_{\text{interc}})/\mathrm{d}t}{\tau_{D\psi\text{interc}}} \tag{4-86}$$

$$\Delta\phi_c=\arctan(a_{yg},-a_{zg}+g_0\cos\gamma) \tag{4-87}$$

3. 空速制导律

空速制导律用来提供加速度制导指令 a_{xg}，方向与机体 X 轴一致。计算方法见式(4－88)，式中，V_{ac} 为所需空速，V_a 为当前空速，$\tau_{V_{ac}}$ 为时间常数。油门开度控制律利用的PI控制律式(4-89)实现，式中 K_{pax} 和 K_{Iax} 为比例和积分增益，δ_{tI} 为积分项。可以看出，对于空速来说，式(4－89) 是比例积分微分 (Proportion Integration Differentiation，PID) 控制律，则有

$$a=\frac{(V_{ac}-V_a)}{\tau_{V_{ac}}} \tag{4-88}$$

$$\begin{aligned}\delta_t&=K_{pax}(a_{xg}-\dot{V}_a)+\delta_{tI}\\ \dot{\delta}_{tI}&=K_{Iax}(\delta_t-\delta_{tI})\end{aligned} \tag{4-89}$$

将上述航线跟踪制导律与上两节内环姿态控制算法相结合，得到如图 4－8 所示的算法系统结构图。图中左边虚框部分是上文所给出的基于加速度指令的制导律，用来跟踪指定航线并生成姿态指令；右边虚框部分是能够容忍故障/损伤情况的自适应姿态控制算法，可替换为上文的两种自适应算法，作用为在发生情况后配合制导律输出指令，快速稳定飞机性能，恢复飞行。

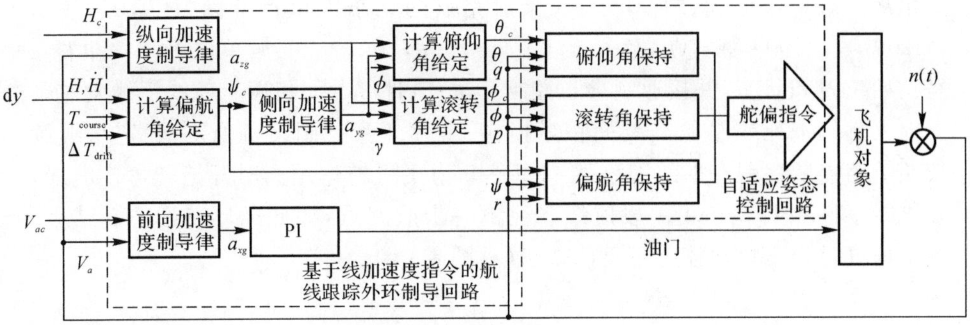

图 4-8　基于加速度指令制导律的航线飞行制导与控制回路

4.5　仿真结果

图 4-9 所示为数字仿真对应的小型电动验证无人机，此小型无人机的外部构型为：单发、翼展 1.9 m，机长 1.95 m，全机加有效载荷总质量为 6.9 kg。两侧机翼的舵面兼有副翼和前升降舵功能；左右 V 尾各有一个舵面，兼有后升降舵和方向舵功能；发动机产生的推力方向与机体 X 轴重合。

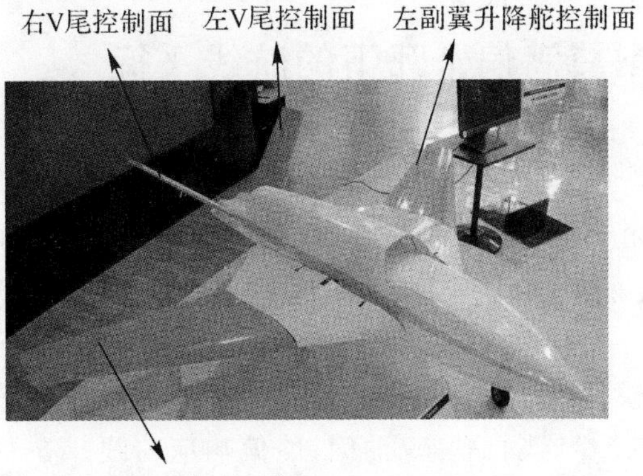

图 4-9　数字仿真对应的小型电动验证无人机

现在分别给出飞行中突然遭受左侧副翼向上满偏卡死和左翼 40% 面积矩损伤前后，在“基于加速度指令制导律＋鲁棒模型参考自适应控制”与“基于加速度指令制导律＋神经网络自适应鲁棒非线性模型逆控制”两种制导与控制算法系统下的航线飞行仿真结果。损伤面积矩的定义为机翼损失面积与其到机体 X

轴距离的乘积。仿真过程如下:四个航路点的北东天位置坐标为[0,0,500],[1 200,0,−500],[1 100,700,−500],[−100,700,−500],单位为 m。事件 1 是初始位置和状态,并接通制导与控制算法;事件 2 为飞机跟上航线后触发左副翼向上满偏卡死或左翼 40%面积矩损伤;事件 3 为控制飞机稳定;稳定后继续按照航路点顺序跟踪航线即事件 4;事件 5 为飞机转弯距离时开始转弯换航线,并进行事件 6,即沿着另一段航线飞往下一个航路点,如此循环直到仿真结束。整个仿真过程飞机向能力不足侧转弯(见图 4-10)。

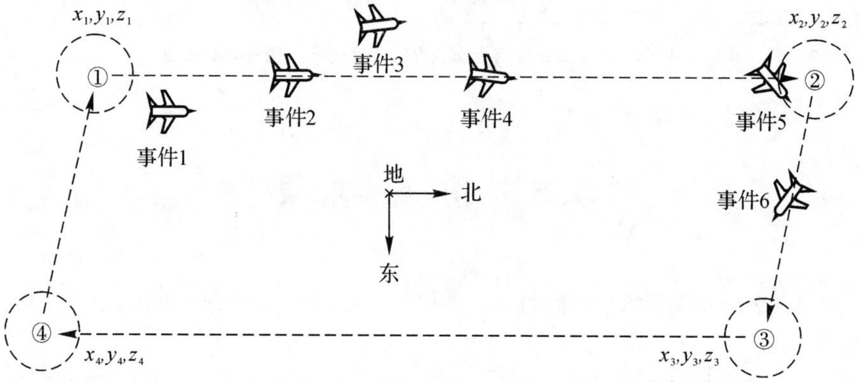

图 4-10　航线飞行仿真场景

4.5.1　单侧副翼满偏卡死下的航线飞行

1. 基于加速度指令制导律+鲁棒模型参考自适应控制

对输出滚转角 ϕ 和偏航角速率 r 同时加入有界扰动 $|n_\phi(t)|\leqslant 1^\circ$ 和 $|n_r(t)|\leqslant 0.1^\circ/\mathrm{s}$。此仿真用例在事件 2 左副翼向上满偏卡死发生后接通侧滑角控制回路,给出 -7.5° 侧滑角指令,10 s 后稳定接回相应制导算法继续航线飞行。图 4-11 为绕四航路点规定航线一圈的 3D 航迹图,图 4-12 为航迹飞行全过程的姿态角控制指令、飞行状态、油门、舵偏响应曲线。在左副翼向上满偏卡死前后,此制导与控制算法配合侧滑角控制,能够有效地完成既定航线跟踪飞行。在转弯阶段之外,飞机在航线跟踪制导律下能够准确地跟踪航线。V_a 基本保持在配平空速 20.3 m/s,H 的误差在 ±10 m 之内。所有舵面偏转均在阈值之内,左副翼 adal 在 20 s 后为 -30°,即向上满偏卡死。

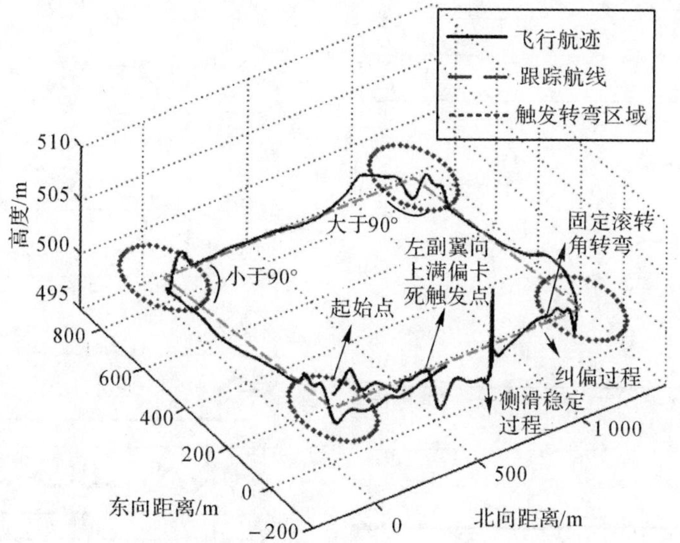

图 4－11　四边形航线飞行 3D 航迹图

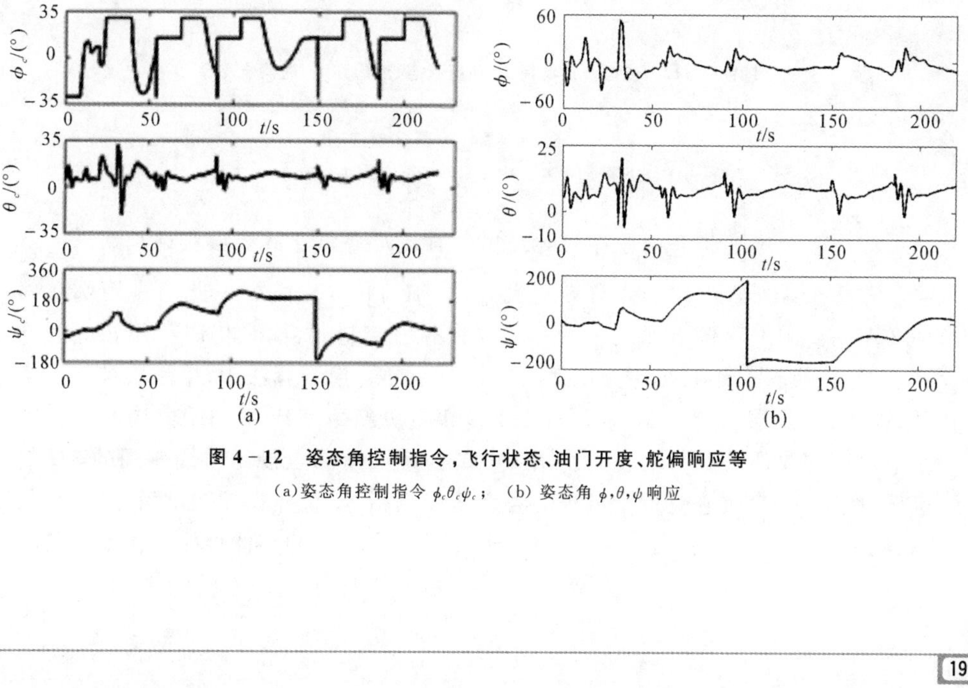

图 4－12　姿态角控制指令，飞行状态、油门开度、舵偏响应等

(a)姿态角控制指令 $\phi_c\theta_c\psi_c$；（b）姿态角 ϕ,θ,ψ 响应

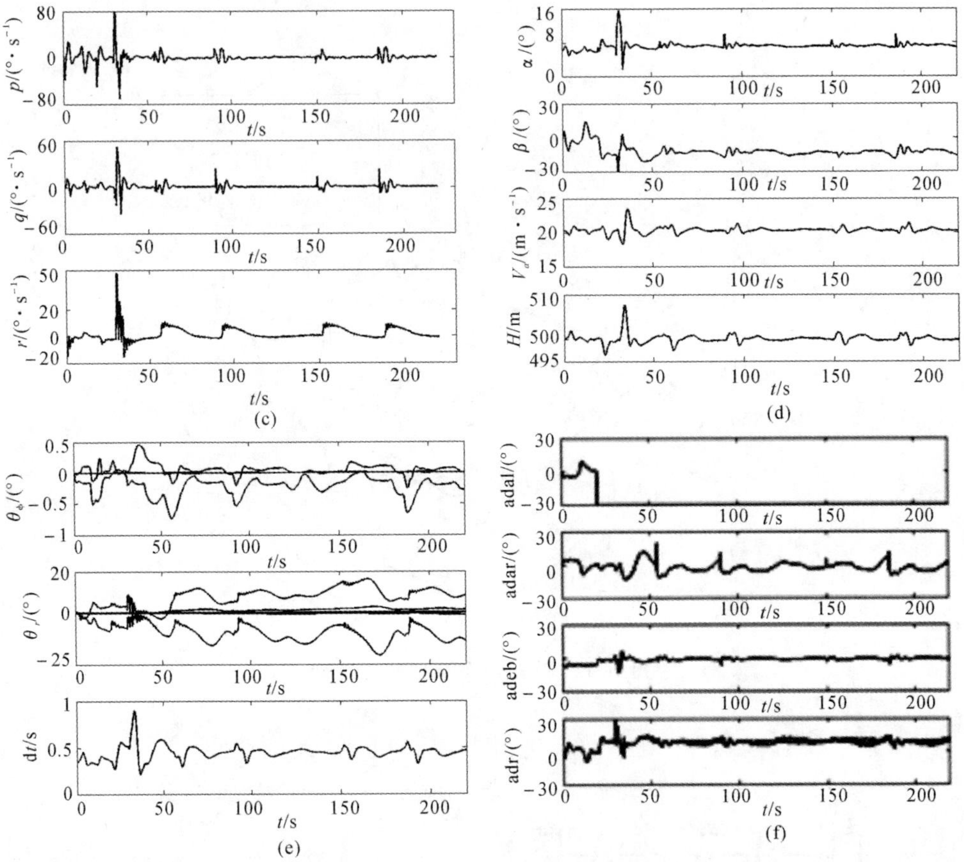

续图 4-12　姿态角控制指令、飞行状态、油门开度、舵偏响应等

(c)角速率 p,q,r 响应；(d)迎角 α 侧滑角 β 空速 V_a 高度 H 响应；

(e) ϕ,r 自适应控制参数 $\theta_\phi(t),\theta_r(t)$ 油门开度 dt；

(f) 左副翼 adal、右副翼 adar、升降舵 adeb、方向舵 adr

2. 基于加速度指令制导律+神经网络自适应鲁棒非线性模型逆控制

对状态 $\ddot{\phi},\ddot{\theta},\ddot{\psi}$ 同时加入有界随机扰动 $|n(t)|\leqslant 0.1°/s^2$。此仿真用例在事件 2 左副翼向上满偏卡死发生后不接通侧滑角控制器，而是仍旧利用相应制导算法继续航线飞行，后续仿真用例与之情况一样。控制算法中，单隐层神经网络(SHL NN)隐层节点数 $N_2=6$，SHL NN 权重更新矩阵 $\boldsymbol{W},\boldsymbol{V}$ 初始值均设为 0，下小节对应的损伤情况与之相同。图 4-13 为绕四航路点规定航线一圈的 3D 航迹图，图 4-14 为航迹飞行全过程的姿态角控制指令、鲁棒伪控制量信号、飞行状态、舵偏响应曲线。从图 4-13 中看出卡死后航线跟踪的整体性能相比上一种算

法系统有较大提升。高度除了在转弯段有所变化，航线跟踪段均保持良好。卡死转弯和舵偏限幅增大了模型误差 $\tilde{f}(x,\dot{x},u)$，从而导致神经网络自适应输出量 v_{ad} 和鲁棒补偿量 v_r 在转弯处增大。$v_{ad\theta}$ 的数值在全过程都比其他两个分量的大，这说明卡死后操纵单侧副翼产生的耦合俯仰舵效带来较大的俯仰角模型误差。

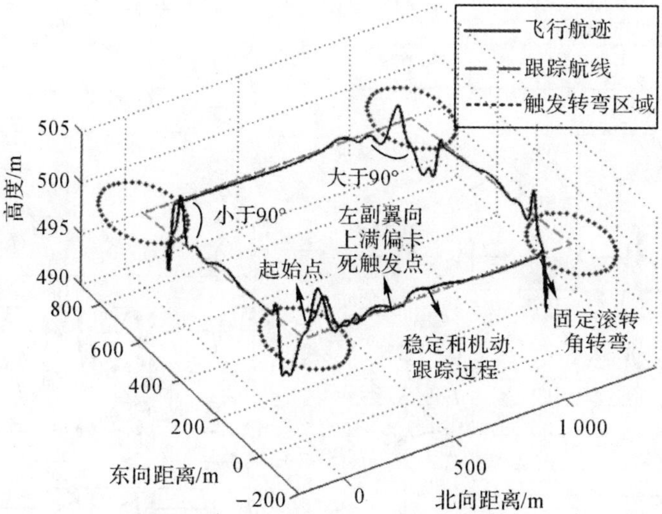

图 4-13　四边形航线飞行 3D 航迹图

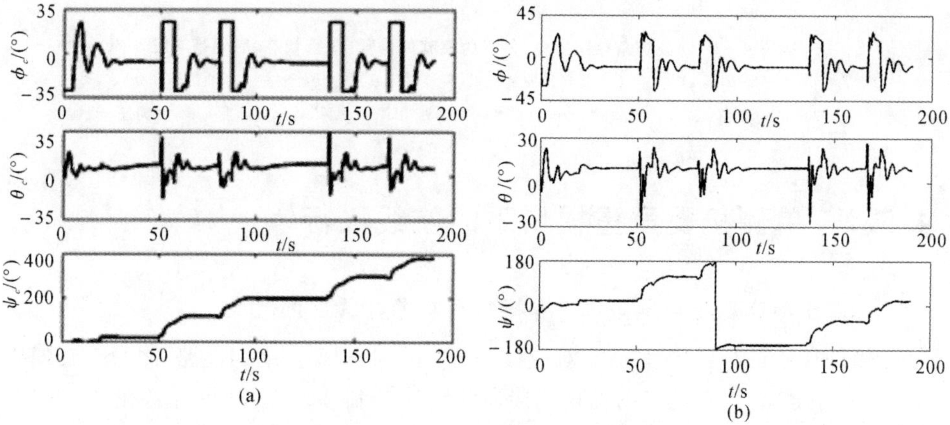

图 4-14　姿态角控制指令、鲁棒伪控制量信号、飞行状态、舵偏等响应

(a) 姿态角控制指令 ϕ_c,θ_c,ψ_c；（b）姿态角 ϕ,θ,ψ 响应

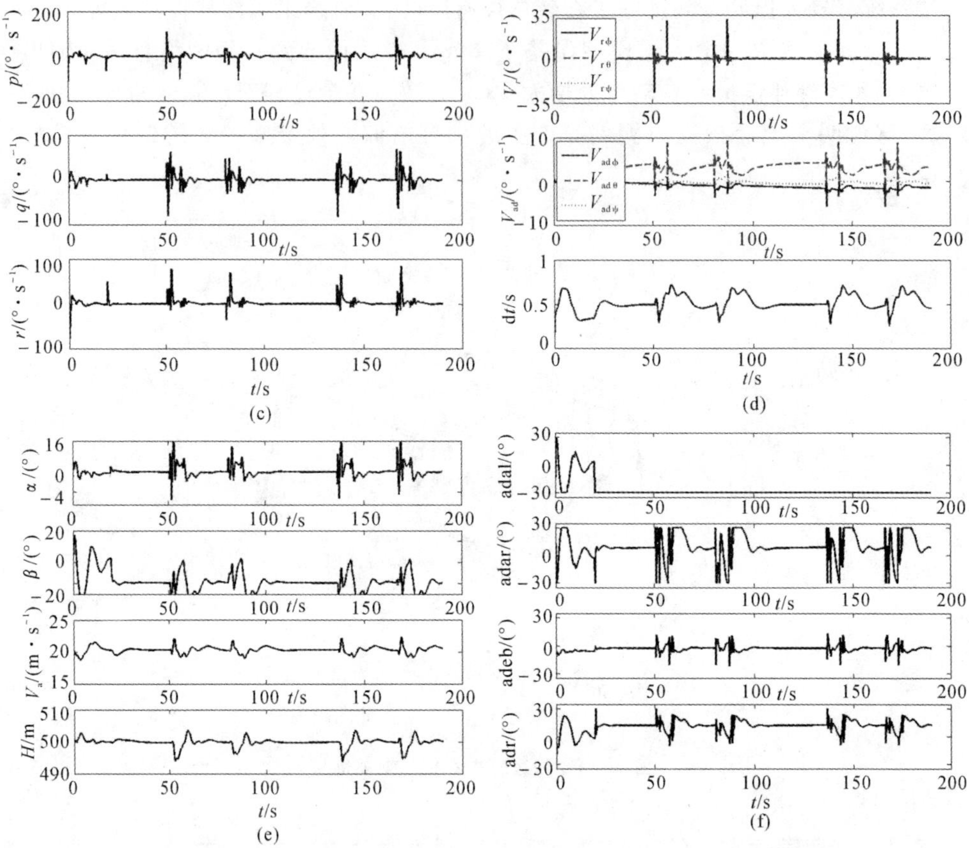

续图 4-14　姿态角控制指令、鲁棒伪控制量信号、飞行状态、舵偏等响应

(c) 角速率 p,q,r 响应；(d) 鲁棒伪控制量 v_r、神经网络自适应伪控制量 v_{ad}，油门开度 dt；

(e) 迎角 α、侧滑角 β、空速 V_a、高度 H 响应；(f) 左副翼 adal、右副翼 adar、升降舵 adeb、方向舵 adr

4.5.2　单侧机翼严重损伤下的航线飞行

1. 基于加速度指令制导律＋鲁棒模型参考自适应控制

额外加入的外扰与上小节对应处一样。图 4-15 为绕四航路点规定航线两圈的 3D 航迹图。未损伤飞机直接接通此制导控制系统先飞行一圈，在 210 s 时刻触发左翼 40％面积矩损失，飞机继续利用此算法系统稳定姿态并继续跟踪航线。从图 4-15 中可以看出，在此算法系统的作用下，损伤前后飞机均能够完成四边形航线饶飞。在 210 s 突然损伤后因恶性滚转而偏离航线的程度较小，不久就能够继续跟踪航线。图 4-16 所示为航迹飞行全过程的姿态角控制指令、飞行状态、油门开度、舵偏响应曲线。ϕ 和 θ 在 210 s 损伤时均出现较大的振荡，体现损伤后纵向对横向的强耦合。注意到损伤后的 230 s，260 s，310 s，340 s 左右的“逆向”转弯机动中，β 负向增大用来协助损伤飞机往能力不足侧转弯。自适应控制参数值在损伤后为了能控制新的机体而出现大幅度更新。

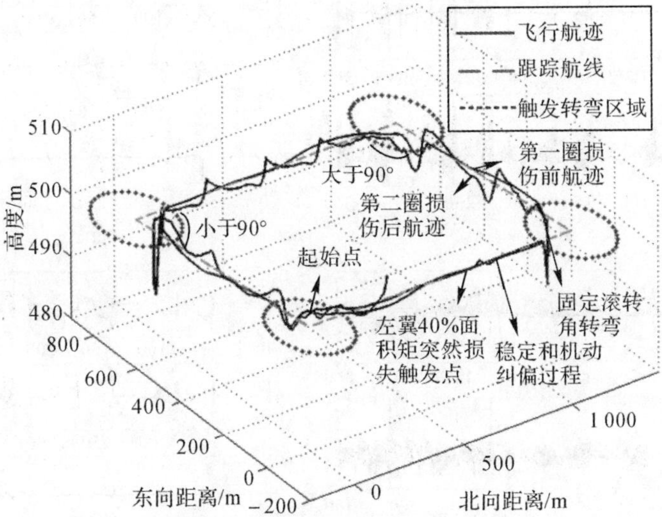

图 4-15　四边形航线飞行 3D 航迹图

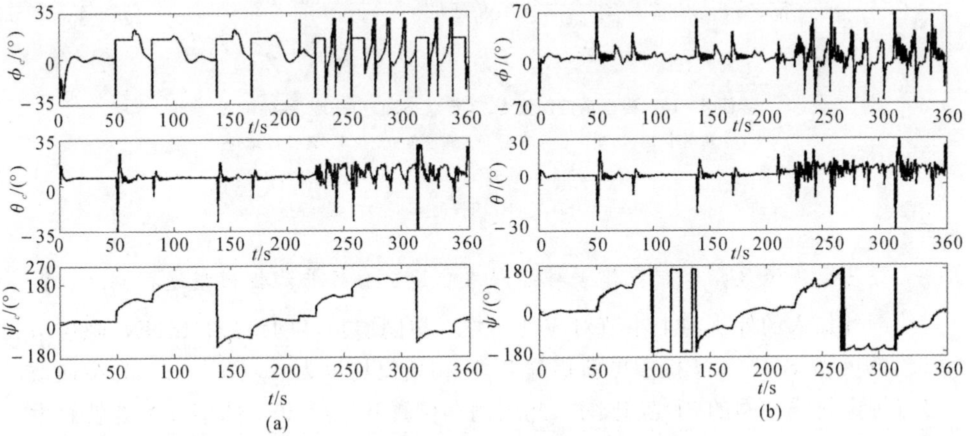

图 4-16　姿态角控制指令、飞行状态、油门开度、舵偏响应

(a)姿态角控制指令 ϕ_c，θ_c，ψ_c；（b）姿态角 ϕ，θ，ψ 响应

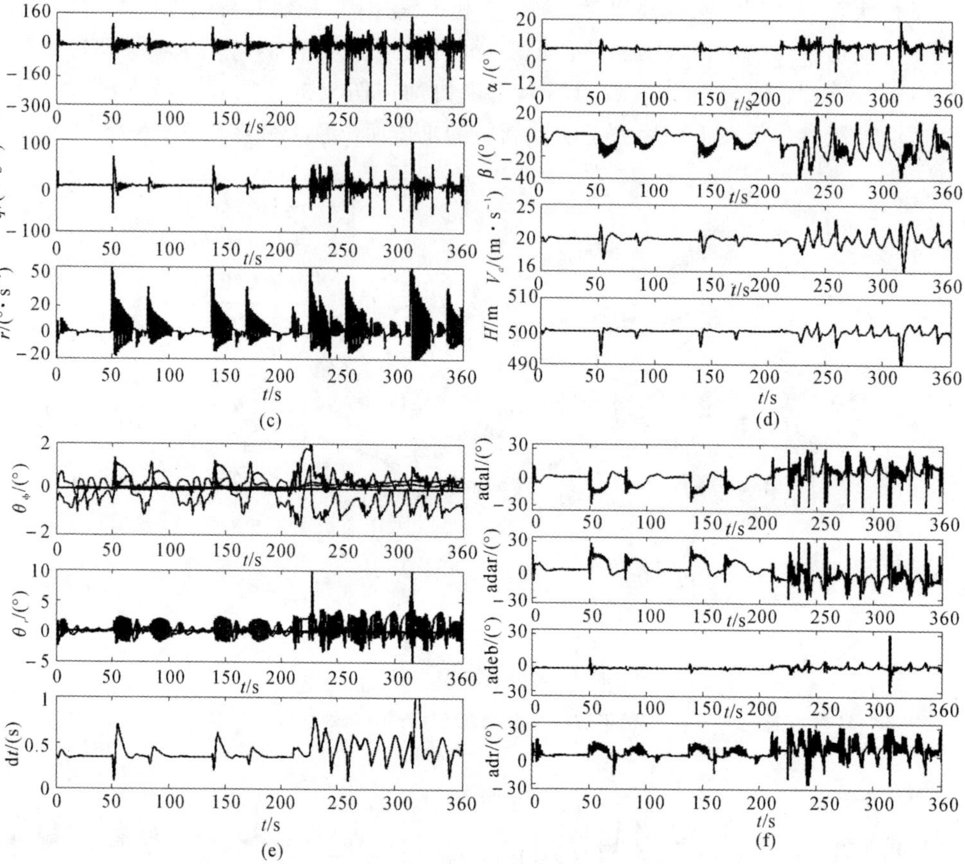

续图 4-16 姿态角控制指令、飞行状态、油门开度、舵偏响应

(c) 角速率 p,q,r 响应； (d) 迎角 α 侧滑角 β 空速 V_a 高度 H 响应

(e) ϕ,r 自适应控制参数 $\theta_\phi(t),\theta_r(t)$ 以及油门开度 dt；

(f) 左副翼 adal、右副翼 adar、升降舵 adeb、方向舵 adr 指令

2.基于加速度指令制导律+神经网络自适应鲁棒非线性模型逆控制

额外加入的外扰与上小节对应处一样。单隐层神经网络(SHL NN)隐层节点数 $N_2=6$，SHL NN 权重更新矩阵 $\boldsymbol{W},\boldsymbol{V}$ 初始值均设为 0。图 4-17 为绕四航路点规定航线一圈的 3D 航迹图。此用例在仿真开始后 20 s 的事件 2 处就触发左翼 40% 面积矩损失，然后继续利用此算法进行稳定并跟踪航线，当达到第一个航路点转弯区域时给出固定滚转角指令进行过弯，然后在损伤情况下绕飞一圈后仿真结束。可以看出，第二种制导控制算法能够使得左翼 40% 面积矩突然损失，飞机继续保持姿态稳定，并能够朝着滚转能力不足方向进行转弯，换航线

完成航路点绕飞。由于存在姿态控制误差，在制导算法下仍然存在较小程度的侧偏距。图 4－18 所示为航迹飞行全过程的姿态角控制指令、鲁棒伪控制量信号、飞行状态、舵偏响应曲线。损伤情况下，航线跟踪的整体性能相比第一种算法系统仍有较大提升。相比卡死情况，损伤后转弯阶段各个状态振荡较为明显，并且在转弯后的一段航线跟踪距离内都保持有界稳定振荡。随着航线跟踪时间增加，状态变得稳定。转弯导致飞机姿态发生较大改变从而产生较大损伤模型误差 $\tilde{f}$，这不仅会增加鲁棒伪控制量 v_r 的输出，而且神经网络自适应参数也会发生较大更新，导致伪控制量 v_{ad} 的变化增大。

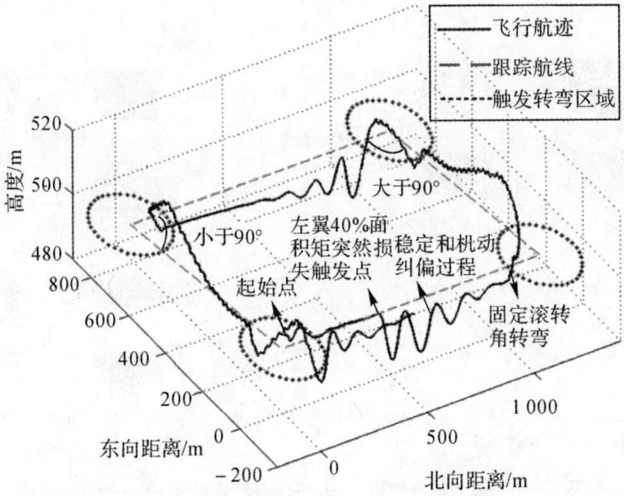

图 4－17　四边形航线飞行 3D 航迹图

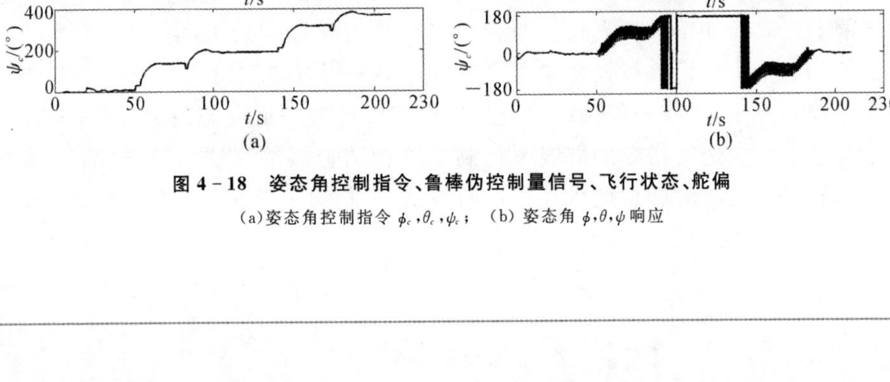

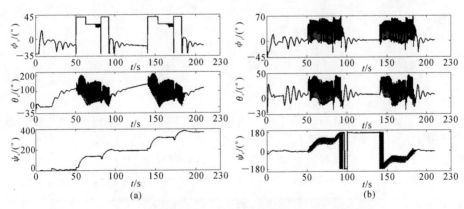

图 4－18　姿态角控制指令、鲁棒伪控制量信号、飞行状态、舵偏

(a)姿态角控制指令 ϕ_c,θ_c,ψ_c；(b) 姿态角 ϕ,θ,ψ 响应

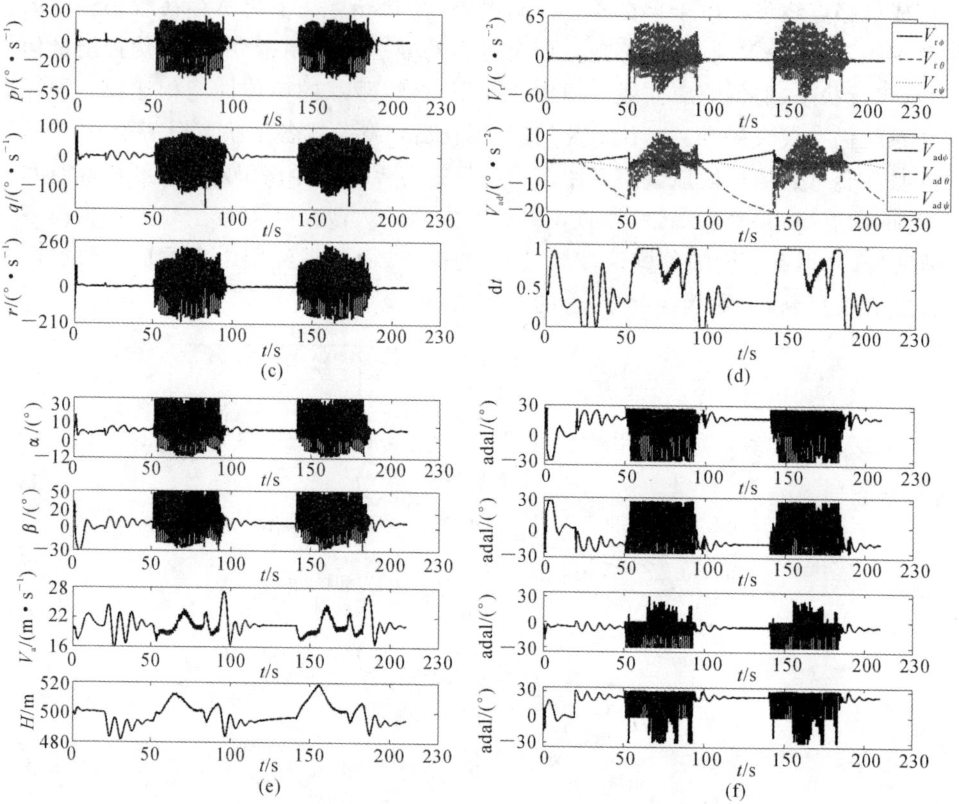

续图 4-18　姿态角控制指令、鲁棒伪控制量信号、飞行状态、舵偏

(c) 角速率 p,q,r 响应;(d)鲁棒伪控制量 v_r、神经网络自适应伪控制量 v_{ad}、油门开度 dt;

(e)迎角 α 侧滑角 β 空速 V_a 高度 H 响应;(h) 左副翼 adal、右副翼 adar、升降舵 adeb、方向舵 adr 指令响应

4.6　本章小结

本章简述了容错飞行控制领域目前需要关注的热点问题,并从解决单侧舵面满偏卡死故障和单侧机翼损伤两种对飞行动力学影响较大的问题入手,首先给出了基于输出反馈鲁棒模型参考自适应控制的级联式侧滑飞行模型参考自适应姿态控制方法,以及神经网络自适应鲁棒非线性模型逆姿态控制方法;其次给出了与基于线加速度指令的航线飞行制导律相结合后的算法系统;最后针对单侧舵面满偏卡死故障和单侧机翼损伤两种情况,给出了航线绕飞仿真结果,从而验证了本章所述的算法。

参考文献

[1]　杨伟. 容错飞行控制系统[M]. 西安：西北工业大学出版社，2007.

[2]　Jiang J. Fault - tolerant Control Systems - An Introductory Overview [J]. ACTA AUTOMATIC SINICA，2005，31(1)：161 - 174.

[3]　Zhang Y M，Jiang J. Bibliographical Review on Reconfigurable Fault - Tolerant Control Systems. Annual Reviews in Control[J]. 2008，32(2)：229 - 252.

[4]　姜斌，杨浩. 飞控系统主动容错控制技术综述[J]. 系统工程与电子技术，2007，29(12)：2106 - 2110.

[5]　Lunze J，Steffen T. Control reconfiguration after actuator failures using disturbance decoupling methods[J]. IEEE Transactions on Automatic Control，2006，51(10)：1590 - 1601.

[6]　Liu Y，Tao G. Multivariable MRAC Using Nussbaum Gains for Aircraft with Abrupt Damages[C]. 47th IEEE Conference on Decision and Control，Cancun，2008：2600 - 2605.

[7]　Liu Y J，Tong S C. Adaptive NN Tracking Control of Uncertain Nonlinear Discrete - Time SystemsWith Nonaffine Dead - Zone Input[J]. IEEE Transactions on Cybernetics，2015，45(3)：497 - 505.

[8]　Wang Y J，Song Y D，Lewis F L. Robust Adaptive Fault - Tolerant Control of Multiagent SystemsWith Uncertain Nonidentical Dynamics and Undetectable Actuation Failures [J]. IEEE Transactions on Industrial Electronics，2015，62(6)：3978 - 3988.

[9]　Ioannou P A，Kokotovic P V. Adaptive Systems with Reduced Models [M]. New York：Springer Verlag，1983.

[10]　Narendra K S，Annaswamy A M. A new adaptive law for robust adaptation without persistent excitation[J]. IEEE Transactions on Automatic Control，1987，32(2):134 - 145.

[11]　Yin S，Shi P，Yang H. Adaptive Fuzzy Control of Strict - Feedback Nonlinear Time - Delay SystemsWith Unmodeled Dynamics[J]. IEEE Transactions on Cybernetics，2015,99.

[12]　Wang H，Liu X，Liu K. Robust. Robust Adaptive Neural Tracking

Control for a Class of Stochastic Nonlinear Interconnected Systems [J]. IEEE Transactions on Neural Networks and Learning Systems, 2015,PP(99):(Online Publish).

[13] 程鹏飞,吴成富,冯成,等. 大侧滑模型参考自适应飞行控制方法研究[J]. 电子技术应用,2014,40(6):78-81.

[14] 程鹏飞,吴成富. 基于e—σ—modification混合自适应律的鲁棒级联式侧滑飞行控制研究[J]. 系统工程与电子技术, 2015, 37(8): 1844-1851.

[15] Cheng P F, Wu C F, Duan X J, et al. An approach of flight trim for wing-damaged asymmetric aircraft[C]. Proceedings of the 32nd Chinese Control Conference, Xi'an, 2013: 6071-6076.

[16] ChengPengfei, Wu Chengfu, Guo Yue. High-Sideslip Model Reference Adaptive Flight Control for Aileron Locked Aircraft[C]. 3rd International Conference on Advanced Engineering Materials and Architecture Science, Huhhot, China, 2014: 751-756.

[17] Bugajski D J, Enns D F, Elgersma M R. A dynamic inversion based control law with application to the high anlge-of-attack research vehicle[C]. AIAA Guidance, Navigation and Control Conference, Portland, 1990: AIAA-90-3407.

[18] Snell S A, Enns D F, Garrard W L. Nonlinear inversion flight control for a supermaneuverable aircraft[J]. Journal of Guidance, Control, and Dynamics, 1992: 976-984.

[19] Uzair A, Bajodah A H. Quadrotor control using generalized dynamic inversion and terminal sliding mode[C]. 3rd International Conference on Control, Engineering & Information Technology, Tlemcen, 2015.

[20] Li Y, Jing Z L, Liu G J. Maneuver-Aided Active Satellite Tracking Using Six-DOF Optimal DynamicInversion Control [J]. IEEE Transactions on Aerospace and Electronic Systems, 2014, 50(1): 704-719.

[21] Hale L E, Patil M, Roy C J. Aerodynamic Parameter Identification and Uncertainty Quantification for Small Unmanned Aircraft[C]. AIAA Guidance, Navigation, and Control Conference, Kissimmee, 2015: AIAA 2015-1538.

[22] Wang T, Wang Q, Dong C Y. Adaptive neural network control based

on nonlinear disturbance observer for BTT missile[C]. 32nd Chinese Control Conference, Xi'an, 2013: 4952 - 4957.

[23] Zhao Z, He W, Ge S S. Adaptive Neural Network Control of a Fully Actuated Marine Surface VesselWith Multiple Output Constraints[J]. IEEE Transactions on Control Systems Technology, 2014, 22(4): 1536 - 1543.

[24] Wai R J, Yao J X, Lee J D. Backstepping Fuzzy - Neural - Network Control Design for Hybrid Maglev Transportation System[J]. IEEE Transactions on Neural Networks and LearningSystems , 2015, 26(2): 302 - 317.

[25] Vatandas E. Hybridizing Genetic Algorithm with Artificial Neural Network in the Aerodynamic Optimization of the Forward Swept Wing [C]. AIAA/ASME/ASCE/AHS/ASC Structures, Structural Dynamics, and Materials Conference, Orlando, 2010: AIAA 2010 - 2915.

[26] 程鹏飞，吴成富. 单侧机翼损伤飞机的神经网络自适应鲁棒非线性控制[J]. 系统工程与电子技术，2016(3):607 - 617.

第5章

自主控制与编队飞行

随着航空技术的发展，无人机的性能得到很大的提升，在军用和民用领域都得到了广泛的应用。与有人驾驶飞机相比较，无人机具有体积小、机动灵活、价格低廉以及起飞条件和空勤保障简单等优点。然而，在新形式的作战需求下，现在的无人机智能化程度又稍显不足，在复杂情况下，一旦现有的无人机系统缺乏操作人员的控制和干预，就往往不能够顺利地完成任务。

在传统控制模式中，无人机的控制可由混合编队中的有人驾驶飞机通过近距离数据通信链实现，也可以利用远距离的空中或地面指挥平台进行通信控制，还可以通过卫星进行控制。这些都是通过外界数据链对飞机进行控制的，当处于恶劣的飞行环境中时，一旦通信链不再畅通可靠，后果将无法预测。因此，对于在复杂环境中工作的无人机，必须要具备一定的自主飞行能力，以适应复杂多变的环境。

无人机系统自主控制应该是在没有人为干预的条件下，系统能够在线感知飞行环境并处理相关信息，然后自主生成控制策略，完成所承担的战术或战略任务，同时应该对任务有快速、有效的自适应能力。将无人机系统的自主能力合理地划分为不同等级，以更好地衡量其自主水平，并可以作为无人机自主控制发展的标准。Ziegle 等人将自主能力划分为三个等级，第一级为能否实现承担任务；第二级为能否适应所处环境发生的变化；第三级为能否自主发展自我目标。

| 5.1 自主控制中的规划决策方法 |

无人机航迹规划涉及很多方面的因素，如环境因素的输入、飞行航迹的表示等。这些因素将直接影响航迹规划算法的选择及规划结果的好坏，因此需要对这些因素进行详细的分析。

在进行无人机航迹规划时，需要考虑无人机的最大过载、最大飞行速度等自身条件的限制。

1. 垂直方向最大转弯角约束

由于无人机机动性能的限制，无人机在垂直机身的方向上进行的抬头或低头动作应该是在一定的角度范围之内，超过该角度会影响无人机的飞行安全，所以规划航迹在竖直方向上的转弯角度应该小于该角度。垂直方向最大转弯约束可以表示为

$$\arctan\left(\frac{|z_{i+1}-z_i|}{\sqrt{(x_{i+1}-x_i)^2+(y_{i+1}-y_i)^2}}\right)\leqslant\theta_{\max}\quad(i=2,\cdots,n)\tag{5-1}$$

式中，i 表示当前为第 i 段航迹；(x_i,y_i,z_i) 与 $(x_{i+1},y_{i+1},z_{i+1})$ 分别表示当前航路点与待选航路点在规划空间中的位置坐标，$\theta_{\max}$ 表示无人机在垂直方向上的最大转弯角度。

2. 水平方向最大转弯角约束

与垂直方向相同，无人机在水平方向上转弯时也受到一定的角度限制，水平方向最大转弯角约束可以表示为

$$\arctan\left(\frac{y_{i+1}-y_i}{x_{i+1}-x_i}\right)\leqslant\varphi_{\max}\quad(i=2,\cdots,n)\tag{5-2}$$

式中，i 表示当前为第 i 段航迹；(x_i,y_i) 与 (x_{i+1},y_{i+1}) 分别表示当前航路点与待选航路点在规划空间中水平位置坐标，$\varphi_{\max}$ 表示无人机在水平方向上的最大转弯角度。

3. 最小转弯半径约束

无人机在进行转弯时，由于机动性能的限制只能进行一定半径的转弯，其转弯半径不能小于一定值，所以在规划航迹进行转弯时应该有一定的转弯半径约束，其最小转弯半径约束可以表示为

$$R_i\geqslant R_{\min}\quad(i=2,\cdots,n)\tag{5-3}$$

式中，R_i 为规划航迹进行第 i 次转弯时的转弯半径；$R_{\min}$ 为无人机的最小转弯半

径。计算公式为

$$R_{\min}=\frac{V_{\min}^{2}}{g\sqrt{n_{y\max}^{2}-1}} \tag{5-4}$$

式中，$V_{\min}$ 为无人机的最小飞行速度；$n_{y\max}$ 为无人机的最大法向过载。

4. 最远飞行距离约束

由于无人机只能携带一定数量的燃料，且无人机所执行的任务也需要在一定的时间内完成，所以无人机所飞行的距离应该小于一个最远的距离。最远的飞行距离约束可以表示为

$$\sum_{i}\|l_i\|\leqslant L_{\max}\quad(i=2,\cdots,n) \tag{5-5}$$

式中，$\|l_i\|$ 表示第 i 段航迹的飞行距离；$L_{\max}$ 为允许的最远飞行距离。

5. 飞行高度约束

为了避开敌方预警雷达的搜索，无人机的飞行高度应该尽量低，而飞行高度过低则又容易与地面发生撞击，因此无人机的飞行高度应该处于一定的范围之内，飞行高度约束可表示为

$$H_{\min}\leqslant H_i\leqslant H_{\max}\quad(i=1,\cdots,n) \tag{5-6}$$

式中，H_i 为当前飞行高度；$H_{\min}$ 为最低飞行高度；$H_{\max}$ 为最高飞行高度。

在进行整体航迹规划时，应该综合考虑全局问题的优化，要避免出现局部最优的情况。国内外学者已对航迹规划算法进行了大量的研究，可以将这些算法分为基于路径规划的航迹规划、基于类比的航迹规划以及基于优化方法的航迹规划。

规划出的航迹是由一系列的空间点序列组成的。基于路径规划的航迹规划一般是选择代价最小的一系列点为飞行轨迹，可分为基于栅格的路径规划和基于图形的路径规划。

基于栅格的路径规划的主要思想就是将规划空间用包含威胁、通信链性能以及油耗等因素代价的栅格来表示，通过搜索当前航路点周围栅格中代价最小的栅格作为下一节点，已知搜索最终栅格与包含目标节点的栅格相连，最后将选择的栅格连接起来构成规划航迹。在基于栅格的路径规划中最常用的算法为 A^* 算法。A^* 算法是一种启发式的搜索算法，其原理是通过设定好的代价函数在栅格空间搜索出代价最小的航迹。Szczerba 等人对 A^* 算法进行了改进，称为稀疏 A^* 搜索（Sparse A^* Search，SAS），并进行了航迹规划，该方法大大缩短了搜索时间，但他们只是考虑了在二维平面内的搜索，并没有将其应用到三维空间的搜索中。其后，李春华等人在 Szczerba 的基础上，提出了基于 SAS 的三维航迹实时规划方法，这种方法有效地规划出了威胁回避的飞行轨迹，同时大大缩

短了规划时间。在 A* 算法之外，还有很多基于栅格的路径规划算法，如动态规划算法等。动态规划就是将规划问题分解为不用模块，分别进行规划之后整合得到最优解的过程。Demon 等人利用将三维的路径规划分解为水平方向与竖直方向的路径规划，减少了搜索节点的数量，大大缩短了计算时间。国内阂昌万等人也采用了在栅格空间内利用动态规划的方法进行航迹搜索，最后得到由最优栅格节点组成的航迹。

基于图形的路径规划方法就是将规划空间内的所有因素都转换为一维图形来表示，再在由这些一维图形组成的整个搜索空间的网络图上搜索最优的路径。其中最常用的基于图形的路径规划方法为随机路标图法（Probabilistic Roadmaps，PRM）和泰森多边形（Voronoi）图法。

随机路标图法（PRM）是由 Overmars 提出的，其主要思想是在规划空间中随机采样生成的路标图中搜索最优路径[46]。利用随机路标图法进行航迹规划，随机路标图生成时间越长，则生成的路标图精度也就越高，在进行规划时越容易搜索到最优的航迹。但由于路标图不能随飞行空间的实时变化而进行调整，所以 PRM 法不能应用于实时规划中。

Voronoi 图法是先以特定的方法做出围绕威胁信息的多边形，然后通过特定算法从这些多边形的一些边中选择出较连贯的连接之后作为规划航迹，Voronoi 图法一般用于二维平面内的路径规划。

在自然界中有许多现象值得人们去借鉴，学者们通过研究这些现象提出了能够解决类似问题的有效算法，例如蚁群算法、遗传算法、人工势场法等。

蚁群算法就是模拟蚂蚁的行为特征，在规划空间内，按照某种搜索机制进行随机搜索，可以解决一些组合优化的问题。蚁群算法进行搜索无需考虑搜索航迹的连续可导性等假设，但利用该算法进行规划需要大量的计算时间，因此不能应用于实时规划中。

遗传算法的主要思想就是模仿生物界，基于优胜劣汰的原则进行的遗传进化。所有生物的遗传进化都是通过染色体的复制、组合和变异进行的，遗传算法也采用了这些步骤，通过不断更新染色体编码，使其最优指标越来越好，最后得到最优解。已经有很多研究将遗传算法应用于飞行器的航迹规划问题中来，但其在最优解附近的收敛开始变得很慢，因此一般用遗传算法得到次优解后再利用其他算法得到最优解。

人工势场法是将规划空间看作磁场，在目标场的吸引和威胁场的排斥的共同作用下，比较各个位置的势能，搜索出一条最优的飞行轨迹来。利用人工势场法可以很快地规划出最优的航迹，但由于磁场中引力和斥力相等的位置，其势能值是最小的，这使得搜索到的航迹容易向该位置靠近，导致规划出的航迹错误。

通常，在实际规划中，是采取多种规划算法分阶段进行的，将各种算法的优点结合在一起，最终得到最优的航迹。

5.2　自主控制中的飞行控制方法

无人机单机自主能力即单架无人机在没有人为干预的情况下独立自主地规划和执行任务的能力。自主控制级别中有 5 级是讨论无人机单机自主能力的，包括远程导引、远程自主、实时健康诊断、飞行自适应和故障容错及机上航迹重规划，这 5 级以递进的角度描述了无人机的单机自主能力。

5.2.1　远程导引

在 0 级无人机系统中，无人机从起飞到回收过程，始终受到地面操控者的直接控制，机载系统没有任何处理突发事件和故障容错的能力。因此该级别无人机完全受到外部操控，不具备自主能力，停留在自动控制的范畴，称为远程导引控制飞行器(Remotely Piloted Vehicle，RPV)。早期由无线电控制的无人靶机即为 0 级无人机的典型例子。

当 RPV 飞离操控者的视距范围时，由地面雷达和机载传感器确定其相对地面测控站的位置。一旦遇到通信链受干扰或是 RPV 被障碍屏蔽等情况，就会导致任务失败甚至 RPV 坠毁。因此地面测控站和 RPV 之间通信链的可靠性至关重要。RPV 通常用于搜集战场上的信息，如今已被广泛用于民用或军用领域。过去 10 年里，微型 RPV 由于其体积小、操控方便等优点而获得广泛应用，比较著名的有美国的“黑寡妇”，以色列的“大黄蜂”等。这类 MRPV 体积小、便于携带，并能在建筑物内自由穿梭，获得广泛应用。

0 级无人机系统组成如图 5－1 所示，地面遥控装置实时采集人工操纵杆的连续遥控操纵指令，并通过无线数据电台将指令发送至机载飞控系统。

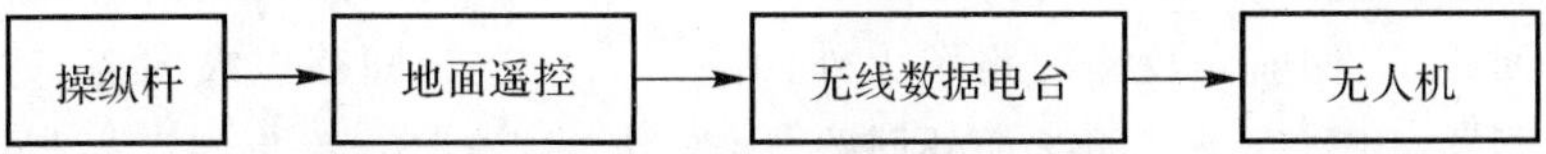

图 5－1　0 级无人机系统组成

5.2.2 远程自主

远程自主是指无人机地面控制站(Ground Control Station,GCS)在监控模式下通过无线电发送离散或连续指令控制无人机飞行,并同时接收无人机上的反馈信息。相对于0级,无人机安装有自动驾驶仪,具有一定自动增稳能力,使得地面操纵人员对于无人机的连续操控程度有所减弱,如图5-2所示。

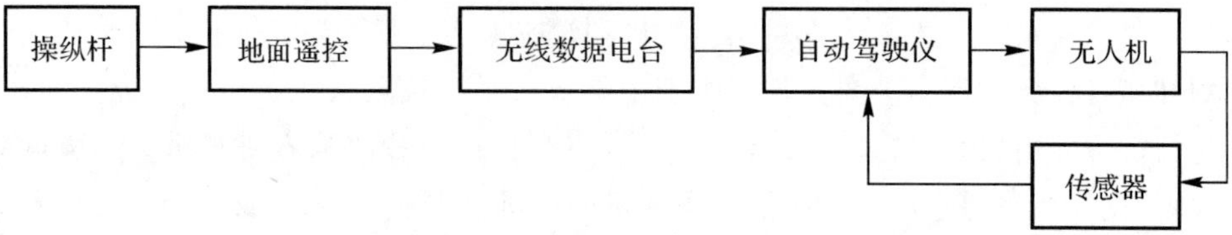

图5-2 1级无人机系统组成

1级分为以下4个层面:

(1)UAV要具备基本的自动控制能力,即0级所阐述的内容。

(2)地面操控人员由单纯操控上升至监控,无人机可以装订飞行航线和任务需求表完成全自主的飞行任务,必要时可以由地面测控站向无人机发出控制指令,无人机按装订的航线或指令保持相应姿态直至完成全部航线和任务的飞行。机载传感器将相关参数信息下传至地面测控站,地面操控人员发现错误后做出相应的修正。

(3)地面操控人员可以向无人机发出控制指令,如直飞、下滑、左转等。

(4)当无人机出现故障时,GCS接管无人机飞控系统,发出返航指令使其飞回安全的回收航点,启动回收功能。这个级别里的无人机机载系统没有故障自检功能,GCS判断系统出现故障的唯一方式就是在监控过程中发现下传参数信息出现严重误差或者是传输出现障碍。

与0级无人机系统相比,无人机机载飞行控制系统不仅要具有增稳控制回路,还应具备姿态控制回路、航向控制回路、高度控制回路、速度控制回路及航线控制回路。姿态控制回路以增稳控制回路为内回路,俯仰和滚转角反馈回路作为外回路,以改善姿态跟踪回路的动态响应。航向控制回路以横向姿态控制回路为内回路,以偏航角反馈回路作为外回路。高度控制回路以纵向姿态控制回路为内回路,以高度反馈回路为外回路,同时引入高度变化率反馈以提高系统阻尼、改善系统动态性能。速度控制回路以空速作为反馈,通过控制发动机推力大小实现对速度的精确控制。

5.2.3　实时健康诊断

2 级 UAV 机载系统具备实时健康诊断的能力，并且与 GCS 的信息传输量大大减少。无人机所有机载航电设备和地面系统都配有内部自检算法(Built - in - test,BIT)，可以周期或非周期地自行检测系统健康状况。BIT 算法的机理为：首先，通过软件触发相关硬件，其次，在给定输入下测量实际输出与期望输出是否在预期误差范围内，以此来判断系统的健康状况。

所有机载系统的健康监测都是由机载中央故障诊断系统(Onboard Centralized Fault Diagnosis System,OCFDS)控制的，OCFDS 向各个子系统发出指令驱动其执行 BIT 功能。BIT 实质上就是飞控软件中的一个健康诊断模块。2 级自主级别分为以下 4 部分：

(1)OCFDS 初始化各个机载子系统的 BIT 函数，并进行输入输出数据的采集。

(2)OCFDS 分析数据，检测故障或故障走向。

(3)OCFDS 进行故障诊断和故障鉴定。

(4)OCFDS 将检测出来的故障子系统的状态参数通过遥测通信链反馈给地面操控站，经地面操控站分析后做出相应修正。

目前的故障诊断和失效探测一般仅限于机载传感器、信号调理设备以及各种负载执行机构，但是无人机的系统结构、发动机和控制界面的健康诊断涉及较少。这就要求工程师设计出更为集成化的机载健康诊断系统并完善飞控软件中的健康诊断模块，以覆盖所有的机载系统。

2 级中，机载子系统之间的内部通信链至关重要。一旦 BIT 功能被触发，各个子系统就开始分析自身健康状况，并把相关数据发送给 OCFDS。OCFDS 进行数据分析和处理后，将相关状态参数反馈给 GCS，等待 GCS 的修正指令。BIT 自检始于发射，并一直循环执行直至 UAV 安全回收。

5.2.4　飞行自适应和故障容错

3 级自主级别中的 UAV 首先要具备 1 级和 2 级自主控制的全部功能。此级分为以下 4 部分：

(1)UAV 在飞行过程中进行力测量、传感器误差测量、风力影响修正和传感器校准。

(2)在线故障诊断和故障隔离。

(3)根据故障情况进行控制律重构以增强系统可靠性。

(4)将飞行状态参数及故障信息反馈给 GCS。

在线故障诊断、隔离和控制重构始于导航和飞行传感器，延伸至负载机构，终止于系统重构的完成，3 级自主级别中 UAV 已经初步具备了在线环境感知能力。

3 级中，UAV 在 GCS 的监控下执行预编程任务，所有机载系统都具备健康诊断和实时故障容错能力，但是对于任务过程中的突发事件或未知系统故障无法做出自主适应。3 级中，UAV 具备自主返航功能，在通信链中断并且所剩燃料允许的情况下，UAV 以一定半径盘旋以等待通信恢复。如果通信恢复失败，UAV 自动进入返航模式。返航模式实质上就是航迹追踪的过程，即追踪当前航点和返航点之间的轨迹，一旦 UAV 飞回返航航点，就自动启动机载回收功能。若 UAV 在飞向返航航点的过程中出现低燃油量告警，则立刻启动回收功能。

3 级要求在 UAV 繁杂的机载系统之间有一个可靠的通信链。飞控系统中设置一个专门的通信链使机载传感器、信号调理装置和负载机构相互联系以确保 UAV 的稳定性和可控性。任务控制系统也设有一个专门的通信链，以使任务传感器、推进系统和其他航电设备相互联系。这些主要系统都和 OCFDS 相连，OCFDS 将机载系统的状态信息传给 GCS。相比 2 级，3 级不仅具有故障探测、诊断和隔离的能力，还能进行系统重构。3 级中，UAV 和 GCS 之间的指令传输流量达到最小，而机载系统之间的信息流量达到最大。

5.2.5 机上航迹重规划

1. 状态感知系统

无人机自主控制的一个关键技术就是在线任务感知，由三部分组成：任务目标信息、内部环境自我感知、外部环境自我感知。任务目标信息由 GCS 提供给无人机，无人机在指定区域内按指定航点依次飞行并执行任务；内部环境自我感知即为无人机平台健康自检，这在 2 级和 3 级中已经讨论过；外部环境自我感知即为对外部资源和威胁信息的感知。无人机自主控制系统必须能将对于任务目标的理解付诸到驱动执行机构的动作上去，同时能评价出内部和外部状态对于任务执行的影响。如果内部和外部的状态不满足无人机达成任务目标的条件，那么无人机自主系统有能力对任务进行在线重规划。

机上地面成像系统、通信系统和任务传感器即为无人机的状态感知系统(Situation Awareness System，SAS)。SAS 的主要特征包括自动多目标探测、识别潜在目标、区分友军和敌方目标、跟踪静止和移动目标等，除此之外，SAS 还能提供导航参数及飞行状态等信息。

2. 机上航迹重规划

4 级讨论的是 UAV 探测到突发威胁或潜在目标时进行自主航迹重规划的能力。4 级自主级别分为以下 5 方面：

(1) UAV 通过状态感知系统获取战场的状态信息。

(2) 通过获取的状态信息提炼出有价值的任务信息。

(3) UAV 根据任务信息评估当前战场态势，如威胁分布、突发事件及障碍等。

(4) UAV 进行任务在线重规划以规避威胁或探索有价值的新目标，并自动生成完成任务的可行轨迹。

(5) 飞控计算机根据生成的航迹及 UAV 当前状态产生制导和调度指令，控制 UAV 精确跟踪所生成的航迹，完成规定任务，并将相关信息通过遥测通信链下传给 GCS。

4 级的关键技术在于 SAS 的工程实现及航迹规划算法。在 4 级中，GCS 仅作为一个监控者的身份存在，遥控通信链只在 GCS 向 UAV 发送初始任务指令或是某些特殊情况下使用，而遥测通信链却相对活跃，机载任务规划计算机根据战场的突发态势重规划出新航迹后驱动飞控计算机去执行，同时不断地将相关参数信息通过遥测通信链下传给 GCS。因此，4 级中的 UAV 作为单机而言自主化程度达到最高，已经是一个具有健康诊断、自适应故障容错和任务重规划能力的全自主式系统，遥控通信链的作用在这个级别已大幅弱化。

5.3　多机编队协同飞行概述

单架 UAV 受平台载荷、传感器及自主能力的约束，在执行任务时存在着一些局限性：如在执行大范围搜索任务时，无法有效覆盖整个搜索范围；在执行侦察任务时，由于传感器个数和安装角度的限制，很难从多方位、多角度完成目标区域的全面侦察；在执行作战任务时，单机的杀伤半径、作战范围、摧毁能力等多方面有限，一旦出现故障或损伤，将中断任务，影响整体作战计划，导致无法实现作战目标。

面对日益多样化的任务需求和高度复杂的战场环境，多 UAV 通过能力互补协同完成战略任务已经成为无人机技术发展的必然趋势。通过鸟群迁徙的启示，多UAV编队协同应用不仅可以实现单机的能力扩展，在协同目标搜索、目标打击等其他方面也具有更高的效能及更低的风险。

多UAV协同编队飞行（Coordinated Formation Flight，CFF）是国外21世纪初提出的一种新概念，目的是提高UAV完成任务的效率，拓宽其使用范围，其思想最早是针对空间飞行器（主要是卫星）而提出，用于降低卫星的研制与发射成本，提高卫星对地观测的覆盖率[28-29]。所谓多UAV的CFF，就是将多架具有自主功能的UAV按照一定的结构形式进行三维空间排列，使其在飞行过程中保持稳定的队形，并能根据外部情况和任务需求进行动态调整，以体现整个机群的协同一致性[30]。

多UAV的CFF与单机相比，具有以下突出优点：

（1）在搜索侦察、地面监控、大气观测、环境监测等民用领域，多UAV的CFF可以扩大侦察和搜索的范围，通过多平台、多传感器同时进行监控，实现对目标全方位、有针对性的观测，提高信息的可靠性与实时性。

（2）在战略攻击、战场评估、电子对抗、通信中继等军事领域，多UAV编队协同作战不仅能够提高整体的作战效能、生存能力，而且可以实现单目标多方位攻击以及多目标整体对抗，扩大命中范围，提高杀伤力和命中率[31]；但编队中其中一架UAV发生故障或损伤时，其余的UAV也能立刻替代它完成预定任务，从而提高单次完成任务的成功率；

（3）在多UAV整体的气动效率和结构强度方面，CFF可有效增加近距离飞行UAV的升力，减小其飞行的阻力。在不损失飞机的强度、不增加其质量的情况下，多架UAV相当于获得大展弦比的气动性能。在动态合理变换编队飞机的位置后，长机尾流的漩涡力，可以极大地节省燃油，从而使多UAV整体获得质量轻、续航能力强、展弦比大、气动性能好、综合结构强度高等优点[32]

（4）在科学研究方面，采用多UAV对核、化污染区的大气取样，其数据的可靠性、时效性和完整性将得到充分保证。在航天设备协调工作性能检测的演示验证中，将某些航天设备先安装在UAV上，然后进行多UAV配合工作的演示实验，对设备进行性能评估，验证其实际应用特性并分析设计方案，成功后再转移到航天飞行器上使用。该方法具有耗时少、费用低、技术难度小、便于实施与完善、易操作、研制周期短等特点[33]。

虽然多机CFF具有更高的使用效能、更广泛的应用前景，但要将多UAV编队飞行应用于实际飞行及任务中，仍然涉及很多有待研究的技术。无人机进行编队飞行时，主要需要解决以下几项关键技术：

1. CFF的队形设计与轨迹规划

多无人机编队飞行执行任务时，队形的设计和构成是首要解决的问题之一。

构成编队时,需要考虑各飞机之间的气动影响,合理的队形设计,能充分利用前机翼尖涡流,使僚机有更大的升阻比,具有减少能量消耗、延长飞行距离、增强飞行安全等功效。同时,为了躲避障碍、节省能耗、提高多机的机动灵活性,编队队形还需要进行一定的动态调整,根据任务要求、平台载荷与计算能力,可以实现 CFF 的快速性、实时性、高效性。

除此之外,CFF 的航迹规划是多 UAV 编队飞行研究中不可缺少的重要内容,最优的航迹包括保证编队容易保持,尽可能没有大速率的机动转弯、飞向目标区域的航迹尽可能短、尽量避开敌方的雷达,或者在飞行过程中暴露在敌方雷达下的概率最小等[34]。现有的文章中大多数采用了一种通用方法,即多机协同基于 Voronoi 图的共同进化算法,视威胁为已知固定类型加以回避,考虑燃油和时间约束,有些文章通过视威胁域为一个能够被探知的比例增加域,且允许飞越,来构建概率地图进行航迹规划。另外,综合考虑多类协同约束关系,设计了共同进化蚁群算法,较好地满足了多 UAV 多任务下的 CFF 需求。

2. 多 UAV 间的信息互换与处理

多 UAV 之间信息传递的安全性和准确性是无人机编队稳定飞行的前提。无人机系统的信息包括目标信息、环境信息、状态信息等,既来源于飞机自身的传感器,也来源于其他机载、星载传感器,是一种空间与地面立体的、动态的信息。在编队飞行过程中,既要保证各个飞机与地面站的数据传递,还要保证编队飞机之间信息的实时收集、传递和处理[31]。在实际的通信网络控制系统架构中,由于网络本身所固有的特性,往往会出现丢包和延迟等现象,会一定程度影响编队控制系统的稳定性。为了适应无人机这一全新特殊的控制方式,必须研究基于计算机网络和无线通信网络的信息网络化技术,研究存在网络延迟和时钟不同步时的信息实时收集与处理方法[31]。特别是对于机动目标的跟踪与攻击,多平台、多源对目标观测信息的有效融合是多无人机自主协同的前提。大多研究采用 UIF、多智能体一致性理论实现信息的一致性,并在融合估计、协同决策、编队控制以及蜂拥和聚集等多个领域得到了广泛应用。

3. 任务分配协同

基于协同机制的多 UAV 任务分配与规划技术是实现无人机 CFF 的关键,即将不同类型的任务在空间上跟时间上最优地分配到多架 UAV 上,以实现最佳的任务效能,但复杂的任务需求及战略场景给多无人机任务规划技术的研究带来了严峻的挑战:无人机网络拓扑的快速变化会严重影响信息网络路由的可靠性,使得编队无人机之间的协商与决策过程缺乏可靠的通信保障,需要建立相应的数学模型,通过智能优化算法求解;基于时间约束的异构类型的任务处理增加了多无人机任务分配问题的复杂度，制约了多无人机的任务协同能力，针对时间约束，建立任务调度模型进行优化；然而，任务的突发性、无人机分布的随机性以及航行约束的多样性等因素，使得多无人机航路规划的有效性急剧下降，因而无法保障无人机编队协同执行任务的效果，这就需要采取分布式任务规划方法，动态协调、合理完成任务分配。

4. 多 UAV 编队控制

多无人机协同编队控制是指多架无人机根据特定任务的要求，在整个编队飞行过程中，形成并保持一定的几何构型来适应平台性能、战场环境、战略任务等要求，其中位置保持与防撞控制是 CFF 控制的关键，需要实现紧密控制编队飞机间的相对距离和方位，包括对飞机相对(绝对)位置、姿态的测量和对其变化的敏感度；选取合适的传感器；编队机动、防撞以及孔径的优化；编队飞行控制系统的模型建立；编队和单个飞机之间的自主性，包括高等级的故障检测系统和故障修复系统，提高任务的鲁棒性；多架飞机组成的飞行编队的分散控制器设计和计算方法等[6]。目前编队飞行控制策略主要包括行为控制法、长机-僚机领航跟随法、虚拟领航法、模糊逻辑、神经网络技术与视觉传感器技术等方法。

5.4 多无人机自主编队

多无人机自主编队的目的是在最少的能量消耗下，使多架 UAV 以特定的编队队形沿着一定的航线飞行，进而达到最优的任务效能。从功能上讲，编队的自主性主要体现在编队的构成与编队的保持这两个环节。编队构成包括编队队形的设计；躲避障碍时编队队形的拆分与重建；增加或减少无人机时的编队变换；不同几何形态间的编队切换等。编队保持包括保持特定的几何形态飞行，或在构型不变的条件下完成编队的扩张、收缩和旋转等。

同时，从目的出发，自主编队需要考虑编队轨迹规划与优化两个方面。由于 UAV 平台所携带燃料有限且不可再生，战场环境的复杂性与任务需求的多样性，所以多 UAV 的航迹规划跟轨迹最优控制是求解的关键。多 UAV 在完成复杂任务时，可能处于多重武器覆盖的区域，在遇到障碍或威胁时，多 UAV 编队需要通过合理的航迹规划躲避障碍，完成编队的轨迹拆分。与之对应的轨迹优化则是在多个独立子系统之间编队构成与保持的优化问题。轨迹优化问题一般分为分布式结构与集中式结构。与集中式的优化结构相比，分布式的体系结构没有统一的中心，但具有良好的鲁棒性与缩放性。

5.4.1　编队的构成与保持

1. 编队队形的设计

协同编队飞行的思想最早来源于对鸟类生物现象的研究，在候鸟长途迁徙的过程中，由 25 只候鸟组成的编队以“V”形结构飞行（如图 5－3 所示），比相同能量单独飞行的候鸟节省 70％的体力，并且飞的距离更远。通过对不同鸟群编队模式的观察和研究，发现锐角的“V”形编队适合大型鸟类，这种飞行方式对处于领头和最末位置的鸟并不省力，而钝角的“V”形，且纵向位置较近的编队适合于小型鸟类，处于各个位置的鸟都能够节省几乎相同的能量[35]。

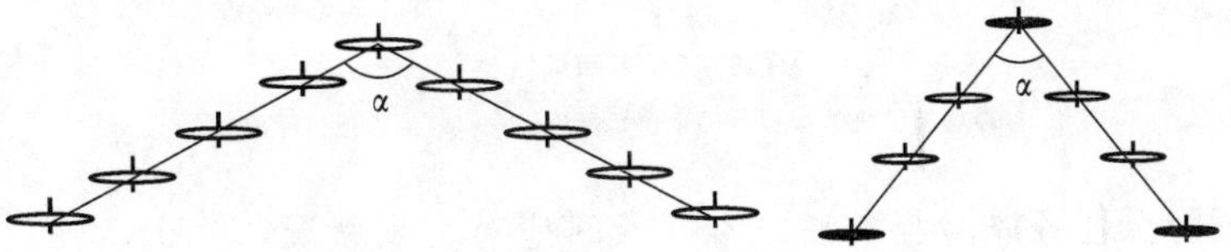

图 5－3　钝角“V”形编队和锐角“V”形编队

在 20 世纪 70 年代，美国 NASA 研究中心进行了大量编队飞行的风洞试验和飞行试验，验证了不同机型、不同队形、不同机间距离、不同飞机数目以及不同飞行速度等的编队飞行时气动干扰产生的不同影响[32]。研究发现，多 UAV 间的气动干扰将会改变在队形中不同位置上的 UAV 所受到的力和力矩，合理的编队设计可以极大地改善整体气动性能，增加升值比，实现续航能力强、展弦比大、节省能耗等效果。例如采用两架 1/10 的 F－18C 模型（见图 5－4）进行编队试验，处于长机后部的僚机阻力可减少 25％，同时获得较大的俯仰力矩和滚转力矩，而多架 UAV 编队阻力减小得更加明显。

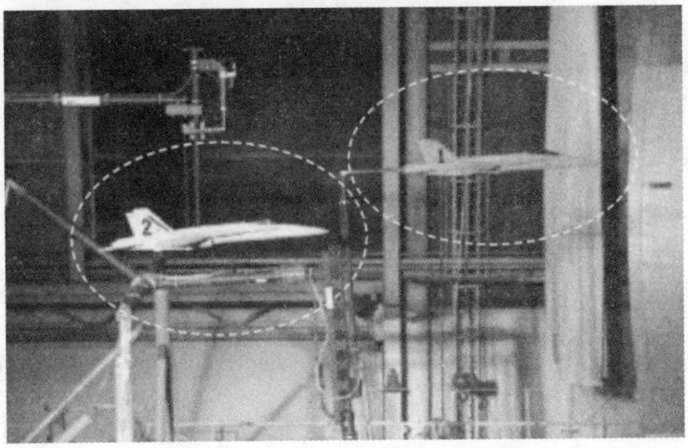

图 5－4　风洞试验中的 F－18C 模型

从编队队形快速定位和队形稳定的角度出发，美国 R. O. Saber 等人提出了基于二维空间的虚拟长机编队结构[36]；为使其队形结构能够进行任务规划的重构，美国 J. Walls 等人提出了最邻近目标和最快目标两种编队跟随策略，以减少单机计算负载[37]，如图 5-5 所示。

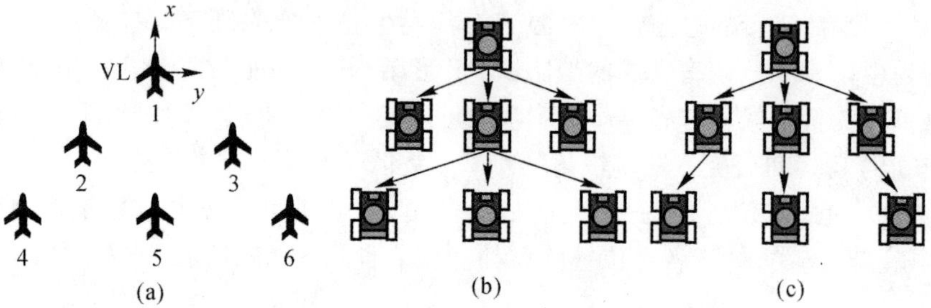

图 5-5　不同编队结构

(a)虚拟长机结构；（b)最快目标跟随；（c)最邻近目标跟随

为了降低任务风险与燃油成本并及时应对突发状况，多 UAV 的编队队形需要进行一定的动态调整，中国科学研究院吴霞[38]研究了编队飞行中个体增、减时的队形调整，整体的重新配置方法如图 5-6 所示。

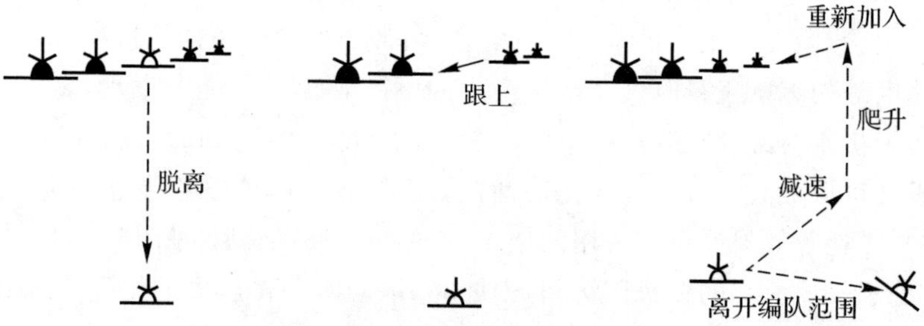

图 5-6　队形重构

为了满足民用与军用的需要，各国专家对多 UAV 的编队结构与编队变换进行了研究。针对编队用途、编队数量、应用环境和编队形状的不同，图 5-7 给出了常见的 CFF 队形结构[30]。

2. 编队构成与保持模型

对于 UAV 本体平台来说，假设 UAV 处于平飞状态，不考虑地球曲率，则可以得到简化的 3 自由度质点运动学模型[39]

$$\left.\begin{aligned}
\dot{V} &= \frac{T-D}{m} - g\sin\theta \\
\dot{\theta} &= \frac{1}{V}(a_2 - g\cos\theta) \\
\dot{\chi} &= \frac{a_3}{V\cos\theta} \\
\dot{x} &= V\cos\theta\cos\chi \\
\dot{y} &= V\cos\theta\sin\chi \\
\dot{h} &= V\sin\theta
\end{aligned}\right\} \tag{5-7}$$

式中，V 为无人机飞行速度；θ 为俯仰角；χ 为航迹方位向角；x，y 为位置坐标；h 为高度；m 为质量；T，D 分别为推力和气动阻力；a_2，a_3 分别为 UAV 平台法向加速度的垂直与水平分量；$a_1=(T-D)/m$ 为切向加速度。无人机的单位质量的等效总能量 E 由势能与动能共同构成，即

$$E=\frac{1}{mg}\left(mgh+\frac{1}{2}mV^2\right)=h+\frac{V^2}{2g} \tag{5-8}$$

图 5-7　CFF 不同构形

以上为无人机的非线性模型，需要将非线性模型进行线性化和离散化，以便分析与求解。这里采用常用的基于李导数的精确线性化方法[40]。令状态向量为 $\boldsymbol{x}=[V\quad\theta\quad\chi\quad x\quad y\quad h]'$，观测量为 $\boldsymbol{z}=[x\quad y\quad h]'$，输入向量 $\boldsymbol{a}=[a_1\quad a_2\quad a_3]'$，定义如下的向量场：

$$\left.\begin{aligned}
&\boldsymbol{f}(x)=\left[-g\sin\theta\quad \frac{-g\cos\theta}{V}\quad 0\quad V\cos\theta\cos\chi\quad V\cos\theta\sin\chi\quad V\sin\theta\right]^{\mathrm{T}}\\
&\boldsymbol{g}_1(x)=[1\quad 0\quad 0\quad 0\quad 0\quad 0]^{\mathrm{T}}\\
&\boldsymbol{g}_1(x)=\left[0\quad \frac{1}{V}\quad 0\quad 0\quad 0\quad 0\right]^{\mathrm{T}}\\
&\boldsymbol{g}_1(x)=\left[0\quad 0\quad \frac{1}{V\cos\theta}\quad 0\quad 0\quad 0\right]^{\mathrm{T}}
\end{aligned}\right\} \tag{5-9}$$

并定义标量函数分别为 $h_1(x)=x, h_2(x)=y, h_3(x)=h$，则

$$\left.\begin{aligned}
&\dot{\boldsymbol{x}}=f(x)+[g_1(x),g_2(x),g_3(x)]a\\
&\dot{\boldsymbol{z}}=[h_1(x),h_2(x),h_3(x)]^{\mathrm{T}}
\end{aligned}\right\} \tag{5-10}$$

给定坐标变换，有

$$\boldsymbol{s}=\boldsymbol{\Phi}(x)=\begin{bmatrix} h_1(x)\\ L_f^1h_1(x)\\ h_2(x)\\ L_f^1h_2(x)\\ h_3(x)\\ L_f^1h_3(x)\end{bmatrix}=\begin{bmatrix} x\\ V\cos\theta\cos\chi\\ y\\ V\cos\theta\sin\chi\\ h\\ V\sin\theta\end{bmatrix} \tag{5-11}$$

根据李导数的定义，式(5-7)可得状态方程为

$$\dot{\boldsymbol{s}}=\begin{bmatrix} L_f^1h_1(x)\\ L_f^2h_1(x)+\sum_{k=1}^{3}L_{gk}L_f^1h_1(x)a_k\\ L_f^1h_2(x)\\ L_f^2h_2(x)+\sum_{k=1}^{3}L_{gk}L_f^1h_2(x)a_k\\ L_f^1h_3(x)\\ L_f^2h_3(x)+\sum_{k=1}^{3}L_{gk}L_f^1h_3(x)a_k\end{bmatrix}=\begin{bmatrix} V\cos\theta\cos\chi\\ a_1\cos\theta\cos\chi-a_2\sin\theta\cos\chi-a_3\sin\chi\\ V\cos\theta\sin\chi\\ a_1\cos\theta\cos\chi-a_2\sin\theta\cos\chi+a_3\cos\chi\\ V\sin\theta\\ -g+a_1\sin\theta+a_2\cos\theta\end{bmatrix} \tag{5-12}$$

定义矩阵

$$\left.\begin{aligned}\boldsymbol{A}(x)&=\begin{bmatrix}\cos\theta\cos\chi & -\sin\theta\cos\chi & -\sin\chi\\ \cos\theta\sin\chi & -\sin\theta\sin\chi & \cos\chi\\ \sin\theta & \cos\theta & 0\end{bmatrix}\\ \boldsymbol{g}&=(0\quad 0\quad -g)^{\mathrm{T}}\end{aligned}\right\}\tag{5-13}$$

反馈线性化控制律为

$$\left.\begin{aligned}\boldsymbol{a}(x)&=\boldsymbol{A}^{-1}(x)(\boldsymbol{u}-\boldsymbol{g})\\ \boldsymbol{u}&=\begin{bmatrix}a_1\cos\theta\cos\chi-a_2\sin\theta\cos\chi-a_3\sin\chi\\ a_1\cos\theta\cos\chi-a_2\sin\theta\cos\chi+a_3\cos\chi\\ -g+a_1\sin\theta+a_2\cos\theta\end{bmatrix}\end{aligned}\right\}\tag{5-14}$$

系统的状态方程为

$$\left.\begin{aligned}\dot{\boldsymbol{s}}&=\widetilde{\boldsymbol{A}}s+\widetilde{\boldsymbol{B}}u\\ \boldsymbol{z}&=\widetilde{\boldsymbol{C}}s\end{aligned}\right\}\tag{5-15}$$

式中

$$\widetilde{\boldsymbol{A}}=\begin{bmatrix}0&1&0&0&0&0\\0&0&0&0&0&0\\0&0&0&1&0&0\\0&0&0&0&0&0\\0&0&0&0&0&1\\0&0&0&0&0&0\end{bmatrix},\quad \widetilde{\boldsymbol{B}}=\begin{bmatrix}0&0&0\\1&0&0\\0&0&0\\0&1&0\\0&0&0\\0&0&1\end{bmatrix},\quad \widetilde{\boldsymbol{C}}=\begin{bmatrix}1&0&0&0&0&0\\0&0&1&0&0&0\\0&0&0&0&1&0\end{bmatrix}$$

设采样周期为 Δt，离散化后的模型为

$$\left.\begin{aligned}\boldsymbol{s}(t+1)&=\boldsymbol{As}(t)+\boldsymbol{Bu}(t)\\ \boldsymbol{z}(t)&=\boldsymbol{Cs}(t)\end{aligned}\right\}\tag{5-16}$$

$$\boldsymbol{A}=\mathrm{e}^{\widetilde{A}\Delta t}=\begin{bmatrix}1&\Delta t&0&0&0&0\\0&1&0&0&0&0\\0&0&1&\Delta t&0&0\\0&0&0&1&0&0\\0&0&0&0&1&\Delta t\\0&0&0&0&0&1\end{bmatrix},\quad \boldsymbol{B}=\int_0^{\Delta t}\mathrm{e}^{\widetilde{A}\Delta t}\widetilde{B}\,\mathrm{d}\tau=\begin{bmatrix}\frac{\Delta t^2}{2}&0&0\\ \Delta t&0&0\\0&\frac{\Delta t^2}{2}&0\\0&\Delta t&0\\0&0&\frac{\Delta t^2}{2}\\0&0&\Delta t\end{bmatrix}\tag{5-17}$$

(1) 编队构成模型。编队构成是指多架处于不同初始状态的 UAV 收敛到指定的几何模式，从能量消耗最优的角度出发，建立编队构成中的最优控制问题

模型[13]。

根据式(5-15)、式(5-16),给出第 i 个 UAV 平台的能量函数为

$$\boldsymbol{E}_i(t)=\boldsymbol{h}_i(t)+\frac{\boldsymbol{V}_i^2}{2g}=\boldsymbol{s}_i^{\mathrm{T}}(t)\boldsymbol{Q}\boldsymbol{s}_i(t)+\boldsymbol{c}^{\mathrm{T}}\boldsymbol{s}_i(t) \tag{5-18}$$

式中

$$\boldsymbol{c}=[0\quad 0\quad 0\quad 0\quad 1\quad 0]^{\mathrm{T}}$$

$$\boldsymbol{Q}=\begin{bmatrix} 0 & 0 & 0 & 0 & 0 & 0 \\ 0 & \frac{1}{2g} & 0 & 0 & 0 & 0 \\ 0 & 0 & 0 & 0 & 0 & 0 \\ 0 & 0 & 0 & \frac{1}{2g} & 0 & 0 \\ 0 & 0 & 0 & 0 & 0 & 0 \\ 0 & 0 & 0 & 0 & 0 & \frac{1}{2g} \end{bmatrix} \tag{5-19}$$

考虑多 UAV 编队构成过程中的所有平台的总能量消耗最小,编队构成中的最优控制问题模型可以描述为:给定编队内各平台初始状态 $\{s_i^0 \mid i=0,\cdots,I\}$、编队个体汇合时间 $T\in\mathbf{Z}_+$,以及编队结构 $\{\Delta\vartheta_i\in\mathbf{R}^3 \mid i=0,\cdots,I\}$,在预先制定的编队汇合区域 $Q\in\mathbf{R}^3$ 内寻找一个汇合点 ϑ 和各平台的控制输入的序列 $\{u_i(0),\cdots,u_i(T-1) \mid i=0,\cdots,I\}$,使各平台在形成指定编队结构的同时,其总能量消耗最小。U_i 与 S_i 分别为平台 i 控制输入与状态量的可行域。数学模型如下:

$$\left.\begin{array}{lll} \min\limits_{\{u_i(t),s_i(t)\mid i,t\},\vartheta} & \sum\limits_{i=1}^{I}\sum\limits_{t=1}^{T}[\boldsymbol{s}_i^{\mathrm{T}}(t)\boldsymbol{Q}\boldsymbol{s}_i(t)+\boldsymbol{c}_{s_i}^{\mathrm{T}}(t)] & \\ \text{s. t.} & \boldsymbol{s}_i(t+1)=\boldsymbol{A}\boldsymbol{s}_i(t)+\boldsymbol{B}(\boldsymbol{u}_i(t)+\boldsymbol{g}) & \forall i\in\{0,\cdots,I\}\ \forall t\in\{1,\cdots,T\} \\ & \boldsymbol{z}_i(t)=\boldsymbol{C}\boldsymbol{s}_i(t) & \forall i\in\{0,\cdots,I\}\ \forall t\in\{1,\cdots,T\} \\ & \boldsymbol{z}_i(T)=\vartheta-\Delta\vartheta & \forall i\in\{0,\cdots,I\} \\ & \boldsymbol{s}_i(0)=\boldsymbol{s}_i^0 & \forall i\in\{0,\cdots,I\} \\ & \boldsymbol{u}_i(t)\in\boldsymbol{U}_i & \forall i\in\{0,\cdots,I\}\ \forall t\in\{0,\cdots,T-1\} \\ & \boldsymbol{s}_i(t)\in\boldsymbol{S}_i & \forall i\in\{0,\cdots,I\}\ \forall t\in\{1,\cdots,T\} \\ & \boldsymbol{\vartheta}\in\boldsymbol{Q} & \forall i\in\{0,\cdots,I\} \end{array}\right\} \tag{5-20}$$

(2) 编队保持模型。编队保持是多个平台保持既定的几何模态,多平台需同时实现跟踪参考航线、减少能量消耗,以及保持编队几何结构等多个控制目

标。其中，跟踪参考航线与减小自身能量消耗规定了平台的个体指标，而保持编队几何结构则规定了平台的协同指标。

其中，第 i 个 UAV 平台的个体指标包括减小能量消耗以及跟踪参考轨迹

$$J_i = \sum_{t=1}^{T} \{\alpha_i[\boldsymbol{s}_i^{\mathrm{T}}(t)\boldsymbol{Q}\boldsymbol{s}_i(t) + \boldsymbol{c}^{\mathrm{T}}\boldsymbol{s}_i(t)] + \beta_i[\boldsymbol{z}_i(t) - \boldsymbol{z}_i^{\mathrm{ref}}(t)]^{\mathrm{T}}[\boldsymbol{z}_i(t) - \boldsymbol{z}_i^{\mathrm{ref}}(t)]\} \tag{5-21}$$

式中，标量 α_i，β_i 为加权系数；$z_i^{\mathrm{ref}}(t)$ 为平台 i 需跟踪的参考轨迹。在有限中央控制的结构下，则由编队长机规划航线，而其余平台只需保持与长机的相对位置即可，因此当平台 i 不为长机时 $\beta_i = 0$。

UAV 平台 i 的协同指标使得编队内各平台尽量保持指定的编队几何结构，平台 i 与平台 j 之间的协同指标定义如下：

$$J_{i,j} = \sum_{t=1}^{T} \gamma_i[\boldsymbol{z}_i(t) - \boldsymbol{z}_j(t) - \Delta\boldsymbol{z}_{i,j}(t)]^{\mathrm{T}}[\boldsymbol{z}_i(t) - \boldsymbol{z}_j(t) - \Delta\boldsymbol{z}_{i,j}(t)] \tag{5-22}$$

式中，标量 γ_i 为加权系数。结合式(5-7)，多 *UAV* 编队保持中的优化模型如下：

$$\left.\begin{array}{lll}
\min\limits_{\{u_i(t),s_i(t)|i,t\}} & \sum\limits_{i=1}^{I}[J_i + \sum\limits_{j=1}^{I} J_{i,j}] & \\
\text{s.t.} & \boldsymbol{s}_i(t+1) = \boldsymbol{A}\boldsymbol{s}_i(t) + \boldsymbol{B}(\boldsymbol{u}_i(t) + \boldsymbol{g}) & \forall i \in \{0,\cdots,I\}\ \forall t \in \{1,\cdots,T\} \\
 & \boldsymbol{z}_i(t) = \boldsymbol{C}\boldsymbol{s}_i(t) & \forall i \in \{0,\cdots,I\}\ \forall t \in \{1,\cdots,T\} \\
 & \boldsymbol{s}_i(0) = \boldsymbol{s}_i^0 & \forall i \in \{0,\cdots,I\} \\
 & \boldsymbol{u}_i(t) \in \boldsymbol{U}_i & \forall i \in \{0,\cdots,I\}\ \forall t \in \{0,\cdots,T-1\} \\
 & \boldsymbol{s}_i(t) \in \boldsymbol{S}_i & \forall i \in \{0,\cdots,I\}\ \forall t \in \{1,\cdots,T\}
\end{array}\right\} \tag{5-23}$$

5.4.2　编队航迹规划与优化

在复杂的战场环境下，多 UAV 编队飞行时，难免会遇到障碍物或经过威胁区，此时保持不变的编队队形将不利于安全飞行，多 UAV 编队需要拆分，进行多平台动态的航迹规划，躲避障碍或威胁后到达指定的任务区或汇合区重组编队。同时，当无外界威胁或障碍的正常编队飞行时，多 UAV 既要保持一定的队形，又要将能耗控制到最低，这就需要研究多 UAV 编队在既定的轨迹飞行下的轨迹优化问题。以下主要讨论基于 V 图的多机航迹规划算法与基于分布式结构的编队轨迹优化方法。

5.4.2.1 基于 Voronio 图的多 UAV 航迹规划算法

UAV 航迹规划的方法有很多,如动态规划法、最速下降法、最优控制法、A 星启发式搜索法、神经网络法、模拟退火法、遗传算法, 以及 Dijkstra 求最短路径法等多种方法,其主要处理单机以较小的威胁完成任务的航迹规划问题,关于多路径规划算法, T. W. Mclain 和 P. R. Chandle 提出的同时搜索多平台路径规划问题[41-42]。该方法根据威胁分布构建 V(VORONOI)图(见图 5-8),通过搜索 V 图,为目标分配提供初始备选路径,在仿真中取得了较好效果。

V 图是一种表示点或实体集合近似信息的几何结构,将威胁分布作为给定的点集合,连接两邻点直线的垂直平分线所组成的连续多边形就可以将平面划分成距离各个点或者实体距离最近的凸网,这个凸网即称为 V 图(见图 5-8)。基于 V 图的航迹规划算法的主要思想:首先根据已知的威胁分布和 V 图的性质构造 V 图,然后建立威胁模型,在 V 图的基础上计算出加权无向图,接着利用图论的最短航迹搜索算法,如 dijkstra 搜索算法,搜索出初始最优航迹[43]。

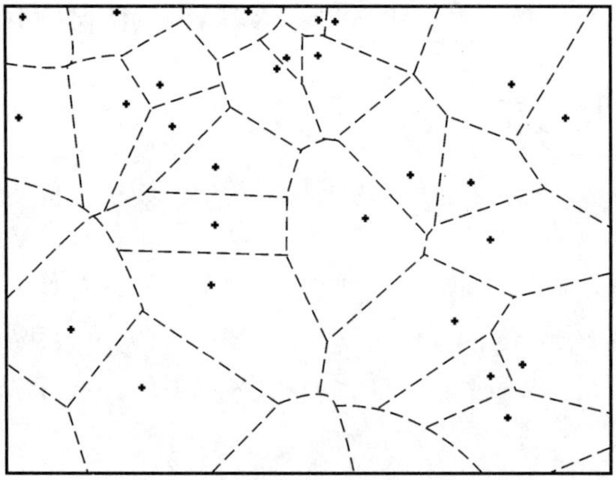

图 5-8 平面 V 图

1. 威胁模型

威胁模型是指以威胁源为中心,以威胁作用范围为半径的空间区域内各点的威胁度计算模型。威胁源指危及 UAV 飞行安全的实体,如雷达、地空导弹和高炮等,其中雷达属于探测性威胁,而地空导弹和高炮等属于杀伤性威胁。杀伤性威胁往往在探测性威胁之后发生作用。威胁作用半径指威胁源的最大威胁距离。以雷达为例,其威胁度计算模型有多种,通常认为位于威胁作用范围内 UAV 的威胁度与其到威胁源距离的 4 次方成反比,模型如下:

$$P_{i,j}^{d}=\begin{cases}0, & 0\leqslant R<R_{\min}^{d}\\ K\dfrac{1}{R^{4}}, & R_{\min}^{d}<R\leqslant R_{\max}^{d}\\ 0, & R>R_{\max}^{d}\end{cases}\tag{5-24}$$

式中，K 为与威胁源和 UAV 的雷达反射面积有关的系数；$R_{\min}^{d}$ 和 $R_{\max}^{d}$ 分别为探测性威胁源探测范围的近界和远界，设 (x_i,y_i,h_i) 为威胁源的位置坐标，(x_j,y_j,h_j) 为 UAV 的位置坐标，$R=\sqrt{(x_i-x_j)^2+(y_i-y_j)^2+(h_i-h_j)^2}$ 为 UAV 与威胁源的距离。

杀伤性威胁如各种地空导弹和高炮等，其威胁度计算模型也有多种，常用的建模方法是，威胁源作用范围内所受的威胁度与 UAV 到威胁源的距离近似成泊松分布，得到模型为

$$P_{i,j}^{d}=\begin{cases}0, & 0\leqslant R<R_{\min}^{k}\\ \dfrac{R_{\max}-R}{R_{\max}}, & R_{\min}^{k}<R\leqslant R_{\max}^{k}\\ 0, & R>R_{\max}^{k}\end{cases}\tag{5-25}$$

其中，$R_{\min}^{k}$ 和 $R_{\max}^{k}$ 分别为杀伤性威胁源的最小和最大杀伤距离；$R=\sqrt{(x_i-x_j)^2+(y_i-y_j)^2+(h_i-h_j)^2}$ 为 UAV 与威胁源的距离。

2. 航迹威胁代价

计算航迹威胁代价有多种方法，最典型的计算步骤为：首先，对各路径段进行采样，计算各采样点的威胁度的加权和作为该路径段的总威胁度；其次，以路径段长度与路径总长度的比值为权值，对各路径段的威胁度加权求和，将该威胁度加权的和作为相应路径的威胁度。归一化后，航迹威胁代价的具体计算方法如下：

$$\left.\begin{aligned}&J_{\text{threat}}(p)=\sum_{m=1}^{M}\frac{\text{len}(m)}{\text{len}(p)}J_{\text{threat}}(m)\\&J_{\text{threat}}(m)=\sum_{D\in M}w_D J_{\text{threat}}(D)\\&\sum_{D\in M}w_D=1,\quad w_D>0\end{aligned}\right\}\tag{5-26}$$

其中，路径 P 由 M 段路径组成；$J_{\text{threat}}(m)$ 为第 m 段路径的威胁度；D 为路径段上的采样点；w_D 为权重；$J_{\text{threat}}(D)$ 为采样点 D 的威胁度；D 点的威胁度是对 D 点有威胁影响的所有威胁源在该点的威胁度之和。D 点与 V 图存在两种关系：一是在 V 图的边上；二是在某个 VORONOI 多边形内。由于威胁源索引建立在 V 图的边上，因此对位于 V 图边上的采样点可以根据该点的威胁源直接获得对其有

威胁影响的威胁源，对于在多边形内的采样点，则需要根据相应 VORONOI 多边形的边界的威胁源获得对其有影响的威胁源。

3. 共同进化算法

基于 V 图的多 UAV 路径规划共同进化算法是指，路径点在 V 图中的位置映射为个体基因，基于 V 图的每个 UAV 的一种路径对应一个进化个体，每个 UAV 的所有可能的路径构成一个进化路径种群，所有协同编队 UAV 的进化路径种群构成进化路径群落，路径群落进化的过程就是基于共生机制共同进化算法，在 V 图中搜索多 UAV 协同路径的过程。在进化过程中，从是否利于 UAV 协同的角度制定对应个体的适应度，利于多 UAV 任务协同的路径个体赋予较高的适应度，而不利于多 UAV 任务协同的路径个体则赋予较低的适应度，从而引导各个种群向着有利于多 UAV 任务协同的方向进化，产生最优的多条路径[43]。

多 UAV 协同路径规划是一个多约束的问题，采用基于共生机制的共同进化算法应重点考虑在如下关键问题中对约束的处理：染色体设计、适应度计算、进化算子设计以及路径局部优化等。

(1)染色体设计。在基于 V 图的多 UAV 协同路径规划设计中，路径点为 V 图的顶点，路径段为 V 图的边，因此将无人机的飞行轨迹映射在个体染色体上，通常使用路径的 V 图顶点的编号 ID 构成染色体的基因位。如图 5 - 9 所示，以非负整数数组表示染色体，UAV 路径即通过染色体中各个 ID 所代表的 V 图的顶点顺序连接而成。

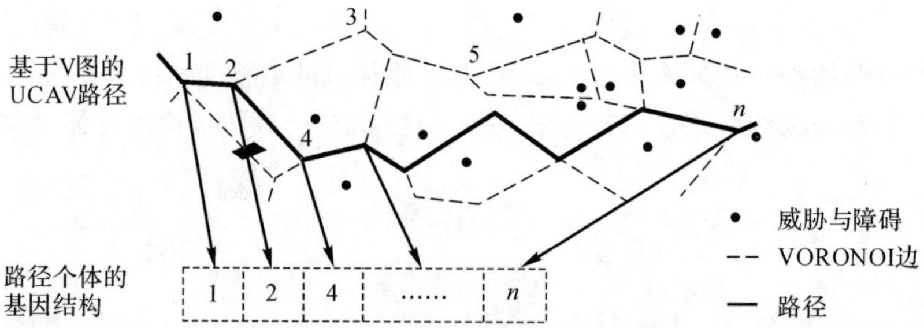

图 5 - 9　共同进化计算个体染色体表示

因此，基于 V 图的多 UAV 路径具有如下特点：对于 UAV 编队来说，由于 UAV 编队的待攻击子目标已经指定，且起飞机场不可能发生变化，因此路径规划中不能改变路径的起点和终点；编队路径受到来自任务分配的关键航路点的约束，路径规划中不能改变和删除来自任务分配的关键航路点。从分析中看出，某些路径点中包含了 UAV 协同任务的关键信息，这些路径点是不能被改变和删除的。为此，引入关键点和可选点的概念，对关键点与可选点的定义如下：

1)关键点：UAV 完成任务必须飞抵的航路点，这些路径点中包含 UAV 协同任务的关键信息。关键点包括路径的起点、终点、战区进入点和来自任务分配的关键航路点。

2)可选点：其他用于一般导航的航路点，可以对其进行删除等操作，如普通的路径转弯点。

关键点与可选点所对应的基因位在进化操作中有所不同。如图 5-10 所示为路径进化计算中个体染色体对关键点约束的处理。

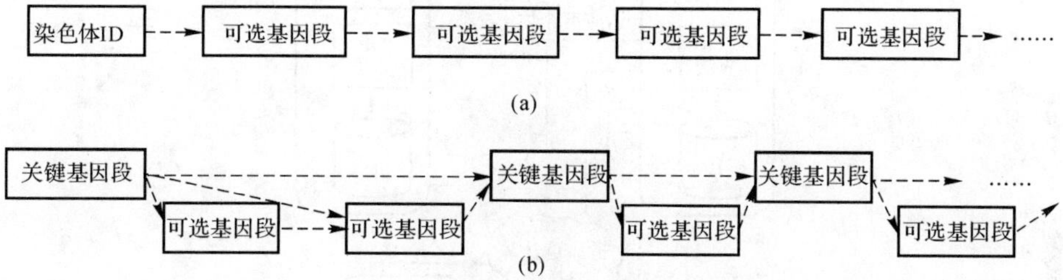

图 5-10　进化个体的染色体设计

(a)原染色体；(b)考虑关键点之后

关键点对应的基因段为关键基因段，可选点对应的基因段为可选基因段。关键点中包含 UAV 路径中不能被改变的任务信息，因此关键基因段不参加进化操作，不能对其进行删除操作，而可选基因段可以参加所有的进化算子操作，因此可以施行删除等操作。

(2)个体适应度设计。根据上述共同进化的染色体设计方法，多 UAV 路径之间的协同关系转化为进化种群间的交互作用。对于基于共生机制的共同进化算法来说，种群间的交互作用通过个体适应度来体现和衡量，个体适应度不仅仅取决于个体本身的性能，更取决于与其他种群中个体的交互作用。基于共生机制共同进化算法个体适应度的计算过程为：从其他种群中选择个体代表，与当前个体组成一个集合，把对该集合的评价作为当前待评估个体的适应度，如图 5-11所示。

个体的选择方法在很大程度上决定着共同进化算法的效率和解的性能。常用的个体选择方法有以下三种：

1)随机选择法。随机选择法是指，从其他每个种群中随机选择一个个体代表，与当前个体构成一个个体组合，将对个体组合的评估值作为当前个体的适应度评估值。随机选择法的优势在于既能发挥优秀模式的作用，又能照顾到较差模式的作用。但是只有当群体中的优秀个体为多数时，随机选择法才能促进群体的优良模式快速增长。

2)最优选择法。最优选择法是指,根据适应度值从其他每个种群中选择一个最优的个体,与当前个体构成一个个体组合,将对当前个体组合的评估值作为当前个体的适应度值。最优选择法的优势在于能够充分发挥少量优秀模式的作用,其劣势在于从其他种群中选择一个最优个体的计算量较大。因此,当群体中优秀模式占多数时,最优选择法不能发挥其优势,反而将评估最优个体所需的计算量劣势表现出来。

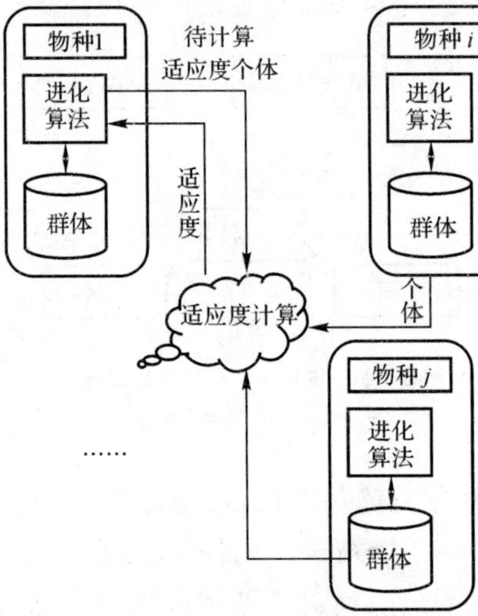

图 5-11 共同进化算法适应度评价

3) 多选取平均法。多选取平均法是指,从其他每一个群体中选择 n 个个体,与当前待评估个体组成 n 个个体组合,将对 n 个个体组合评估值的平均值作为当前个体的适应度值。这种个体选择方法是对上述两种方法的折中,计算量低于最优选择法而高于随机选择法。并且由于该方法在计算适应度时选择了多个个体,因此在一定程度上克服了选择算子带来的噪声影响,能够更加客观地反映个体的合作特性。通常采用多选取平均的个体代表选择法来计算路径个体的适应度。

多机路径规划需满足无人机飞行的安全性与节能性约束,设 f_5 是由式(5-26)得出的航迹威胁代价,f_5 为燃油代价,通过飞行距离与转弯次数决定,γ_1,γ_2 为权值,并且 f_5 和 f_6 已经进行了归一化处理,其目标函数为

$$\min \quad (\gamma_1 f_5 + \gamma_2 f_6), \quad \gamma_1,\gamma_2 \in \{0,1\}, \gamma_1 + \gamma_2 = 1 \tag{5-27}$$

对个体适应度的评估,为方便计算,将规划目标转化为求最大值,在进化中对不符合该约束的路径直接淘汰。综合上述分析,多 UAV 协同路径规划进化算法的个体适应度评估公式为

$$1 - (\gamma_1 f_5 + \gamma_2 f_6), \quad \gamma_1,\gamma_2 \in \{0,1\}, \gamma_1 + \gamma_2 = 1 \tag{5-28}$$

(3)进化算子设计。进化算法需要对染色体进行交叉、变异和选择算子的操作，如图 5 - 10 所示。关键点包含括路径的起点、终点、战区进入点和来自任务分配的关键点，这些关键点将 UAV 路径分为多个路径段。路径的关键点包括 UAV 起飞机场、待攻击目标以及战区进入点等关键信息，不能参与进化算子的操作，也不能对其实施删除操作。因此交叉算子只能对可选点操作，且只能对任意两个关键点之间的路径段操作。针对交叉算子的这种限制，采用两点交叉算子。在交叉操作中，路径交叉点的位置会出现三种情形：同时位于战区外；同时位于战区内；一个位于战区内而另一个位于战区外。但是由于上述交叉算子的限制条件的影响，交叉点的位置只有为前两种情形时，才是有效的交叉位置。对于第一种情形，如图 5 - 12 (a)所示，对于第二种情形，如图 5 - 12 (b)所示。

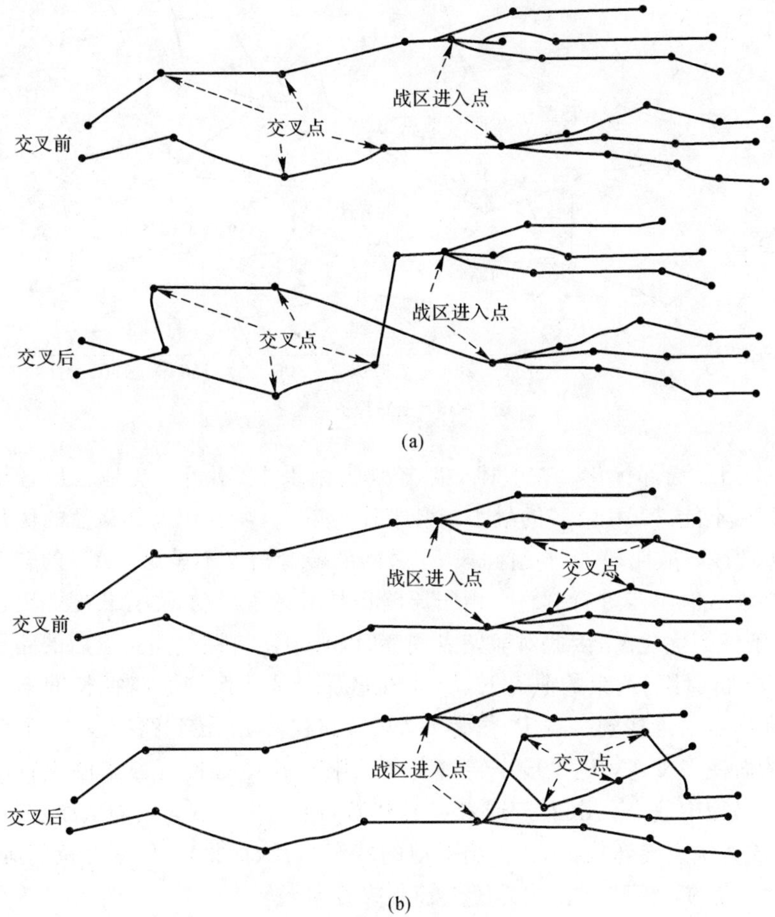

图 5 - 12　交叉算子示意图

(a)交叉点在战区外；(b)交叉点在战区内

同样对于变异算子，也必须满足限制条件：不能改变编队的起飞机场和所分配的打击子目标；不能改变 UAV 的战区进入点和与所分配的打击点对应的任务区。因此变异算子只能对非关键点的路径中间点进行。变异算子如图5-13所示。

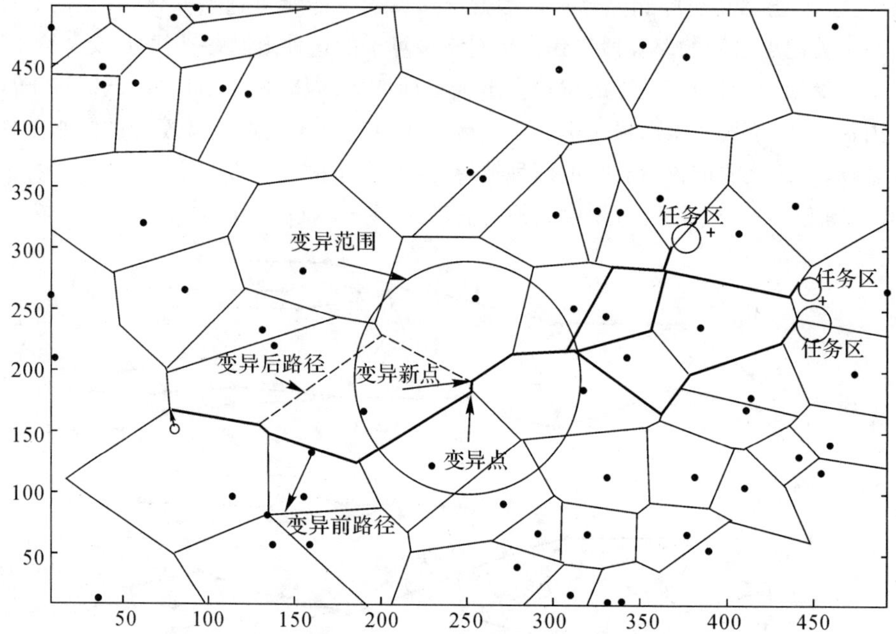

图 5-13　变异算子示意图

(4) 路径局部优化。在上述的路径规划结果中，不可避免地会出现锐角路径的情形，不能满足 UAV 的最小转弯半径约束 c_3，需要作局部路径的优化。如图 5-14 所示，航路段 L_1 与航路段 L_2 之间的转弯角度不满足 UAV 的转弯半径约束，必须对航路点进行调整。由于原路径是考虑了威胁、路径长度等因素且满足约束条件的优化解，因此对航路点调整时，必须使得调整航路点后的路径在满足 UAV 机动性能约束的前提下，尽量贴近原航路且保持原路径长度不变。因此，可在拐点附近找到一点 P，作为 UAV 从路径段 L_1 转到路径段 L_2 的路径中途点，从而使得 UAV 满足最小转弯半径的限制并尽量接近原来的飞行航路。这时，原路径中途点就由 P 点或者 O 点代替，通常以 O 点为新的航路点，对应的飞行模式为绕点转弯模式，并给出对应的转弯半径，如果以 P 点为新的航路点，则相对 P 点的转弯飞行模式为压点转弯或者向点转弯。

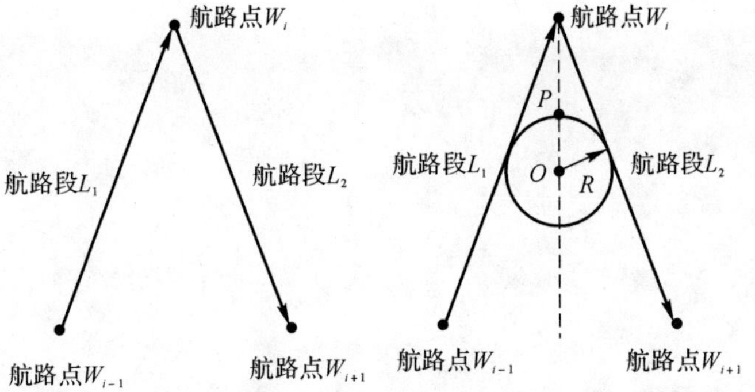

图 5-14　转弯角过小时的处理

上述算法中对多 UAV 协同路径规划问题的约束条件进行了适当的处理，通过问题建模和算法设计，有效地处理了多 UAV 协同路径规划的复杂战场环境和众多约束。

某 UAV 系统综合仿真验证环境中，对基于 V 图的多 UAV 协同编队层路径规划和单机层路径规划进行了仿真。经过任务分配之后，有 9 架飞机形成 3 个编队，对 3 个目标 6 个打击点进行攻击，整个战场上分布 7 个大小和形状各异的禁/避飞区，22 个作用范围不同的威胁，主要的点用圆表示。要求为 UAV 规划出多条协同的编队和单机路径[43]。

算法在 UAV 系统综合仿真验证环境中的仿真结果如图 5-15 所示，其中控制参数根据均匀设计实验所确定，为 $P_c=0.4$，$P_m=0.6$，$Size_{pop}=15$，最大进化代数 500，选择算子采用精英策略。从图 5-15 中看出路径性能随着进化的过程在不断地改善：图(a)中路径不仅穿越禁/避飞区，同时还存在交叉的情形；图(b)中路径已经在交叉上得到了明显改善；图(c)中路径完全避开了禁/避飞区，且路径长度相近，较好地满足了协同要求，路径之间的间隔满足了飞行安全约束。如图 5-16 所示为在编队层路径规划基础上进行单机层路径规划的结果。从图5-16可以看出，进入战区后编队散开，UAV 飞抵各自打击点，并选择威胁度最小的路径。如图 5-17 所示为某次仿真的完整结果图。基于 V 图的多 UAV 协同路径规划模型以及共同进化算法可以在复杂的战场环境中为 UAV 规划出协同的多条路径，较好地解决了多 UAV 协同路径规划问题。比较图 5-15、图 5-16 及图 5-17 也可以看出，由于该算法以进化计算为基础，因此其随机性较强，对于同样的战场配置，算法的结果可能不同。

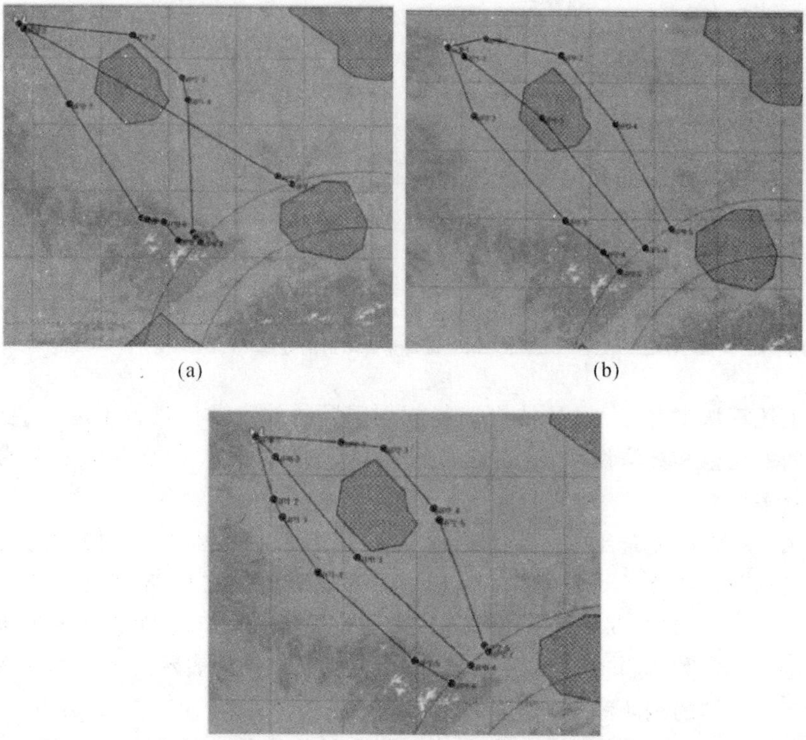

(a) (b) (c)

图 5-15　编队层路径规划的进化过程

(a)规划过程 **1**；(b)规划过程 **2**；(c)规划结果

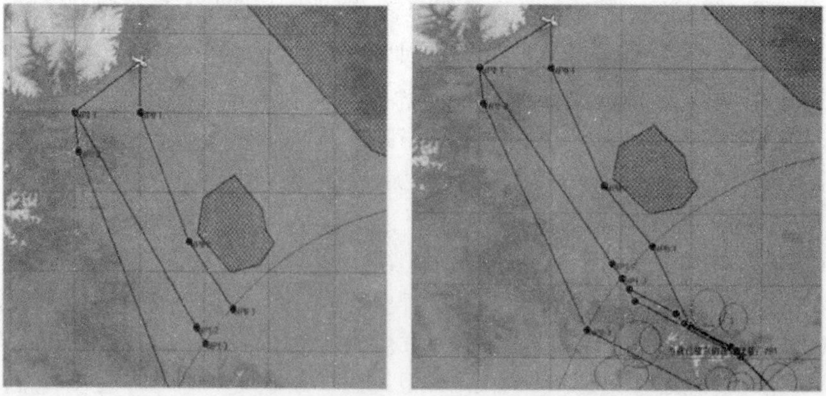

图 5-16　编队和单机层路径规划过程

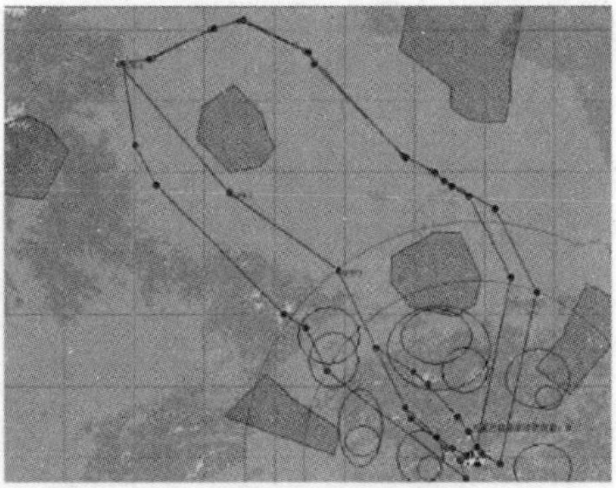

图5-17 编队和单机层路径规划结果

5.4.2. 基于分布式多UAV编队轨迹优化方法

多UAV编队轨迹优化中，在每架UAV减少自身能量消耗的同时，还要与其他平台保持相对稳定的编队结构。因此，不能以单UAV平台轨迹的局部优化问题取代多平台多轨迹的全局优化，由于多平台轨迹优化问题变量维数较高，直接求解将导致效率低下。针对编队构成与编队保持下的轨迹优化，通常采用集中式与分布式两种结构求解。集中式结构采用一个中央控制器负责监视整个编队，并求解各成员的最优轨迹，这一方法虽更加精确、便于控制，但依赖于中央控制单元的计算能力和全局通信能力，一旦中央控制单元故障或损伤，对整个编队飞行都会造成致命影响。与集中式结构相比，分布式结构中没有统一的控制中心，具有更好的灵活性和可扩展性。

基于分布式结构的编队轨迹优化问题，分别在原始分解与间接分解的框架下实现问题解耦。首先得到用于协调单平台轨迹优化过程的主问题，这样可降低变量维数，提高计算效率，进而采用分布式方式实现用于求解主问题的次梯度算法，并在分析平台间交互信息的基础上设计问题的分布式求解方法，将计算量分散到多个单元上以实现解耦[44]。

1. 基于原始分解求解框架的分布式编队构成轨迹优化

对于编队构成模型式(5-20)，编队汇合点 ϑ 为各平台所共有的决策变量。若 ϑ 取值给定，则编队构成的轨迹优化过程由 I 个完全独立的优化问题构成。根据原始分解法[45]，将原始问题拆分为两个层次：底层求解给定 ϑ 下的 I 个子问题；协调层则基于子问题结果求解 ϑ。第 I 个子问题定义如下：

$$\left.\begin{array}{lll}
f_i(\vartheta)=\min\limits_{u_i(0),\cdots,u_i(T-1)}\sum\limits_{k=1}^{T}[s_i^{\mathrm{T}}(k)Qs_i(t)+c^{\mathrm{T}}s_i(k)] & & \\
\text{s. t.}\quad s_i(t+1)=As_i(t)+B(u_i(t)+g) & \forall i\in\{0,\cdots,I\} & \forall t\in\{1,\cdots,T\} \\
\qquad z_i(t)=Cs_i(t) & \forall i\in\{0,\cdots,I\} & \forall t\in\{1,\cdots,T\} \\
\qquad z_i(T)=\vartheta-\Delta\vartheta & \forall i\in\{0,\cdots,I\} & \\
\qquad s_i(0)=s_i^0 & \forall i\in\{0,\cdots,I\} & \\
\qquad u_i(t)\in U_i & \forall i\in\{0,\cdots,I\} & \forall t\in\{0,\cdots,T-1\} \\
\qquad s_i(t)\in S_i & \forall i\in\{0,\cdots,I\} & \forall t\in\{1,\cdots,T\}
\end{array}\right\}\tag{5-29}$$

定义 $T\times T$ 阶单位矩阵 $\boldsymbol{I}_T$，记 $\widetilde{\boldsymbol{Q}}=\boldsymbol{I}_T\otimes\boldsymbol{Q}$，这里 $\otimes$ 表示矩阵的直积，$\tilde{\boldsymbol{c}}=[c^{\mathrm{T}},\cdots,c^{\mathrm{T}}]^{\mathrm{T}}$，$\boldsymbol{H}=[0\quad 0\quad\cdots\quad C]$，并令状态向量 $\boldsymbol{s}_i=[s_i^{\mathrm{T}}(1),\cdots,s_i^{\mathrm{T}}(T)]^{\mathrm{T}}$，以及输入向量 $\boldsymbol{u}_i=[u_i(0)\quad\cdots\quad u_i(T-1)]^{\mathrm{T}}$，以及 $\boldsymbol{S}_i^T=\underbrace{S_i\times\cdots\times S_i}_{T}$，$\boldsymbol{U}_i^{\mathrm{T}}=\underbrace{U_i\times\cdots\times U_i}_{T}$，此处 $\times$ 为直积，则有

$$\left.\begin{array}{c}
\boldsymbol{s}_i=\boldsymbol{E}\boldsymbol{s}_i^0+\boldsymbol{F}\boldsymbol{u}_i \\
\boldsymbol{E}=\begin{bmatrix}\boldsymbol{A}\\ \boldsymbol{A}^2\\ \vdots\\ \boldsymbol{A}^T\end{bmatrix},\quad \boldsymbol{F}=\begin{bmatrix}\boldsymbol{B}_i & 0 & \cdots & 0\\ \boldsymbol{AB} & \boldsymbol{B}_i & \cdots & 0\\ \vdots & \vdots & \ddots & 0\\ \boldsymbol{A}^{T-1}\boldsymbol{B} & \boldsymbol{A}^{T-2}\boldsymbol{B} & \cdots & \boldsymbol{B}\end{bmatrix}
\end{array}\right\}\tag{5-30}$$

整理可得子问题式(5-29)的紧凑形式为

$$\left.\begin{array}{ll}
f_i(\vartheta)=\min\limits_{u_i}(Es_i^0+Fu_i)^{\mathrm{T}}\widetilde{Q}(Es_i^0+Fu_i)+\tilde{c}^{\mathrm{T}}(Es_i^0+Fu_i) & \\
\text{s. t.}\quad H(Es_i^0+Fu_i-\vartheta+\Delta\vartheta_i=0 & \\
\qquad u_i(t)\in U_i^T &
\end{array}\right\}\tag{5-31}$$

式中，若 U_i^T 为非空闭凸集，则上述问题为二次规划问题，其求解技术已经比较成熟。对于 UAV 平台 i，为使得编队构成过程中消耗的能量最小，它所希望的汇合点 ϑ 就是下式的最优解：

$$\left.\begin{array}{l}
\min\limits_{\vartheta}f_i(\vartheta)\\
\text{s. t.}\quad\vartheta\in Q
\end{array}\right\}\tag{5-32}$$

而多个 UAV 平台则要求在编队构成过程中的总能量消耗最小，故协调层需求解的主问题为

$$\left.\begin{array}{l}\min\limits_{\vartheta}\sum\limits_{i=1}^{I} f_i(\vartheta) \\ \text{s.t.}\ \vartheta\in Q\end{array}\right\} \tag{5-33}$$

式中，Q 为凸紧集，在实际应用中可能为一个预先指定的编队汇合区域。为便于研究问题，给出下述假设跟定理：

假设 5.1　$\forall\vartheta\in Q$，存在输入序列 u_i 位于非空闭凸集 U_i^{T} 的相对内部，即存在标量 $\delta>0$，使得下式成立

$$\{\tilde{u}\mid \|\tilde{u}-u\|<\delta\}\subset U_i^{\mathrm{T}} \tag{5-34}$$

定理 5.1　若假设 5.1 成立，则最优指标值定义的函数 $f_i(\vartheta)$ 是关于 ϑ 的分段线性凸函数。

定理 5.2　令 λ^* 为优化问题对偶问题的最优解，即 $\lambda^*=\arg\max d(\vartheta,\lambda)$，则 $\forall\vartheta\in Q$，有

$$f_i(\tilde{\vartheta})\geqslant f_i(\vartheta)+(\lambda^*)'(\tilde{\vartheta}-\vartheta) \tag{5-35}$$

定理的证明与次梯度算法具体可参考文献[44]，其意义主要在于：假设 5.1 的子问题是严格可达的。定理 5.1 得出 $f_i(\vartheta)$ 是关于 ϑ 的分段线性凸函数，因此可采用次梯度算法求解协调层主问题。定理 5.2 则是给出了函数 f 次梯度的构造方法。子问题 i 在 $\vartheta(k)$ 处的最优对耦变量为 $\lambda_i(k)$，由基本次梯度算法可得求解主问题的迭代公式如下：

$$\vartheta(k+1)=\vartheta(k)-\alpha(k)\sum_{i=1}^{I}\lambda_i(k) \tag{5-36}$$

进行原始分解的意义在于，将编队构成中的轨迹优化问题分解为协调层与优化层这两个层次。其中，协调层求解主问题，而优化层则需求解 I 个子问题。协调层通过向优化层发送编队汇合点 ϑ 来控制 UAV 平台的最优轨迹，而优化层在求解平台最优轨迹的同时，以对耦变量 λ 的形式对汇合点 ϑ 的变化方向提出要求。这样，经过两个层次间的反复交互、迭代之后，最终得到最佳的编队汇合点以及各平台相应的最优轨迹。则基于原始分解的分布式求解方案如图5-18所示为：

在通信网络中仅需传递 UAV 平台各自提出的汇合点信息。在优化层中，UAV 平台根据自身所期望的汇合点 ϑ 独立优化自身轨迹，同时产生最优对耦变量 λ；而在协调层中，各 UAV 平台则根据轨迹优化后所得对耦变量以及来自网络的其他平台对汇合点的期望值更新。在此基础上，图 5-19 给出了分布式轨迹优化算法描述，其中各平台间仅需交换各自对 ϑ 的估计结果。

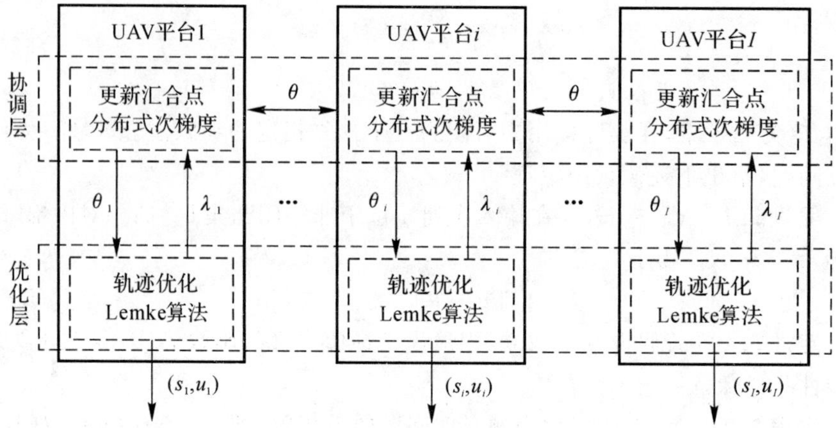

图 5-18　基于原始分解的分布式求解方案

```
01    for(i∈{1,…,I})
02        θ_i(0)=θ_i^0,α_i(0)=α^0,k=0;
03    while(1)
04        for(i∈{i,…,I})
05            UAV 平台 i 通过网络发送 θ_i(k);
06            v_i(k) = ∑_{(i)} a_j^i(k)θ_j(k) ;
07            令 θ=v_i(k),求解式(5-25)并计算 λ_k(k);
08            α_i(k)=α_i(0)/(k+1);
09            θ_i(k+1)=v_i(k)-α_k(k)λ_i(k);
10            k++;
11            if(k>K_max);
12                break;
```

图 5-19　编队构成中的分布式优化算法

　　为验证方法的有效性,在 Windows 系统下构建分布式仿真环境,并以 3 台配置 Intel 2.4 GHz 主频 CPU,512 MB 内存的计算机模拟参与优化过程的 UAV 平台。仿真场景设定为 3 平台在二维平面内构成楔形编队:各平台初始状态分别为(500, 500, 200, 0),(4 500, 4 500, -200, 0),以及(500, 4 500, 0, -200);最终形成的编队中,各平台相对于汇合点的位置偏移量分别为(-100, -100),(-100, 100)与(0, 0),并且要求汇合时编队速度为(200, 0)。此外,限定平台最大加速率为 $u_{max}=35(m/s^2)$,最大速度 $V_{max}=250(m/s)$,采

样间隔 $\Delta T=1(\mathrm{s})$，总的执行时间 $T=20(\mathrm{s})$。各 UAV 平台间基于分布式协商，寻找能够使得编队汇合过程所耗能量达到最小的编队汇合点。

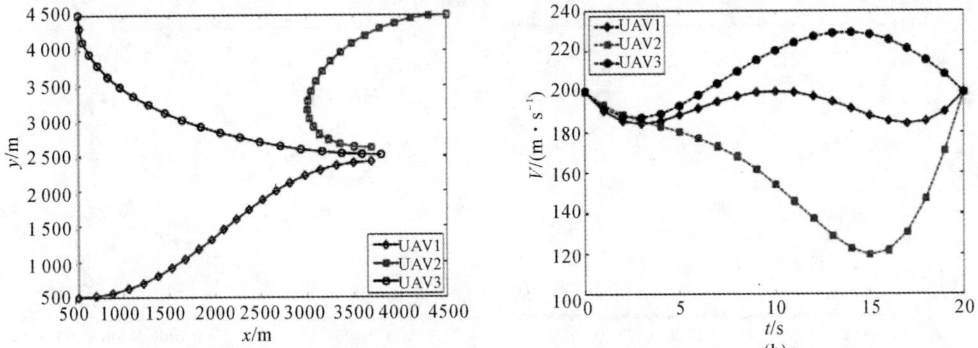

(a)　　　　　　　　　　　　(b)

图 5-20　平台编队汇合中的最优轨迹

(a)优化结果—平台位置变化；(b) 沿轨迹运动时平台速度变化

图 5-20(a)用实线给出了 3 平台经协商确定汇合点后所得最优轨迹，(b)给出了沿最优轨迹运动过程中，各平台速率随时间的变化情况。从中可以看出，经过 20 个单位时间后，各平台速度均达到要求。图 5-20 表明，3 架 UAV 平台按规划轨迹运动经过 20 个单位时间后即构成所需编队。图 5-21 给出了算法迭代过程的主要情况。

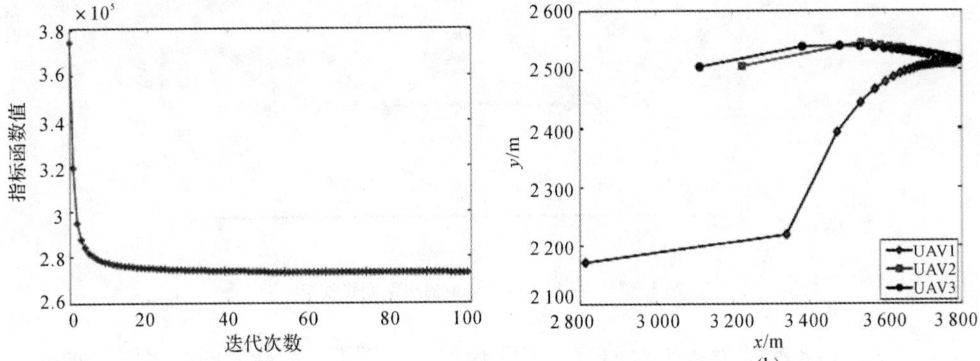

(a)　　　　　　　　　　　　(b)

图 5-21　最优指标值以及编队汇合点随迭代次数的变化

(a)指标函数值的变化情况；(b) 编队汇合点的变化情况

由图 5-20 及图 5-21 可见，当编队汇合点在 21 000 m× 400 m 区域内变动时，指标函数值从 373 983.71 到 273 293.32，下降幅度达 26.92%。图 5-22 所示为各平台的局部最优汇合点及相应轨迹，显示了平台飞行过程中相关参数的变化过程。

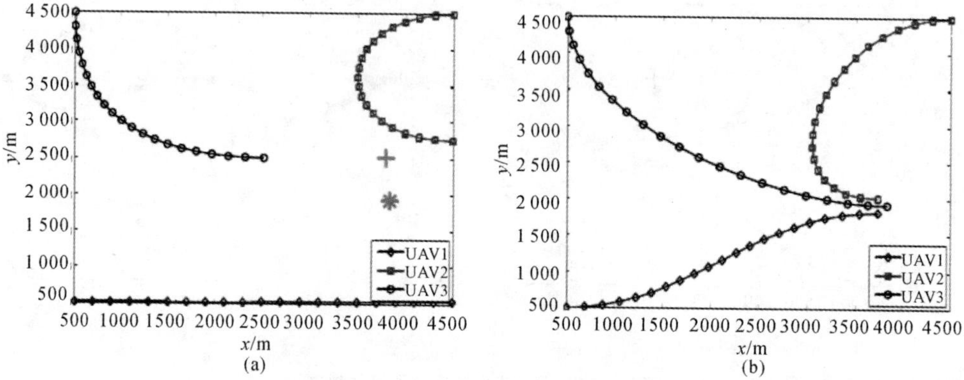

图 5-22 由各平台局部最优汇合点得到的轨迹

(a)各平台到达局部最优汇合点的轨迹；(b) 各平台到达平均位置的最优轨迹

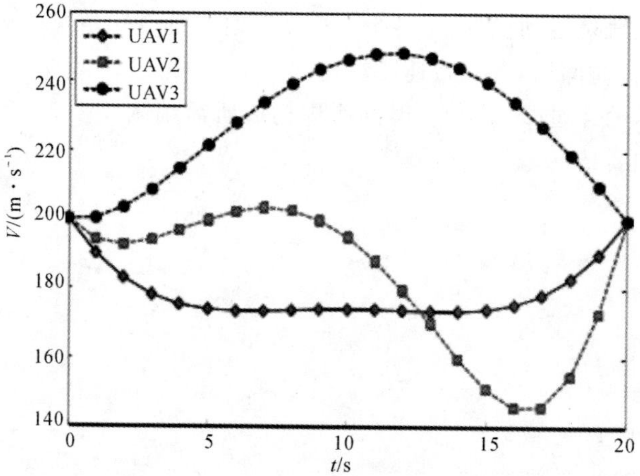

图 5-23 平台飞行过程中的速率变化情况

图 5-23 所示为各平台的速率变化情况。与图 5-20(b)相比，各平台的平均速度更大，同时变化更为剧烈，这表明能量消耗更高。图 5-24 进一步比较了 UAV 平台分别按图 5-20 (a)轨迹和图 5-20(b)轨迹飞行时所需的平台加速率。从图中可以看到，当平台按照全局最优轨迹飞行时，所需的控制输入更小，因而能量消耗也更少。事实上，当平台到达局部最优汇合点的平均位置时，指标函数值为 297 841.08。可见编队汇合点的变化对 UAV 平台的总能量消耗有较大影响，因此需要通过合理选择汇合点坐标以实现节省能耗的目的。

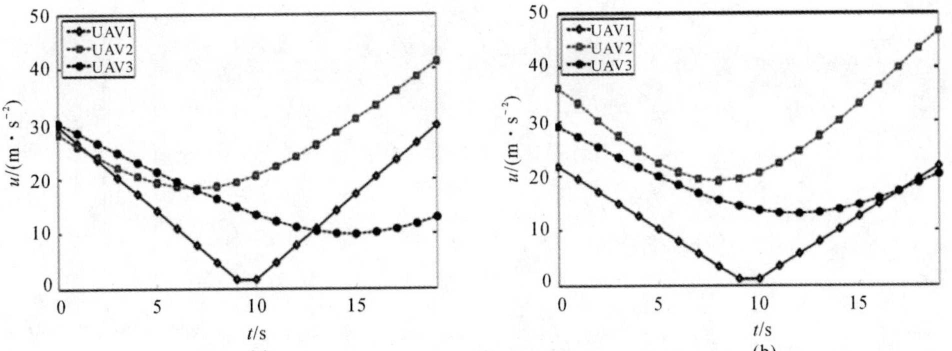

(a)　　(b)

图 5-24 飞行过程中平台加速率的比较

(a)到达全局最优汇合点的平台加速率；(b)到达平均汇合点的平台加速率

2. 基于间接分解求解框架的分布式编队保持轨迹优化

记状态向量 $\boldsymbol{s}_i=[s_i^{\mathrm{T}}(1)\ \cdots\ s_i^{\mathrm{T}}(T)]^{\mathrm{T}}$，输入向量 $\boldsymbol{u}_i=[u_i^{\mathrm{T}}(0)\ \cdots\ u_i^{\mathrm{T}}(T-1)]^{\mathrm{T}}$，参考航线 $z_i^{\mathrm{ref}}=[(z_i^{\mathrm{ref}}(1))^{\mathrm{T}}\ \cdots\ (z_i^{\mathrm{ref}}(T))^{\mathrm{T}}]^{\mathrm{T}}$。定义 $T\times T$ 阶单位矩阵 I_T，令 $\tilde{Q}=I_T\otimes Q, G=I_T\otimes C$，以及 $\tilde{c}=(c^{\mathrm{T}}\ \cdots\ c^{\mathrm{T}})^{\mathrm{T}}$。经过整理，可以得到编队保持中的轨迹优化模型的紧凑形式为

$$\left.\begin{aligned}
&\min_{\{u_i,s_i|i\}} && \sum_{i=1}^{I}\Big[J_i(s_i,u_i)+\sum_{j=1}^{I}J_{i,j}(s_i,s_j)\Big] && \\
&\text{s. t.} && \boldsymbol{s}_i=\boldsymbol{E}\boldsymbol{s}_i^0+\boldsymbol{F}\boldsymbol{u}_i && \forall i\in\{0,\cdots,I\}\\
& && \boldsymbol{u}_i(t)\in U_I^{\mathrm{T}} && \forall i\in\{0,\cdots,I\}\\
& && \boldsymbol{s}_i(t)\in S_I^{\mathrm{T}} && \forall i\in\{0,\cdots,I\}
\end{aligned}\right\}\tag{5-37}$$

其中，UAV 平台 i 的个体指标与协调指标为

$$\begin{aligned}
J_i(s_i,u_i)&=\alpha_i(s_i^{\mathrm{T}}Qs_i+c^{\mathrm{T}}s_i)+\beta_i(Gs_i-z_i^{\mathrm{ref}})^{\mathrm{T}}(Gs_i-z_i^{\mathrm{ref}})\\
J_{i,j}(s_i,s_j)&=\gamma_i[Gs_i-Gs_j-\Delta z_{i,j}]^{\mathrm{T}}[Gs_i-Gs_j-\Delta z_{i,j}]
\end{aligned}\tag{5-38}$$

其协同指标 J 中存在耦合项，即为了保持 UAV 平台间的相对位置关系，平台 i 的指标函数中包含了其他平台的决策变量。为了使各 UAV 平台具有独立的指标函数，需要对模型进行变换，使得任意平台的决策变量仅出现在自身的个体指标函数中。为此，引入辅助决策变量 $\tilde{s}_i$ 与 $\tilde{s}_i=(\tilde{s}_{i,1},\cdots,\tilde{s}_{i,j},\cdots,\tilde{s}_{i,I})^{\mathrm{T}}$，得到等价的优化问题为

$$\left.\begin{aligned}&\min_{\{u_i,s_i,\tilde{s}_i,\tilde{\tilde{s}}_i|i\}} && \sum_{i=1}^{I}\left[J_i(s_i,u_i)+\sum_{j=1}^{I}J_{i,j}(\tilde{s}_i,\tilde{s}_{i,j})\right] && \\ &\text{s. t.} && s_i=Es_i^0+Fu_i && \forall i\in\{0,\cdots,I\}\\ & && \tilde{s}_i=s_i && \forall i\in\{0,\cdots,I\}\\ & && \tilde{s}_{i,j}=\tilde{s}_j && \forall i,j\in\{0,\cdots,I\}\\ & && u_i(t)\in U_i^T && \forall i\in\{0,\cdots,I\}\\ & && s_i(t)\in S_i^T && \forall i\in\{0,\cdots,I\}\end{aligned}\right\}\tag{5-39}$$

这样各平台间的耦合关系则转移到约束条件中，指标函数可以分解为 I 个独立的函数，引入拉格朗日乘子 $\lambda_i\in\mathbf{R}^{6T}$ 与 $u_{i,j}\in\mathbf{R}^{6T}(i,j=1,\cdots,I)$，将决策变量相关的等式约束添加到指标函数中，经整理后可得拉格朗日函数：

$$L(\boldsymbol{s},\widetilde{\boldsymbol{u},\boldsymbol{s}},\tilde{\boldsymbol{s}},\boldsymbol{\lambda},\boldsymbol{\mu})=\sum_{i=1}^{I}\left[L_i(s_i,u_i,\lambda_i)+\widetilde{L_i}(\tilde{s}_i,\tilde{\tilde{s}}_i,\lambda_i,\mu_{*,i},\mu_{i,*})\right]\tag{5-40}$$

式中，列向量

$$\boldsymbol{s}=(s_1^{\mathrm{T}}\quad\cdots\quad s_I^{\mathrm{T}})^{\mathrm{T}},\quad \boldsymbol{u}=(u_1^{\mathrm{T}}\quad\cdots\quad u_I^{\mathrm{T}})^{\mathrm{T}},\quad \tilde{\boldsymbol{s}}=(\tilde{s}_1^{\mathrm{T}}\quad\cdots\quad \tilde{s}_I^{\mathrm{T}})^{\mathrm{T}},$$

$$\boldsymbol{\lambda}=(\lambda_1^{\mathrm{T}}\quad\cdots\quad\lambda_I^{\mathrm{T}})^{\mathrm{T}}、\tilde{\tilde{\boldsymbol{s}}}=(\tilde{\tilde{s}}\quad\cdots\quad\tilde{\tilde{s}}_I^{\mathrm{T}})^{\mathrm{T}}$$

记 $6IT$ 维向量为

$$\boldsymbol{u}_i=(u_{i,1}^{\mathrm{T}}\quad\cdots\quad u_{i,I}^{\mathrm{T}})^{\mathrm{T}}$$

则 $6I^2T$ 维向量为

$$\boldsymbol{\mu}=(\mu_i^{\mathrm{T}}\quad\cdots\quad\mu_I^{\mathrm{T}})^{\mathrm{T}}$$

其中：

$$L_i(s_i,u_i,\lambda_i)=J_i(s_i,u_i)-\lambda_i^{\mathrm{T}}s_i\tag{5-41}$$

$$\widetilde{L}_i(\tilde{s}_i,\tilde{\tilde{s}}_i,\lambda_i,\mu_{*,i},\widetilde{\mu_i^{\mathrm{T}}})\tag{5-42}$$

优化问题的对偶函数为

$$\begin{aligned}d(\boldsymbol{\lambda},\boldsymbol{\mu})=&\sum_{i=1}^{I}\left[\min\{L_i(s_i,u_i,\lambda_i)\mid s_i\in S_i^T,u_i\in U_i^T,s_i=Es_i^0+Fu_i\}\right]+\\&\sum_{i=1}^{I}\left[\min\{\widetilde{L}_i(\tilde{s}_i,\tilde{\tilde{s}}_i,\lambda_i,\mu_{*,i},\mu_{i,*})\mid\tilde{s}_i\in\mathbf{R}^{\frac{6}{T}},\tilde{\tilde{s}}_i\in\mathbf{R}^{\frac{6}{2T}}\}\right]\end{aligned}\tag{5-43}$$

经过推导可得对偶函数 $d(\lambda,\mu)$ 的取值与 λ 无关，则有

$$d(\boldsymbol{\mu})=\sum_{i=1}^{I}\left[\min\{J_i(s_i,u_i)-\sum_{j=1}^{I}(u_{j.i}^T-u_{i,j}^T)s_i\mid s_i\in S_i^T,u_i\in U_i^T,s_i=\right.$$

$$Es_i^0 + Fu_i\}] - \sum_{i=1}^{I}\sum_{j=1}^{I}(\frac{1}{4\gamma_i}u_{i,j}^T u_{i,j} + u_{i,j}^T G^T \Delta z_{i,j}) \tag{5-44}$$

定义优化问题的对偶问题与等价形式如下：

$$\max\{d(\boldsymbol{\mu}) \mid \boldsymbol{\mu} \in \mathbf{R}^{6I^2T}\} \quad 等价 \quad \min\{-d(\boldsymbol{\mu}) \mid \boldsymbol{\mu} \in \mathbf{R}^{6I^2T}\} \tag{5-45}$$

显然，优化问题指标函数为关于 $\boldsymbol{\mu}$ 的分段线性凸函数，考虑采用次梯度算法求解，有如下定理。

定理 5.3　令 (s_i^*, u_i^*) 为优化问题，则

$$\left.\begin{aligned} &\min J_i(s_i, u_i) - \sum_{j=1}^{I}(u_{j,i}^{\mathrm{T}} - u_{i,j}^{\mathrm{T}})s_i \\ &\text{s.t. } s_i = Es_i^0 + Fu_i \\ &\qquad u_i(t) \in U_i^T \\ &\qquad s_i(t) \in S_i^T \end{aligned}\right\} \tag{5-46}$$

的最优解，则 $\forall \tilde{\mu}_i \in \mathbf{R}^{6IT}$，有

$$-d(\boldsymbol{\mu}) + d(\tilde{\boldsymbol{\mu}}) \leqslant \sum_{i=1}^{I}\sum_{j=1}^{I}(u_{j.i}^{\mathrm{T}} - u_{i,j}^{\mathrm{T}})\left(s_j^* - s_i^* + \frac{\mu_{i,j}}{2\gamma_i} + G^{\mathrm{T}}\Delta z_{i,j}\right) \tag{5-47}$$

定理 5.3 给出了函数 $-d(\boldsymbol{\mu})$ 次梯度的构造方法。根据基本次梯度算法，求解优化问题的第 k 次迭代中，向量 $\boldsymbol{u}_{i,j}(k+1)$ 的更新公式为

$$\boldsymbol{\mu}_{i,j}(k+1) = \mu_{i,j}(k) + \alpha_i(k)\left[s_i^*(k) - s_j^*(k) - \frac{\mu_{i,j}(k)}{2\gamma_i} - G^{\mathrm{T}}\Delta z_{i,j}\right] \tag{5-48}$$

$(s_i^*(k), u_i^*(k))$ 为以下优化问题最优解：

$$\left.\begin{aligned} &\min J_i(s_i, u_i) - \sum_{j=1}^{I}(u_{j,i}^{\mathrm{T}} - u_{i,j}^{\mathrm{T}})s_i \\ &\text{s.t. } s_i = Es_i^0 + Fu_i \\ &\qquad u_i(t) \in U_i^T \\ &\qquad s_i(t) \in S_i^T \end{aligned}\right\} \tag{5-49}$$

迭代过程中还需采用下式对向量 $\boldsymbol{u}_{i,j}(k)$ 进行修正，使速度相对应的分量置为 0，则

$$(I - G^{\mathrm{T}}G)\mu_{i,j}(k) = 0, \quad \forall k \tag{5-50}$$

综合上述讨论，在间接分解法的框架下，原始问题被划分为两个层次。其中，协调层基于次梯度算法求解对偶问题；优化层则包含 I 个子问题，以便基于次梯度迭代公式求解主问题。协调层向优化层发送拉格朗日乘子 μ 以控制各

UAV 平台的最优轨迹;而优化层则向协调层发送各 UAV 平台的最优轨迹,用以更新拉格朗日乘子 μ。这样,经过两个层次间的反复交互、迭代,最终得到各平台的最优轨迹。基于间接分解法的分布式求解方案如图 5-25 所示。

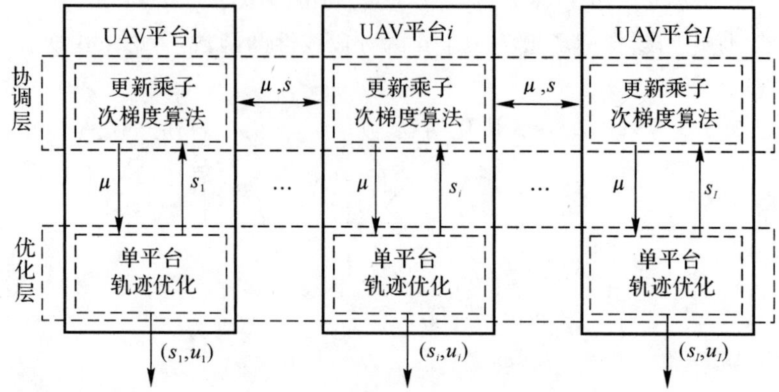

图 5-25　基于间接分解的分布式求解方案

求解编队保持中轨迹优化问题的分布式算法流程如图 5-26 所示。

```
01   for(i∈(1,…,I))
02       αᵢ(0)=αᵢ⁰,k=0;
03       for(j∈{1,…,I})
04           μᵢ,ⱼ(0)=0;
05   while(1)
06       for(i∈{1,…,I})
07           求解式(5-43)得到 UAV 平台 i 的最优轨迹 sᵢ*(k);
08           for(j∈Nᵢ*)
09               UAV 平台 i 通过网络向平台 j 发送 μᵢ,ⱼ(k)以及 sᵢ*(k);
10               UAV 平台 i 通过网络接收来自平台 j 发送 μᵢ,ⱼ(k)以及 sᵢ*(k);
11               使用式(5-42)及(5-44)更新 μⱼ,ᵢ(k+1);
12           k++;
13           if(k>Kₘₐₓ)
14               break;
```

图 5-26　编队保持中的分布式优化算法

为验证方法的有效性,在 Windows 系统下构建分布式仿真环境,并以 5 台配置 Intel 2.4 GHz 主频 CPU,512 MB 存的计算机模拟参与优化过程的 UAV 平台。为便于验证,这里仅考虑平面内运动的情形,实验的主要设置包括网络拓

扑与算法参数两个方面。其中，网络拓扑采用固定拓扑，5 架 UAV 平台间连接关系以矩阵表示为

$$\begin{bmatrix} 0 & 1 & 1 & 0 & 0 \\ 1 & 0 & 0 & 1 & 0 \\ 1 & 0 & 0 & 0 & 1 \\ 0 & 1 & 0 & 0 & 0 \\ 0 & 0 & 1 & 0 & 0 \end{bmatrix}$$

矩阵中，若第 i 行、第 j 列元素为 1，表示 UAV 平台 i 可向平台 j 发送信息。在这一拓扑下，各 UAV 平台只能获得局部信息，而不能获得全局信息。对 UAV 平台模型进行离散化时的采样间隔 Δt 为 1 s，平台最大速度为 250 m/s，最大总加速度为 35 m/s^2。优化模型中，总的飞行时间 T 为 40 s。$\forall i \in \{1,\cdots,5\}$ 指标函数中参数 $\gamma_i = 0.1$；当 $i=1$ 时，$\beta_i = 0.05$，当 $i \neq 1$ 时 $\beta_i = 10^{-4}$。UAV 平台 1～5 的初始位置分别为(500, 500)，(400, 600)，(400, 400)，(300, 700)，以及(300, 300)。UAV 平台 1～5 的初始速度均为(200, 0)。以上平台位置坐标的单位为 m，速度的单位为 m/s。

(1)编队平移运动。图 5 - 27 给出了当 $\alpha_i = 10$ 时的主要优化结果，其中各平台相对于长机 UAV 平台 1 的位置分别为(0, 0)，(−100, 100)，(−100, −100)，(−200, 200)，以及(−200, −200)，并且在整个飞行过程中保持不变。由图 5 - 27 可见，在飞行过程中，各平台能够较好地保持给定编队结构，同时实现对参考轨迹的跟踪。

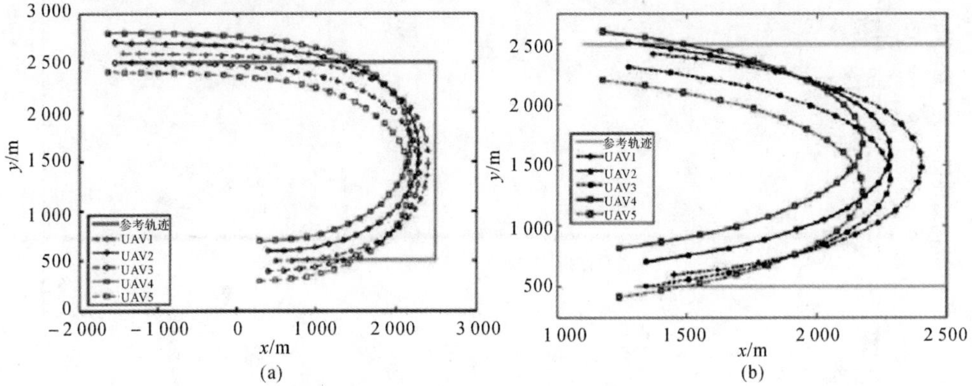

图 5 - 27　编队平移运动中的优化轨迹

(a)编队飞行轨迹；(b)轨迹局部细节

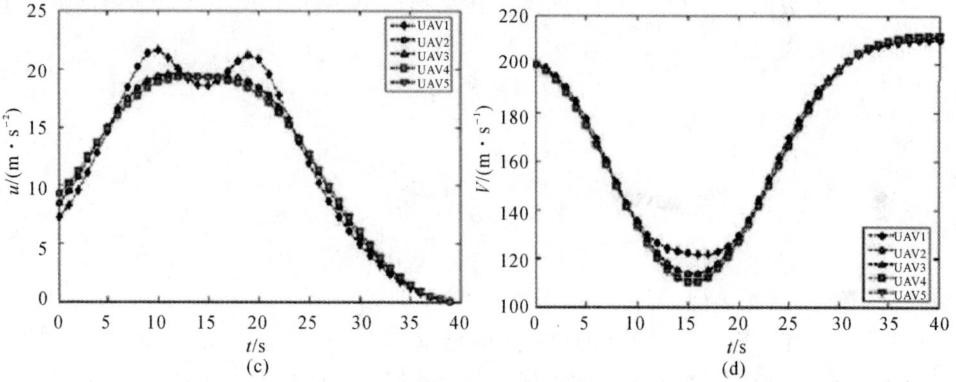

续图 5－27　编队平移运动中的优化轨迹

(c)平台控制输入；　(d)平台速度

图 5－28 给出了迭代过程中，优化模型式(5－37)指标函数最优值上、下界的变化情况。这里，指标函数上界由每次迭代中所得各 UAV 平台状态序列与输入序列按式(5－31)指标函数计算得到；下界则为对偶问题指标函数在每次迭代中的取值。

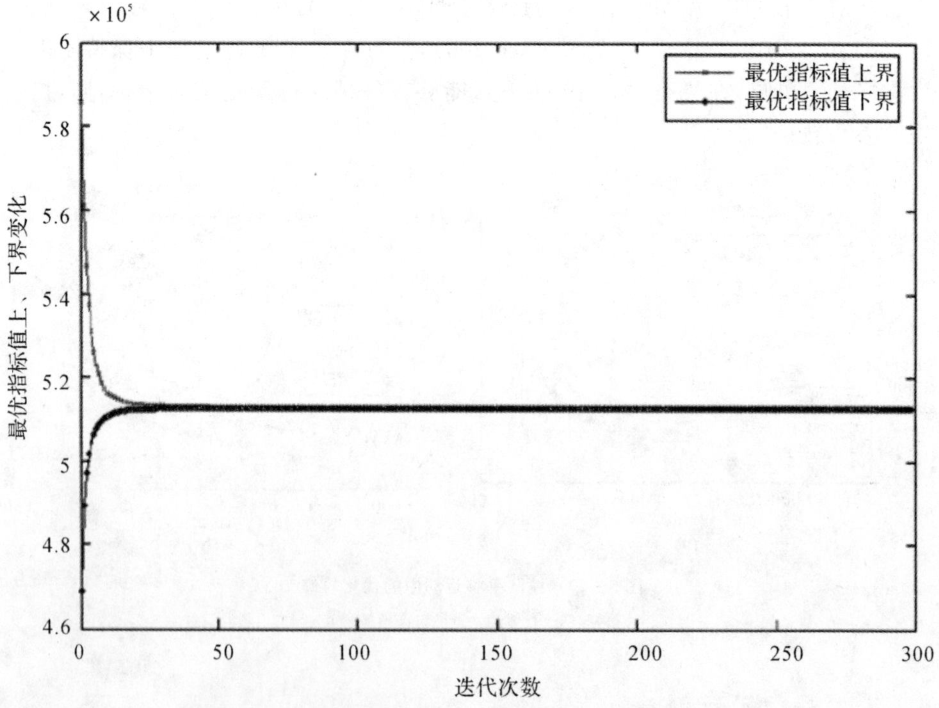

图 5－28　指标函数最优值上、下界随迭代次数的变化情况

由于在整个飞行过程中，平台间相对位置固定不变，因此优化问题为凸优化问题，则其指标函数最优值与对偶问题指标函数最优值相等。事实上，在迭代 300 次后，指标函数最优值上界为 512 510.90，而下界 512 509.09，对耦间隙为 3.5×10^{-6}。由图 5－28 还可知，在迭代 50 次后，算法已基本收敛。

(2)编队变换。该算例中，编队从便于飞行的楔形编队变换为便于攻击的一字形编队，同时编队结构进行收缩与扩张。其中，平台初始位置按前述设置；此后若 $t<30$ s，则在长机航向 $\phi=0$ 时，各平台相对于长机的位置分别为(0,0)，(－40,40)，(－40，－40)，(－80,80)，以及(－80，－80)；若 $t\geqslant30$ s，则在长机航向 $\phi=0$ 时，各平台相对于长机的位置为分别为(0,0)，(0,57)，(0，－57)，(0,113)，以及(0，－113)。此外，若 $t\geqslant25$ s，则由上述编队几何结构所给定相邻平台的间距增加了 1.5 倍。图 5－29 给出了 $\alpha_i=1$ 时该方法所得的编队轨迹。

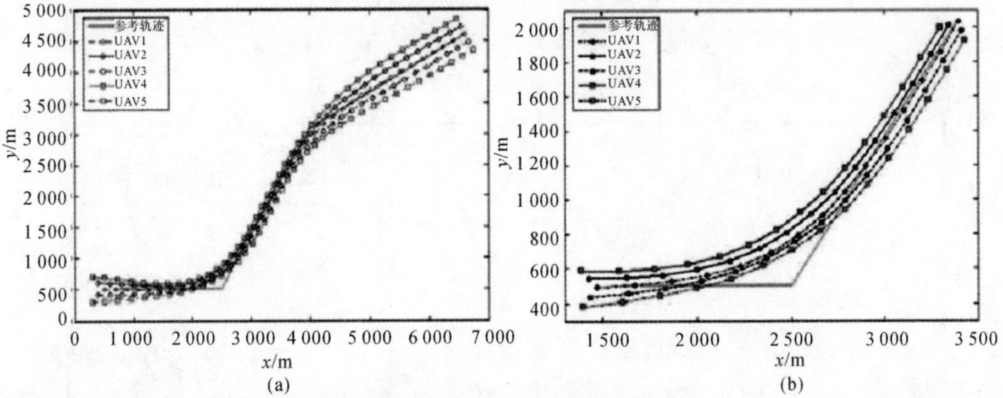

图 5－29　编队队形变换中的优化轨迹

(a)编队飞行轨迹；(b)轨迹局部细节

由图 5－29 可见，此时该方法所得轨迹仍能使多架 UAV 平台较好地保持给定编队结构。图 5－30 给出了沿图 5－29(a)所给轨迹飞行过程中，各平台的控制输入与速率的变化情况。

图 5－31 给出了迭代过程中，指标函数最优值上、下界的变化情况。

同样，在迭代初期，指标函数上界下降速度较快，而后期则变化平缓。在迭代 300 次后，最优指标值上界为 51 989.47，下界为 49 892.93，对偶间隙为 4.03%。这表明，在当前条件下仍然具有良好的优化性能，所得结果接近最优解。

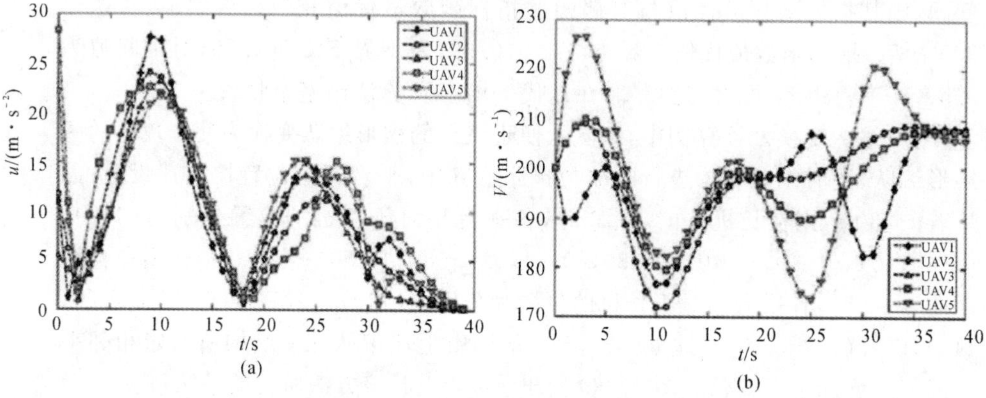

图 5-30　各平台的控制输入与速度变化情况

(a)各平台的控制输入；(b)各平台速度

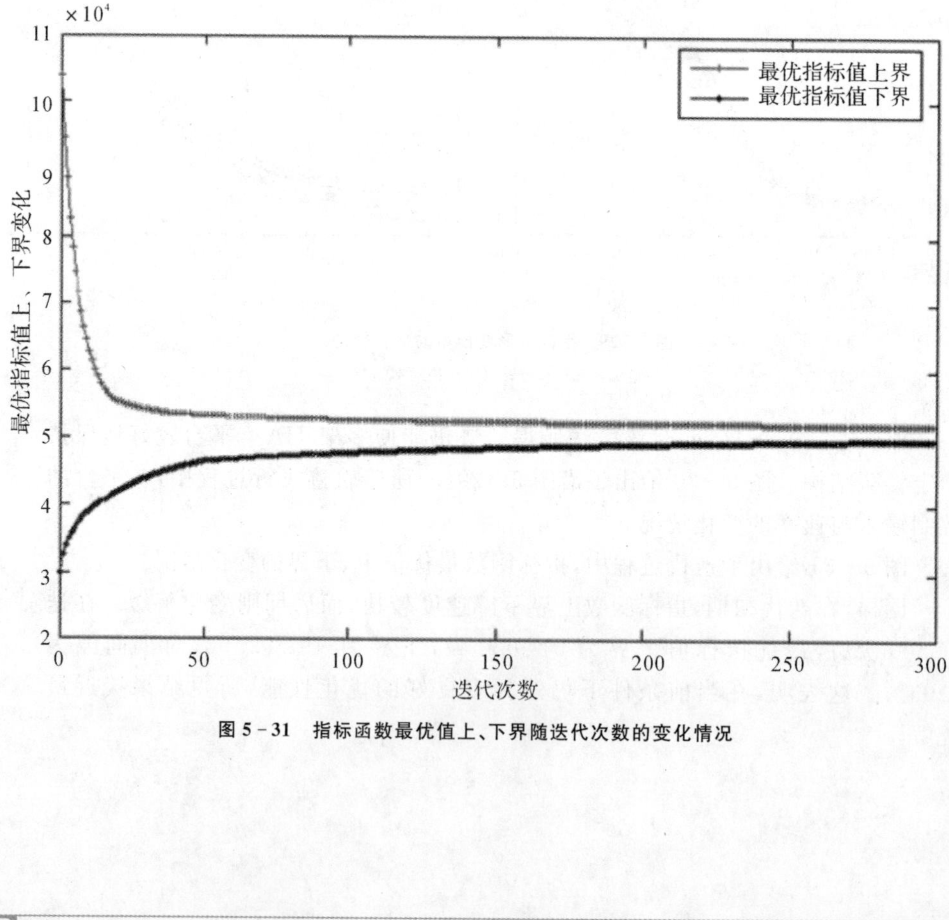

图 5-31　指标函数最优值上、下界随迭代次数的变化情况

5.5　多无人机信息通信及目标状态估计

5.5.1　多无人机信息通信技术

多无人机编队在执行任务过程中，需要对地面站及各机之间进行通信，而在任务执行过程中可能存在突发事件，各无人机之间协商通信以应对突发情况。保障无人机网络路由的可靠性，是协同完成任务的前提。网络环境下的多 UAV 协同作战极大地提高了作战效能，但也给多机控制和决策技术带来了重大挑战，需要考虑网络时延、网络拓扑变化和不确定性扰动等通信条件带来的影响。在很多文献中，采用多智能体一致性理论实现信息的一致性，智能体可以是地面移动机器人、无人机或无线传感器节点等运动单元，基于多个智能体可能相冲突的输入信息，采用一致性控制策略使群体系统产生一致公共输出，并且在理论上证明达到一致性所需轮数的上界和下界相同。该理论在融合估计、协同决策、编队控制以及蜂拥和聚集等多个领域得到了广泛应用。

5.5.1.1　UAV 通信网络

类似于多智能体系统，多 UAV 之间的网络通信关系可由一个加权的有向图 $G=(V,\varepsilon,A)$ 来描述，如图 5-32 所示。其中，图的节点对应 UAV 平台，边 (v_i,v_j) 表示第 i 架 UAV 可以将信息发送给第 j 架 UAV，由于 G 为有向图，故通常情况下 $(i,j)\neq(j,i)$；$\mathbf{A}=[a_{ij}]$ 为邻接矩阵，其非负元素 a_{ij} 的取值与图中的边相对应，它描述了多 UAV 通信连接关系。例如，$(v_i,v_j)\in\varepsilon\Leftrightarrow a_{ij}=1$。定义节点 v_i 的紧邻节点的集合为 $N_i=\{v_j\in V:(v_i,v_j)\in\varepsilon\}$。

但在实际应用中，平台的高速运动、平台战毁以及复杂电磁环境会对多 UAV 之间的有效通信带来影响，出现通信延时、中断、带宽受限等现象，这使得在大部分的情况下，多 UAV 之间的通信受限，为了反映更加真实的物理特点，在本章的研究中考虑如下网络约束条件：

网络时延 τ_{ij}：描述了实际的数据传输过程中，从第 j 架 UAV 到第 i 架 UAV 的信息传递时间。

时变拓扑 G_σ：描述了多 UAV 之间相互通信的连接关系，由于通信范围 R_c 是有限的，随着 UAV 位置的不断变化，多 UAV 之间的通信拓扑结构也是动态变化的。

拓扑结构不确定性：$\forall\sigma(t):[0,\infty]\rightarrow\{1,2,\cdots,N_{ss}\}$ 和 $q=1,2,\cdots,m$ 采用

拉普拉斯矩阵描述的网络拓扑结构满足多项式不确定性，$\Delta \boldsymbol{L}_{\sigma q}=\boldsymbol{L}_{\sigma q}^{(1)}\boldsymbol{L}_{\sigma}(t)\quad {}_{\sigma q}^{(2)}$，$\boldsymbol{L}_{\sigma q}^{(1)},\boldsymbol{L}_{\sigma q}^{(2)}$ 为合适维数常数矩阵，$\ {}_{\sigma}(t)$ 为未知矩阵，且满足 $\ {}_{\sigma}^{\mathrm{T}}\ \ {}_{\sigma}(t)\leqslant I$ 。

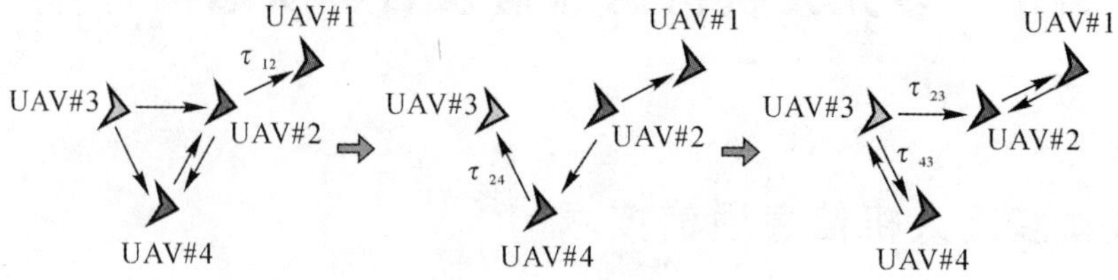

$G_e=(\upsilon_e,\varepsilon_e,A_e)$
$\upsilon_e=(\upsilon_1,\upsilon_2,\upsilon_3,\upsilon_4)$
$\varepsilon_e=\{(2,1),(3,2),(3,4),(4,2),(2,4)\}$

$$\boldsymbol{A}_e=\begin{bmatrix}0&0&0&0\\1&0&0&1\\0&1&0&1\\0&1&0&0\end{bmatrix}$$

$G_e=(\upsilon_e,\varepsilon_e,A_e)$
$\upsilon_e=(\upsilon_1,\upsilon_2,\upsilon_3,\upsilon_4)$
$\varepsilon_e=\{(2,1),(2,4),(4,3)\}$

$$\boldsymbol{A}_e=\begin{bmatrix}0&0&0&0\\1&0&0&1\\0&0&0&0\\0&0&1&0\end{bmatrix}$$

$G_e=(\upsilon_e,\varepsilon_e,A_e)$
$\upsilon_e=(\upsilon_1,\upsilon_2,\upsilon_3,\upsilon_4)$
$\varepsilon_e=\{(1,2),(2,1),(3,2),(3,4),(4,3)\}$

$$\boldsymbol{A}_e=\begin{bmatrix}0&1&0&0\\1&0&0&0\\0&1&0&1\\0&0&1&0\end{bmatrix}$$

图 5-32　存在通信时延和拓扑时变的多 UAV 通信拓扑关系

5.5.1.2　网络时延、扰动和时变拓扑不确定性约束下的多智能体时延相关鲁棒一致性

近年来，很多学者将含有网络时延、外界扰动以及时变拓扑不确定性等情况下的一致性问题统称为多智能体鲁棒一致性，这意味着多智能体系统在实现状态一致的同时，还具有抗干扰和抑制时变拓扑不确定性的能力。在鲁棒一致性问题方面，已开展了频域方法[46]、Lyapuno - Krasovskii 泛函等时域方法[47-48]。这里给出连续单积分器型多智能体鲁棒一致性的问题描述，通过构造公共 Lyapunov - Krasovskii 泛函方法分析多智能体系统的收敛性。利用自由权矩阵方法获得关于非线性矩阵不等式(NLMI)的可行解的存在性判据。在此基础之上，借鉴求解锥补问题的思想，对 NLMI 判据作非线性最小化处理，从而得到保守性低、易于求解的线性矩阵不等式 LMI 收敛判据，并给出仿真验证。

1. 多智能体一致性问题

假定智能体 i 采用连续时间域下的 1 阶积分器模型描述如下，为讨论方便，假定状态变量为 1 维，但后面给出的稳定性判据对于大于 1 维情况仍然适用，有

$$\dot{x}_i(t)=u_i(t)+w_i(t) \tag{5-51}$$

式中，$x_i(t)$ 为智能体 i 的状态值；$u_i(t)$ 为一致性协议；$w_i(t)$ 为外部扰动，且 $x_i(t),u_i(t),w_i(t)\in\mathbf{R}^{N_d}$ 。

为实现鲁棒一致，可采用一致性协议：

$$u_i(t)=\beta_0\sum_{q=1}^{m}\sum_{j\in N_I}(a_{ij}+\Delta a_{ij})[x_j(t-\tau_q(t))-x_i(t-\tau_q(t))] \tag{5-52}$$

式中，Δa_{ij} 表示网络拓扑的不确定性；β_0 为一致性协议系数；$\tau_q(t),q=1,2,\cdots,m$ 为多个时变的网络时延。

考虑如下无穷多个非空、有界和连续间隔 $[t_k,t_{k+1})$，$k=0,1,\cdots$。其中，$t_0=0$，$t_{k+1}-t_k\leqslant T_{\text{wdell}}(k\geqslant 0)$，$T_{\text{wdell}}>0$ 为常数。假定在每个间隔 $[t_k,t_{k+1})$ 中，存在一组非重叠子间隔 $[t_{k_0},t_{k_1})$，$[t_{k_2},t_{k_3})$，$\cdots[t_{k_{N_{ss}-1}},t_{k_{N_{ss}}})$。

这里，$t_k=t_{k_0}$，$t_{k+1}=t_{k_{N_{ss}}}$，同时满足 $t_{j+1}-t_k\geqslant T_{\text{dell}}(0\leqslant j<N_{ss})$。对于整数 $N_{ss}\geqslant 0$ 和 $N_{\text{dell}}>0$，拓扑结构在每个子间隔内不发生变化。显然，在每个间隔 $[t_k,t_{k+1})$ 内至多有 $\lceil T_{\text{wdell}}/T_{\text{dell}}\rceil+1$ 个子间隔，其中，$\lceil T_{\text{wdell}}/T_{\text{dell}}\rceil$ 为不大于 $T_{\text{wdell}}/T_{\text{dell}}$ 的最大整数。令 $\sigma(t):[0,\infty]\to\{1,2,\cdots,N_{ss}\}$ 为这组子间隔内决定拓扑结构变换的切换信号。

将式(5-52)带入式(5-51)，多智能体系统可用矩阵形式描述为

$$\dot{\boldsymbol{x}}(t)=-\beta_0\sum_{q=1}^{m}\sum_{j\in N_I}[(L_{\sigma q}+\Delta L_{\sigma q})\otimes I_{N_d}]\boldsymbol{x}(t-\tau_q)+\boldsymbol{\omega}(t) \tag{5-53}$$

这里，$\boldsymbol{x}(t)\in\mathbf{R}^{nN_d\times 1}$ 为状态向量，$\boldsymbol{w}(t)\in\mathbf{R}^{nN_d\times 1}$ 为扰动向量。$\sigma(t):[0,\infty]\to\{1,2,\cdots,N_{ss}\}$ 为描述动态拓扑结构变换的切换信号。若定义输出方程为

$$\boldsymbol{z}(t)=\boldsymbol{\Lambda}\boldsymbol{x}(t) \tag{5-54}$$

其中，系数矩阵 $\boldsymbol{\Lambda}$ 定义为

$$\boldsymbol{\Lambda}=\begin{bmatrix}\frac{n-1}{n} & -\frac{1}{n} & \cdots & \cdots & -\frac{1}{n}\\ -\frac{1}{n} & \frac{n-1}{n} & -\frac{1}{n} & \cdots & -\frac{1}{n}\\ \cdots & \cdots & \ddots & \cdots & \cdots\\ -\frac{1}{n} & \cdots & -\frac{1}{n} & \frac{n-1}{n} & -\frac{1}{n}\\ -\frac{1}{n} & \cdots & \cdots & -\frac{1}{n} & \frac{n-1}{n}\end{bmatrix}$$

则多智能体系统式(5-53)在时延、扰动以及拓扑结构不确定性等受限网络条件下渐近实现鲁棒一致当且仅当 $\|z\|_2<\gamma\|w\|_2$ 以及

$$\left.\begin{aligned}&\lim_{t\to\infty}\|x_i(t)-x_j(t)\|=0,\quad \forall i,j\in I\\ &\lim_{t\to\infty}x_i(t)=-\frac{1}{n}\sum_{i=1}^{n}x_i(0),\quad \forall i\in I\end{aligned}\right\} \tag{5-55}$$

假定 $w(t) \in L_2[0,\infty)$，且网络拓扑结构不确定性满足：

$$\Delta L_{\sigma q} = L_{\sigma q}^{(1)}{}_{\sigma}(t) L_{\sigma q}^{(2)}, \quad q=1,2,\cdots,m \tag{5-56}$$

2. 时延相关 NLMI 判据

引理 5.1 存在一个对称矩阵 $\boldsymbol{x}$ 使得以下两个不等式成立，即

$$\left.\begin{aligned} \begin{bmatrix} O_1+X & Y_1 \\ * & H_1 \end{bmatrix} > 0 \\ \begin{bmatrix} O_2-X & Y_2 \\ * & H_2 \end{bmatrix} > 0 \end{aligned}\right\} \tag{5-57}$$

等价于

$$\begin{bmatrix} O_1+O_2 & Y_1 & Y_2 \\ * & H_1 & 0 \\ * & * & H_2 \end{bmatrix} \tag{5-58}$$

引理 5.2 给定合适维矩阵 $\boldsymbol{B}=\boldsymbol{B}^{\mathrm{T}}, \boldsymbol{J}, \boldsymbol{K}$，则对于所有满足 $\boldsymbol{D}^{\mathrm{T}}(t)\boldsymbol{D}(t) \leqslant \boldsymbol{I}$ 的矩阵 $\boldsymbol{D}(t)$ 不等式 $\boldsymbol{B}+\boldsymbol{J}\boldsymbol{D}(t)\boldsymbol{K}+\boldsymbol{K}^{\mathrm{T}}\boldsymbol{D}^{\mathrm{T}}(t)\boldsymbol{J}^{\mathrm{T}} < 0$ 等价于 $\boldsymbol{B}+c_0^{-1}\boldsymbol{J}\boldsymbol{J}^{\mathrm{T}}+c_0\boldsymbol{K}^{\mathrm{T}}\boldsymbol{K} < 0$，其中 c_0 为小常数。

定理 5.4 （联合连通动态拓扑鲁棒一致性收敛判据）对于存在两个网络时延的多智能体系统，假设在 $[t_k, t_{k+1})$，$k=0,1,\cdots$ 间隔内所有拓扑图满足多智能体系统动态拓扑是联合连通的；相应的图为平衡图；对于任意拓扑切换信号，所有拓扑结构的节点入度 / 出度之和相等，给定网络时延上界 $\bar{\tau}_i$，及变化率上界 $\bar{u}_i (i=1,2,\cdots,m)$。如果存在合适维公共矩阵 $\boldsymbol{P}=\boldsymbol{P}^{\mathrm{T}} > \boldsymbol{0}$，$\boldsymbol{Q}_q=\boldsymbol{Q}_q^{\mathrm{T}} \geqslant \boldsymbol{0}$ 和 $\boldsymbol{R}_q=\boldsymbol{R}_q^{\mathrm{T}} \geqslant 0$，$q=1,2,\cdots,m$，公共自由权矩阵 $\boldsymbol{N}_q=[N_q^{(1)} \quad N_q^{(2)}]^{\mathrm{T}}$，$q=1,2,\cdots,m$，以及常数 c_0 满足如下 NIMI：

$$\sum_{q=1}^{m} \boldsymbol{\Xi}_{\sigma q} < 0, \forall \sigma:[0,\infty] \rightarrow \{1,2,\cdots,N_{ss}\} \tag{5-59}$$

其中

$$\boldsymbol{\Xi}_{\sigma q} = \begin{bmatrix} \boldsymbol{\Xi}_{\sigma q}^{(11)} & \boldsymbol{\Xi}_{\sigma q}^{(12)} & \boldsymbol{P} & \boldsymbol{0} & \bar{\boldsymbol{\tau}}_q \boldsymbol{N}_q^{(1)} & \bar{\boldsymbol{\tau}}_q \bar{\boldsymbol{A}}^{\mathrm{T}} & -\beta_0 \boldsymbol{P}\bar{\boldsymbol{L}}_{\sigma q}^{(1)} & \boldsymbol{0} \\ * & \boldsymbol{\Xi}_{\sigma q}^{(22)} & \boldsymbol{0} & -\beta_0 \bar{\boldsymbol{\tau}}_q \bar{\boldsymbol{L}}_{\sigma q}^{(1)} & \bar{\boldsymbol{\tau}}_q \boldsymbol{N}_q^{(2)} & \boldsymbol{0} & \boldsymbol{0} & -\beta_0 c_0 [\bar{\boldsymbol{L}}_{\sigma q}^{(2)}]^{\mathrm{T}} \\ * & * & -\gamma^2 \boldsymbol{I} & \bar{\boldsymbol{\tau}}_q & \boldsymbol{0} & \boldsymbol{0} & \boldsymbol{0} & \boldsymbol{0} \\ * & * & * & -\bar{\boldsymbol{\tau}}_q \boldsymbol{R}_q^{-1} & \boldsymbol{0} & \boldsymbol{0} & \boldsymbol{0} & \boldsymbol{0} \\ * & * & * & * & -\bar{\boldsymbol{\tau}}_q \boldsymbol{R}_q & \boldsymbol{0} & -\beta_0 \bar{\boldsymbol{\tau}}_q \bar{\boldsymbol{L}}_{\sigma q}^{(1)} & \boldsymbol{0} \\ * & * & * & * & * & -\boldsymbol{I} & \boldsymbol{0} & \boldsymbol{0} \\ * & * & * & * & * & * & -c_0 \boldsymbol{I} & \boldsymbol{0} \\ * & * & * & * & * & * & * & -c_0 \boldsymbol{I} \end{bmatrix}$$

$$\boldsymbol{\Xi}_{\sigma q}^{(11)} = \boldsymbol{Q}_q + \boldsymbol{N}_q^{(1)} + [\boldsymbol{N}_q^{(1)}]^{\mathrm{T}}$$

$$\boldsymbol{\Xi}_{\sigma q}^{(12)} = -\boldsymbol{\beta}_0 \boldsymbol{P}\overline{\boldsymbol{L}}_{\sigma q} - \boldsymbol{N}_q^{(2)} + [\boldsymbol{N}_q^{(2)}]^{\mathrm{T}}$$

$$\boldsymbol{\Xi}_{\sigma q}^{(22)} = -(1-\mu_q)\boldsymbol{Q}_q - \boldsymbol{N}_q^{(2)} + [\boldsymbol{N}_q^{(2)}]^{\mathrm{T}}$$

$$\overline{\boldsymbol{L}}_{\sigma q} = \boldsymbol{E}_{CK}^{\mathrm{T}} \boldsymbol{L}_{\sigma q} \boldsymbol{E}_{CK}, \quad \overline{\boldsymbol{\Lambda}} = \boldsymbol{E}_{CK}^{\mathrm{T}} \boldsymbol{\Lambda} \boldsymbol{E}_{CK}$$

$$\overline{\boldsymbol{L}}_{\sigma q}^{(1)} = \boldsymbol{E}_{CK}^{\mathrm{T}} \boldsymbol{L}_{\sigma q}^{(1)} \boldsymbol{E}_{CK}, \quad \overline{\boldsymbol{L}}_{\sigma q}^{(2)} = \boldsymbol{E}_{CK}^{\mathrm{T}} \boldsymbol{L}_{\sigma q}^{(2)} \boldsymbol{E}_{CK}, \quad k = \mathrm{rank}\left(\sum_{i=1}^{m} \boldsymbol{L}_{\sigma i}\right)$$

这里，$\boldsymbol{E}_{CK}$ 为非零特征值所对应特征向量矩阵的前 k 列，则采用一致性协议式(5-52) 的多智能体系统式(5-53) 和式(5-54) 渐近取得鲁棒一致且满足指定 H_∞ 性能指标 γ。

推论 5.1 （强连通动态拓扑鲁棒一致性收敛判据）　对于存在 m 个网络时延的多智能体系统，假设在 $[t_k, t_{k+1})$，$k=0,1,\cdots$ 间隔内所有拓扑图满足相应的图为平衡图；多智能体系统拓扑结构是强连通的。给定网络时延上界 $\bar{\tau}_i$，及变化率上界 $\bar{u}_i (i=1,2,\cdots,m)$，如果存在合适维公共矩阵 $\boldsymbol{P}>0$，$\boldsymbol{Q}_q \geqslant 0$，$\boldsymbol{R}_q \geqslant 0$，$q=1,2,\cdots,m$，公共自由权矩阵 $\boldsymbol{N}_q = [\boldsymbol{N}_q^{(1)} \quad \boldsymbol{N}_q^{(2)}]^{\mathrm{T}}$，$q=1,2,\cdots,m$ 以及常数 c_0 满足如下 NIMI：

$$\sum_{q=1}^{m} \boldsymbol{\Xi}_{\sigma q} < 0, \forall \sigma: [0,\infty] \to \{1,2,\cdots,N_{ss}\} \tag{5-60}$$

其中，$\boldsymbol{\Xi}_{\sigma q}$ 的定义同式(5-57)，则采用一致性协议式(5-52) 的多智能体系统式(5-53) 和式(5-54) 渐近取得鲁棒一致且满足指定H_∞ 性能指标 γ。

定义合适维正定矩阵 $\boldsymbol{\gamma}_q (q=1,2,\cdots,m)$ 替换式(5-54) 所定义的 $\boldsymbol{\Xi}_{\sigma q}$ 中的 $\boldsymbol{R}_q^{-1}$，并记替换后的 $\boldsymbol{\Xi}_q$ 矩阵为 $\hat{\boldsymbol{\Xi}}_q$，有

$$\hat{\boldsymbol{\Xi}}_{\sigma q} = \begin{bmatrix} \boldsymbol{\Xi}_{\sigma q}^{(11)} & \boldsymbol{\Xi}_{\sigma q}^{(12)} & \boldsymbol{P} & \boldsymbol{0} & \bar{\boldsymbol{\tau}}_q \boldsymbol{N}_q^{(1)} & \bar{\boldsymbol{\tau}}_q \overline{\boldsymbol{\Lambda}}^{\mathrm{T}} & -\beta_0 \boldsymbol{P}\overline{\boldsymbol{L}}_{\sigma q}^{(1)} & 0 \\ * & \boldsymbol{\Xi}_{\sigma q}^{(22)} & \boldsymbol{0} & -\beta_0 \bar{\boldsymbol{\tau}}_q \overline{\boldsymbol{L}}_{\sigma q} & \bar{\boldsymbol{\tau}}_q \boldsymbol{N}_q^{(2)} & 0 & 0 & -\beta_0 c_0 [\overline{\boldsymbol{L}}_{\sigma q}^{(2)}]^{\mathrm{T}} \\ * & * & -\gamma^2 \boldsymbol{I} & \bar{\boldsymbol{\tau}}_q & 0 & 0 & 0 & 0 \\ * & * & * & -\bar{\boldsymbol{\tau}}_q \boldsymbol{\gamma}_q & 0 & 0 & 0 & 0 \\ * & * & * & * & -\bar{\boldsymbol{\tau}}_q \boldsymbol{R}_q & 0 & -\beta_0 \bar{\boldsymbol{\tau}}_q \overline{\boldsymbol{L}}_{\sigma q}^{(1)} & 0 \\ * & * & * & * & * & -\boldsymbol{I} & 0 & 0 \\ * & * & * & * & * & * & -c_0 \boldsymbol{I} & 0 \\ * & * & * & * & * & * & * & -c_0 \boldsymbol{I} \end{bmatrix} \tag{5-61}$$

这样，$\boldsymbol{\Xi}_{\sigma q} < 0$ 等价于式(5-62) 和式(5-63) 同时成立，则

$$\hat{\boldsymbol{\Xi}}_{\sigma q} < 0 \tag{5-62}$$

$$\boldsymbol{R}_q^{-1} \geqslant \boldsymbol{\gamma}_q \tag{5-63}$$

式(5-63) 等价为

$$\begin{bmatrix} \boldsymbol{\gamma}_q^{-1} & \boldsymbol{I} \\ * & \boldsymbol{R}_q^{-1} \end{bmatrix} \geqslant 0 \tag{5-64}$$

则 $\boldsymbol{\Xi}_{\sigma q} < 0$ 成立当且仅当 $\hat{\boldsymbol{\Xi}}_{\sigma q} < 0$，$\begin{bmatrix} \boldsymbol{\gamma}'_q & \boldsymbol{I} \\ * & \boldsymbol{R}'_q \end{bmatrix} \geqslant 0$，$\boldsymbol{Y}'_q = \boldsymbol{\gamma}_q^{-1}$，$\boldsymbol{R}'_q = \boldsymbol{R}_q^{-1}$ 同时成立。

借鉴文献[50]在求解锥补问题(Cone Compensation Problem，CCP)的思想，上述问题可等价为如下非线性最小化问题：

$$\min \mathrm{Tr}\{ \sum\nolimits_{q=1}^{m} (\boldsymbol{\gamma}_q \boldsymbol{\gamma}'_q + \boldsymbol{R}'_q \boldsymbol{R}_q) \} \tag{5-65}$$

$$\begin{gathered} \text{s. t.} \sum_{q=1}^{m} \hat{\boldsymbol{\Xi}}_{\sigma q} < 0, \quad \sum_{q=1}^{m} \begin{bmatrix} \boldsymbol{\gamma}'_q & \boldsymbol{I} \\ * & \boldsymbol{R}'_q \end{bmatrix} \geqslant 0, \quad \sum_{q=1}^{m} \begin{bmatrix} \boldsymbol{\gamma}_q & \boldsymbol{I} \\ * & \boldsymbol{\gamma}'_q \end{bmatrix} \geqslant 0 \\ \sum_{q=1}^{m} \begin{bmatrix} \boldsymbol{R}_q & \boldsymbol{I} \\ * & \boldsymbol{R}'_q \end{bmatrix} \geqslant 0, \quad \boldsymbol{\gamma}_q > 0, q = 1, 2, \cdots, m \end{gathered} \tag{5-66}$$

此时，定理 5.4 所得判据可利用 LMI 工具箱直接求解。

下面给出非线性最小化问题式(5-65)和式(5-66)的LMI迭代求解算法。为了方便讨论，假定 m 个网络时延满足 $\tau_1 < \cdots < \tau_m$ 关系。

算法 5.1 （给定 H_∞ 性能指标 γ（或 τ_m） 最大化网络时延上界 τ_m（或最小化 γ））：

Step1：设定 τ_m（或 γ）初值，使得 $\sum_{q=1}^{m} \hat{\boldsymbol{\Xi}}_{\sigma q} < 0$ 成立。

Step2：找到满足式(5-66)中4个矩阵不等式约束条件的所有未知矩阵变量的一个可行解($\boldsymbol{\gamma}'_q(0), \boldsymbol{\gamma}_q(0), \boldsymbol{R}'_q(0), \boldsymbol{R}_q(0), q = 1, \cdots, m$)。令迭代次数 $k = 0$。

Step3：关于矩阵变量($\boldsymbol{\gamma}'_q, \boldsymbol{\gamma}_q, \boldsymbol{R}'_q, \boldsymbol{R}_q, q = 1, \cdots, m$)，满足约束条件式(5-66)前提下解如下最小化问题：

$$\min \mathrm{Tr}\{ \sum_{q=1}^{m} (\boldsymbol{\gamma}_q(k) \boldsymbol{\gamma}'_q + \boldsymbol{\gamma}_q \boldsymbol{\gamma}'_q(k) + \boldsymbol{R}'_q(k) \boldsymbol{R}_q + \boldsymbol{R}'_q \boldsymbol{R}_q(k)) \} \tag{5-67}$$

$\forall q = 1, \cdots, m$，令 $\boldsymbol{\gamma}'_q(k+1) = \boldsymbol{\gamma}'_q, \boldsymbol{\gamma}_q(k+1) = \boldsymbol{\gamma}_q, \boldsymbol{R}'_q(k+1) = \boldsymbol{R}'_q$，$\boldsymbol{R}_q(k+1) = \boldsymbol{R}_q$。

Step4：判断 $\sum_{q=1}^{m} \boldsymbol{\Xi}_{\sigma q} < 0$ 是否成立，若满足，则适当增加 τ_m（或减小 γ），返回 Step2；如果不满足，并且超过指定迭代次数，终止程序，否则，令 $k = k + 1$ 返回 Step3。

3. 数字实例

本节将通过数值实例和仿真来验证所提出收敛判据的有效性，考虑图 5-33

中的联合连通平衡图存在两个网络时延($m=2$)。为讨论方便,假定邻接矩阵只包含 0,1 元素。下面,将分别讨论具有不同联合连通度的两组情况:

CASE1:联合连通拓扑 G_a,G_b

CASE2:联合连通拓扑 G_c,G_d

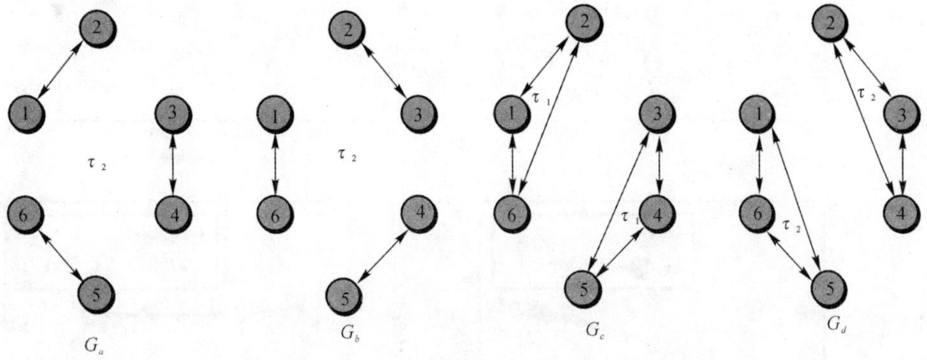

图 5-33　联合连通平衡图

假定时变时延满足 $\bar{\tau}_1 < \bar{\tau}_2$ 并且令 $L_{a1}^{(1)}=0.2*I$,$L_{a1}^{(2)}=L_a$,$L_{a2}^{(1)}=L_{a2}^{(2)}=0$,$L_{b2}^{(1)}=L_{b2}^{(2)}=0$,$L_{b2}^{(1)}=0.2*I$,$L_{b1}^{(2)}=L_b$,对于指定的鲁棒性能指标 γ,最大网络时延上界可由算法 5.1 计算得到。基于正交实验方法,表 5-1 给出了两种不同联合连通情况下多智能体系统所允许的最大网络时延上界。进一步,图 5-34 给出了正交实验中每个因素与网络时延上界 $\overline{\tau_2}$ 的变化曲线。

表 5-1　四因素—三水平正交实验结果($\gamma=1$)

序　号	因　素				性能指标值 $\bar{\tau}_2$	
	β_0	$\bar{\gamma}_1$	$\bar{\mu}_1$	$\bar{\mu}_2$	CASE Ⅰ	CASE Ⅱ
1	1	0.05	0	0	0.209	1.279
2	1	0.10	0.50	0.50	0.159	1.229
3	1	0.12	0.90	0.90	0.139	1.209
4	2	0.05	0.50	0.90	0.987	5.267
5	2	0.10	0.90	0	0.937	5.217
6	2	0.12	0	0.50	0.917	5.197
7	3	0.05	0.90	0.50	2.284	11.913
8	3	0.10	0	0.90	2.234	11.864
9	3	0.12	0.50	0	2.214	11.844

续 表

序　号	因　素				性能指标值 $\bar{\tau}_2$	
	β_0	$\bar{\gamma}_1$	$\bar{\mu}_1$	$\bar{\mu}_2$	CASE Ⅰ	CASE Ⅱ
$\bar{I}_1$	0.169	1.160	1.120	1.120		
$\bar{I}_2$	0.947	1.110	1.120	1.120		
$\bar{I}_3$	2.244	1.090	1.120	1.120		
极差	2.075	0.070	0	0		

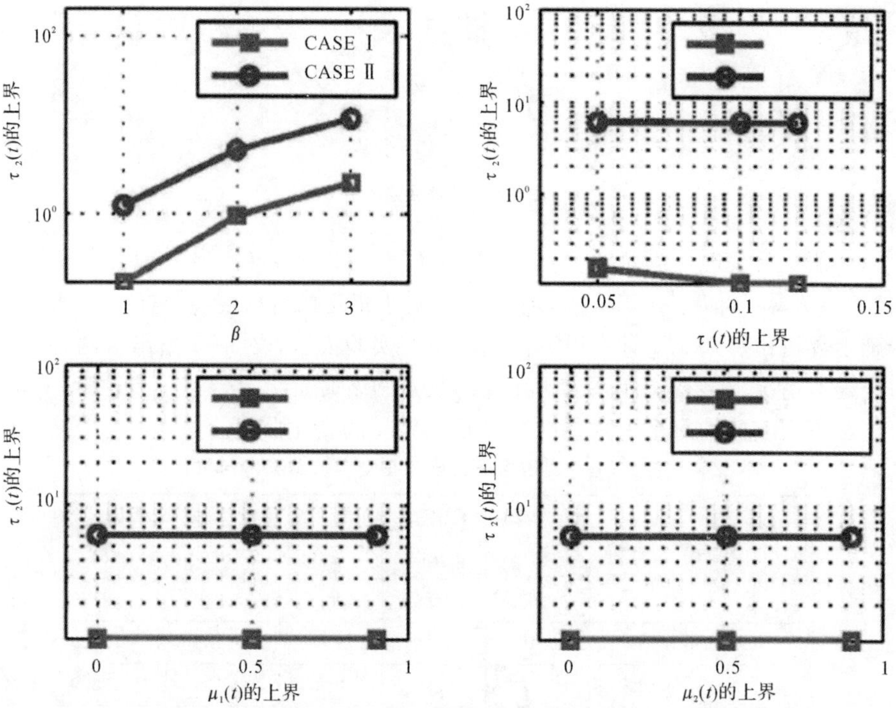

图 5-34　正交实验中各因素与网络时延上界 $\bar{\tau}_2$ 间的相互关系

由表 5-1 和图 5-34 结果，可以得到以下结论：

(1) 影响 $\bar{\tau}_2$ 的主要因素为系数 β_0，其次为 $\bar{\tau}_1$，而时延变化率 $\bar{\mu}_1$，$\bar{\mu}_2$ 则影响甚微；因此，为了获得更大的网络时延上界 $\bar{\tau}_2$，可以通过：

1) 增大系数 β_0。

2) 减小时延 $\bar{\tau}_1$ 数值大小。

(2) 由于时延变化率对最大网络时延上界无影响，可以得到时延相关/时延变化率无关判据。

(3) 情况 n 所允许的最大网络时延上界要大于情况 I。这是因为情况 n 的联合连通度要高于情况 I，它由所有联合连通拓扑的 Laplcian 矩阵非零第二小特征值决定，即 $\Lambda_2(G_a+G_b)<\Lambda_2(G_c+G_d)$。

(4) 指定 H_∞ 性能指标 γ，所提判据可用来计算不同 $\bar{\mu}_2$，$\bar{\tau}_1$，$\bar{\mu}_1$ 和 β_0 情况下的最大网络时延上界 $\bar{\tau}_2$；反之，也可在不同 $\bar{\tau}_1$，$\bar{\mu}_1$，$\bar{\tau}_2$，$\bar{\mu}_2$ 和 β_0 的情况下最小化 H_∞ 性能指标 γ。

由于强连通是联合连通情况的一种特例，因此本章所给出的收敛判据同样适合判断强连通拓扑条件下的多智能体系统的收敛性问题。为体现本章所提判据在保守性方面的优势，将与文献[47]中的结果进行比较。假定多智能体系统存在单个网络时延，且网络拓扑结构如图 5-35 所示。

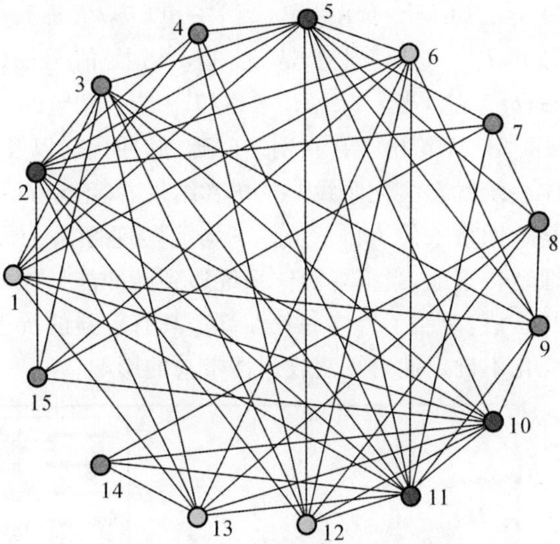

图 5-35　强连通固定网络拓扑结

表 5-2　单积分器型多智能体系统允许的最大网络时延上界($\gamma=2$)

$\bar{\mu}=0$	$\bar{\mu}=0.5$	$\bar{\mu}=0.9$	任意 $\bar{\mu}$
0.083	—	—	—
4.393	4.392	4.393	4.393

表 5-2 给出了 $\gamma=2$ 时不同 $\bar{\mu}$ 情况下的多智能体系统所允许的最大网络时延上界。比较结果表明本章所提判据的保守性要优于文献[47]，主要原因是自由权矩阵减少了 Lyapunov-Krasovskii 泛函导数的缩小程度。此外，本节方法

能够获得时变时延情况下的最大上界，而文献[47]只能处理固定时延情况。

为了进一步验证所提判据的有效性，选择表 5 - 1 中第六组数据作仿真实验。

令

$$\mathscr{R}_a(t)=\begin{bmatrix}\sin(t) & \mathbf{0}_{1\times 5}\\ \mathbf{0}_{5\times 1} & \mathbf{0}_{5\times 5}\end{bmatrix},\quad \mathscr{R}_b(t)=\begin{bmatrix}\cos(t) & \mathbf{0}_{1\times 5}\\ \mathbf{0}_{5\times 1} & \mathbf{0}_{5\times 5}\end{bmatrix}$$

满足 $\mathscr{R}_a^{\mathrm{T}}(t)\mathscr{R}_a(t)\leqslant \boldsymbol{I}$，$\mathscr{R}_b^{\mathrm{T}}(t)\mathscr{R}_b(t)\leqslant \boldsymbol{I}$。

类似文献[47][48]，选择脉冲响应作为有限能量扰动，有

$$\bar{\omega}(t)=\begin{cases}0, & t\in[1,21]\\ 1, & t\in[21,22]\\ 0, & t\in[22,40]\end{cases}\tag{5-68}$$

对于情况 Ⅰ，切换信号 $\sigma(t)=G_a$，当 $t\in[kT,kT+1)$；$\sigma(t)=G_b$，当 $t\in[kT+1,kT+2)$，$T=1$ s；对于情况 Ⅱ，切换信号 $\sigma(t)=G_c$，当 $t\in[kT,kT+1)$；$\sigma(t)=G_d$，当 $t\in[kT+1,kT+2)$，$T=1$ s。

图 5 - 36 和图 5 - 37 给出了存在网络时延、脉冲扰动以及拓扑结构不确定性条件下多智能体系统状态演化曲线。从仿真结果看，给定 H_∞ 性能指标 $\gamma=1$，多智能体系统在复杂网络条件 I 和 n 条件下均能实现鲁棒一致性，验证了本节所提判据的有效性。特别地，当多智能体系统遇到脉冲能量扰动后，能够快速调整并收敛到一致状态值，说明了鲁棒一致性算法具有较强的抗干扰能力，可以有效抑制网络拓扑变化不确定性对算法收敛性带来的影响。

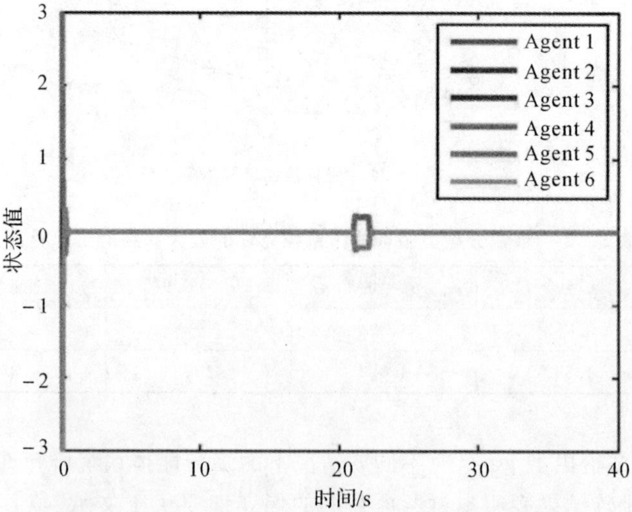

图 5 - 36　复杂网络条件 I 下多智能体系统状态演化曲线

$\left(\beta_0=2,\tau_1(t)=0.12\ \mathrm{s},\tau_2(t)=0.917\left|\sin\left(\frac{0.5}{0.917}t\right)\right|\ \mathrm{s}\right)$

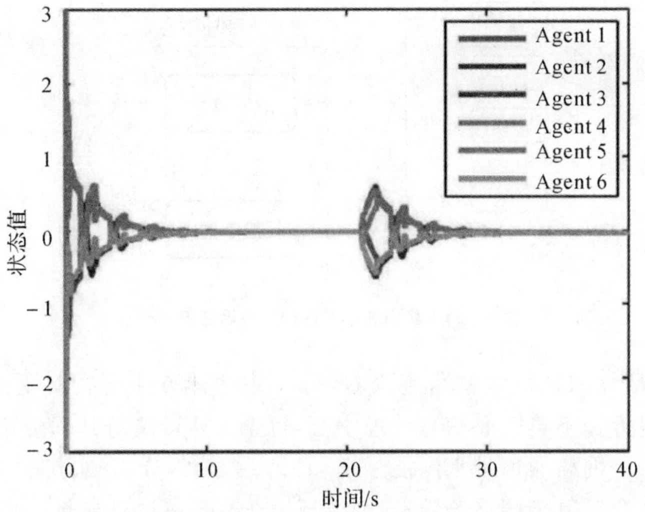

图 5-37　复杂网络条件 n 下多智能体系统状态演化曲线

$(\beta_0 = 2, \tau_1(t) = 0.12\ \text{s}, \tau_2(t) = 5.917\left|\sin\left(\frac{0.5}{5.917}t\right)\right|\ \text{s})$

5.5.2　基于一致性理论多目标状态估计

多 UAV 在协同编队执行任务时，首先需要对目标信息与环境进行感知，特别是对于机动目标的跟踪与攻击，多平台、多源对目标观测信息的有效融合是多无人机自主协同作战的关键技术。在战场环境中，网络通信条件易受到电磁干扰，网络拓扑结构经常发生变化，由于多智能体一致性算法在信息交换、分布式协调等方面表现出色，所以在近来的分布式状态估计方法中得到了较为广泛的应用。

1. 问题描述

在多 UAV 对地面目标协同打击的任务想定中，假定每个平台均携带雷达。在多 UAV 系统到达目标区域后，雷达开机探测目标，每架 UAV 则根据接收目标反射信号进行本地时差和 Doppler 信号测量。对于集中式方法，各 UAV 平台将测量结果发送给同一个任务控制中心或有人机，由集中式处理中心的滤波算法给出目标位置、速度等信息，再根据具体任务的不同将控制信号发送给各 UAV 平台(见图 5-38)。与集中式处理方法不同，分布式处理方法不要求把上述测量信号发送给相同的处理中心，各 UAV 平台根据采集到的信号解算出目标信息，再经由平台内的控制器构成反馈回路(见图 5-39)。

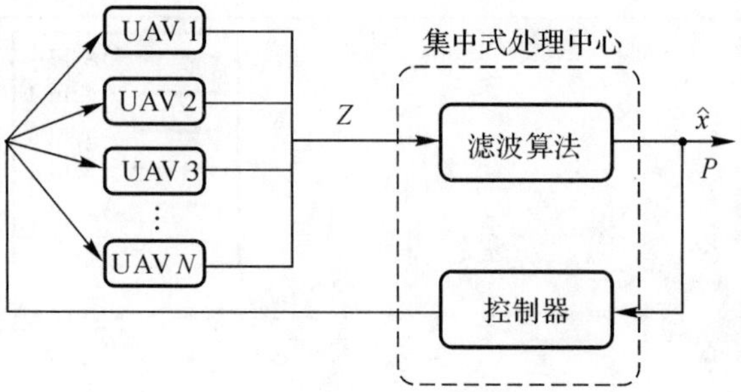

图 5-38 集中式状态估计结构示意图

从应用灵活性和执行效率角度来看，分布式估计方法将具有更大的优势。一方面，分布式方法不再需要信息处理中心，每架 UAV 仅与其邻近 UAV 之间进行通信，减少了网络通信带来的能量损耗；另一方面，分布式方法还适用于网络时延、拓扑时变等复杂网络条件，对战场环境具有更好的适应性。但要实现高精度的目标状态观测，满足目标攻击条件，除了要提升 UAV 机载雷达的探测性能、提高时差信号和 Doppler 信号的解算精度外，分布式状态估计算法的性能也起着至关重要的作用。只有形成统一的公共作战视图，才能满足系统或平台上进行有效规划和决策的要求，从而有效提升网络化多 UAV 系统协同目标攻击的能力。

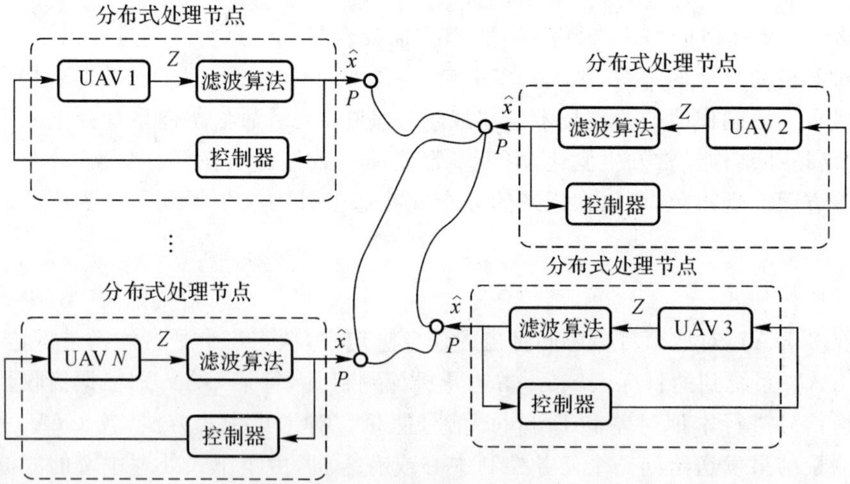

图 5-39 分布式状态估计结构示意图

假定多 UAV 系统的攻击目标为地面移动目标。因此，在任务区内协同观测的主要目的就是估计目标运动的状态轨迹。尽管目标在空间上并不为点目标，但其运动信息对于武器攻击来说是很重要的，因而在目标建模时通常把目标看作是空间上的点。其中，目标运动模型用来描述目标状态信息随时间的演化过程，如位置、速度以及方向信息等。观测模型则用来描述雷达能够提供的目标属性信息，如时差信号、Doppler 信号等。

现在给出分布式估计算法中的目标运动模型和雷达观测模型：

$$\boldsymbol{x}_{i,k+1} = f_{i,k}(\boldsymbol{x}_{i,k}) + \boldsymbol{w}_{i,k}, \quad i = 1,2,\cdots,n \tag{5-69}$$

$$\boldsymbol{z}_{i,k} = h_{i,k}(\boldsymbol{x}_{i,k}) + \boldsymbol{v}_{i,k}, \quad i = 1,2,\cdots,n \tag{5-70}$$

式中，$f_{i,k}(.)$ 为目标状态向量 $\boldsymbol{x}_{i,k}$ 的状态转移函数；$\boldsymbol{w}_{i,k}$ 是过程噪声序列，通常是指协方差矩阵为 $\boldsymbol{Q}_{i,k}$ 的零均值高斯白噪声；$\boldsymbol{z}_{i,k}$ 为第 i 个 UAV 平台的测量值；$h_{i,k}(\cdot)$ 为观测模型；$\boldsymbol{v}_{i,k}$ 是测量噪声序列，通常是指协方差矩阵为 $\boldsymbol{R}_{i,k}$ 的零均值高斯白噪声。一般情况下，$f_{i,k}(.)$ 和 $h_{i,k}(.)$ 均为时变非线性函数。

常见的目标运动模型包括常数模型（CV）、匀加速模型(CA)、singer 模型以及匀速转弯模型(CT)等等。由于本章重点研究网络约束条件下的分布式状态估计方法，在后续仿真实验部分将选择 CT 模型作为目标运动模型，其数学描述为

$$\boldsymbol{x}_{i,k+1} = \boldsymbol{A}(p)\boldsymbol{x}_{i,k} + \boldsymbol{B}(p)\boldsymbol{w}_{i,k}, \quad i = 1,2,\cdots,n \tag{5-71}$$

$$\boldsymbol{A}(p) = \begin{bmatrix} 1 & \dfrac{\sin(pT)}{p} & 0 & -\dfrac{1-\cos(pT)}{p} \\ 0 & \cos(pT) & 0 & -in(pT) \\ 0 & \dfrac{\cos(pT)}{p} & 1 & \dfrac{\sin(pT)}{p} \\ 0 & \sin(pT) & 0 & \cos(pT) \end{bmatrix}, \quad \boldsymbol{B}(p) = \begin{bmatrix} \dfrac{T^2}{2} & 0 \\ T & 0 \\ 0 & \dfrac{T^2}{2} \\ 0 & T \end{bmatrix}$$

式中，P 为转弯角速率；T 为采样周期。

观测模型中的观测向量为 $\boldsymbol{z}_{i,k} = [r_{i,k} \quad \theta_{i,k}]^{\mathrm{T}}$，其数学描述为

$$\left.\begin{aligned} r_{i,k} &= \sqrt{(x_{x,k} - x_{x,k}^{\mathrm{UAV}})^2 + (y_{x,k} - y_{x,k}^{\mathrm{UAV}})^2} \\ \theta_{i,k} &= \arctan\left(\frac{y_{x,k} - y_{x,k}^{\mathrm{UAV}}}{x_{x,k} - x_{x,k}^{\mathrm{UAV}}}\right), \quad i = 1,2,\cdots,n \end{aligned}\right\} \tag{5-72}$$

这里，$x_{i,k}$ 和 $y_{i,k}$ 为目标位置；$x_{i,k}^{\mathrm{UAV}}$ 和 $y_{i,k}^{\mathrm{UAV}}$ 为 UAV 平台位置。

2. 基于鲁棒一致性的分布式估计算法

在多 UAV 系统到达任务区后，为保证足够的隐身性，多机之间将保持一种松散式的网络结构进行通信。由于多 UAV 系统的稀疏性特征，一致性融合算法在一个迭代周期内很难收敛到一致的状态值。为此，本章提出一种双时间窗 0 递推迭代机制，它主要包括滤波器预测 / 更新时间窗 $T_{\mathrm{win},k}$ 和一致性融合时间窗 $T_{\mathrm{win},s}$。通常情况下，有 $T_{\mathrm{win},k} = N_s T_{\mathrm{win},s}$，$N_s$ 为非负整数。前者用于本地滤波

器完成状态信息向量和 Fisher 信息矩阵的预测与更新，后者为本地滤波器完成本地信息与邻居节点信息的一致性融合。在图 5-40 中，符号"■"为滤波器预测 / 更新时刻，符号"●"为一致性融合时刻。在所有的一致性融合时刻，多 UAV 系统将通过机间数据链共享各自对目标状态的观测信息。受限于时变网络时延和拓扑结构等约束条件，节点 i 和节点 j 之间将出现如图 5-40 所示的通信连接情况。

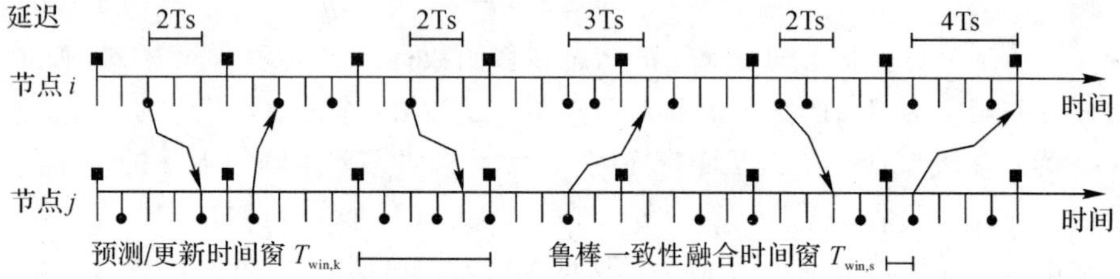

图 5-40 双时间窗递推迭代机制示意图

如前所述，双时间窗递推迭代思想具有下述特点：

(1)分布式估计精度高。在双时间窗递推迭代算法中，多步的一致性融合将确保各 UAV 平台对目标状态及其协方差矩阵的估计值收敛于相同或较为接近的状态值，从而能够提高算法的估计精度，降低分布式系统中各 UAV 平台间的一致性误差(eonsistency error)。

(2)适用于复杂网络通信条件。选择特定的一致性融合算法能够有效抑制受限复杂网络通信条件对分布式估计带来的影响，并使这一过程独立于本地滤波器预测/更新环节。

(3)可实现性强。高速网络通信技术逐渐成熟和广泛应用给双时间窗递推迭代机制的部署提供了更便捷的条件。此外，在后续的讨论中还将提到，对于基于双时间窗递推迭代机制的分布式估计方法，其计算复杂度和通信复杂度均可在多项式时间内完成。

在离散时间域下，采用如下差分方程描述智能体 i 的动力学特征：

$$x_i(s+1)=x_i(s)+u_i(s)+\omega_i(s) \tag{5-73}$$

式中，$x_i(s)$ 为 s 时刻的状态值；$u_i(s)$ 为一致性控制协议；$w_i(s)$ 为外部扰动，且 $x_i(s),u_i(s),w_i(s)\in\mathbf{R}$ 。

考虑网络时延和拓扑结构不确定，采用如下离散一致性控制协议：

$$u_i(s)=\beta_0\sum_{q=1}^{m}\sum_{j\in N_i}(a_{ij}+\Delta a_{ij})[x_j(t-\tau_q(s))-x_i(t-\tau_q(s))] \tag{5-74}$$

式中，Δa_{ij} 表示通信拓扑的不确定性；β_0 为一致性控制协议系数；$\tau_q(s),q=1,$

$\cdots,m$ 为多个时变的网络时延。

可得到时延相关鲁棒一致性策略：

$$x_i(s+1)=x_i(s)+\beta_0\sum_{q=1}^{m}\sum_{j\in N_i}(a_{ij}+\Delta a_{ij})[x_j(t-\tau_q(s))-x_i(t-\tau_q(s))]+\omega_i(s) \tag{5-75}$$

上一节采用 Lyapunov - Krasovskii 泛函构造方法，给出了采用上述一致性协议的多智能体系统实现鲁棒一致收敛的稳定判据。这里给出一种全新的分布式状态估计方法。由于笔者关注的重点是研究新方法对具有松散通信结构的多 UAV 系统的有效性以及在复杂网络约束条件下的适用性，因而在本地滤波算法的选择方面无特别要求。为支持对非线性运动目标的状态估计，在本地滤波器预测/更新环节中采用了无色信息滤波(UKF)算法，在一致性融合环节中采用鲁棒一致性算法。分布式状态估计方法的具体步骤如下：

算法 5.2　(RC_DUIF 算法)

步骤 1　初始化，即对状态信息向量 $\hat{\boldsymbol{y}}_i$，Fisher 信息矩阵 $\boldsymbol{y}_i$，以及描述平台间网络拓扑结构的加权矩阵 $\boldsymbol{a}_{ij}$ 赋初值，有

$$\left.\begin{aligned}\hat{\boldsymbol{y}}^{s}_{i,k|k-1}&=\hat{\boldsymbol{y}}[0]\\ \boldsymbol{Y}^{s}_{i,k|k-1}&=\boldsymbol{Y}[0]\\ \boldsymbol{a}_{x,y,k}&=w_{\mathrm{Met}}\end{aligned}\right\} \tag{5-76}$$

这里，w_{Met} 为 Metropolis 权系数矩阵：

$$\boldsymbol{\omega}_{\mathrm{Met}}=[\boldsymbol{\omega}_{il}]=\begin{cases}(1+\max\{d_i,d_l\})^{-1}, & l\in N_i\\ 1-\sum\limits_{j\in N_i}\omega_{ij}, & l=i\\ 0, & l\neq i,\quad l\notin N_i\end{cases} \tag{5-77}$$

式中，d_i 为第 i 节点的度。令 $s=1, s_{\mathrm{win}}=s+T_{\mathrm{win},s}, k=1$ 。

步骤 2　迭代循环

步骤 2.1　一致性融合

利用鲁棒一致性策略对状态向量和 Fisher 信息矩阵进行融合，有

$$\left.\begin{aligned}\hat{\boldsymbol{y}}^{s+1}_{i,k}&=\hat{\boldsymbol{y}}^{s}_{i,k}+\beta_0\sum_{q=1}^{m}\sum_{j\in N_i}(a_{ij}+\Delta a_{ij})(\hat{\boldsymbol{y}}^{s-\tau(s)}_{j,k}-\hat{\boldsymbol{y}}^{s-\tau(s)}_{i,k})+\boldsymbol{\omega}_i(s)\\ \boldsymbol{Y}^{s+1}_{i,k}&=\boldsymbol{Y}^{s}_{i,k}+\beta_0\sum_{q=1}^{m}\sum_{j\in N_i}(a_{ij}+\Delta a_{ij})(\boldsymbol{Y}^{s-\tau(s)}_{j,k}-\boldsymbol{Y}^{s-\tau(s)}_{i,k})+\boldsymbol{\omega}_i(s)\end{aligned}\right\} \tag{5-78}$$

同时令 $s=s+1$。

步骤 2.2　测量更新：

$$\left.\begin{aligned}\hat{\boldsymbol{y}}_{i,k}^{s} &= \hat{\boldsymbol{y}}_{i,k|k-1}^{s} + \boldsymbol{i}_{i,k} \\ \boldsymbol{Y}_{i,k}^{s} &= \boldsymbol{Y}_{i,k|k-1}^{s} + \boldsymbol{i}_{i,k}\end{aligned}\right\} \tag{5-79}$$

其中，贡献值按照下式进行计算：

$$\left.\begin{aligned}\boldsymbol{i}_{i,k} &= (\boldsymbol{H}_{i,k}^{p})^{\mathrm{T}}\boldsymbol{R}_{i,k}^{-1}\boldsymbol{z}_{i,k} \\ \boldsymbol{i}_{i,k} &= (\boldsymbol{H}_{i,k}^{p})^{\mathrm{T}}\boldsymbol{R}_{i,k}^{-1}\boldsymbol{H}_{i,k}^{p}\end{aligned}\right\} \tag{5-80}$$

这里，$\boldsymbol{H}_{i,k}^{p}$ 为线性化测量矩阵，见文献[49]。

步骤 2.3 本地预测($s=s_{\mathrm{win}}$)

$$\left.\begin{aligned}\hat{\boldsymbol{y}}_{i,k|k-1}^{s} &= \boldsymbol{Y}_{i,k|k-1}^{s}\sum_{j=0}^{2n}\boldsymbol{W}_{j,s}^{\mathrm{mcan}}\boldsymbol{\chi}_{i,k|k-1}^{s} = \boldsymbol{g}_{y}(\boldsymbol{Y}_{i,k|k-1}^{s},\hat{\boldsymbol{y}}_{i,k|k-1}^{s}) \\ \boldsymbol{Y}_{i,k|k-1}^{s} &= (\boldsymbol{P}_{i,k|k-1}^{s})^{-1} = \boldsymbol{g}_{Y}(\boldsymbol{Y}_{i,k|k-1}^{s},\hat{\boldsymbol{y}}_{i,k|k-1}^{s})\end{aligned}\right\} \tag{5-81}$$

式中，$\hat{\boldsymbol{y}}_{i,k|k-1}^{s}$ 和 $\boldsymbol{Y}_{i,k|k-1}^{s}$ 为状态信息向量和 Fisher 信息矩阵的预测值；$g_{y}(\cdot)$ 与 $g_{Y}(\cdot)$ 是关于融合值 $\hat{y}_{i,k-1}^{s}$ 和 $Y_{i,k-1}^{s}$ 的函数。协方差矩阵 $\boldsymbol{P}_{i,k|k-1}^{s}$、无色变换中的加权系数 $\boldsymbol{W}_{j,s}^{\mathrm{mean}}$、增广状态变量 $\boldsymbol{\chi}_{i,k|k-1}^{s}$ 的计算细节可参见文献[22]。发送 $\boldsymbol{Y}_{i,k|k-1}^{s}$ 和 $\hat{\boldsymbol{y}}_{i,k|k-1}^{s}$ 到邻居节点，令：$k=k+1$，$s_{\mathrm{win}}=s+T_{\mathrm{win},s}$。

步骤 3 循环结束

3. 实验仿真

本节将以多 IJAV 系统对地面运动目标的协同观测问题为背景，通过数值仿真方法，验证 RC_DUIF 算法的有效性，包括 RC_DUIF1 算法(一致性融合算法在预测步前收敛)、RC_DUIF2 算法(一致性融合算法在预测步后收敛)和 RC_DUIF3 算法(一致性融合算法不收敛)，并考察该算法与 ICR(分布式信息滤波)算法[51]、AESDUIF(自适应一致性分布式无色信息滤波)算法以及与 CUIF(集中式无色信息滤波方法)算法[52]间的性能比较。

实验内容主要包括以下三方面：

(1)理想网络条件下的目标状态估计性能比较；

(2)网络时延条件下的目标状态估计性能比较；

(3)复杂网络约束条件下的目标状态估计性能比较。

考虑六架旋翼型 UAV，分别位于平面坐标(0 m，1 m)，(−0.951 m，0.309 m)，(−0.588 m，−0.809 m)，(0.588 m，−0.809 m)，(0.951 m，0.309 m)处悬停，并以第 6 架 UAV 为中心，呈现星形网络拓扑结构。假定运动目标的转弯角速度为匀速的 CT 模型，其数学描述见式(5-26)和式(5-27)。记目标状态向量为 $\boldsymbol{x}_k=[x_k \quad y_k \quad \dot{x}_k \quad \dot{y}_k]^{\mathrm{T}}$，目标运动过程噪声为 $\boldsymbol{w}_k$，设定过程噪声协方差矩阵为 $\boldsymbol{Q}_k=\mathrm{diag}[0 \quad 0 \quad 0.1 \quad 0.1]$。每架 UAV 可利用携带的雷达等设备测量本机与目标的距离和方位角，记观测向量为 $\boldsymbol{z}_k^{i}=[r_k \quad \theta_k]^{\mathrm{T}}$。观测

噪声为 $\nu_{i,k}$，设定观测噪声协方差矩阵为 $\boldsymbol{R}_{i,k}=\mathrm{diag}[\sqrt{0.2},\sqrt{0.2}]$。通过设定不同的鲁棒一致性融合算法时间窗长度 $T_{\mathrm{win},s}$，可得到 RC_DUIF1 算法、RC_DUIF2 算法以及 RC_DUIF3 算法对运动目标状态估计结果。图 5-41 给出了多 UAV 系统协同目标观测的仿真实验场景。

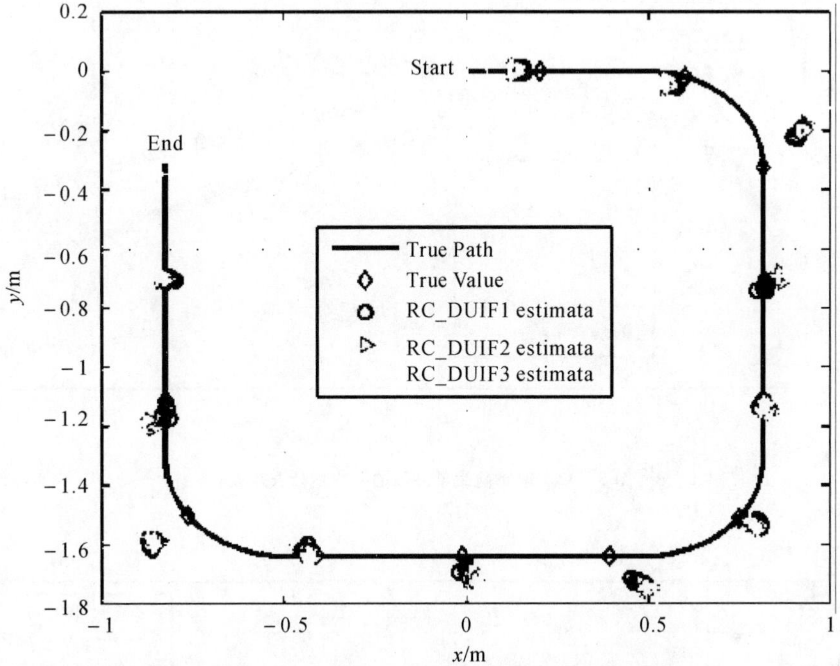

图 5-41　多 UAV 系统协同目标观测仿真实验典型场景

（线段为 CT 模型目标的运动轨迹，◇为间隔采样点，○为 RC_DUIFI 算法估计值，

△为 RC_DUIF2 算法估计值，+为 RC_DUIF3 算法估计值）

在仿真实验中，为衡量算法在估计精度和各节点估计偏差方面的统计特性，分别定义平均估计误差云、平均一致性误差和平均协方差矩阵，则有

$$\begin{aligned}\overline{E}&=\frac{1}{n}\sum_{i=1}^{n}\sqrt{(x(k)-\widehat{x}_i(k))^2+(y(k)-\widehat{\mathbf{y}}_i(k))^2}\\ \overline{C}&=\frac{1}{n(n-1)}\sum_{i=1,j\neq i}^{n}\sqrt{(x(k)-\widehat{x}_i(k))^2+(y(k)-\widehat{\mathbf{y}}_i(k))^2}\\ \overline{T}_r&=\frac{1}{n}\sum_{i=1}^{n}\mathrm{trace}(Y_i^{-1}(k))\end{aligned}\tag{5-82}$$

式中，n 为多 UAV 系统的节点规模。

假定以星形拓扑连接的六架 UAV 进行信息交换时不存在网络时延，即

$\tau(s)=0$。分别设定 $T_{\mathrm{win},s}$ 为 20，10 和 2，以确保 RC_DUIF1 算法、RC_DUIF2 算法和 RC_DUIF3 算法中的鲁棒一致性融合算法能够分别在预测步前收敛、预测步后收敛以及不收敛。

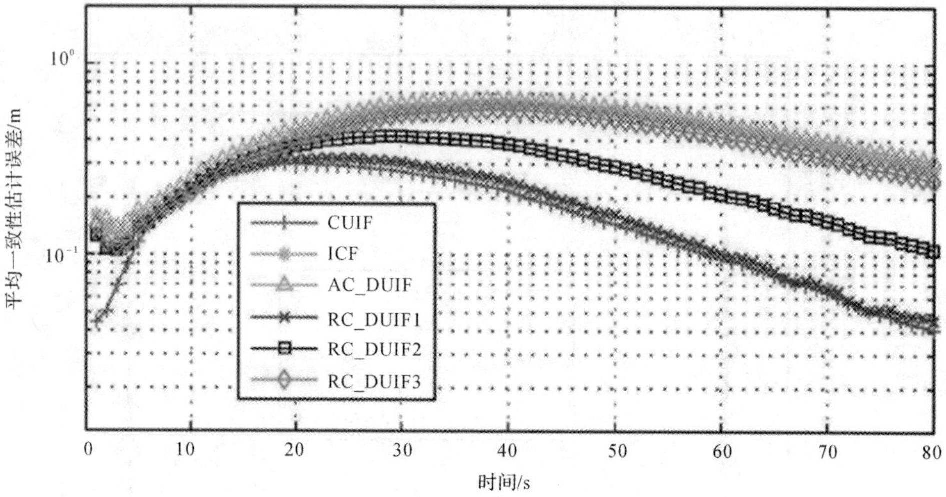

图 5-42　理想网络条件下的平均估计误差比较

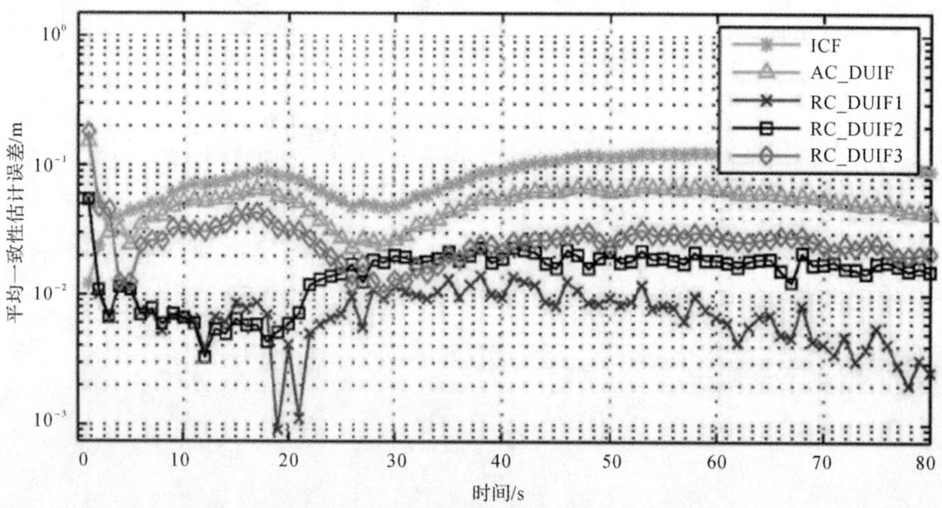

图 5-43　理想网络条件下的平均一致性误差比较

图 5-42 和图 5-43 分别给出了存在网络时延条件下的平均估计误差、平均一致性误差和平均协方差矩阵迹。相应地，图 5-44 给出了理想网络条件下

200 次蒙特卡洛仿真实验统计结果。可以看出，在理想通信条件下，CUIF 算法和 RC_DUIF1 算法的估计精度最高，RC_DUIF2 算法次之，RC_DUIF3 算法、ICF 算法和 AC_DUIF 算法较差，且精度相当。这表明，一方面，RC_DUIF 算法较已有的分布式算法，如 AC_DUIF 算法[18]、ICF 算法[19]，在估计精度方面有所改善；另一方面，RC_DUIF 算法(特别是 RC_DUIF1 算法)已开始逼近集中式 CUIF 算法的估计精度。平均一致性误差由小到大的排列顺序为：RC_DUIF1 算法<RC_DUIF2<RC_DUIF3<AC_DUIF 算法<ICF 算法。究其原因，主要是采用了/双时间窗 0 递推迭代机制的 RC_DUIF1 算法、RC_DUIF2 算法和 RC_DUIF3 算法在各节点测量步、更新步前存在一次以上的信息交换，尤其是 RC_DUIF1 算法和 RC_DUIF2 算法，鲁棒一致性融合实现了对状态信息向量和 Fisher 信息矩阵的收敛，相应地，各 UAV 节点对目标状态的估计偏差也较小。在平均协方差矩阵迹评价指标方面，图 5-45 所给出的统计结果与平均估计误差相似。此外，RC_DUIF 算法的平均协方差矩阵迹由小到大的排列顺序为 RC_DUIF1<RC_DUIF2<RC_DUIF3，也进一步验证了关于 RC_DUIF 算法保守性的讨论。

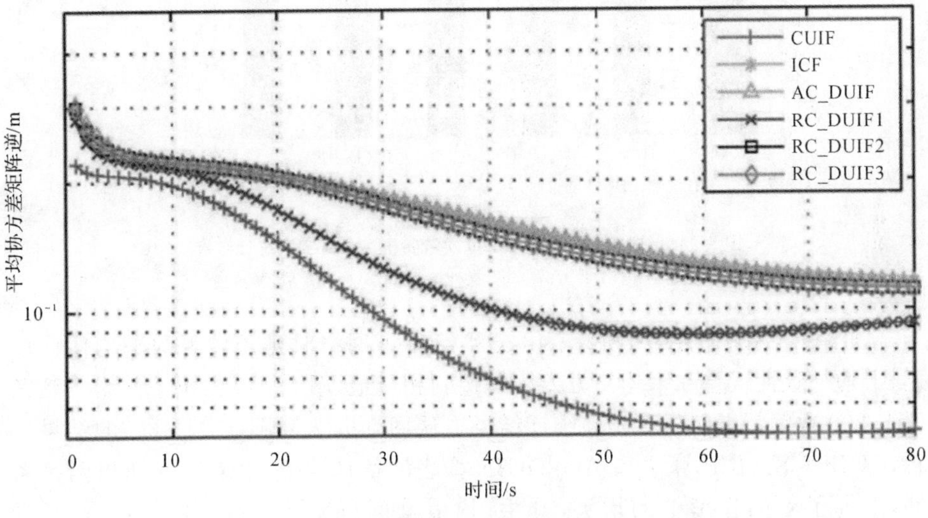

图 5-44　理想网络条件下的平均协方差矩阵迹比较

下面比较存在网络时延条件下各种状态估计算法的性能指标。假定六架 UAV 进行信息交换时存在固定网络时延 $\tau(s)=4$。同时，设定 RC_DUIF1 算法、RC_DUIF2 算法和 RC_DUIF3 算法中的 $T_{\mathrm{win},s}$ 分别为 120 s，60 s 和 20 s。

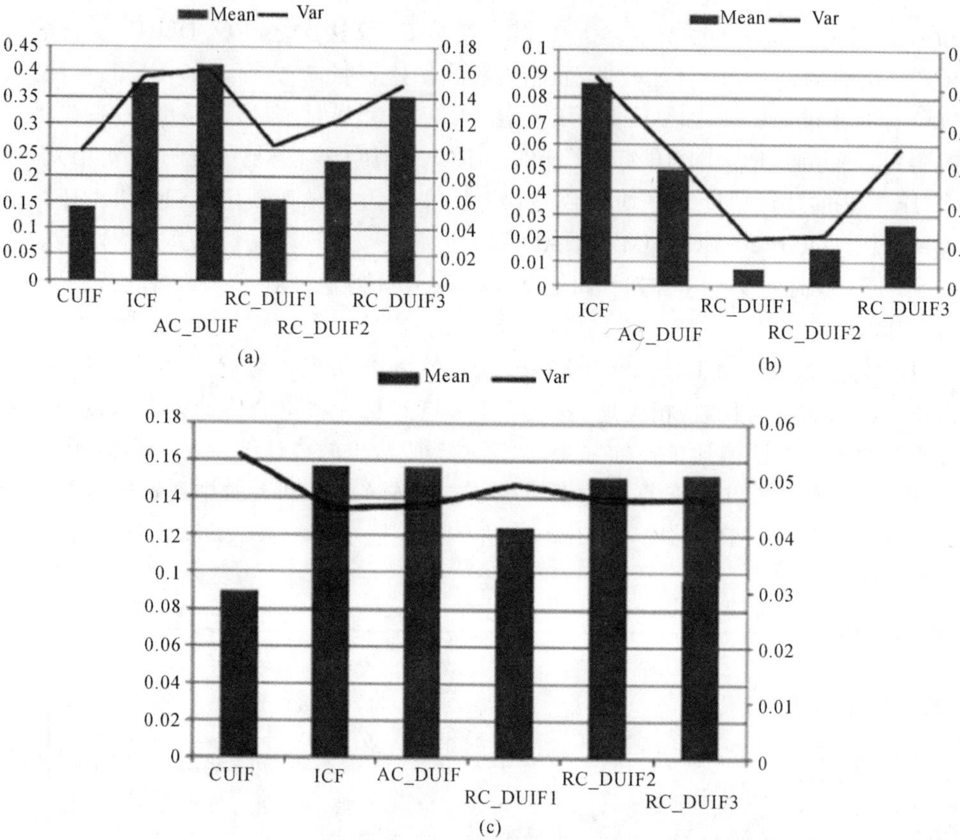

图 5-45 理想网络条件下 200 次蒙特卡洛仿真实验统计结果

(a)平均估计误差； (b)平均一致性误差； (c)平均协方差矩阵迹

图 5-46、图 5-47 和图 5-48 分别给出了网络时延条件下的平均估计误差、平均一致性误差和平均协方差矩阵迹。相应地，图 5-49 给出了网络时延条件下 200 次蒙特卡洛仿真实验统计结果。从图 5-47 和图 5-49 (a)的结果来看，CUIF 算法、ICF 算法和 AC_DUIF 算法的估计误差较实验 1(理想网络条件)出现了不同程度上的增大，其中，均值增幅分别为 134.94%，47.22% 和 43.36%，而三种 RC_DUIF 算法并无明显变化，但其估计精度已优于 CUIF 算法、ICF 算法和 AC_DUIF 算法；除了 AC_DUIF 算法的平均一致性误差较实验 1 有所减少，其他分布式估计方法并无明显改变，由小到大的排列顺序基本维持不变。

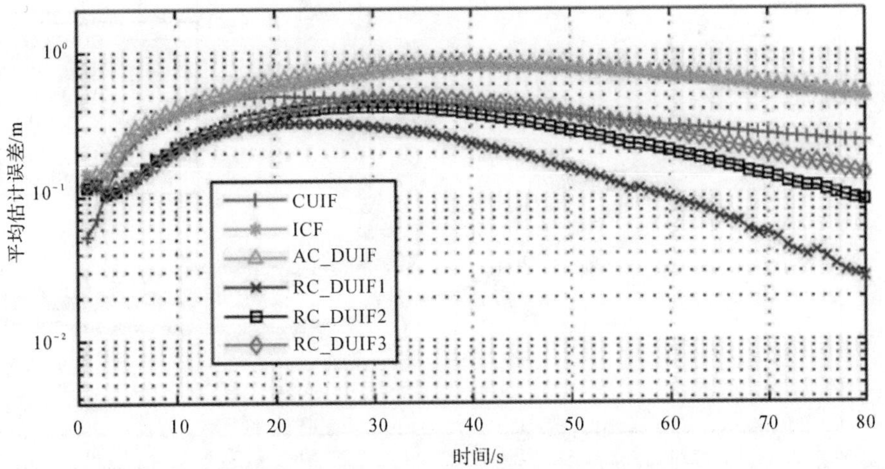

图 5-46 网络时延条件下的平均估计误差比较

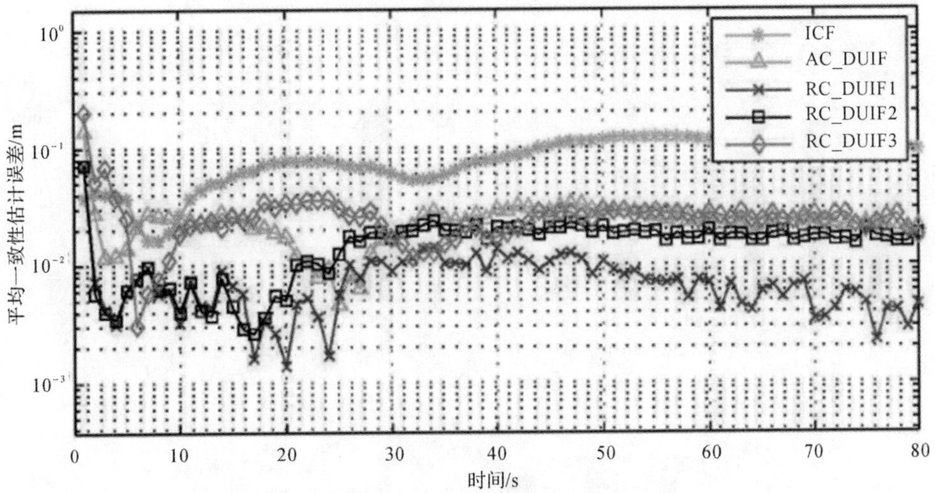

图 5-47 网络时延条件下的平均一致性误差比较

仿真结果表明了 AC_DUIF 算法和三种 RC_DUIF 算法对网络时延有一定的适应能力，但减少平均一致性误差的关键在于提高多 UAV 系统之间信息交互的频率，即增大本地更新/预测时间窗和鲁棒一致性融合时间窗的比值 N；对比图 5-45 (c)和图 5-49(c)，RC_DUIF2 算法和 RC_DUIF3 算法的平均协方差矩阵迹较实验 1 有明显减小的趋势，且小于 AC_DUIF 算法和 ICF 算法。另外，三种 RC_DUIF 算法在保守性方面的排列顺序仍与实验 1 相一致。

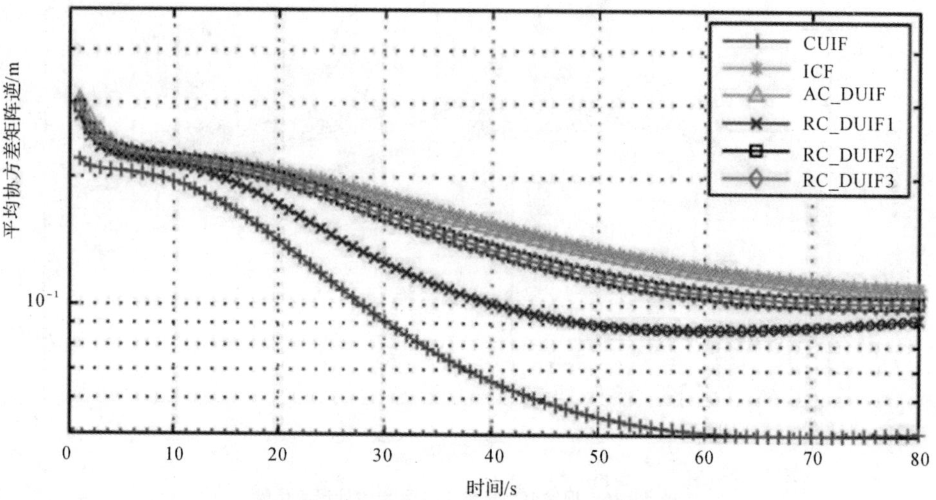

图 5-48　网络时延条件下的平均协方差矩阵迹比较

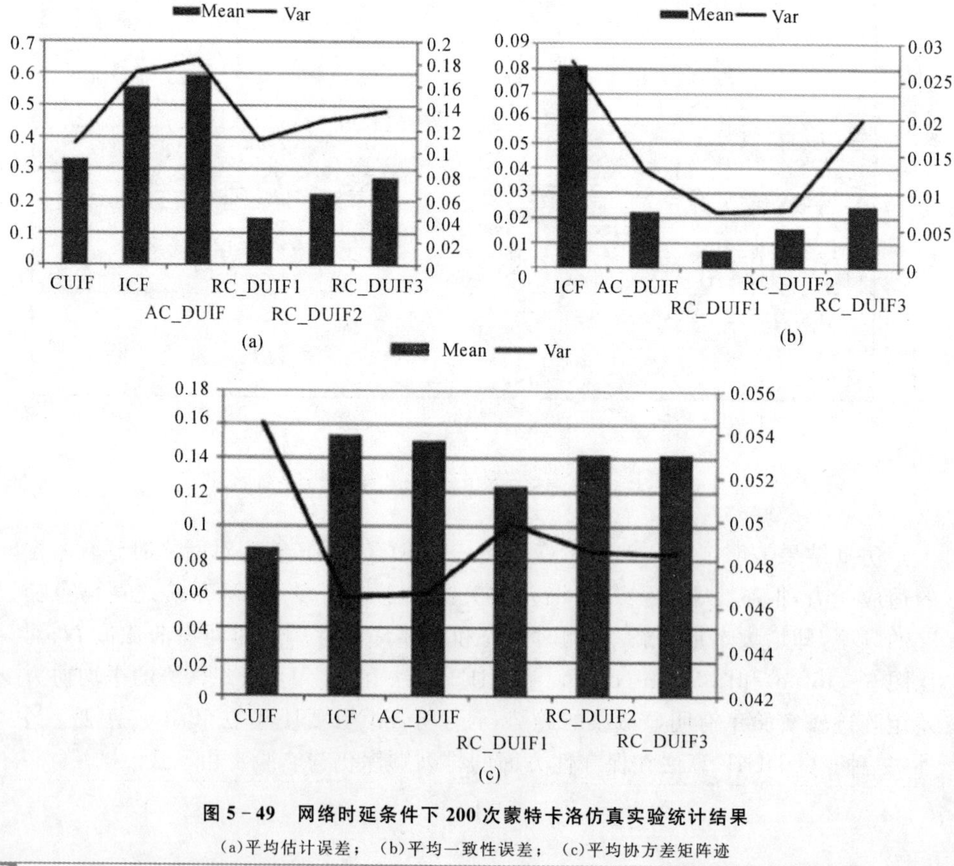

图 5-49　网络时延条件下 200 次蒙特卡洛仿真实验统计结果

(a)平均估计误差；(b)平均一致性误差；(c)平均协方差矩阵迹

为验证 RC_DUIF 算法在复杂网络约束条件下的估计性能，下面给出存在网络时延、扰动和时变拓扑不确定性等约束条件下目标状态估计仿真实验。由于 CUIF 算法、ICF 算法和 AC_DUIF 算法不适用于这种情况，这一节只讨论不同复杂网络约束的实验结果。其中，复杂网络约束条件如下：

（Ⅰ）网络延迟：$\tau(s)=0,1,2,3,4$；

（Ⅱ）时变拓扑：联合连通拓扑 G_a,G_b,G_c（见图 5-50），拓扑间的切换间隔为 5 个步长；

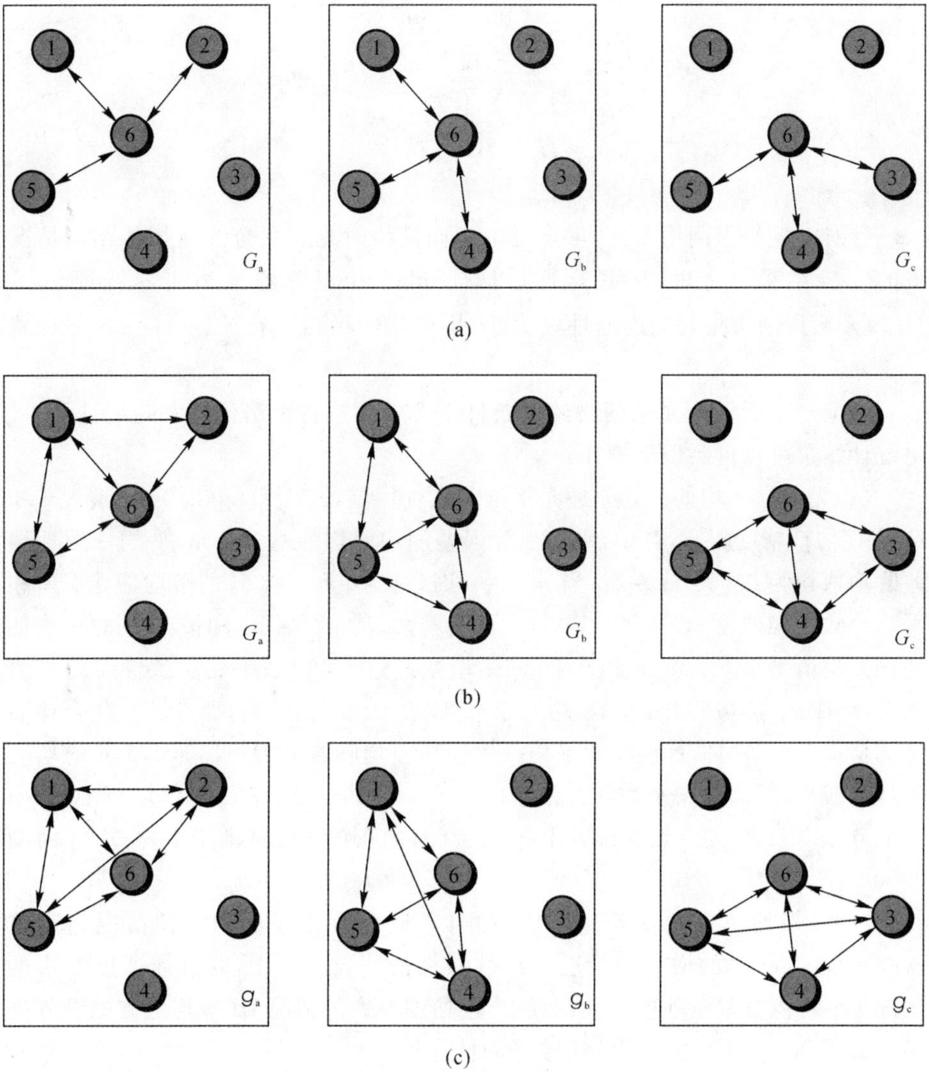

图 5-50　三种不同连通度的联合连通拓扑图

(a) 情况 Ⅰ：$\lambda_2(L_{un})=1.0000$；(b) 情况 Ⅱ：$\lambda_2(L_{un})=1.6972$；(c) 情况 Ⅲ：$\lambda_2(L_{un})=2.7639$

（Ⅲ）扰动：当 $s=40$ 时，加入脉冲扰动；

（Ⅳ）拓扑结构不确定性

$$\left.\begin{aligned} \boldsymbol{L}_a(s) &= \begin{bmatrix} \sin(s) & \mathbf{0}_{1\times5} \\ \mathbf{0}_{5\times1} & \mathbf{0}_{5\times5} \end{bmatrix} \\ \boldsymbol{L}_{\mathrm{b}}(s) &= \begin{bmatrix} \cos(s) & \mathbf{0}_{1\times5} \\ \mathbf{0}_{5\times1} & \mathbf{0}_{5\times5} \end{bmatrix} \\ \boldsymbol{L}_{\mathrm{c}}(s) &= \begin{bmatrix} \mathbf{0}_{5\times5} & \mathbf{0}_{5\times1} \\ \mathbf{0}_{1\times5} & \sin(s) \end{bmatrix} \end{aligned}\right\} \tag{5-83}$$

$$\left.\begin{aligned} &\boldsymbol{L}_{\mathrm{a}}^{(1)} = \boldsymbol{L}_{\mathrm{b}}^{(1)} = \boldsymbol{L}_{\mathrm{c}}^{(1)} = 0.2 \times \boldsymbol{I} \\ &\boldsymbol{L}_{\mathrm{a}}^{(2)} = \boldsymbol{L}_{\mathrm{a}} \\ &\boldsymbol{L}_{\mathrm{b}}^{(2)} = \boldsymbol{L}_{\mathrm{b}} \\ &\boldsymbol{L}_{\mathrm{c}}^{(2)} = L_{\mathrm{c}} \end{aligned}\right\} \tag{5-84}$$

针对上述受限网络条件，重点讨论不同网络时延和联合连通拓扑结构情况下的实验结果。这里，用联合连通图 Laplacian 矩阵的最小非零特征值 $\lambda_2(L_{un})$ 来衡量网络拓扑的连通性度大小，即网络的稀疏性特征。令 $\gamma=2$ 并设置 $T_{\mathrm{win},s}=120$。

图 5-51 所示为复杂网络约束条件下 200 次蒙特卡洛仿真实验统计结果。由统计结果可以得到以下规律：

(1)无论是平均估计误差还是平均一致性误差，$\tau(s)=0,1,2,3$ 时，情况 I 和情况 II 估计精度相当，其中，平均估计误差的均值均为 0.257 m，平均一致性误差的均值均为 0.008 m 左右；当 $\tau(s)=4$ 时，情况 I 和情况 II 的平均估计误差和平均一致性误差较 $\tau(s)=0,1,2,3$ 时骤然增大，其中，情况 I 和情况 II 的平均估计误差均值增至 0.280 m 和 0.268 m，增幅超过 4.28%；平均一致性误差均值增至 0.019m 和 0.011m 左右，增幅超过 37.5%。不同的是，拥有最大联合连通度的情况 III，平均估计误差和平均一致性误差均随着 $\tau(s)=0,1,2,3,4$ 的增大而近似线性增大，其中平均估计误差由 $\tau(s)=0$ 时的 0.247 m 逐渐增至 $\tau(s)=4$ 时的 0.264 m，平均一致性误差由 $\tau(s)=0$ 时的 0.007 m 逐渐增至 $\tau(s)=4$ 时的 0.008 m。

(2)在平均协方差矩阵迹方面，拥有不同联合连通度的三种情况均随着 $\tau(s)=0,1,2,3,4$ 的增大而呈近似线性增大的特点。其中，联合连通度最小的情况 I 平均协方差矩阵迹最大，而联合连通度最大的情况 III 平均协方差矩阵迹最小。因而，平均协方差矩阵迹较平均估计误差和平均一致误差来说，对网络时延和网络拓扑连通性要更加灵敏一些。

综合上述分析，可以得到如下结论：RC_DUIF 算法的估计精度、无偏性和保守性与具体的网络约束条件有关，联合连通度越大，网络时延越小，RC_DUIF 算法的平均估计误差、平均一致性误差和平均协方差矩阵迹越小，反之，联合连通度越小，网络时延越大，RC_DUIF 算法的平均估计误差、平均一致性误差和平均协方差矩阵迹越大。

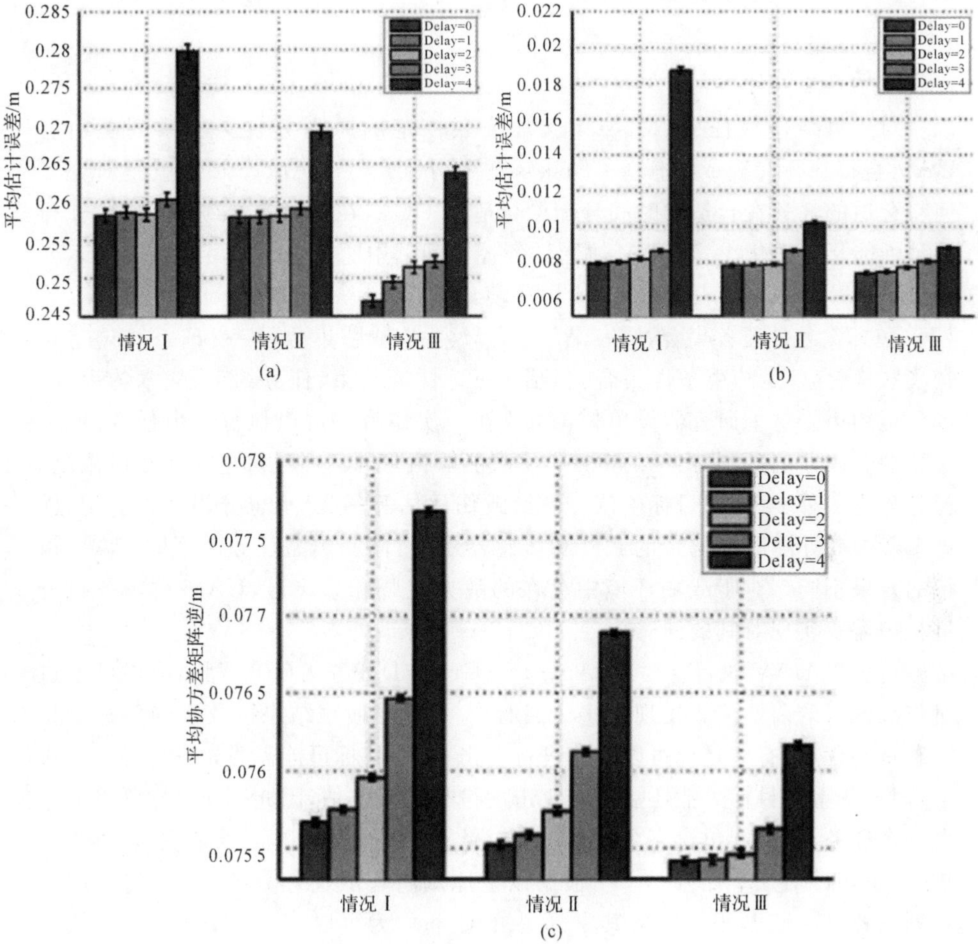

5-51

图 5-51　复杂网络约束条件下 200 次蒙特卡洛仿真实验统计结果

(a)平均估计误差；(b)平均一致性误差；(c)平均协方差矩阵迹

5.6 多无人机的任务分配和协同

5.6.1 任务建模及结构

1. 任务模型描述

对于复杂作战任务(Mission),常按照一定的原则分解为一系列能由各UAV直接执行和完成的任务(Task),任务分配(Task Allocation)就是研究如何将合适的任务在合适的时间分配给合适的UCA,在满足各类约束的同时使得某种性能指标最优。多UAV协同任务控制问题中的相关元素可以用一个六元组$\{E,V,T,M,F,C\}$表示,E是战场环境,$V=\{V_1,\cdots,V_{Nv}\}$是UAV集合,$T=\{T_1,\cdots,T_{Nv}\}$是任务集合,$M=\{M_1,\cdots,M_{Nv}\}$是威胁集合,$F=\{F_1,\cdots,F_{Nv}\}$是禁飞区集合,C是约束条件集合,包括UAV性能约束、任务约束、战术约束、战场环境约束。这里研究假设单架UAV在一次作战中可以执行多个任务,但由于燃油和武器的限制,出动的UAV每次能够执行的任务数量也存在相应限制。任务分为多种类型,如目标确认、攻击、毁伤评估等。UAV也分为多种类型,因为UAV本身性能及携带的武器和传感器不同,同一类型任务由不同UAV执行的效果不同。对于战场环境中存在的敌方威胁和禁飞区,UAV在任务执行过程中需要实现对其的回避。

这里以UAV执行空对地(Air-to-Ground)任务为研究背景,假设已通过对作战区域的前期侦察发现了多个目标[53]。根据侦察结果以及不同目标的特征和重要程度,有些目标可以直接进行攻击,有些目标可能需要先进行确认再攻击,而某些重要目标可能还需要在攻击后进行毁伤评估,因此一个目标既可能包含一个任务,也可能包含多个任务,例如,针对某一重要目标需要依次执行确认、攻击、毁伤评估三个任务[53-54]。根据以上原则将作战任务分解后[55],得到的一系列任务$T=\{T_1,\cdots,T_{Nv}\}$,其中T中的任务均为可以直接由单架UAV执行的任务。这里采用任务点对任务进行建模,任务点除包含本次任务针对的目标标识、目标位置、时间窗、优先级等信息外,还包括UAV针对该目标应该执行的任务类型,因此一个目标可以是一个任务点,也可以包含多个任务点。

多UAV协同任务控制问题的一个显著特点是约束条件众多,除UAV能力约束、战术约束、战场环境约束外,还包括任务约束。由于作战任务的复杂性,

任务集合 T 中的任务可以分为两类，一类是独立任务(independent task)，即仅与其自身约束相关的任务；另一类是协同任务(cooperative task)，即除了自身约束外，相互之间还存在时间或功能约束的任务。任务自身约束主要包括时间约束和质量约束。

定义 5.1(时间约束)　如果某个任务 T_i 必须在固定的时间窗[ETime(T_i)，LTime(T_i)]内开始，表示该任务具有时间约束。该任务点的最早开始时间为 ETime(T_i)，最晚开始时间为 LTime(T_i)，UAV 过早或过晚到达任务点位置都将无法执行该任务。

定义 5.2(质量约束)　如果完成某个任务的效果必须达到特定的要求，如使用传感器对目标进行探测达到多少分辨率，使用导弹攻击目标并将其摧毁等，表示该任务具有质量约束。任务之间的约束包括时间约束和功能约束，时间约束就是任务之间的时序约束，功能约束包括使能约束和促进约束。

定义 5.3(时序约束)　如果任务 T_i 和 T_j 必须同步或按顺序依次完成，表示 T_i 和 T_j 之间存在时序约束，描述为 Sequence(T_i，T_j)，与 T_j 具有时序约束的任务构成集合 $S^{seq}(T_j)$。一组具有时序约束的任务称为时序任务组，在 T_i 之前的任务称为 T_i 的前继任务，在 T_i 之后的任务称为 T_i 的后续任务。如果 T_j 紧接着 T_i 执行，则 T_i 称为 T_j 的紧前(predecessor)任务，T_j 称为 T_i 的紧后(successor)任务，T_j 所有的紧前任务构成集合 $S^{pre}(T_j)$，T_i 所有的紧后任务构成集合 $S^{suc}(T_i)$。

如图 5-52 所示，$T_1 \sim T_5$构成时序任务组，对 T_2 而言 $S^{seq}(T_2)=\{T_1, T_2, T_3, T_4, T_5\}$，其中前继任务为$\{T_1\}$，紧前任务为$\{T_1\}$，后续任务为$\{T_3, T_4, T_5\}$，紧后任务为$\{T_3, T_4\}$。图中的 T_3，T_4 是并行执行关系，两者之间没有直接联系，但受到共同的紧前任务 T_2 的影响，并对共同的紧后任务 T_5 产生影响。

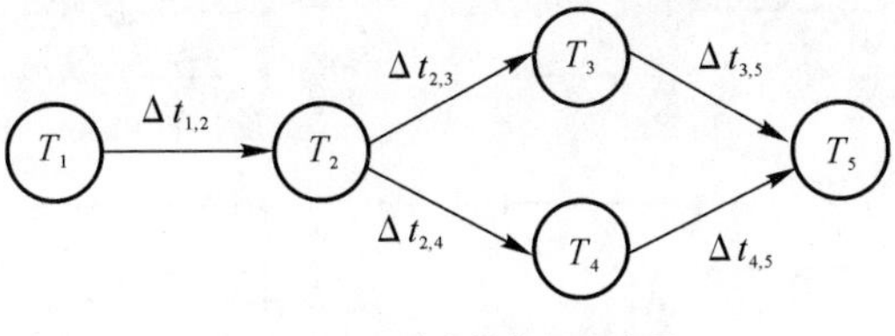

图 5-52　时序任务组示意图

时序任务组可以表示为一个偏序多任务系统(T, $\prec$)，其中：$T=\{T_1, T_2, \cdots, T_n\}$ 是一个任务集；$\prec$ 表示任务间的偏序关系。然而，通常的偏序约束仅仅描述了任务之间的优先级关系，例如 $T_i \prec T_j$ 表示在 T_i完成后才能开始执行 T_j，即 EndTime(T_i) $<$ StartTime(T_j)，其中 EndTime(T_i) 为 T_i 的

结束时间，StartTime (T_j) 为 T_j 的开始时间。而作战任务中的时序任务组具有更强的约束，任务之间不仅存在优先级约束，而且存在时间约束，例如，对于某些具有机动能力的地面目标，需要在目标确认后进行攻击，但攻击任务必须在目标确认任务完成后很短的时间内开始，否则目标有可能转移到其他位置，因此，这里研究的时序任务组需要表示为更严格的偏序多任务系(T, $\prec$, ρ)，其中新增加的约束集 $\rho=\{\Delta t_{i,j} \mid \forall T_i \in T, T_j \in S^{\mathrm{suc}}(T_i)\}$ 是任务之间的时间约束，例如($T_i \prec T_j$, $\Delta t_{i,j}$) 表示在 T_i 完成后才能开始执行 T_j，但 T_j 必须在 T_i 完成后 $\Delta t_{i,j}$ 时间内开始，即 EndTime (T_i) $<$ StartTime (T_j) $<$ EndTime (T_i) $+ \Delta t_{i,j}$。在图 5-52 示例中，因为 T_5 有 T_3，T_4 两个紧前任务，所以 T_5 的开始时间需满足

$$\max(\mathrm{EndTime}(T_3), \mathrm{EndTime}(T_4)) \leqslant \mathrm{StartTime}(T_5) \leqslant \min(\mathrm{EndTime}(T_3)+\Delta t_{3,5} \quad \mathrm{EndTime}(T_4)+\Delta t_{4,5}) \tag{5-85}$$

如果进一步细分，某两个任务 T_i 和 T_j 之间的时序约束关系可以分为如图 5-53 所示的 13 种形式。

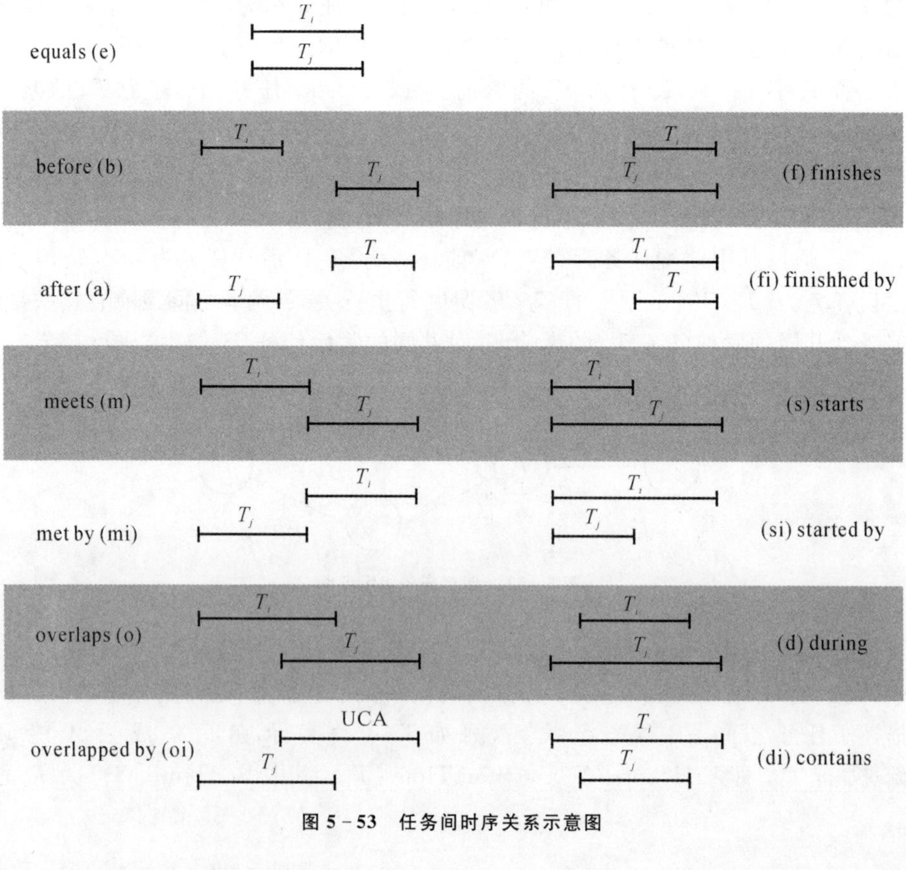

图 5-53 任务间时序关系示意图

在战场环境中，对于任何一个时序任务组，都要求其在极短的时间内快速完成，前继任务和后续任务之间的时间间隔非常短，例如，在对某一重要目标进行确认后，需要即刻发动攻击，攻击结束后则需要即刻进行毁伤评估。因此一架 UAV 只能承担一个时序任务组中的一个任务[56]，一个时序任务组需要多架 UAV 通过紧凑的时间配合协同完成。

定义 5.4　（使能约束）　如果任务 T_i 不完成，则任务 T_j 无法完成，也就是 T_j 的完成依赖于 T_i 的实现，表示 T_i 对 T_j 具有使能约束，描述为 Enable(T_i，T_j)，对 T_j 具有使能约束的任务构成集合 $S^{\text{Enable}}(T_j)$。

使能约束 Enable(T_i，T_j)实际上也就是意味着 T_i，T_j 之间存在着特定的时序约束，因此这里将使能约束均作为一类特殊的时序约束处理。

定义 5.5　（促进约束）　如果任务 T_i 的完成有助于 T_j 的实现，可缩短完成的时间，减少完成 T_j 的代价或提高完成 T_j 的质量，但如果 T_i 没有完成，也不会影响 T_j 的最终实现，表示 T_i 对 T_j 具有促进约束，描述为 Faciliate(T_i，T_j)，对 T_j 具有促进约束的任务构成集合 $S^{\text{Fac}}(T_j)$。

任务之间的时序约束是强制性关系，在作战过程中必须满足。而促进约束是非强制性关系，在作战过程中应尽量满足。从优化的角度来讲，任务间的促进约束是 UAV 系统可以选择利用的关系，也是系统协同处理的主要对象。

任务间的时序约束与任务由哪些 UAV 执行无关，是确定性的约束。而促进约束除了任务本身的特性外，是否成立还取决于任务分配给哪些 UAV 以及 UAV 如何执行任务，是非确定性的约束。以图 5-54(a)所示为例，某次作战任务分为对威胁的攻击任务 T_1，T_2，对主要目标的攻击任务 T_3 和毁伤评估任务 T_4，其中分配 V_1 执行 T_4，V_2 执行 T_1，V_3 执行 T_2，V_4 执行 T_3。因为对主要目标的攻击和毁伤评估必须依次完成，所以 T_3，T_4 构成时序关系。V_1 为了执行 T_4，需要回避威胁 T_1 的防御范围做大范围迂回，如果 V_2 提前摧毁威胁 T_1，则 V_1 可以穿越 T_1 的防御范围直接攻击 T_4，能够缩短完成 T_4 的时间和减少完成 T_4 的代价，所以 T_1 对 T_4 构成促进关系。然而，如果采用如图 5-54(b)所示任务分配方案，由 V_1 执行 T_2，V_2 执行 T_4，T_3 和 T_4 依然构成时序关系，但 T_1 对 T_4 已不构成促进关系。

正是由于 UAV 任务之间的约束关系，使得多 UAV 协同任务控制结果的优劣不仅仅取决于任务分配方案，还取决于任务间的协调性。因此需要对执行相关任务 UAV 的任务计划进行协调，使其满足彼此任务之间的时序约束和促进约束 。

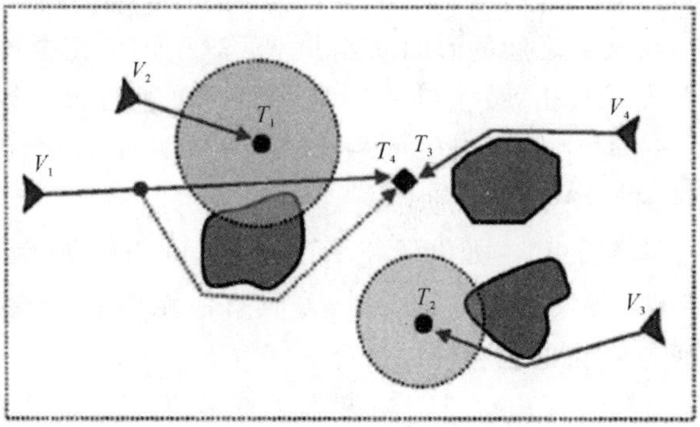

(a)

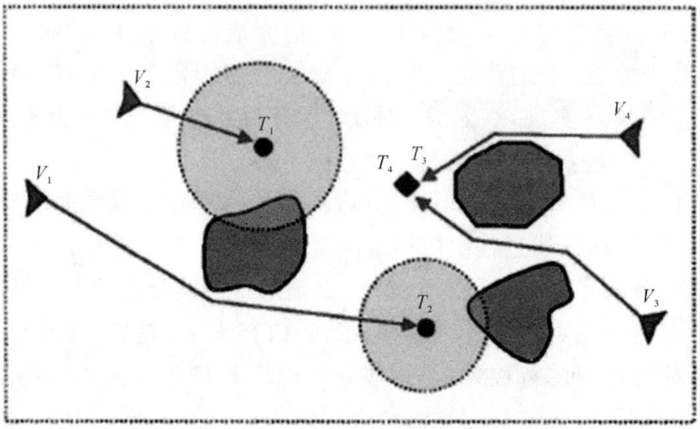

(b)

图 5-54 任务间确定性与非确定性约束示意图

(a) T_3 对 T_4 构成时序关系，T_1 对 T_4 构成促进关系

(b) T_3 对 T_4 构成时序关系，T_1 对 T_4 不构成促进关系

设 UAV V_i 分配到的任务为包含 N_i 个任务的集合 $S_i \subset T$，V_i 通过任务规划确定这些任务的执行顺序 $S_i = \{T_1^i, \cdots, T_{Ni}^i\}$，并形成任务计划：

$$\text{Plan}_i = \{\text{Step}_1^i, \text{Step}_2^i, \cdots, \text{Step}_{Ni}^i\} \tag{5-86}$$

$$\text{Step}_j^i = \{T_j^i, \text{Route}_i(T_j^i), t_i^{\text{flight}}(T_j^i), t_i^{\text{wait}}(T_j^i), t_i^{\text{start}}(T_j^i), t_i^{\text{execute}}(T_j^i), CR_i(T_j^i)\} \tag{5-87}$$

式(5-86)中 T_j^i 是 V_i 在该步骤需要执行的任务；$\text{Route}_i(T_j^i)$ 是 V_i 到任务点 T_j^i 的飞行航路；$t_i^{\text{flight}}(T_j^i)$ 是飞行到任务点所需的时间；$t_i^{\text{start}}(T_j^i)$ 是开始执行任务的时间；$t_i^{\text{execute}}(T_j^i)$ 是执行任务所需的时间；如果 T_j^i 与其他任务存在约束关系，则 V_i 需要与执行相关任务的 UAV 通过协商进行计划协调，建立承诺关系 $CR_i(T_j^i)$ 以实现战术配合与时间同步，$t_i^{\text{wait}}(T_j^i)$ 表示 V_i 为此可能增加的等待时间。如果 $t_i^{\text{wait}}(T_j^i)>0$，表示 V_i 需要等待其他晚到达的 UAV；如果 $t_i^{\text{wait}}(T_j^i)<0$，表示 V_i 将比其他 UAV 晚到达，在这种情况下有两种处理方式，一种方式是其它 UAV 增加相应的等待时间以实现时间同步，另一种方式是 V_i 重新规划航路 $\text{Route}_i(T_j^i)$，通过缩短其航程和飞行时间来实现时间同步。

以图 5－55(a)所示为例，三架 UAV：V_1，V_2，V_3 协同执行任务，该次作战任务分为对威胁的攻击任务 T_1，T_2，T_3 和对主攻目标的探测任务 T_4，攻击任务 T_5 和毁伤评估任务 T_6，其中分配 V_1 执行 T_2 和 T_5；V_2 执行 T_1 和 T_4；V_3 执行 T_3 和 T_6。因为探测、攻击、毁伤评估必须依次完成，所以 T_4，T_5，T_6 构成时序任务，而 V_1 提前摧毁威胁 T_2 和 V_3 提前摧毁威胁 T_3 有利于 V_2 执行 T_4，所以 T_2 和 T_3 对 T_4 构成促进关系。图 5－55(b)是图 5－55(a)示例中 V_1，V_2，V_3 的任务计划示意图，为了等待 V_1，V_3 摧毁 T_2 和 T_3，V_2 在执行 T_4 步骤中增加了相应的等待时间，为了满足 T_4，T_5，T_6 之间的时序约束，在 V_1 执行 T_5、V_3 执行 T_6 的步骤中均加入了相应的等待时间。

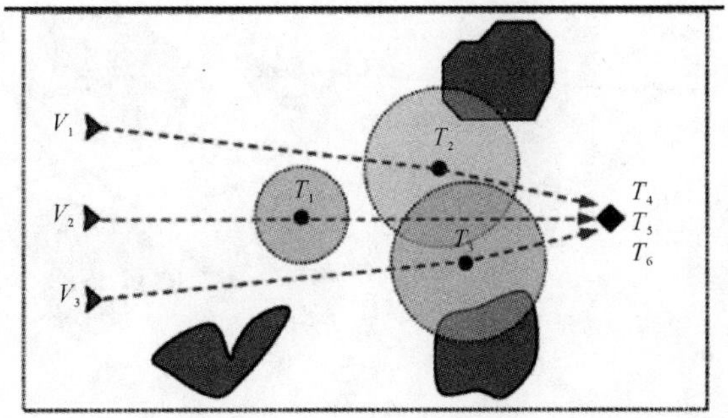

(a)

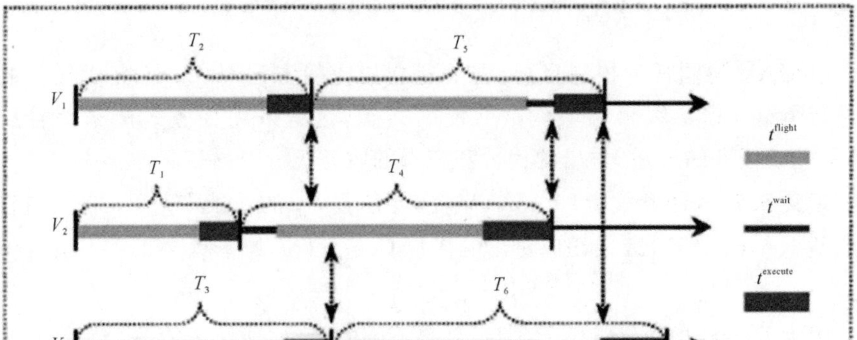

(b)

图 5－55　UAV 任务计划协调关系示意图

(a)UAV 任务示意图；(b)UAV 任务计划示意图

定义 5.6 （时空冲突） 如果 UAV 机 V_i 和 V_j 的飞行航线在空间上发生交叠，表示 V_i 和 V_j 之间存在空间上的冲突，如果 V_i 和 V_j 通过冲突空域的时间也发生交叠，表示 V_i 和 V_j 同时存在时间和空间上的冲突，简称时空冲突并描述为 Coflict(V_i,V_j)，与 V_i 具有时空冲突的 UAV 构成集合 $S^{Con}(V_i)$。

如图 5-56 所示，V_3 执行 T_3 的航线和 V_4 执行 T_2 的航线在空间上发生交叠，如果通过冲突空域的时间也发生交叠，则 V_3 与 V_4 存在时空冲突。如果 UAV 存在时空冲突，则有相互间发生碰撞的可能，因此必须对冲突进行消解，或者使 UAV 按不同时间通过冲突空域，或者对飞行航线进行重新规划，避免航线发生交叠。

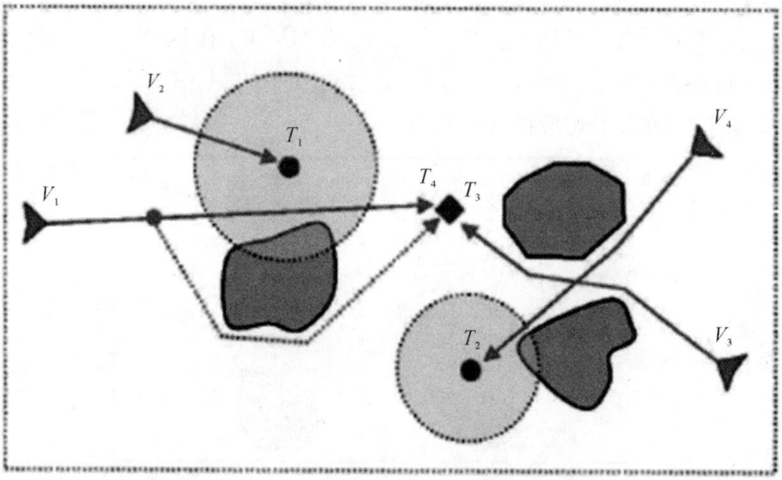

图 5-56 UAV 任务计划间的时空冲突示意图

多 UAV 协同任务控制目标，需要建立相应的方法对 UAV 完成任务的效果进行衡量。借鉴军事领域作战效能的概念，这里采用任务效能来综合反映 UAV 完成任务的质量、付出的代价和获得的收益。

定义 5.7 （任务效能） UAVV_i 执行任务 T_j 的效能 $U_i(T_j)$ 为完成任务的收益 $\text{Reward}_i(T_j)$ 减去相应付出的代价 $\text{Cost}_i(T_j)$：

$$U_i(T_j)=\text{Reward}_i(T_j)-\text{Cost}_i(T_j) \tag{5-88}$$

因为 $\text{Reward}_i(T_j)$ 与 $\text{Cost}_i(T_j)$ 具有不同的量纲，所以需要先分别对其进行归一化处理，统一到相同的量纲后再进行相减[56]。

UAV 完成任务的收益由任务的价值以及 UAV 执行该任务的能力决定。任务价值一般由指挥人员根据一定的战术原则预先设定，并可以在作战过程中根据战场态势的变化和作战意图的更改进行动态调整。UAV 执行任务的能力由其本身的性能及携带的武器或传感器共同决定，常常基于以往的数据统计通过相应的概率进行描述[57]。设 V_i 执行对某目标的确认任务 T_j，V_i 对该类型目标的确认概率为 $P_i^C(T_j)$，设 T_j 的任务价值为 $\mathrm{Value}(T_j)$，则 V_i 执行 T_j 的收益为

$$\mathrm{Reward}_i(T_j)=\mathrm{Value}(T_j)P_i^C(T_j) \tag{5-89}$$

设 V_i 执行对某目标的攻击任务 T_k，V_i 对该类型目标的杀伤概率为 $P_i^A(T_k)$，则 V_i 执行 T_k 的收益为

$$\mathrm{Reward}_i(T_k)=\mathrm{Value}(T_k)P_i^A(T_k) \tag{5-90}$$

设 V_i 执行对某目标的毁伤评估任务 T_l，V_i 对该类型目标的毁伤评估概率为 $P_i^V(T_l)$，则 V_i 执行 T_l 的收益为

$$\mathrm{Reward}_i(T_l)=\mathrm{Value}(T_l)P_i^V(T_l) \tag{5-91}$$

执行任务的代价包括距离代价 LengthCost 和风险代价 RiskCost[58]。距离代价为 UAV 飞行到任务点的时间消耗和燃油消耗，为了缩短任务时间并节省燃油，距离代价使 UAV 趋向于就近执行任务和飞行直线航路。但因为与其他 UAV 实现协调后，可能增加等待时间，再考虑到不同 UAV 飞行和执行任务的时间也不同，所以用时间代价替代距离代价。V_i 执行任务 T_j 的时间代价为

$$\mathrm{TimeCost}_i(T_j)=t_i^{\mathrm{flight}}(T_j)+t_i^{\mathrm{wait}}(T_j)+t_i^{\mathrm{execute}}(T_j) \tag{5-92}$$

由于战场环境中敌方威胁的影响，还存在风险代价，即到任务点的飞行航路上被敌方威胁发现或攻击的风险[58]，风险代价使 UAV 在执行任务途中趋向于回避敌方威胁以保证自身安全。UAV 执行任务的时间代价和风险代价均和执行任务的飞行航路密切相关，将在第 5 章面向任务分配的快速航路预估方法研究中对此进行详细描述。

设 V_i 完成任务 T_j 的收益为 $\mathrm{Route}_i(T_j)$，到任务点 T_j 的时间代价和风险代价为 $\mathrm{TimeCost}_i(T_k)$ 和 $\mathrm{RiskCost}(T_k)$，则 V_i 执行任务 T_j 的效能为

$$U_i(T_j)=\mathrm{Route}_i(T_j)-\alpha_1\mathrm{TimeCost}_i(T_k)-\alpha_2\mathrm{RiskCost}(T_k) \tag{5-93}$$

α_1，α_2 的不同取值反映了各个目标函数的重要程度和指挥人员的不同决策偏好。

当 V_i 分配到的任务为包含多个任务的任务集 S_i 时，V_i 执行这些任务的效能为依次执行各个任务的效能之和 $U_i(S_i)$。因为任务点之间的时间代价和风险代价不同，UAV 以不同的顺序执行 S_i，完成其中某一个任务的效能以及整个任务集的效能也不同。

得到 UAV 执行任务效能的定义后，多 UAV 协同任务控制的目标可以描述为

目标 1:将任务分配给系统内的多架 UAV,即满足 $\bigcup_{i=1}^{Nv} S_i = T$,并保证每一个任务只分配给一架 UAV,即 $\forall i,j \in \{1,\cdots,N_v\}$,如果 $i \neq j$,则 $S_i \cap S_j = \varnothing$。当待分配的任务数量超出参战 *UAV* 能够执行的最大任务数量时,则按照目标 2 优先分配更加能提高系统整体效能的任务。

目标 2:使 UAV 完成任务后的整体效能 $\sum_{i=1}^{Nv} U_i(S_i)$ 为最大,其中 $U_i(S_i)$ 为 V_i 完成任务集 S_i 后的效能。

目标 3:使 UAV 完成任务所需的时间 $\max_{i\in V}\mathrm{Time}_i(S_i)$ 为最小,其中 $\mathrm{Time}_i(S_i)$ 为 V_i 完成任务集 S_i 的时间。

目标 4:使各 UAV 的任务负载趋于平衡,即 $\sum_{i=1}^{Nv} \left|\mathrm{TLoad}_i(S_i) - \overline{\mathrm{TLoad}}\right|$ 最小,其中 $\mathrm{TLoad}_i(S_i)$ 为 V_i 的任务负载,即 V_i 当前任务数量与其能执行的任务数量的比值,$\overline{\mathrm{TLoad}}$ 为各 UAV 的平均任务负载。

由以上内容可知,多 UAV 协同任务控制是一个多目标优化问题,存在多个优化指标,并且各个指标之间可能具有潜在的冲突性。为了便于统一表达,这里将以上多个控制指标集成于 UAV 执行任务的效能计算中。对于多 UAV 系统的整体效能而言,除了使各 UAV 完成任务后的效能之和为最大外,还需要根据目标 3 加入时间因素,使整个 UAV 系统完成任务所需的时间尽量短,因此任务执行时间越短的 UAV 分配到新任务的概率就越大。再考虑到目标 4 中的任务负载因素,还应当使任务尽量均匀分布在 UAV 中,因此任务负载越小的 UAV 分配到新任务的概率越大。这是一个多目标优化问题,需根据指挥人员的决策意图来确定各个指标的相对权重,通过加权求和的方法将多目标规划问题转换为单目标规划问题。考虑以上因素后,有

$$U'_i(S_i) = U'_i(S_i) - \alpha_3 \mathrm{Time}_i(S_i) - \alpha_4 \mathrm{TLoad}_i(S_i) \tag{5-94}$$

α_3,α_4 的不同取值反映了各个目标函数的重要程度和指挥人员的不同决策偏好。

多 UAV 协同任务控制问题在一定程度上可以类似为 NP-Hard 的多旅行商问题。但是,由于任务之间的约束关系,每架 UAV 执行任务的效能还可能与其他 UAV 的任务执行顺序和任务执行时间相关,为了满足任务间的时序约束,相关的 UAV 必须实现时间同步;为了满足任务间的促进约束,必要时,某些 UAV 需要配合其他 UAV 的行动。多 UAV 系统是一个多架 UAV 同时运行的并发系统,UAV 根据自己的任务和能力在作战区域内自主飞行和执行任务,因此很容易发生时空冲突,时空冲突的发生势必会影响系统的安全,因此还需要实

现作战过程中UAV之间的冲突消解，以保证安全性。

定义5.8 （多UAV协同任务控制）多UAV协同任务控制，就是在满足各种约束条件的基础上，将任务合理地分配到各架UAV，确定任务的执行顺序和执行时间，使任务能够满足相互间的时序约束，尽可能地利用相互间的促进约束，避免UAV执行任务的飞行航线发生时空冲突，并使完成任务后的整体效能最大。简而言之，就是实现UAV之间的任务分配、计划协调与冲突消解。

设UAV编队$V=\{V_1,\cdots,V_{N_v}\}$分别从初始位置$\{P_1,\cdots,P_{N_v}\}$出发执行任务$T=\{T_1,\cdots,T_{N_v}\}$，多UAV协同任务控制问题的数学模型可以描述为

$$\sum_{i=1}^{N_v}\sum_{j=1}^{N_v+N_T}\sum_{k=1}^{N_T}(X_{x,j,k}\cdot U_{x,j,k})\quad X_{x,j,k}\in\{0,1\} \tag{5-95}$$

目标函数式(5-95)中的$X_{x,j,k}$是0,1决策变量，$X_{x,j,k}=1$表示分配V_i从位置P_j飞向任务点T_k执行任务，$U_{x,j,k}$为相应执行任务的效能，因为P_j既可以是V_i的当前位置，也可以是途中某个任务点，所以j的取值范围为$[1,N_v+N_T]$。

$$\text{s.t.}\quad \text{Enforce}(\text{Sequence}(T_i,T_j))\quad \forall T_j\in T,T_i\in S^{\text{Seq}}(T_j) \tag{5-96}$$

约束条件式(5-96)表示必须满足任务间的时序约束，有

$$\text{Try}(\text{Facilitate}(T_i,T_j))\quad \forall T_j\in T,T_i\in S^{\text{Fac}}(T_j) \tag{5-97}$$

约束条件式(5-97)表示应尽量满足任务间的促进约束，有

$$\text{Enforce}(-\text{Conflict}(V_i,V_j))\quad \forall V_j\in V,V_i\in S^{\text{Can}}(T_j) \tag{5-98}$$

约束条件式(5-98)表示必须消解UAV之间的时空冲突，有

$$\sum_{i=1}^{N_v}\sum_{j=1}^{N_v+N_T}X_{x,j,k}\leqslant 1,\quad k=1,\cdots,N_T \tag{5-99}$$

约束条件式(5-99)表示最多只能有一架*UAV*飞向某个任务点。如果任务数量没有超出参战*UAV*能够执行的最大任务数，对于$k=1,\cdots,N_T$均应有$\sum_{i=1}^{N_v}\sum_{j=1}^{N_v+N_T}X_{x,j,k}=1$，即保证每个任务都被分配到UAV且仅被分配给一架UAV；如果任务数量超出了参战UAV能够执行的最大任务数，$k=1,\cdots,N_T$中只能有部分$\sum_{i=1}^{N_v}\sum_{j=1}^{N_v+N_T}X_{x,j,k}=1$成立，即只能保证优先分配能更多提高系统整体效能的任务，则有

$$\sum_{j=1}^{N_v+N_T}X_{x,j,k}=\sum_{\substack{l=1\\l\neq i}}^{N_v}X_{i,k,l}\quad i=1,\cdots,N_v,k=1,\cdots,N_T \tag{5-100}$$

约束条件式(5-100)表示，如果某架UAV飞向了某个任务点，也必须飞离

该任务点 。

$$X_{x,j,k}=1\Rightarrow t_i^{\text{start}}(T_j)+t_i^{\text{execute}}(T_j)+t_i^{\text{flight}}(T_k)+t_i^{\text{wait}}(T_k)=t_i^{\text{start}}(T_k),t_i^{\text{wait}}(T_k)\geqslant 0 \tag{5-101}$$

约束条件式(5－101)表示 UAV 连续执行两个任务的时间关系，有

$$\text{ETime}(T_j)\leqslant t_i^{\text{start}}(T_j)\leqslant \text{LTime}(T_j),\quad \forall i=1,\cdots,N_v,\quad \forall j=1,\cdots,N_T \tag{5-102}$$

约束条件式(5－102)表示 UAV 执行任务应满足任务的时间窗限制，有

$$\sum_{j=1}^{N_v+N_T}\sum_{k=1}^{N_T} r_{x,j,k}X_{x,j,k}\leqslant \text{MaxR}(V_i)\quad i=1,\cdots,N_v \tag{5-103}$$

约束条件式(5－103)表示，要满足UAV的资源约束，如携带的导弹数量，使分配给 UAV 的任务对资源的要求不超过 UAV 的最大资源限制，有

$$\sum_{j=1}^{N_v+N_T}\sum_{k=1}^{N_T} X_{x,j,k}\cdot t_i^{\text{flight}}(T_k)+\sum_{i=1}^{N_v+N_T}\sum_{j=1}^{N_T} X_{x,j,k}\cdot t_i^{\text{wait}}(T_k)+\sum_{i=1}^{N_v+N_T}\sum_{j=1}^{N_T}\boldsymbol{X}_{x,j,k}\cdot t_i^{\text{execute}}(T_k)\leqslant \text{MaxTime}(V_i)\quad i=1,\cdots,N_V \tag{5-104}$$

约束条件式(5－104)表示要满足 *UAV* 的最大飞行时间限制，即

$$\sum_{j=1}^{N_v+N_T} X_{x,j,k}=1\quad\Rightarrow\quad\sum_{j=1}^{N_v+N_T} X_{i,j,l}=0\quad i=1,\cdots,N_V,\forall T_j\in T,T_i\in S^{\text{Seq}}(T_j) \tag{5-105}$$

约束条件式(5－105)表示一架 UAV 只能执行一个时序任务组中的一个任务。

针对以上这样一个高度复杂的控制问题，这里将从两方面入手构建问题的求解方案：一是立足于分布式的体系结构，充分发挥分布式控制技术在解决动态、不确定性问题上的优势；二是采用分层递阶逐次求解的思路，通过层间解耦将问题分解为不同层次的子问题，然后在各个层次逐层求解以降低问题难度。

5.6.2 任务分配体系结构

在复杂多变的战场环境中，多 UAV 系统的控制结构在很大程度上决定着系统作战的效率和灵活性，控制结构的选择应能使系统满足以下要求：良好的伸缩性、高鲁棒性、高可靠性、快速反应能力、动态重构能力以及容错能力。多 UAV 系统的控制结构主要分为集中式控制(Centralized Control)和分布式控制(Distributed Control)两种类型[56,59]。

1. 集中式体系结构

如图 5-57 所示，集中式控制系统的特点是由唯一的中央控制节点，一般是陆基、舰基或综合到预警机上的任务控制站(Mission Control Station)，对整个系统进行控制。来自各架 UAV 的探测信息和系统状态信息汇集到中央控制节点，经该节点分析决策、集中计算与统一规划后，将求解结果以控制指令的形式发送给各 UAV 执行。在集中式控制系统中，任务控制功能集中在任务控制站，UAV 仅具有底层控制功能。

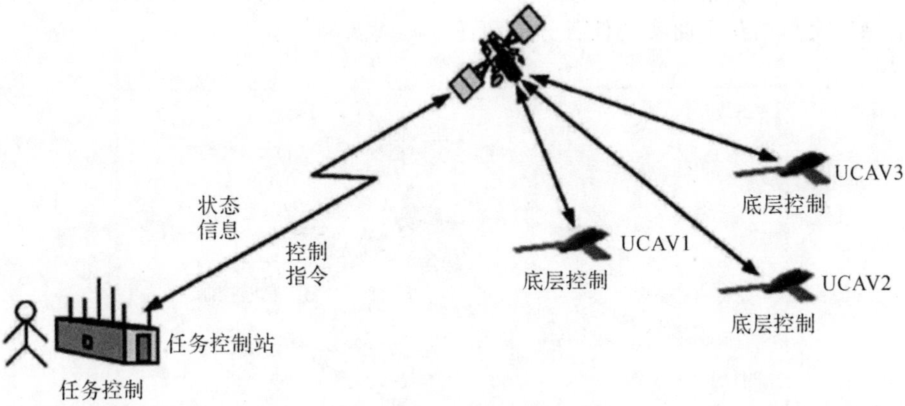

图 5-57 集中式体系结构

集中式控制能够从全局对问题进行求解和优化，但在实际作战应用中存在以下不足[59,56]：

(1)需要 UAV 不断将自身状态与探测到的信息传送到任务控制站，这对通信链接的可靠性和通信带宽提出了很高的要求，而这在战场环境中常常难以得到满足。

(2)前方 UAV 与后方任务控制站之间的通信延迟，导致 UAV 难以对战场态势变化快速做出反应。

(3)所有的计算集中在唯一的中央节点，计算量大，求解复杂度高，对于大规模复杂问题消耗的时间长，并且常常难以找到最优解。

(4)作战过程中 UAV 往往具有更精确的局部信息视图，但任务控制站仍会将其基于粗略的全局信息视图规划出的计划强制下发。

(5)系统缺乏鲁棒性，中央节点是整个系统的瓶颈，如果该节点出现故障，遭到损毁或受到干扰，将导致整个系统的崩溃。

2. 分布式体系结构

分布式控制系统的特点是采用自治和协作的方法来解决全局控制问题，将复杂问题划分为能够由系统中各个节点解决的子问题，然后由各节点联合进行求解。如图 5 - 58 所示，分布式体系结构把 UAV 作为一个个相对独立的 Agent，整个系统形成多 Agent 系统，各 UAV Agent 由局部通信网络互相联结，通过基于消息传递的协商来实现系统的整体控制，系统控制功能的实现和全局决策的制定通过 UAV 之间的协调和协作完成。UAV 具有充分的自治权，在大部分时间里按照自己的任务目标和控制策略自主控制，只在必要的时候通过信息交换与相互协商实现任务分配和任务协调。

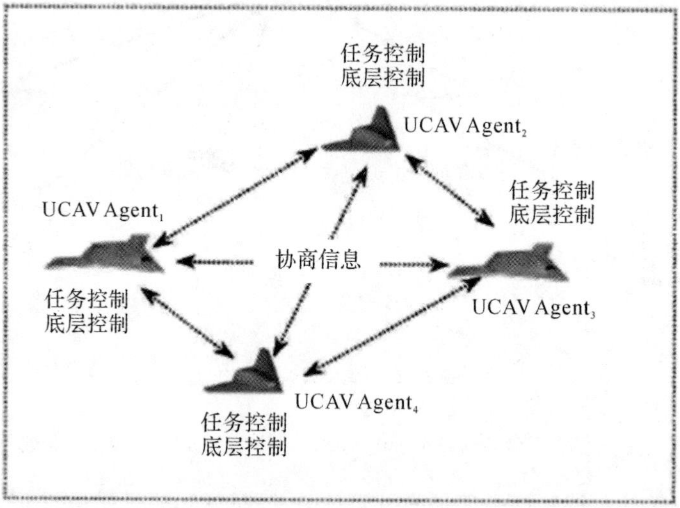

图 5 - 58 分布式体系结构

与集中式体系结构相比，分布式体系结构具有以下优点[60]：

(1)UAV 机载控制器能够快速访问传感器获取的环境信息和自身状态信息，通过自主控制实现对局部态势变化的快速反应。

(2)充分发挥 UAV 的自治性，各 UAV 之间只有中等程度的信息交流，即大量信息在局部处理，只有高层协作信息进行交互，使得通信量减少，对通信的依赖性减弱。

(3)任何一个节点出现故障或丧失功能，都不会对系统整体性能产生太大的影响，系统具有更强的鲁棒性和容错性。

(4)UAV 平台自主能力的不断提高，为分布式协同控制方法提供了良好的基础和应用前景。

3. 任务分层求解方案

如图 5－59 所示，对每架 UAV 而言，其控制系统的物理框架由下至上分为三个层次[36]：

(1)硬件驱动层实现 UAV 的底层控制，包括飞行器控制、数据链控制、载荷控制、武器控制等，并为规划调度层提供系统的状态参数。

(2)规划调度层实现 UAV 的内部任务控制，由各种规划算法和管理软件组成，其功能包括 UAV 的任务调度、任务管理、任务规划和航路规划等，并为协同协调层提供用于与其他 UAV 进行协商的信息。

(3)协同协调层实现 UAV 的协同任务控制，其功能是通过预定协议与其他 UAV 进行协商，实现相互之间的任务分配和任务协调，使系统内的多 UAV 作为一个整体行动。

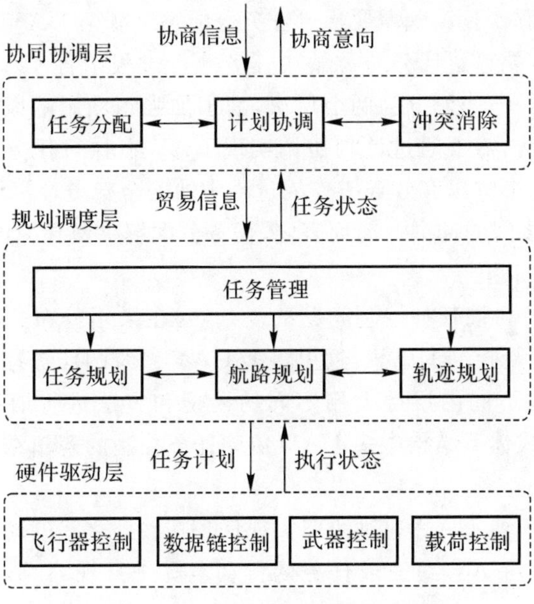

图 5－59 UAV 任务控制的层次化物理结构

对每架 UAV 而言，其内部任务控制的逻辑框架如图 5－59 所示，包括任务规划、航路规划和轨迹规划三个层次。其中，任务规划层解决 UAV 到哪里去并执行什么任务的问题，当存在多个任务时，还需要决定执行任务的顺序。根据任务规划给出的任务序列，航路规划层解决从 UAV 当前位置依次到各个任务点的最优航路问题。根据航路规划给出的航路点序列，轨迹规划解决 UAV 怎样沿着最优航路飞行到任务点的问题。UAV 的内部任务控制由图 5－60 中所示的物理框架中的规划调度层实现。

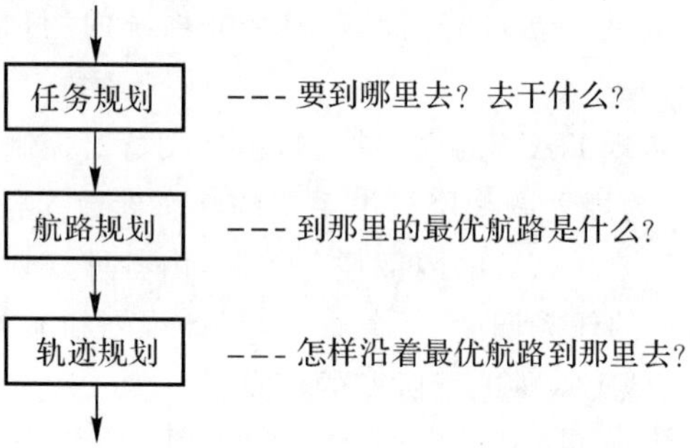

图 5-60　单机任务控制的层次化逻辑结构

相对于单架 UAV 的任务控制，多 UAV 协同任务控制更加复杂，涉及更多的优化指标与控制变量。既需要通过任务分配解决哪架 UAV 执行哪个或哪些任务的问题，还需要通过任务协调解决任务执行过程中各 UAV 计划和行动之间的相互影响。任务协调分为两个层次，为了加强正面影响以充分发挥多机协同作战的整体优势，需要通过计划协调实现 UAV 在执行任务过程中的战术配合；为了避免负面影响以有效规避作战过程中的安全隐患，需要通过冲突消解检测与消除 UAV 之间的冲突。简而言之，任务分配解决做什么的问题，而任务协调解决怎么做的问题。

针对多 UAV 协同任务控制问题的复杂性，在采用分布式控制体系结构的同时，基于分层递阶控制的思想，这里将多 UAV 系统的任务控制功能沿纵向划分为若干层次，在不同的层次上用不同的模型和方法进行研究和求解。如图 5-61所示，分布式体系结构中多 UAV 协同任务控制的逻辑结构可以分为以下 6 个层次 。

(1)任务分配：各 UAV 通过协商实现任务在彼此之间的动态分配与调整 。

(2)任务规划：UAV 对完成任务的行动步骤进行规划，形成任务序列层次上的任务计划。

(3)计划协调：各 UAV 通过交换任务视图检测彼此任务之间的约束关系，并与执行相关任务的 UAV 进行协商，根据协商结果调整任务计划，实现战术配合 。

(4)航路规划：UAV 对完成任务的飞行航路进行规划，形成航路点序列层次上的任务计划。

(5)冲突消解：各 UAV 通过协商实现彼此任务计划之间的冲突消解，将个体任务计划合并为联合任务计划。

(6)轨迹规划：根据 UAV 飞行特性对航路点序列进行平滑可飞处理。以上各个层次首先从较粗的粒度空间上进行控制，然后从较细的粒度空间上进行控制，结果自上而下发出，反馈自下而上传递，各个层次之间即相互关联又相互影响，是一个一体化的过程。

如图 5-61 所示，对每个 UAV Agent 而言，任务分配在任务规划之前完成，是规划前的协同；计划协调在任务规划和航路规划过程中实现，是规划中的协调；冲突消解在航路规划之后进行，是规划后的协调。从任务分配，到计划协调，再到冲突消解，协同控制的粒度逐层细化，协同作战的效果也越好，但通信量也逐层增加。UAV 在任务分配层交换任务信息，计划协调层交换任务视图信息，冲突消解层交换任务计划信息。基于以上层次化的分布式协同任务控制模型，可以建立 UAV 之间的层次化通信模型，根据不同通信条件选择 UAV 协同作战的层次，在最恶劣的通信条件下，各 UAV 根据预先计划各自为战；在通信受限的条件下，仅通过交换彼此间任务的信息实现任务分配；在理想的通信条件下，交换任务视图和任务计划实现任务协调。

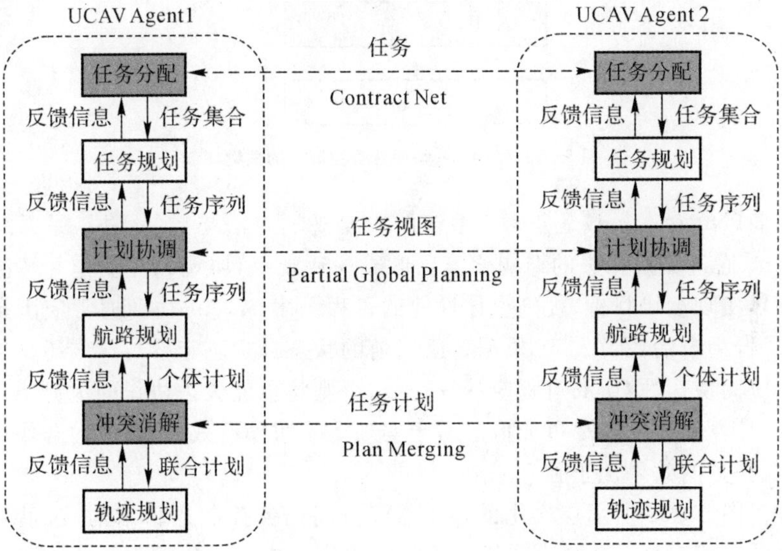

图 5-61　多 UAV 协同任务控制的层次化逻辑结构

以上多 UAV 协同任务控制模型在功能上包括两大部分，一是 UAV 内部的任务控制，包括图 5-61 的(2)(4)(6)层；二是 UAV 之间的协同任务控制，包括图 5-61 的(1)(3)(5)层。这里的研究重点是多 UAV 的协同任务控制中的分布式任务分配与任务协调，研究围绕任务分配和任务协调两个关键问题，在任务分配、计划协调和冲突消解三个层次进行展开。将任务分配、计划协调与冲突消解从多 UAV 协同任务控制流程中重点突出后，这三个关键环节的地位和作用如图 5 - 62 所示 。

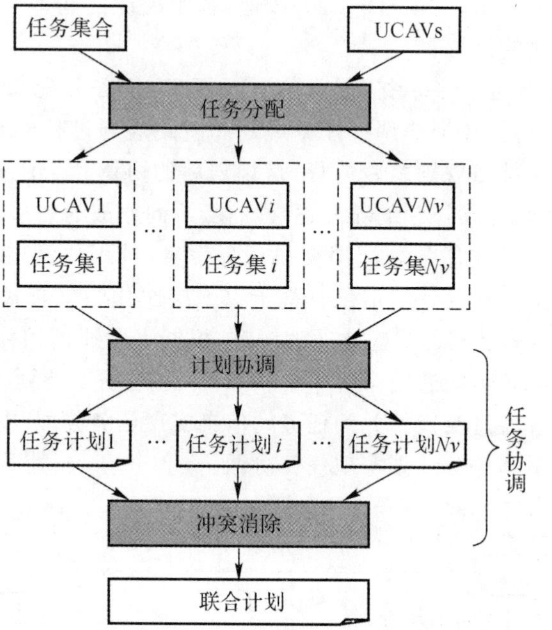

图 5 - 62　多 UAV 协同任务控制中的关键环节

协商(Negotiation)是分布式系统的重要规划方法与控制手段,是系统中自治 Agent 通过交换相关的结构化信息形成一致观点,协调相互动作并解决矛盾和冲突以实现全局目标,提高整体性能的过程。多 Agent 协商通常应满足以下要求:①行为自治性:Agent 根据自己当前的状态自主决定参与合作还是拒绝合作。②协商快速性:协商过程应尽快完成,否则将可能失去协作的优势。③计算简便性:计算复杂度应尽可能低且易于实现。④协作有效性:达成的合作局面稳定,完成任务的效果优于独立完成。

基于图 5 - 62 所示层次化的多 UAV 协同任务控制逻辑结构,这里采用基于协商的方法对多 UAV 协同任务控制中的分布式任务分配和任务协调问题进行研究,采用合同网(Contract Net)、通用部分全局规划(Generalized Partial Global Planning)和计划合并(Plan Merging)三种协商机制在不同层次上分别实现任务分配、计划协调和冲突消解。①采用合同网协商机制实现动态任务分配,当出现新任务时,将新任务快速分配给系统内的 UAV,当战场态势发生变化时,对当前任务分配结果进行相应调整,以确保完成任务后的整体效能最大。②基于对 GPGP 的改进,建立了一种新的协商机制,能够更有效地对执行相关任务的 UAV 的任务计划和行动步骤进行协调,使其通过战术配合提高完成任务的效率和质量。③利用计划合并协商机制实现冲突消解，并通过建立基于时间约束网络（Temporal Constraint Network）的 UAV 任务计划模型，将计划合并方法从定性时间约束层面推广到定量时间约束层面，使 UAV 可以更高效地检测和消除彼此任务计划在时空上的冲突，将各 UAV 的个体计划合并为联合计划 。按照不同特征，多 Agent 系统中的 Agent 可以分为三种类型：合作型（Cooperative），自私型（Self - interested）和敌对型（Hostile）。合作型指各个成员为了全局利益而甘愿牺牲自身利益，共同协作完成目标。自私型指各个成员以自身利益为重。敌对型指各个成员相互竞争，不仅自身要获得较多利益，而且要使其他成员的利益减少。Agent 的类型不同，协商过程中的处理也不同。多 UAV 系统是一个典型的合作型多 Agent 系统，Agent 的合作目标是实现作战效能的最大化，本书此后的研究均以此为前提。

5.6.3　集中式多 UAV 任务分配

1. 基于分工机制蚁群算法的协同多任务分配

基于 5.6.1 节建立的问题模型，这里在多子群蚁群算法的基础上，将蚁群社会中蚂蚁之间的分工合作机制引入问题求解过程中，针对协同多任务分配问题特点，对分工机制蚁群建立、问题解构造策略、人工蚂蚁状态转移规则进行改进和设计，提出了基于分工机制的蚁群算法。

在无人机协同多任务分配问题中，不同无人机执行的任务各不相同，因此可将各无人机映射为人工蚁群中不同的蚂蚁子群，各蚂蚁子群为其对应的无人机构造任务分配计划，相互之间通过基于信息素分布的间接信息交互实现任务的协同。

基于分工机制的协同多任务分配蚁群算法中，分工机制蚁群的建立以不同无人机执行任务的不同为基础。设人工蚁群为 $AC=\{AC_i, i=1,2,\cdots,N_{AC}\}$ 其中：N_{AC} 为人工蚁群中包含的蚂蚁子群数，满足 $N_{AC}=N_v$，$AC_i=\{Ant_{i,k}, k=1,\cdots,m\}$ 。m 为对应于无人机 V_i 的蚂蚁子群，且不同的子群之间满足关系：

$$\left.\begin{aligned}&\bigcup_{i=1}^{N_V} AC_i = AC\\&AC_i \cap AC_j = \varnothing, \quad i \neq j\end{aligned}\right\} \tag{5-106}$$

$Ant_{i,j}$ 为第 i 个子群中的第 j 个人工蚂蚁，蚂蚁子群 AC_i 中每个人工蚂蚁为无人机 V_i 构造任务分配计划，而无人机集合 V 的任务分配计划需要来自不同蚂蚁子群的 N_v 个人工蚂蚁构造的任务序列构成。构造无人机集合 V 的一个满足各类约束的任务分配计划的 N_v 个人工蚂蚁，称为人工蚂蚁簇 AC_i，$i=1,\cdots,m$，

AC_i 是人工蚁群中构造无人机集合完整任务分配计划的最小蚂蚁群落，且不同的人工蚂蚁簇之间满足：

$$\left.\begin{aligned}&\mathrm{AC}_i=\{\mathrm{Ant}_{1,i},\mathrm{Ant}_{2,i},\cdots,\mathrm{Ant}_{N_V,i}\}\\&\bigcup_{i=1}^{m}\mathrm{AC}_i=\mathrm{AC}\\&\mathrm{AC}_i\cap\mathrm{AC}_j=\varnothing,\quad i\neq j\end{aligned}\right\}\tag{5-107}$$

综上所述，分工机制蚁群可由如图 5－63 所示的蚂蚁矩阵 $\mathrm{AC}=[\mathrm{Ant}_{i,j}]$，$i=1,2,\cdots,N_V,j=1,\cdots,m$，进行描述。其中，蚂蚁子群对应于矩阵的各个行，人工蚂蚁簇对应于矩阵的各个列，如图 5－63 所示。

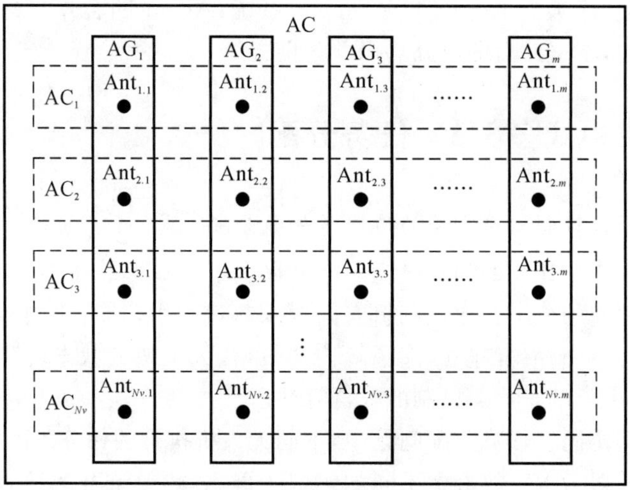

图 5－63　分工机制蚁群结构示意图

基于分工机制蚁群算法对协同多任务分配问题的求解过程中，构造无人机集合任务分配计划的基本群落是人工蚂蚁簇。人工蚂蚁簇 $\mathrm{AC}_l(l=1,2,\cdots,m)$。在构造无人机集合 V 的任务分配计划的过程中，每次选择一个人工蚂蚁 $\mathrm{Ant}_{i,j}(1,2,\cdots,N_V)$。进行状态转移，确定其后续执行的任务，该人工蚂蚁的选择应根据人工蚂蚁簇中所有蚂蚁个体任务能力评估的大小决定，任务能力较强的人工蚂蚁被选中进行状态转移以选择将要执行的任务的概率较大，反之则被选中的概率较小，具体可以表达示为

$$q_{i,l}^{(k)}(c)=\frac{E_{\mathrm{cap}}^{(k,i,l)}(c)}{\sum\limits_{s=1}^{N_V}E_{\mathrm{cap}}^{(k,s,l)}(c)}\tag{5-108}$$

式中，$q_{i,l}^{(k)}(c)$ 为第 c 次迭代中人工蚂蚁簇 AC_l 进行第 k 次状态转移时 $\mathrm{Ant}_{i,l}$ 被选

中的概率；$E_{\mathrm{cap}}^{(k,i,l)}(c)$ 为此时对 $\mathrm{Ant}_{i,l}$ 的综合任务能力评估，其值通过下式进行计算

$$\left.\begin{aligned} E_{\mathrm{cap}}^{(k,i,l)}(c) &= L_{\mathrm{cap}}^{(k,i,l)}(c) \times \max_{s\in \mathrm{allowed}_{i,j}} \tau(z,s) \times M_{\mathrm{cap}}^{(k,i,l)}(c) \\ L_{\mathrm{cap}}^{(k,i,l)}(c) &= \frac{L_{\max}(V_i) - L_{\mathrm{cur}}^{(k,i,l)}(c)}{L_{\max}(V_i)} \\ M_{\mathrm{cap}}^{(k,i,l)}(c) &= \frac{\| \mathrm{allowed}_{i,l} \|}{N_m} \times M_{\mathrm{rem}}^{(k,i,l)}(c) \\ M_{\mathrm{rem}}^{(k,i,l)}(c) &= M_{\max}(V_i) - M_{\mathrm{cur}}^{(k,i,l)}(c) \end{aligned}\right\} \tag{5-109}$$

式中，$L_{\mathrm{cap}}^{(k,i,l)}(c) \in (0,1)$ 为 $\mathrm{Ant}_{i,l}$ 的飞行航程剩余量权系数；$\mathrm{allowed}_{i,l}$ 为 $\mathrm{Ant}_{i,l}$，当前状态转移候选集合(即 $\mathrm{Ant}_{i,l}$对应的无人机 Vi 在约束条件限制下所能执行的任务集合)，$\| \mathrm{allowed}_{i,l} \|$ 为该候选集合中包含任务的数量；$\max_{s\in \mathrm{allowed}_{i,j}} \tau(z,s)$ 为 $\mathrm{Ant}_{i,l}$ 当前可选后继移动对应路径段上信息素浓度最大值，反映了本次迭代之前的搜索过程中，蚁群所累积的问题求解经验；$L_{\mathrm{cur}}^{(k,i,l)}(c)$ 为 $\mathrm{Ant}_{i,l}$ 当前计划中已消耗的航程；$M_{\mathrm{cap}}^{(k,i,l)}(c)$ 为 $\mathrm{Ant}_{i,l}$ 当前执行任务能力的估计；$M_{\mathrm{cur}}^{(k,i,l)}(c)$ 为 $\mathrm{Ant}_{i,l}$ 当前任务分配子计划中包含的任务数；$L_{\max}(V_i)$ 和 $M_{\max}(V_i)$ 分别为无人机 V_i 的最大航程和最大任务数限制。通过该任务能力评估在人工蚂蚁簇内选择蚂蚁个体进行状态转移可有效均衡各无人机之间的任务负担，提高任务分配计划质量，有利于提高算法效率。

相关研究表明，引入局部优化策略能够较大程度地提升蚁群算法搜索效率。因此，蚁群算法在问题解构造过程中还引入了逆转变异算子对任务分配计划进行局部优化。逆转变异算子可由图 5 - 64 进行描述。

在人工蚂蚁簇中所有蚂蚁个体完成任务分配子计划构造之后，对所有子计划运用逆转变异算子进行局部优化，调整变异后任务分配计划中各任务的执行顺序和时间。当所得的计划满足协同多任务分配问题约束条件，且优于原计划时，用变异后的任务分配计划替换原计划。

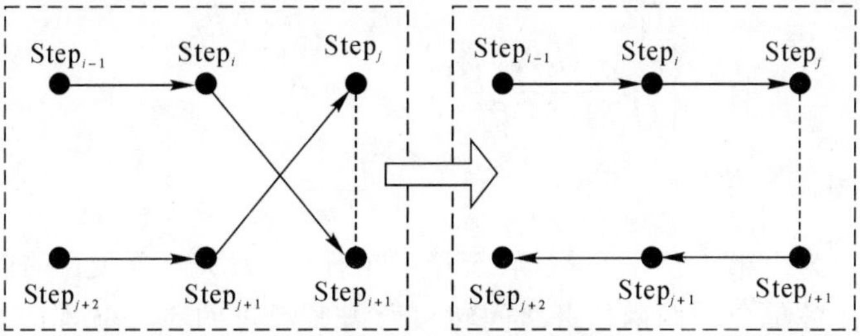

图 5 - 64　逆转变异算子示意图

蚁群算法中人工蚂蚁按照环境中的信息素分布和启发信息进行其状态转移,启发信息由候选的解元素的评价值决定。求解无人机协同多任务分配问题的蚁群算法中的状态转移,是指无人机执行当前任务之后向下一个任务的转移,因而人工蚂蚁获得的启发信息为无人机任务转移所要花费的代价。由此可以得到,蚁群中各人工蚂蚁按照下式进行状态转移:

$$s=\begin{cases}\arg\max\limits_{j\in \text{allowed}_{u,v}}\{[\tau_{i,j}^{\alpha}(c)]\times[\eta_{i,j}^{\beta}(c)]\}, & q\leqslant q_0\\ S, & \text{其他}\end{cases}\tag{5-110}$$

式中,s 为按照式(5-111)所示概率分布选出的随机变量,则

$$\left.\begin{aligned}&P_{i,j}^{(u,v)}(c)=\begin{cases}\dfrac{\tau_{i,j}^{\alpha}(c)\left[\eta_{i,j}^{(u,v)}(c)\right]^{\beta}}{\sum\limits_{s\in \text{allowed}_{u,v}}\tau_{i,s}^{\alpha}(c)\left[\eta_{i,s}^{(u,v)}(c)\right]^{\beta}}, & j\in \text{allowed}_{u,v}\\ 0, & \text{其他}\end{cases}\\ &\eta_{i,s}^{(u,v)}(c)=\frac{1}{C_{i,j}^{(u,v)}(c)}\end{aligned}\right\}\tag{5-111}$$

式中,$0<q_0<1$;$\text{allowed}_{u,v}$ 为 $\text{Ant}_{u,v}$ 下一步的候选任务集合;$\tau_{i,j}(c)$ 为 $\text{Ant}_{u,v}$ 状态转移时任务 M_i 和任务 M_j 之间转移路径上的信息素浓度;$\eta_{i,j}^{(u,v)}(c)$ 为 $\text{Ant}_{u,v}$ 进行状态转移的启发信息,其值为 V_u 在两任务之间进行状态转移的代价 $C_{i,j}^{(u,v)}(c)$ 的倒数,$C_{i,j}^{(u,v)}(c)$ 的计算方法为

$$C_{i,j}^{(u,v)}(c)=\omega_1 Cd_{i,j}+\omega_2 Ct_{i,j}^{(u,v)}(c)\tag{5-112}$$

$$\left.\begin{aligned}&Cd_{i,j}=\frac{L(R_{i,j})-L_{\min}}{L_{\max}-L_{\min}}, \quad j\in \text{allowed}_{u,v}\\ &L_{\max}=\max_{\substack{l,k=1,2,\cdots,N_m\\ l\neq k}} L(R_{i,k})\\ &L_{\min}=\min_{\substack{l,k=1,2,\cdots,N_m\\ l\neq k}} L(R_{i,k})\end{aligned}\right\}\tag{5-113}$$

$$Ct_{i,j}^{(u,v)}=\begin{cases}1, & \text{如果 } M_j \text{ 没有时间约束}\\ 1, & t_{\text{arrive}}^{(u,v,j)}\leqslant ET_j^{*}\\ \dfrac{(LT_j-t_{\text{arrive}}^{(u,v,j)})}{(LT_j-ET_j^{*})}, & \text{其他}\end{cases}\tag{5-114}$$

$$t_{\text{arrive}}^{(u,v,j)}=t_i^{(u,v)}+\frac{L(R_{i,j})}{v_{u,v}}\tag{5-115}$$

式中,$L(R_{i,j})$为由第 i 个任务 M_i 转至第 j 个任务 M_j 所需要飞行的航程;$L_{\max}$ 和 $L_{\min}$ 分别为任务集合中两两任务之间转移所需要经过的飞行航程的最大值和最小值;$t_{\text{arrive}}^{(u,v,j)}$ 和 $t_j^{(u,v)}$ 分别为 $\text{Ant}_{u,v}$ 转移至任务 M_j 和执行任务 M_j 的时刻;$ET_j^{*}\leqslant ET_j$ 为常值参数;ω_1,ω_2 为权系数,满足 $0\leqslant\omega_1,\omega_2\leqslant1$ 且 $\omega_1+\omega_2=1$。由上述

公式可以看出，人工蚂蚁在选择后继任务的时候，一方面，到当前任务目标飞行距离较短的任务将优先被选择；另一方面，任务时间约束裕量越小的任务将优先被选择。

2. 任务分配计划评价指标

在无人机协同多任务分配问题中，任务分配计划的优劣程度可用无人机集合完成该计划中所有任务所需的总飞行航程和计划中包含的任务数量两种指标进行评价。

设无人机 V_i 的任务分配计划为

$$\left.\begin{aligned} \mathrm{Project}_i &= \{S_1^{(i)}, S_2^{(i)}, \cdots, S_{N_{mi}}^{(i)}\} \\ S_k^{(i)} &= \{M_j, R_k^{(i)}, t_k^{(i)}\}, \quad M_j \in M \end{aligned}\right\} \tag{5-116}$$

式中，$S_k^{(i)}$ 为无人机 V_i 的任务分配计划中第 k 个任务步骤；N_m 为 $S_k^{(i)}$ 中包含的任务数量；M_j 为 V_i 的第 k 个任务步骤中所执行的任务；$R_k^{(i)}$ 为 V_i 的第 k 个任务步骤中经过的安全航路的飞行航程值；$t_k^{(i)}$ 是 V_i 执行任务 M_j 的时间。

设 $L(\mathrm{Project}_i)$ 为无人机 V_i 任务分配计划的飞行航程值，$L_{\max}(V_i)$ 为 V_i 的最大航程限制，则无人机集合任务分配计划的总飞行航程指标为

$$J_1 = \frac{\sum_{i=1}^{N_V} L(\mathrm{Project}_i)}{\sum_{i=1}^{N_V} L_{\max}(V_i)} = \frac{\sum_{i=1}^{N_V} (v_i \times T(\mathrm{Project}_i))}{\sum_{i=1}^{N_V} L_{\max}(V_i)} \tag{5-117}$$

式中，$T(\mathrm{Project}_i)$ 为无人机 V_i 完成其任务分配计划所需的时间（由起点出发直至到达预定终点所经历的时间）；v_i 为无人机 V_i 的飞行速度，模型中假设该值为一常量。无人机协同多任务分配的目标是在满足约束条件的前提下制定合理的任务分配计划，且使得该分配计划的总飞行航程指标 J_1 最小化。无人机集合任务分配计划中包含的任务数量反映了任务分配对待执行任务集合的覆盖程度，其计算方法为

$$J_2 = \sum_{i=1}^{N_V} N_{mi} \tag{5-118}$$

基于该评价指标，无人机协同多任务分配的目标是在满足协同多任务分配问题诸多约束条件的前提下，使得完成任务数量指标 J_2 最大化。在实际指标应用中，为了与任务总飞行航程代价的最小化目标相对应，通常将该指标转化为未完成任务数量指标，以实现无人机集合未完成任务数量最小化为目标，即

$$J_2^* = N_m - \sum_{i=1}^{N_V} N_{mi} \tag{5-119}$$

综上所述，可以得到无人机集合任务分配计划的综合评价指标为总飞行航程代价指标与未完成任务数量指标之和，协同多任务分配的目标即实现该综合指标的最小化，即

$$\min(J = J_1 + J_2^*) \tag{5-120}$$

综合上述设计及基本蚁群算法的步骤，基于分工机制的无人机协同多任务分配蚁群算法如下：

输入：系统参数 $\alpha,\beta,\rho_{\text{global}},\rho_{\text{local}},q_o$（$\rho_{\text{global}},\rho_{\text{local}}$ 为蚁群系统信息素更新的全局挥发系数和局部挥发系数），无人机集合 V，目标集合 T，任务类型集合 M_t。

输出：无人机集合任务分配计划 Progect。

步骤 1　初始化规模为 $N_V \times m$ 的分工蚁群 AC，建立人工蚂蚁子群 AC_u，$u=1,2,\cdots,N_V$ 和人工蚂蚁簇 AC_v，$v=1,2,\cdots,m$。设置任务分配蚁群算法初始迭代计数器 $c \leftarrow 0$ 和允许的最大迭代次数 $c_{\max}$。

步骤 2　$\forall\, \mathrm{AC}_v$，$v=1,2,\cdots,m$，执行如下操作：

(1)分别构建其候选集合，根据式(5-102)和式(5-103)所示的方法，逐步选择 $\mathrm{AC}_{u,v} \in \mathrm{AC}_v$，按照式(5-104)～式(5-108)所示的状态转移规则构造各自对应的无人机 V_u 的任务分配子计划。

(2)在 AC_v 中，所有蚂蚁个体 $\forall\, \mathrm{Ant}_{u,v}$，$u=1,2,\cdots,N_V$ 均构造完任务分配计划 $\mathrm{Project}_u$ 之后，对其中所有蚂蚁个体的任务分配子计划运用逆转变异算子进行局部优化。根据局部优化结果对 AC_v 形成的任务分配计划 Progect 按照蚁群系统的局部信息素更新规则进行局部信息素更新。

(3)按式(5-110)～式(5-114)计算各无人机任务分配子计划的评价值。

步骤 3　按照蚁群系统的全局信息素更新规则，进行全局信息素更新。

步骤 4　将当前迭代中最优人工蚂蚁簇构造的任务分配计划与全局最优任务分配计划进行比较。如果优于当前的全局最优任务分配计划，则以当前迭代最优任务分配计划作为新的全局最优任务分配计划；否则继续后续步骤。

步骤 5　$c \leftarrow c+1$，如果 $c > c_{\max}$，则算法结束，输出当前的全局最优任务分配计划；否则转步骤 2 继续执行。

3.仿真实验

基于上述算法设计，在 Intel 2.4 GHz 主频、512 MB 内存的测试环境中，针对 4 架无人机(2 架侦察型、2 架攻击型)对 10 个敌方目标的任务想定进行仿真实验，如 5-65 所示。设定所有目标均需要进行侦察、攻击、毁伤评估 3 类任务，分别采用 C,A,V 进行标识，想定的具体数据见表 5-3～表 5-6(表中数据均为实验中设定的无量纲数值)。出于在不影响任务分配算法验证的前提下简化仿

真实验过程的目的，实验中未设定敌方威胁源。算法中蚁群包含 $20\times N_V$ 个人工蚂蚁。

表 5-3　无人机性能参数表

无人机	起飞位置/m	航程/m	速度/(m·s^{-1})	任务能力		
				侦察	攻击	评估
V-0	(684,536)	2 500	10	√		√
V-1	(709,548)	1 500	10		√	
V-2	(737,548)	1 500	10		√	
V-3	(761,532)	2 500	10	√		√

表 5-4　任务目标设置信息表

目标标识	目标坐标/m	任务类型		
		侦察 C	侦察 A	评估 V
T-0	(691,243)	√	√	√
T-1	(868,300)	√	√	√
T-2	(785,413)	√	√	√
T-3	(569,342)	√	√	√
T-4	(766,167)	√	√	√
T-5	(938,213)	√	√	√
T-6	(978,369)	√	√	√
T-7	(624,182)	√	√	√
T-8	(511,296)	√	√	√
T-9	(681,430)	√	√	√

表 5-5　任务之间的附加时序关系

前续任务		后续任务	
任务目标	类　型	任务目标	类型
T-0	V	T-4	C
T-7	V	T-4	C
T-1	V	T-5	C

表 5-6 任务时间约束

任务目标	类型	最早时间限制	最晚时间限制
T-4	*A*	侦察完成时间+10	侦察完成时间+20
T-4	*V*	攻击完成时间+10	攻击完成时间+20
T-5	*A*	侦察完成时间+1	侦察完成时间+10

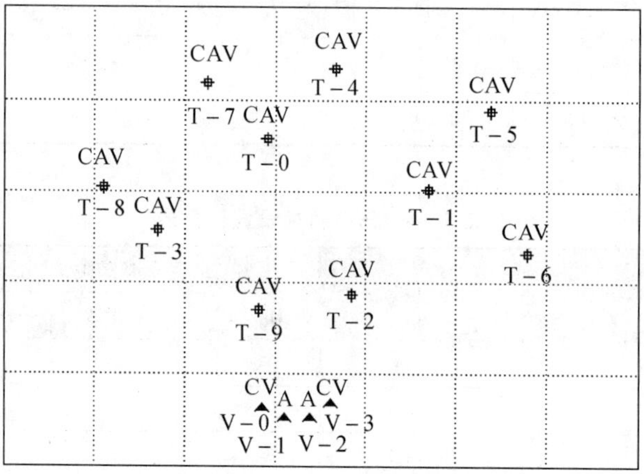

图 5-65 仿真实验初始设置图

表中，动态任务时间约束的最早/最晚时间限制用前续任务完成时间+最小/最大时间间隔的方式表示。基于上述想定的数据，设定算法的最大迭代次数为 200 次，所得典型任务分配结果见表 5-7，各机计划采用（任务目标、任务类型、任务执行时间）的格式进行表达。图 5-66 为算法运行过程中任务分配计划的评价指标的收敛曲线。ud 为航程代价单位。其中，图 5-66 (a) 和图 5-66 (b)分别为各无人机的子计划飞行航程指标和总任务。分配计划航程指标的收敛曲线。可以看出，各无人机的任务分配子计划的航程指标在迭代过程中存在大小变化过程，但总航程指标却迅速减小。图 5-66(c)和图 5-66(d)分别为各无人机任务分配子计划的完成任务数指标和总任务。分配计划尚不能覆盖所有的待执行任务，但随着算法的迭代，无人机集合任务分配计划的优化程度迅速提高，最终得到覆盖所有待执行任务的较优/最优任务分配计划。图中所示的实验在算法迭代 161 次后，任务分配计划达到收敛时的水平。

表 5－7　典型协同多任务分配计划结果

无人机	航程/m	任务分配计划
V－0	1 614.35	(T－9,C,10.604 2)→(T－3,C,24.847 8)→(T－8,C,32.250 5)→(T－7,C,48.302 0)→(T－7,V,54.585 2)→(T－0,C,63.646 1)→(T－0,V,69.929 3)→(T－4,C,80.606 8)→(T－4,V,100.607 0)→(T－8,V,129.184 0)→(T－3,V,136.587 0)→(T－9,V,150.830 0)
V－1	951.99	(T－9,A,12.127 7)→(T－3,A,26.3741 3)→(T－8,A,33.774 0)→(T－7,A,49.825 4)→(T－0,64.646 1)
V－2	1 288.17	(T－2,A,14.327 9)→(T－1,A,28.348 6)→(T－6,A,46.428 5)→(T－5,A,68.843.3)→(T－4,A,91.606 8)
V－3	1 114.20	(T－2,C,12.139 6)→(T－1,C,26.160 3)→(T－1,V,32.443.5)→(T－6,C,45.428 5)→(T－6,V,51.711 7)→(T－5,C,67.816 3)→(T－5,V,74.099 5)→(T－2,V,99.280 7)

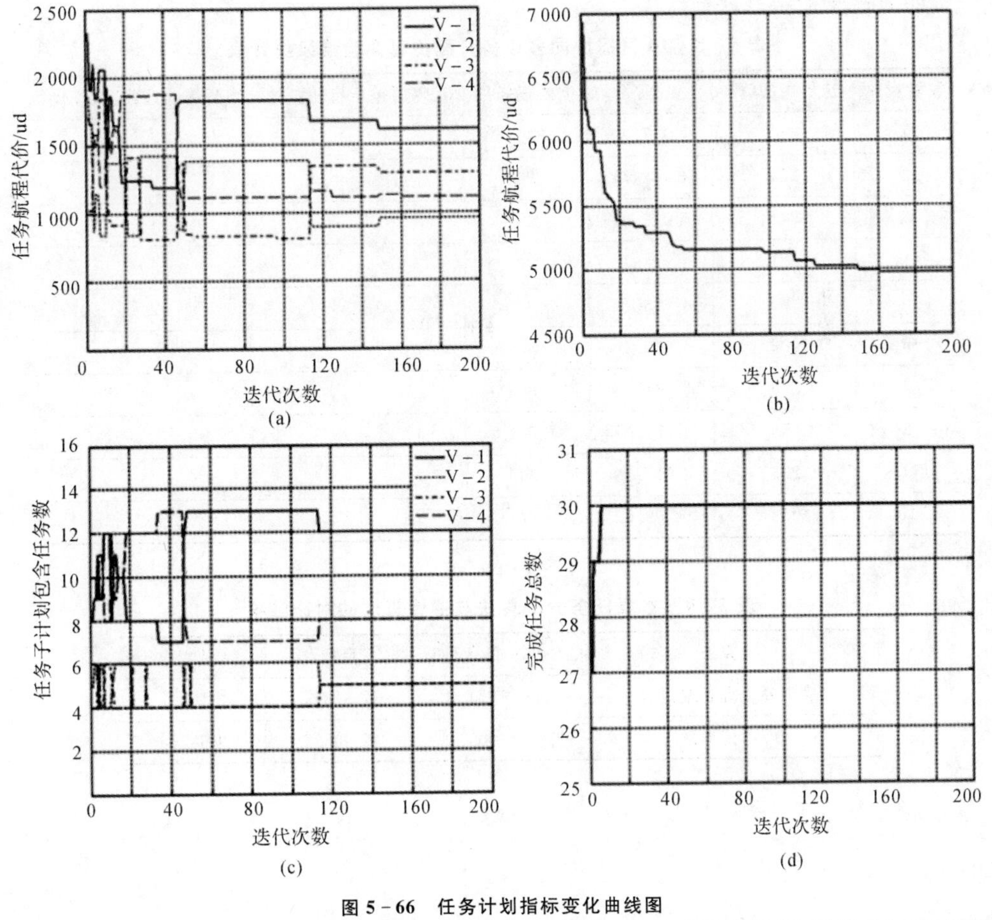

图 5－66　任务计划指标变化曲线图

在上述仿真数据的基础上进行 10 次实验，设定当前迭代的最优任务分配计划评价值连续稳定 100 代则认为算法收敛，对所得实验结果进行统计，见表 5-8。由结果可以看出，一方面，基于分工机制的蚁群算法在求解多机协同多任务分配问题时所得解具有较好的多样性；另一方面，算法所得解之间性能差异不大，稳定性较好。

将基于分工机制的蚁群算法与遗传算法进行对比，对比实验中设定无人机集合规模为 4 架（2 架侦察型、2 架攻击型），目标集合中分别包含 10，15，20 个目标，蚁群算法中蚁群规模为 $20N_V$，遗传算法种群规模为 20，算法均迭代相同次数（200 代、500 代、1000 代）。所得计划航程指标见表 5-9，表中指标均为算法运行 10 次的结果平均值。由此可以看出，遗传算法的搜索过程中存在的劣质搜索操作，影响了算法的优化能力。基于分工机制的蚁群算法中，由于改进的问题解构造策略和基于任务代价的状态转移规则的引入，提高了算法在迭代过程中构造问题解的质量，从而提高了算法的优化能力，因此，算法所获得解的质量明显优于遗传算法。

表 5-8　10 目标协同多任务分配仿真实验结果统计表

实验次数	迭代次数/代	航程/m	完成任务数	获得覆盖所有任务的计划所需的迭代次数/代
1	260	4 917.99	30	8
2	261	4 968.71	30	5
3	341	5 013.07	30	11
4	231	4 974.77	30	7
5	230	4 968.71	30	3
6	202	4 943.48	30	2
7	310	5 021.43	30	9
8	258	4 977.07	30	7
9	226	4 917.99	30	5
10	253	5 009.52	30	7

表 5-9　本章任务分配算法与遗传算法的对比结果

算法	10 目标/ud	15 目标/ud	20 目标/ud
基于分工机制蚁群算法	4 971.3	7 313.5	8 167.7
遗传算法	5 003.0	7 605.9	8 682.6

仿真实验结果表明，基于分工机制的蚁群算法能够有效解决无人机协同多任务分配问题。该方法在多子群蚁群算法的基础上引入基于任务能力余量的问题解构造策略和基于任务代价的状态转移规则，提高了算法的优化能力，能够在较少的迭代次数内获得较优的任务分配计划，且计划的评价指标水平随算法运行时间的增加而提升。

5.6.4　分布式多 UAV 任务分配

合同网协议(Contract Net Pro tocols)[61]是分布式控制中常用的协商策略，在多机器人研究领域已得到广泛应用 。针对多 UAV 分布式控制的特点 ，采用合同网来解决 UAV 的动态任务分配 ，为了实现复杂态势下的分配 ，综合采用买卖合同与交换合同并提出一种新的合同类型 。

在作战过程中，UAV 以一定策略选择其任务集合中的部分或全部任务放在市场上拍卖，由其他 UAV 进行竞标，然后主持拍卖的 UAV 根据其他 UAV 的竞标价格将拍卖的任务转交给出价最高的 UAV 执行。设当前拍卖由 UAV V_i 主持，V_i 将其任务集 S_i 中的待售任务及底价向外公布，代售任务 $T_{k,i} \in S_i$ 的底价为其出售后对 V_i 效能的影响，即

$$U_i^-(T_{k,i}) = U_i(S_i \backslash \{T_{k,i}\}) - U_i(S_i) \tag{5-121}$$

如果任务 $T_{k,i}$ 在自己的能力范围内，UAV V_j 计算买入该任务后自己效能的变化，有

$$U_j^+(T_{k,i}) = U_j(S_j \cup \{T_{k,i}\}) - U_j(S_j) \tag{5-122}$$

如果 $U_i^-(T_{k,i}) + U_j^+(T_{k,i}) > \delta, \delta > 0$ 为可设置的阈值，则 V_j 发出竞标方案 $\mathrm{Bid}_j(T_{k,i}, U_j^+(T_{k,i}))$，$U_j^+(T_{k,i})$ 为针对 $T_{k,i}$ 的出价。V_i 收到 V_j 的标书后，计算接受竞标后整体效能的变化，有

$$U_{ij}(T_{k,i}) = U_i^-(T_{k,i}) + U_j^+(T_{k,i}) \tag{5-123}$$

如果 $U_{ij}(T_{k,i})$ 在本轮所有竞标中能最大限度地提高系统整体效能，则 V_i 将任务 $T_{k,i}$ 转交给 V_j 执行。

随着合同网的不断发展，除了最初的买卖合同，还出现了许多其他的合同类型。不同的合同类型的特点也不同，在协商过程中进行合理搭配能够优势互补，但采用的合同类型过多也会导致求解的复杂度增加。针对多 UAV 任务分配问题的复杂性以及实时性的要求，采用交换合同作为买卖合同的补充，使 UAV 可以通过交换彼此之间的任务提高整体效能，从而解决单纯使用买卖合同可能出现的死锁并提高协商的效率。

受燃油、武器数量等因素的限制，UAV 每次能够执行的任务数量是有限

的。在最大任务负载条件下，如果出现新的任务，并且执行新任务能够获得更高的效能，应允许 UAV 舍弃当前某些非重点任务去竞标新任务。为了支持以上作战方式，故提出一种新的合同类型，其协商过程如下：针对 V_i 拍卖的任务 $T_{k,i}$，如果 V_j 已达到最大任务负载，则 V_j 计算买入该任务但同时舍弃当前任务集 S_j 中某个任务 $T_{l,j}$ 后效能的变化，有

$$U_j^+(T_{k,i} \mid T_{l,j}) = U_j(S_j \cup \{T_{k,i}\} \backslash \{T_{l,j}\}) - U_j(S_j) \tag{5-124}$$

如果舍弃 $T_{l,j}$ 是能够最大限度地提高自己效能的竞标方案，即

$$U_j^+(T_{k,i} \mid T_{l,j}) = \max_{m=1}^{N_j}[U_j^+(T_{k,i} \mid T_{m,j})] \tag{5-125}$$

并且 $U_i^-(T_{k,i}) + U_j^+(T_{k,i} \mid T_{l,j}) > \sigma$，$\sigma > 0$ 为可设置的阈值，则 V_j 发出竞标方案 $\mathrm{Bid}_j(T_{k,i}, U_j^+(T_{k,i} \mid T_{l,j}))$，$U_j^+(T_{k,i} \mid T_{l,j})$ 为针对 $T_{k,i}$ 的出价。如果 V_j 的竞标在本轮所有竞标中能最大限度地提高系统整体效能，V_i 将 $T_{k,i}$ 转交给 V_j 执行。虽然 V_j 已将 $T_{l,j}$ 排除在任务集之外，但其仍然是 $T_{l,j}$ 的拥有者，V_j 在主持拍卖时仍要将 $T_{l,j}$ 对外拍卖，此时 $T_{l,j}$ 的标底为 0。

在任务分配的招标和竞标过程中，UAV 是按照自身效能最大化原则对任务集进行排序的。而在任务执行过程中，各 UAV 为了实现彼此间战术行为的配合与协调，必要时需要调整和重新确定任务集的执行顺序，在自身效能相对减弱条件下更多地提高系统整体效能。在多智能体研究领域，多个智能体在各自个体计划的基础上通过协商实现计划之间的同步与协调并建立联合计划的过程叫做计划合并(Plan Merging)[62]。针对多机器人控制问题，Alami 等人提出了一种计划合并模型[63]，并正逐步应用于多无人机行为协调。但该方法主要用于解决各机器人在空间位置上的行为冲突消解，没有对如何通过相互协调提高整体效能进行研究，仅研究了机器人之间定性的时间协调关系，而不能进行准确的定量表达。

为了支持多 UAV 任务执行过程的协调，这里提出一种新的协商机制：条件合同机制。条件合同机制与合同网的相同之处在于都是基于请求的协调，即如果 UAV 完成任务存在困难，可以请求其他 UAV 提供帮助。不同之处在于条件合同机制中合同的内容不再是任务的迁移和交换，而转变为 UAV 对外部任务完成情况的需求。基于条件合同机制的协调过程可以描述为：UAV V_i 在执行其任务集 S_i 的过程中，对执行任务的条件进行判断，如果判断得出为了更有效地完成任务，需要外部任务 T_k 在时刻 t 之前完成，即 $ET(T_k) < t$，条件满足后 V_i 效能的增加幅度为

$$U_i^+(ET(T_k) < t) = U_i(S_i \mid ET(T_k) < t) - U_i(S_i) \tag{5-126}$$

式中，$U_i(S_i \mid ET(T_k) < t)$ 为 V_i 在 $ET(T_k) < t$ 条件下执行任务集 S_i 的效能。于是 V_i 发出合同意向，请求其他 UAV 在 t 之前完成 T_k。在执行 T_k 的 UAV V_j

收到合同信息后，判断能否通过调整自己任务集的执行顺序以满足 V_i 对 T_k 的时间要求，如果能满足要求，则计算将 T_k 的执行顺序提前后对自己任务效能的影响，有

$$U_j^-(ET(T_k)<t)=U_j(S_j|ET(T_k)<t)-U_j(S_j) \tag{5-127}$$

然后 V_j 向 V_i 返回应答信息并附上为满足合同条件付出的代价 $U_j^-(ET(T_k)<t)$。接下来 V_i 计算合同成立后整体效能的变化，有

$$U_{ij}(ET(T_k)<t)=U_i^+(ET(T_k)<t)+U_j^-(ET(T_k)<t) \tag{5-128}$$

如果能使整体效能增加，V_i 向 V_j 发出建立合同的信息。V_j 收到后将 T_k 的执行顺序提前到相应位置，并返回合同确认信息。V_i 收到确认信息后，将任务执行方式调整为条件满足后的方式。

在任务的执行顺序确定后，各 UAV 对完成任务的行为序列进行规划，形成任务计划，并设定与其他 UAV 实现战术配合的时间控制点。采用时间约束网络(Temporal Constraint Net - works)[64]对 UAV 的任务计划进行建模，因为仅存在二元时间约束，所以可以简化为简单时间网络(Simple Temporal Networks)。简单时间网络由表示事件的节点和标有时间间隔的有向弧构成，能够对时间约束进行定量表达并支持对时间的推理，如检测系统内时间约束的一致性，计算某个事件的可行时间等，因此已在许多规划系统中得到了应用[65]。

基于时间约束网络的任务计划模型如图 5 - 67 所示。UAV 任务规划一般包括航路规划、载荷规划和通信规划[66]，生成的任务计划也相应分为航路计划、载荷计划和通信计划，对应 UAV 上不同部件和载荷的控制，各个计划既独立又相互关联，可以并行执行。时间约束网络具有描述并发行为的能力，如图 5 - 65 所示的任务计划表示 UAV 在根据航路计划飞行的同时，可以使用机载传感器对目标进行探测或使用武器对目标进行攻击。采用时间约束网络对 UAV 任务计划进行建模后，可以对 UAV 完成各个任务的时间控制点进行定量描述，从而保证任务执行过程中 UAV 之间的战术配合与行为协调准确实现。

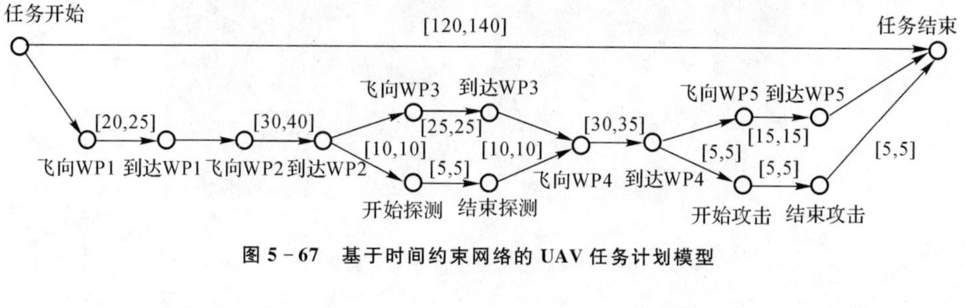

图 5 - 67　基于时间约束网络的 UAV 任务计划模型

基于以上建立的合同机制，针对如下方式进行仿真实验：由 3 架 UAV V_1，

V_2,V_3 构成的编队对目标 T_1,T_2,T_3,T_4 进行攻击,如图 5－68(a)所示。目标分为 Type_1,Type_2 两种类型,T_1,T_3,T_4 属于 Type_1,T_2 属于 Type_2。设每架 UAV 一次任务中可以攻击 2 个 Type_1 目标,也可以攻击 1 个 Type_1 和 Type_2 目标,攻击 Type_2 目标的收益大于攻击 Type_1 目标的收益。预先规划分配 V_1 攻击 T_1,V_2 攻击 T_2,V_3 攻击 T_3 和 T_4,如图 5－68 (a)所示。在任务执行过程中,V_2 发现 Type_2 目标 T_5 后,作为拍卖者向外公布 T_5 的招标信息。在当前态势下只有 V_1 还有能力执行 T_5,经过一个拍卖回合 V_1 以买卖合同买入 T_5,如图 5－68(b)所示。在 V_2 发现并公布 Type_2 目标 T_6 后,在当前任务分配下各 UAV 均已没有能力执行 T_6,V_3 在舍弃 T_4 的条件下竞标成功,以买卖合同买入 T_6,如图 5－68 (c)所示。接下来 V_3 将 T_4 对外拍卖,在当前态势下只有 V_2 还有能力执行 T_4,V_2 以买卖合同买入 T_4,如图 5－68 (d)所示。此时各 UAV 之间已无法再提出买卖合同竞标,开始进行交换合同竞标,经过一个拍卖回合,V_3 用任务 T_6 与 V_1 交换得到 T_5,如图 5－68 (e)所示。

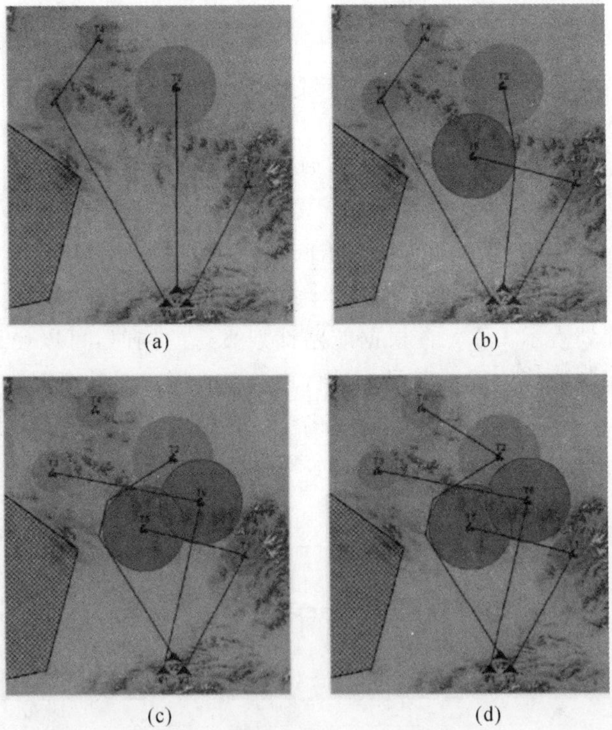

(a)　　(b)　　(c)　　(d)

图 5－68　任务分配仿真实验结果

(a)初始任务分配结果； (b)动态任务分配结果 1； (c)动态任务分配结果 2； (d)动态任务分配结果 3

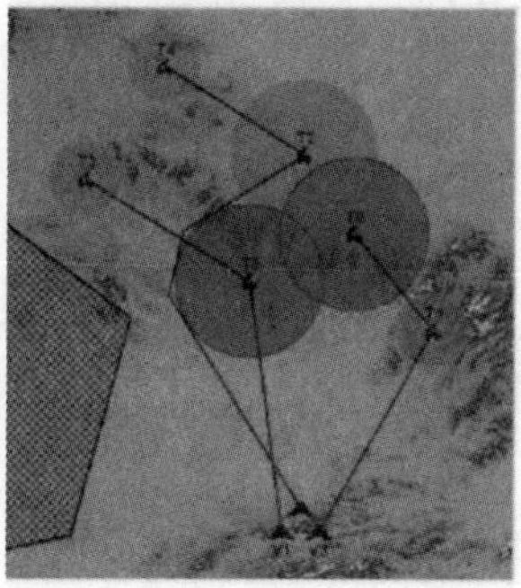

(e)

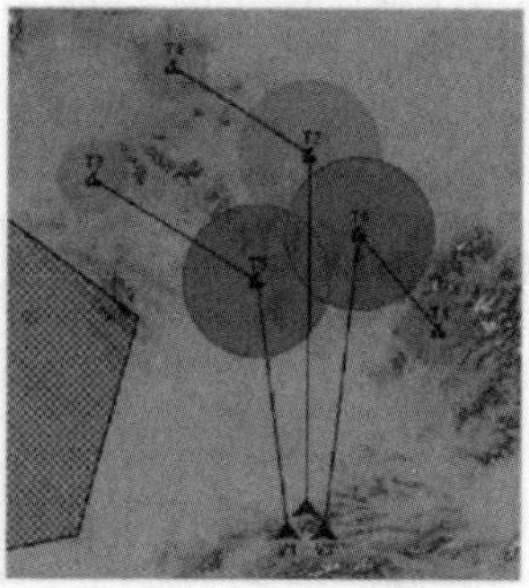

(f)

图 5-68　任务分配仿真实验结果

(e)动态任务分配结果 4；(f)任务协调结果

经过以上任务分配过程后，根据自身效能最大化原则，V_1 对任务的排序是 $\{T_1, T_6\}$，V_3 对任务的排序是 $\{T_5, T_3\}$。V_2 为了攻击 T_2，需要回避 T_5 和 T_6 的防御范围做大范围迂回，如图 5-68(e) 所示，这将导致执行 T_2 的代价过高。更理想的战术方案是：如果 V_1 和 V_3 能在 V_2 进入 T_5 和 T_6 的防御范围之前摧毁这两个目标，则 V_2 可以穿越 T_5 和 T_6 直接攻击 T_2。在任务分配结束后，各 UAV 采用条件合同机制对执行任务的过程进行协调。

(1) V_2 计算进入 T_5 和 T_6 防御范围的时间 t_5 和 t_6，发出条件合同信息，请求在此之前分别完成对 T_5 和 T_6 的攻击。

(2) V_1 和 V_3 收到合同信息后，分析是否能够在要求的时刻前完成任务。V_3 在原有任务执行顺序不变的情况下便可以在 t_5 前完成对 T_5 的攻击，而 V_1 为了在 t_6 前完成对 T_6 的攻击，需要将原有任务执行顺序调整为先执行 T_6 再执行 T_1。

(3) V_1 和 V_3 将能够满足条件的信息返回给 V_2，并附上为满足条件自己效能的变化。

(4) V_2 收到信息后，判断条件实现后将使编队的整体效能提高，向 V_1 和 V_3 发出建立合同的信息。

(5) V_1 和 V_3 收到建立合同的信息后，V_3 直接返回确认信息，V_1 将内部任务的执行顺序调整为 $\{T_6, T_1\}$，然后向 V_2 返回确认信息。

(6) 收到确认信息后，V_2 采取直接穿越 T_5 和 T_6 攻击 T_2 的战术方式，协调后的结果如图 5-69 所示。

确定任务的执行顺序后，UAV 对各自完成任务的行为序列进行规划，生成任务计划。各 UAV 的任务计划及相互协调关系如图 5-69 所示，图中仅标出了若干关键时间控制点，即图中灰色节点的时间约束。由图 5-69 可以看出，采用时间约束网络对 UAV 的任务计划进行量化表达后，为 UAV 按照协调结果准确执行任务提供了保证。

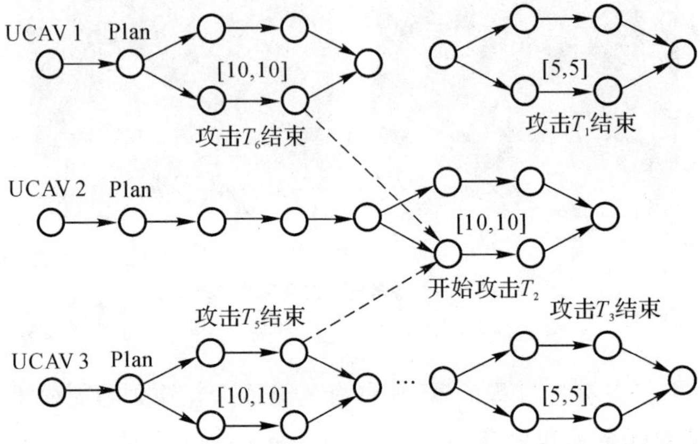

图 5-69　基于时间约束网络的任务执行协调结果

采用合同网协议实现了多 UAV 的分布式任务分配，在战场态势发生变化时，各 UAV 通过协商只需进行局部调整便可实现动态任务重分配，保证了对态势变化的快速反应。建立了条件合同机制对任务分配后的任务执行过程进行协调，通过协调 UAV 间的战术行为，有效提高了多 UAV 协同作战的整体效能。利用时间约束网络对 UAV 任务计划中的时间约束进行量化表达，为 UAV 准确完成战术行为配合提供了保证。

5.7　多无人机编队控制

多 UAV 编队最为核心的问题是队形控制和队形保持。根据协同编队飞行定义的基本要求，机群的队形结构在编队飞行过程中必须保持不变，这就依赖于编队飞行的控制策略。在队形构成与保持的过渡过程中，应考虑众多约束因素，如时间、碰撞避免、安全距离保障等。在队形的具体控制算法方面，很多学者作了大量的研究。目前相对成熟且比较通用的队形控制算法主要有长机——僚机法[67-68]、虚拟结构法（Virtual Structure）[69-70] 以及基于行为法（Behavior - Based）[71] 等。

同时，在近距编队中，必须十分注意避免机间碰撞，而不仅仅是队形的保持。

因为一些干扰因素会引起扰动，比如编队运动方式突然发生变化、队形改变等，防止冲突策略就是要避免在扰动下可能发生的机间碰撞，目前无人机自主防碰撞控制大多采用基于人工势场法的方法[72]。

5.7.1　编队队形控制

5.7.1.1　长机-僚机法

一般的保持策略是编队中的每架无人机保持与编队中约定点的相对位置不变，而当这个约定点是领航机的时候，这个保持策略就称为跟随保持[73]。长机-僚机法就是一种跟随保持。这种控制策略的特点是基于预设的编队结构。通过对长机的速度、偏航角和高度跟踪来调整僚机，达到保持编队队形的目的。长机-僚机法是最古老的一种编队控制方法，它原理简单、易于实现，但是鲁棒性稍差，且误差会逐级向后传播并被放大，这种控制结构会受到很大的干扰。因此针对其特点，很多科研人员结合了鲁棒控制方法[74]、极值搜索控制方法[75]、涡旋调整技术[76]、自适应控制方法[77]和变结构控制方法[78]等多种技术，优化了这种控制策略。但使用了这些方法后，长机-僚机法的缺点也很明显，即发生突发事件后所有无人机的位置都必须重新计算，增加了计算机的负担。

1. 长机-僚机建模

两架无人机的编队飞行，可以使用如图 5-70 所示的惯性坐标系表示。

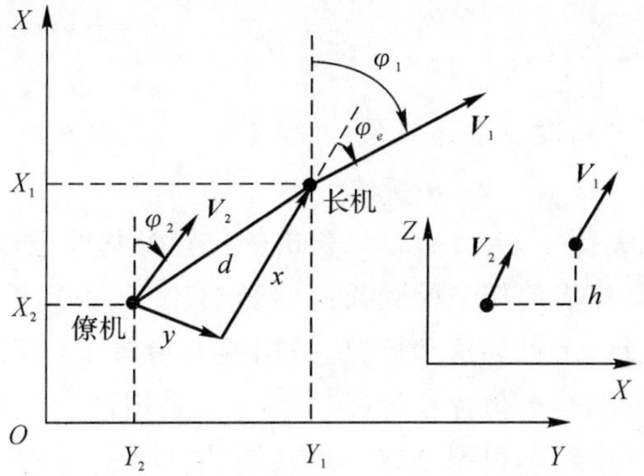

图 5-70　两架编队飞行飞机惯性坐标系

图中 X,Y 和 Z 表示两机在三个方向上的相对位置变量,$\boldsymbol{V}_i$ 表示速度矢量。编队动力学模型如下

$$\left.\begin{aligned}\dot{\varphi}_i &= \frac{1}{\tau_{\varphi_i}}(\chi_{ic} - \chi_i) \\ \dot{V}_i &= \frac{1}{\tau_{\varphi_i}}(V_{ic} - V_i) \\ \dot{h}_i &= \frac{1}{\tau_{\varphi_i}}(h_{ic} - h_i)\end{aligned}\right\} \tag{5-129}$$

式中，$i=1,2$ 表示两架飞机，χ_i 和和 χ_{ic} 分别表示航迹方位角和航迹方位角输入指令，V_{ic} 和 V_i 分别表示速度和速度输入指令，h_{ic} 和和 h_i 分别表示高度和高度输入指令，τ_{φ_i}，τ_{φ_i} 和 τ_{φ_i} 表示自动驾驶仪时间常数。从图中可以看出，对于长机和僚机，有

$$\left.\begin{aligned}\dot{X}_i &= V_i\cos\chi_i \\ \dot{Y}_i &= V_i\sin\chi_i\end{aligned}\right\} \tag{5-130}$$

那么两架飞机之间的相对位置为

$$\left.\begin{aligned}X_1 &= X_2 + x\cos\chi_2 - y\cos\chi_2 \\ Y_1 &= Y_2 + x\sin\chi_2 + y\cos\chi_2\end{aligned}\right\} \tag{5-131}$$

式中，x 和 y 分别表示僚机相对位置，根据前面各式可得

$$\left.\begin{aligned}\dot{x} &= \dot{\chi}_2 y - V_2 + V_1\cos(\chi_1 - \chi_2) \\ \dot{y} &= -\dot{\chi}_2 x + V_1\sin(\chi_1 - \chi_2)\end{aligned}\right\} \tag{5-132}$$

根据两架飞机输入指令的形式，可得

$$\left.\begin{aligned}\dot{x} &= -\frac{y}{\tau_{\chi_2}}(\chi_2 - \chi_{2c}) - V_2 + V_1\cos(\chi_1 - \chi_2) \\ \dot{y} &= \frac{x}{\tau_{\chi_2}}(\chi_2 - \chi_{2c}) + V_1\sin(\chi_1 - \chi_2)\end{aligned}\right\} \tag{5-133}$$

对于两机的相对高度有下述关系：

$$h = z_1 - z_2 - h_c \tag{5-134}$$

在常规的编队飞行中，大多数是以长机的位置为基准进行控制的，这种设计存在建模困难，并且僚机的控制受到长机的影响较多，一旦长机发生故障，就会影响整个编队的飞行，考虑到这种情况，采用混合参考坐标系统，建立编队坐标中心，根据相对位置和全局坐标系统（编队中心）采用混合控制结构对编队飞机进行控制，全局坐标系统可根据全球定位系统的信号进行建立，那么对于僚机，此时编队控制所涉及的输入量还有下述三个：

$$\left.\begin{aligned}\Delta X_2 &= X_2 - X_{2\mathrm{GPS}} \\ \Delta Y_2 &= Y_2 - Y_{2\mathrm{GPS}} \\ \Delta Z_2 &= Z_2 - Z_{2\mathrm{GPS}}\end{aligned}\right\} \tag{5-135}$$

式中，X_2，Y_2，Z_2 分别表示飞机的前向、侧向和纵向位置；X_{2GPS} 表示在三个方向上全球定位系统测量的位置信号。编队飞行控制的设计目的就是使得僚机的飞行控制系统能快速跟踪指令信号 χ_{2c}，v_{2c}，h_{2c}，同时使得与长机之间保持一定的相对位置，并且能快速跟踪全局坐标系统的指令，控制系统使得位置误差趋近于零，即使在长机进行机动飞行时，仍能满足性能要求。

2. 控制器设计

为了满足编队控制的目的，这里给出基于混合自适应神经网络的长机-僚机编队控制[79]，其系统结构如图 5-71 所示。

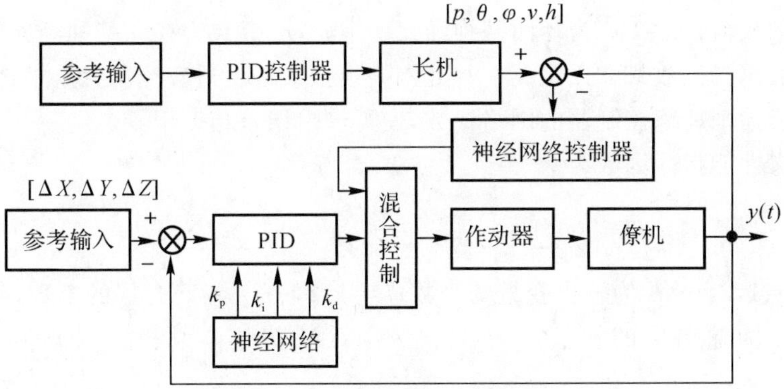

图 5-71　混合自适应编队飞行控制系统

在编队飞行控制系统中，长机的飞行不受限制，只是按照地面的指令或者设定好的航迹飞行，那么只需要设计航迹保持和马赫数保持飞行控制回路。按照常规的 PID(比例 / 积分 / 微分) 控制器设计方法，设计控制律为

$$\left.\begin{aligned}
&\delta_{t1}=\delta_{t0}+K_{v1}\int(V_{1c}-V_1)\\
&\delta_{e1}=K_{\alpha1}\alpha_1+K_{q1}q_1+K_{\theta1}\theta_1+K_{h1}(h_1-h_{1c})+K_{hd1}\dot{h}_1\\
&\delta_{a1}=K_{p1}p_1+K_{\phi1}\phi_1\\
&\delta_{r1}=K_{\beta1}\beta_1+K_{r1}r_1+K_{\phi1}(\chi_1-\chi_{1c})
\end{aligned}\right\}\qquad(5-136)$$

式中，δ_t，δ_e，δ_a，δ_r 分别表示推力、升降舵、副翼和方向舵的控制量。

对于僚机的控制必须知道长机的基本姿态和位置，以及根据中心坐标确定自身的飞行轨迹。由于僚机飞行状况复杂，所以本章采用神经网络自适应混合 PID 控制结构，以抑制外部扰动和信号延迟。首先使用神经网络自适应控制方法进行长机的状态跟踪，然后采用神经网络 PID 控制器进行指令跟踪和模态保持设计。神经网络模型参考自适应控制方法不需要对系统进行在线参数辨识，加快了系统运行时间，使得被控对象快速跟踪参考模型的输出，达到理想的动态性能。同时由于 RBF 神经网络结构简单、训练速度快以及最佳逼近和具有全局最优收敛性的性能[80-81]，考虑到飞行控制系统快速、实时的特点，本章采用基于径向基神经网络的模型参考自适应控制方法。

径向基神经网络的输入与输出之间可以认为是一种映射关系：$f(\boldsymbol{x}):\mathbf{R}^l \rightarrow \mathbf{R}^h$，则有

$$\boldsymbol{y}_s(\boldsymbol{x}) = f(\boldsymbol{x}) = \sum_{i=1}^{n} w_i \exp\left(-\frac{\|\boldsymbol{x}-\boldsymbol{m}_i\|^2}{2r_1^2}\right) \tag{5-137}$$

式中，$i=1,2,\cdots,n$ 为隐含层节点数；$\boldsymbol{y}_s \in \mathbf{R}^h$ 表示神经网络的输出；$\boldsymbol{x} \in \mathbf{R}^l$ 为网络输入矢量；$\boldsymbol{w} \in \mathbf{R}^{h\times n}$ 表示输出权值；w_i 表示隐层第 i 个神经元到输出层第 j 个神经元的权值；$y_i \in \mathbf{R}^l$ 为径向基神经元的中心；$r_i \in \mathbf{R}$ 为径向基神经元的宽度；$\|\cdot\|$ 表示二范数或欧氏距离。神经网络模型参考自适应控制就是根据误差 E 的反向传播来训练控制器的网络参数，使得输出误差趋近于零。

定义性能指标函数为

$$E = \frac{1}{2}\sum_{j=1}^{N}\sum_{s=p=1}^{h}(y_{sj}-y_{pj})^2 = \frac{1}{2}\sum_{j=1}^{N}\sum_{s=1}^{h}\mathrm{e}_{sj}^2 \tag{5-138}$$

式中，$s=1,2,\cdots,h$ 为输出变量的个数；$i=1,2,\cdots,n$ 为隐含层的个数；k 为迭代步数；w_{is} 为输出层的权值；$j=1,2,\cdots,N$（N 为样本总数）；y_p 为网络期望输出。

那么根据迭代的梯度下降优化学习算法，输出权值 $\boldsymbol{w}_{ks}$、网络中心 $\boldsymbol{m}_i$ 和网络宽度 $\boldsymbol{r}_i$ 的梯度分别为

$$\left.\begin{aligned}
\frac{\partial E}{\partial \boldsymbol{w}_{is}} &= -\sum_{j=1}^{N}\sum_{s=1}^{h} e_{sj}(k)\exp\left(-\frac{\|\boldsymbol{x}-\boldsymbol{m}_i\|^2}{2r_1^2}\right)\\
\frac{\partial E}{\partial \boldsymbol{m}_i} &= -\sum_{j=1}^{N}\sum_{s=1}^{h} \frac{e_{sj}(k)w_{is}}{r_i\|x-m_i\|^2}(x(\boldsymbol{k})-\boldsymbol{m}_i)\exp\left(-\frac{\|\boldsymbol{x}-\boldsymbol{m}_i\|^2}{2r_1^2}\right)\\
\frac{\partial E}{\partial \boldsymbol{r}_i} &= -\sum_{j=1}^{N}\sum_{s=1}^{h} \frac{e_{sj}(k)w_{is}\|\boldsymbol{x}-\boldsymbol{m}_i\|^2}{r_i^2}\exp\left(-\frac{\|\boldsymbol{x}-\boldsymbol{m}_i\|^2}{2r_1^2}\right)
\end{aligned}\right\}\cdot \tag{5-139}$$

在通常的学习机制下，网络容易陷入局部极小值。尽管存在局部极小值问题，但是只要网络具有足够的容量或者足够多的隐含层神经元，对于非线性映射，*RBF* 网络仍然能够精确表达，基于此理论，同时考虑到常规算法中固定隐含层数目算法的缺点，本章应用变结构的在线网络学习算法，即在学习过程中动态地增加隐含层神经元数目，直到满足学习停止的条件。为了加快学习速度，可以在离线学习的基础上，实时采集系统运行时的数据，利用在线算法更新参数，从而达到满意的效果。根据本章的设计特点，神经网络自适应控制主要是使得僚

机跟踪长机的状态 $\boldsymbol{x}=[p \quad \theta \quad \chi \quad V]$，此时自适应控制回路产生的控制信号为(对应于副翼、推力和升降通道)

$$\left.\begin{aligned} u_{\text{out1}} &= K(\chi_1-\chi_2)+K(p_1-p_2) \\ u_{\text{out2}} &= K(V_1-V_2) \\ u_{\text{out3}} &= K(\theta_1-\theta_2) \end{aligned}\right\} \tag{5-140}$$

通过网络学习，径向基神经网络作为自适应调节信号对系统进行自适应调节，使系统达到满意的动态性能，让僚机跟踪长机的输出，从而达到理想的控制效果。编队飞行控制中，僚机不但要跟踪长机的状态，并且需要调整自身的位置和姿态，以便于保持相对距离和相应的姿态，本章采用混合神经 PID 控制策略完成其功能。分别设计飞行控制系统三个通道的控制律如下。

(1)侧向控制通道。设计侧向控制通道的目的是保持僚机在侧向的相对距离，并且跟踪参考指令和长机的飞行状态。首先根据 RBF 神经网络控制方法进行 PID 控制器设计，网络的训练参照上文的梯度下降算法，网络的输出为经过整定的 PID 信号，则有

$$u_{nn}=k_{pnn}\Delta Y_2+k_{inn}\int\Delta Y_2\,\mathrm{d}t+k_{dnn}\Delta\dot{Y}_2 \tag{5-141}$$

然后根据侧向航迹保持回路，设计副翼控制指令如下：

$$\delta_a=u_{nn}+u_{\text{out1}}+K_p p_2+K_\phi\phi_2 \tag{5-142}$$

侧向通道方向舵控制指令如下：

$$\delta_r=\delta_{\dot{E}\dot{E}}+u_{\text{out1}}+K_\beta\beta_2+K_r r_2+K_\chi(\chi_2-\chi_{2c}) \tag{5-143}$$

(2) 前向控制通道。前向控制的目的主要是保持前向的相对距离，并且跟踪参考指令和长机的飞行状态。同理设计基于 PBF 整定的 PID 控制器：

$$u_{nn}=k_{pnn}\Delta X_2+k_{inn}\int\Delta X_2\,\mathrm{d}t+k_{dnn}\Delta\dot{X}_2 \tag{5-144}$$

根据马赫数保持控制结构，设计推力控制指令如下：

$$\delta_t=\delta_{t0}+u_{nn}+u_{\text{out2}}+K_a\dot{V}_2+K_v V_2+K_{vv}\int(V_{2c}-V_2)\,\mathrm{d}t \tag{5-145}$$

(3) 纵向控制通道。纵向控制的目的主要是保持两机的相对高度，并且跟踪参考指令和长机的飞行状态。同理设计基于 PBF 整定的 PID 控制器：

$$u_{nn}=k_{pnn}\Delta Z_2+k_{inn}\int\Delta Z_2\,\mathrm{d}t+k_{dnn}\Delta\dot{Z}_2 \tag{5-146}$$

根据姿态保持控制结构，设计升降舵控制指令如下：

$$\delta_e=u_{nn}+u_{\text{out3}}+K_{q_2}q_2+K_{\theta_2}\theta_2 \tag{5-147}$$

3. 仿真验证

对两个无人机在 1 000 m 高度下的飞行状态进行仿真。设两机的初始化状

态$[\chi_i, V_i, h_i]$分别为 0 rad、60 m/s 和 1 000 m,设置长机和僚机相对位置为(60,20,0) m。加入外部扰动噪声序列(均值为零,方差 0.001)。仿真时间为 30 s,采样周期 0.01 s。由仿真结果可以看出,对僚机进行航向保持控制设计,航迹角 χ_2 能够快速跟踪 χ_{2c} 指令信号,无超调,无稳态误差(见图 5-72)。同时僚机能快速跟踪长机的速度(见图 5-73)。并且两机之间的相对距离保持在给定的范围内(见图 5-74)。

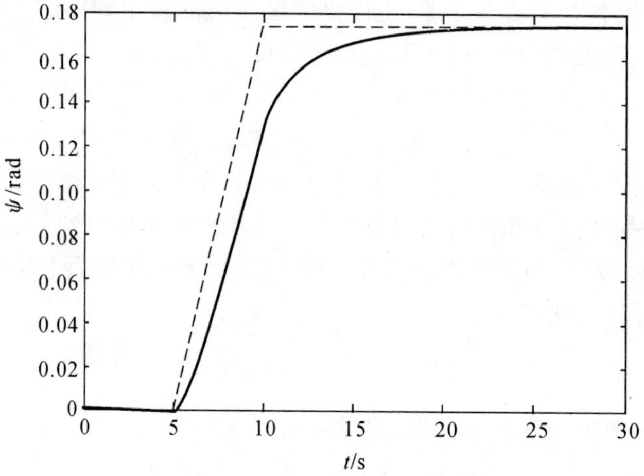

图 5-72 偏航角和跟踪响应

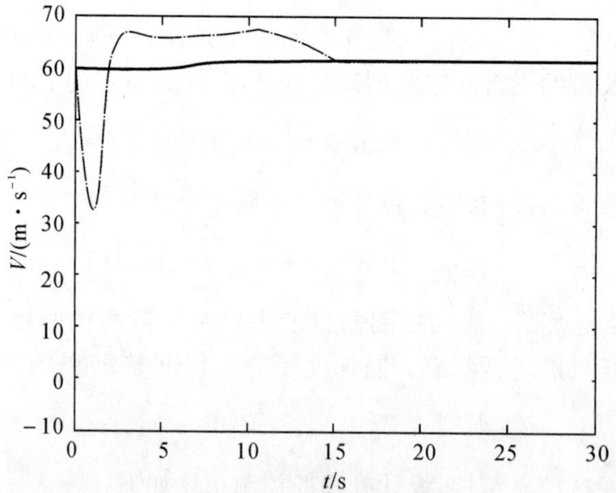

图 5-73 速度 V_1 和 V_2 跟踪响应

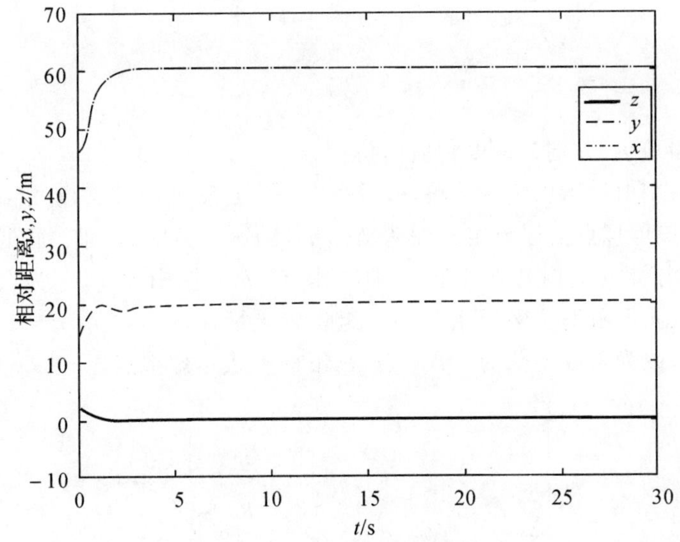

图 5−74　两机之间的相对距离

分析仿真结果可以得出，编队飞行控制解决的是在复杂环境下的协调控制问题，采用神经网络混合控制算法，鲁棒性和适应能力都加强，对外界干扰不敏感。本方法充分利用了系统的状态信息，结合了神经网络自适应和 PID 控制的优点，使得设计的系统结构简单明确，接近于工程应用。

5.7.1.2　虚拟结构法

虚拟结构法一般多采用虚拟长机的办法来协调其他无人机。这种方式可以避免长机-僚机方式的干扰问题，但合成虚拟长机和传输其位置，需要以高通信质量和高计算能力为代价。R. W. Beard 等人综合利用这种方式与长机-僚机方式及行为方法的合成，实现了航天器在深度空间的编队飞行[82-83]。虚拟结构法通过共享编队虚拟结构的状态信息进行编队控制，可以任意设定编队队形，能够实现精确的队形保持，但如何让编队中个体所获得的虚拟结构信息保持同步是该方法的难点。

1. 系统建模

与长机-僚机中各 UAV 建模类似，假设各 UAV 均已由高度保持自驾仪保持在同一高度飞行，第 i 架 UAV 平面内的自驾仪模型如下：

$$\left.\begin{aligned}\dot{V}_i &= \frac{1}{\tau_V}(V_{ic} - V_i)\\ \dot{\chi}_i &= \frac{1}{\tau_\chi}(\chi_{ic} - \chi_i)\end{aligned}\right\} \tag{5-148}$$

式中,V_{ic} 和和 χ_{ic} 分别为速度和航向角指令。

这里采用虚拟结构编队策略,假设存在一个运动的虚拟点 O_f 沿编队参考轨迹飞行,以该虚拟点为原点定义编队坐标系 $O_f x_f y_f$,其中 x_f 轴沿虚拟点速度方向,y_f 轴位于水平面内并垂直于 x_f 轴(见图 5-75),图中 $O_g x_g y_g$ 为惯性系。定义期望编队队形由编队坐标系下的一组位置坐标$\{(x_{if}^d, y_{if}^d), i=1,\cdots,m\}$来表示,其中,$m$ 为组成编队的 UAV 总数,下标 f 表示虚拟点。

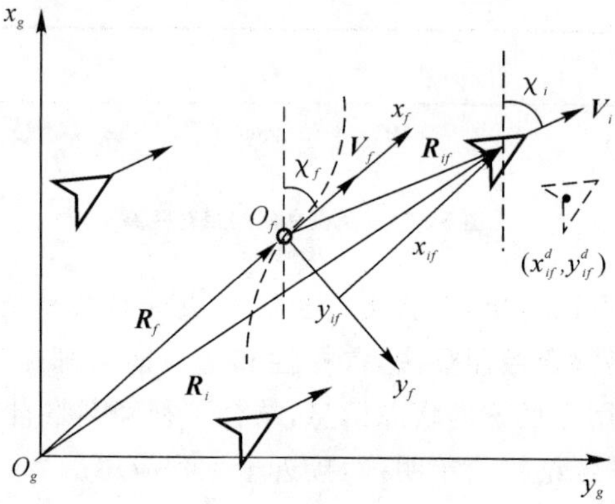

图 5-75 UAV 编队相对运动分析

图中 V_f 和和 χ_f 为虚拟点速度和航向,V_i 和 χ_i 为 UAV 速度和航向角,(x_{if}, y_{if}) 为编队坐标系下的 UAV 位置,$\boldsymbol{R}_i, \boldsymbol{R}_f, \boldsymbol{R}_{if}$ 分别为惯性系下 UAV 位置矢量、虚拟点位置矢量及它们之间的相对位置矢量,则它们之间满足如下三角关系:

$$\boldsymbol{R}_{if} = \boldsymbol{R}_i - \boldsymbol{R}_f \tag{5-149}$$

对式(5-149)关于时间求导,并利用坐标转换关系投影到编队坐标系下,可得如下平面相对运动方程:

$$\left.\begin{aligned}\dot{x}_{if} &= V_i \cos\chi_{ei} - V_f + y_{if}\omega_f\\ \dot{y}_{if} &= V_i \sin\chi_{ei} - xi_f\omega_f\end{aligned}\right\} \tag{5-150}$$

式中,航向角误差 $\chi_{ei} = \chi_i - \chi_f$,虚拟点角速度 $\omega_f = \chi_f$,$i = 1,\cdots,m$。假设期望队形不变,令相对位置误差 $\chi_{eif} = \chi_{if} - \chi_{if}^d$,$y_{eif} = y_{if} - y_{if}^d$,并代入式(5-144)中可得编队平面相对运动误差方程为

$$\left.\begin{aligned}\dot{x}_{eif} &= V_i \cos\chi_{ei} - V_f + (y_{eif} + y_{if}^d)\omega_f\\ \dot{y}_{eif} &= V_i \sin\chi_{ei} - (x_{eif} + x_{if}^d)\omega_f\end{aligned}\right\} \tag{5-151}$$

编队参考轨迹及虚拟点运动方程采用基于时间参数化的微分方程来描述，即

$$\left.\begin{aligned}\dot{x}_r &= V_r\cos\chi_r\\ \dot{y}_r &= V_r\sin\chi_r\\ \dot{\chi}_r &= \omega_r\end{aligned}\right\}\tag{5-152}$$

式中，(x_r, y_r, χ_r) 为编队参考位置和航向；V_r 和 ω_r 为已知参考轨迹指令，通常由路径规划系统提前给出，下标 r 表示参考轨迹。

设虚拟点运动满足不完全约束条件[84]，即

$$\left.\begin{aligned}\dot{x}_f &= V_f\cos\chi_f\\ \dot{y}_f &= V_f\sin\chi_f\\ \dot{\chi}_f &= \omega_f\end{aligned}\right\}\tag{5-153}$$

式中，(x_f, y_f, χ_f) 为虚拟点位置和航向，虚拟点速度 V_f 和角速度 ω_f 为虚拟点轨迹控制输入，以对编队轨迹进行调整。

2. 控制律设计

本章将队形保持器和虚拟点编队轨迹跟踪器分开设计，队形保持器用于保持各 UAV 在编队坐标系下的期望位置；虚拟点轨迹跟踪器用于保证虚拟点沿参考轨迹飞行，同时能够根据反馈的队形误差信息做出轨迹调整以保证队形性能。采用的控制结构如图 5-76 所示，假设各 UAV 间的通信带宽足够，且不考虑通信延迟。

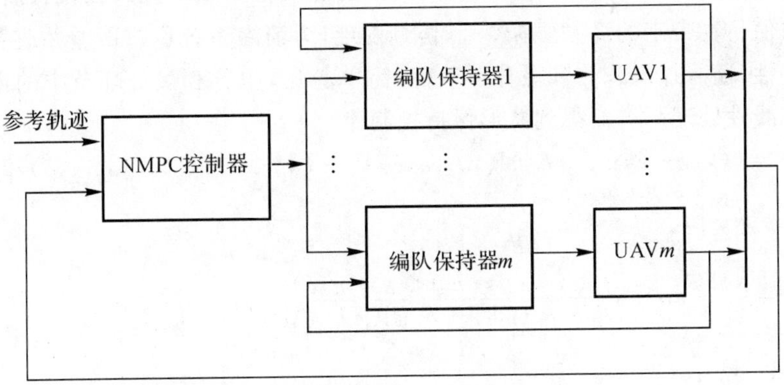

图 5-76 控制器框图

队形保持器采用李雅普诺夫第二法（直接法）设计控制律 (V_i^c, χ_i^c) 以实现第 i 个 UAV 对其期望位置 (x_{if}^d, y_{if}^d) 的稳定保持。定义李雅普诺夫函数为

$$\boldsymbol{V}_{Li}=\frac{1}{2}(\boldsymbol{x}_{eif}^2+\boldsymbol{y}_{eif}^2) \tag{5-154}$$

显然 $\boldsymbol{V}_{Li}$ 为正定，对其求导并将式(5－145)代入，得

$$\dot{\boldsymbol{V}}_{Li}={}_{eif}(\boldsymbol{V}_i\cos\chi_{ei}-\boldsymbol{V}_f+\boldsymbol{y}_f^d i\omega_f)+y_{eif}(\boldsymbol{V}_i\sin\chi_{ei}-\boldsymbol{x}_f^d i\omega_f) \tag{5-155}$$

根据李雅普诺夫稳定性定理，当 $\dot{V}_{Li}<0$ 时，编队相对位置误差(χ_{eif},y_{eif})渐进趋于零，令

$$\left.\begin{aligned}V_i\cos\chi_{ei}&=V_f+y_f^d i\omega_f-k_{xi}x_{eif}\\ V_i\sin\chi_{ei}&=x_f^d i\omega_f-k_{yi}y_{eif}\end{aligned}\right\} \tag{5-156}$$

式中，增益 $k_{xi}>0,k_{yi}>0,i=1,\cdots,m$，则

$$\dot{V}_{Li}=-k_{xi}x_{eif}^2-k_{yi}y_{eif}^2 \tag{5-157}$$

显然 $\dot{V}_{Li}$ 为负定，进而可由式(5－156)解得如下非线性控制律：

$$\left.\begin{aligned}V_i^c&=\sqrt{(V_f-y_{if}^d\omega_f-k_{xi}x_{eif})^2+(x_{if}^d\omega_f-k_{yi}y_{eif})^2}\\ \chi_i^c&=\chi_f+\arctan\left(\frac{x_{if}^d\omega_f-k_{yi}y_{eif}}{V_f-y_{if}^d\omega_f-k_{xi}x_{eif}}\right)\end{aligned}\right\} \tag{5-158}$$

为获得更高的控制效率和鲁棒性，采用如下非线性函数处理上述控制律中的反馈误差量[85]，有

$$\mathrm{fal}(e,\alpha,\delta)=\begin{cases}\dfrac{e}{\delta^{1-\alpha}}, & |e|\leqslant\delta\\ |e|^\alpha\mathrm{sign}(e), & |e|>\delta\end{cases} \tag{5-159}$$

式中，e 代表误差量 χ_{eif} 和 y_{eif}，$0<\alpha<1$，2δ 为非线性函数中间线性段长度，用于避免数值仿真带来的高频颤振[85]。仿真发现，为消除系统稳态误差并改善系统震荡特性，还需加入积分和微分环节（为简单起见，积分和微分环节中的误差量不作非线性处理），进而得到队形保持控制律

$$\left.\begin{aligned}V_i^c&=((V_f-y_{if}^d w_f-k_{xi}\mathrm{fal}(x_{eif},\alpha,\delta))^2+(y_{if}^d w_f-k_{yi}\mathrm{fal}(y_{eif},\alpha,\delta))2)^{1/2}-\\ &\quad k_{\mathrm{I}xi}\int x_{eif}\,\mathrm{d}t-k_{\mathrm{D}xi}\frac{\mathrm{d}x_{eif}}{\mathrm{d}t}\\ \chi_i^c&=\chi_f+\arctan\left(\frac{x_{if}^d\omega f-k_{yi}\mathrm{fal}(y_{eif},\alpha,\delta)}{Vq-y_{if}^d\omega_f-k_{xi}\mathrm{fal}(x_{eif},\alpha,\delta)}\right)\\ &\quad-k_{\mathrm{I}yi}\int y_{eif}\,\mathrm{d}t-k_{\mathrm{D}yi}\frac{\mathrm{d}y_{eif}}{\mathrm{d}t}\end{aligned}\right\} \tag{5-160}$$

式中，$k_{\mathrm{I}xi},k_{\mathrm{D}xi},k_{\mathrm{I}yi},k_{\mathrm{D}yi},i=1,\cdots,m$，分别为纵向和横向的积分、微分增益，此处虚拟点的速度、航向角和角速度看作扰动输入。

3. 含队形反馈的虚拟点非线性模型预测控制器

模型预测控制（Model Predictive Control，MPC）又称滚动时域控制（Receding Horizon Control，RHC），是一种基于模型的有限时域开环最优算法，其基本思想是利用被控对象的模型来预测被控对象在未来一定有限时域内的输出，按照基于反馈校正的某个优化目标函数，优化计算得到当前及未来一定时域内的一组控制序列，且在当前控制周期内仅将优化得到的当前时刻控制量作用于被控对象，直到下一控制周期重复之前的步骤重新优化计算控制序列[86]。若基于控制对象的预测模型为非线性模型，即所谓的非线性模型预测控制（Nonlinear Model Predictive Control，NMPC）。

为实现编队队形反馈，在前述队形保持器的基础上，采用 NMPC 法设计虚拟点轨迹跟踪器，具体控制结构如图 5 - 77 所示，图中 N 为预测时域长度。

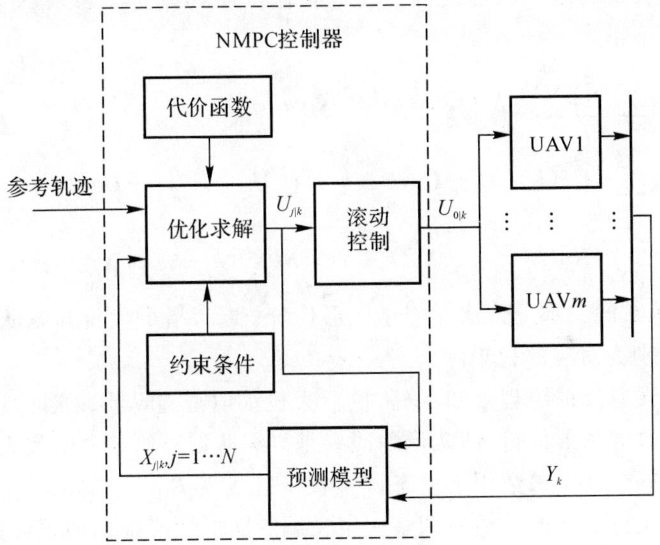

图 5 - 77　NMPC 控制器

将方程式（5 - 152）改写成离散状态空间形式：

$$\boldsymbol{X}_r(k+1)=f_r(\boldsymbol{X}_r(k),\boldsymbol{U}_r(k)) \tag{5-161}$$

式中，状态向量 $\boldsymbol{X}_r(k)=[x_r(k)\quad y_r(k)\quad \chi_r(k)]^{\mathrm{T}}$，参考输入向量 $\boldsymbol{U}_r(k)=[\boldsymbol{V}_r(k),\boldsymbol{\omega}_r(k)]^{\mathrm{T}}$。由于任意时刻的参考输入 $\boldsymbol{U}_r(k)$ 已知，因此从当前时刻开始的未来 N 步的预测参考轨迹位置可由方程式（5 - 161）得到。

由于需要将队形反馈加入 NMPC 控制器中，因此这里的预测模型包含两部分：虚拟点运动预测模型和队形预测模型。

虚拟点运动预测模型即为方程式(5-153)，写成离散状态空间形式如下：

$$\boldsymbol{X}_f(k+1)=f_f(\boldsymbol{X}_f(k),\boldsymbol{U}_f(k)) \tag{5-162}$$

式中，状态向量 $\boldsymbol{X}_f(k)=[x_f(k)\quad y_f(k)\quad \chi_f(k)]^{\mathrm{T}}$；控制输入 $\boldsymbol{U}_f(k)=[V_f(k)\quad \omega_f(k)]^{\mathrm{T}}$。

为简单起见，忽略控制律式(5-160)的积分项和微分项后代入式(5-149)，联立方程式(5-151)，即得到关于虚拟点控制输入的编队队形预测模型，写成离散状态空间形式为

$$\boldsymbol{X}_i(k+1)=f_i(\boldsymbol{X}_i(k),\boldsymbol{U}_i(k)) \tag{5-163}$$

式中，状态向量 $\boldsymbol{X}_i(k)=[V_i(k)\quad \chi_i(k)\quad x_{eif}(k)\quad y_{eif}(k)]^{\mathrm{T}}$；控制输入 $\boldsymbol{U}_f(k)=[\boldsymbol{V}_f(k)\quad \omega_f(k)]^{\mathrm{T}}, i=1,\cdots,m$。

根据控制设计目的，所设计的代价函数应包含3个部分：队形性能代价、参考指令跟踪代价和编队轨迹代价。设当前时刻为 k，则定义未来 N 步时域内的代价函数如下：

$$\begin{aligned}J(k)=&\sum\sum_{i=1}^{m}\sum_{s=0}^{N}(\boldsymbol{X}_i(k+s))^{\mathrm{T}}\boldsymbol{R}(\boldsymbol{X}_i(k+s))+\\&\sum_{s=0}^{N-1}(\boldsymbol{U}_f(k+s)-\boldsymbol{U}_r(k+s))^{\mathrm{T}}\boldsymbol{Q}(\boldsymbol{U}_f(k+s)-\boldsymbol{U}q(k+s))+\\&\sum_{s=0}^{N-1}(\boldsymbol{X}_f(k+s)-\boldsymbol{X}_r(k+s))^{\mathrm{T}}\boldsymbol{S}(\boldsymbol{X}_f(k+s)-\boldsymbol{X}_r(k+s))\end{aligned} \tag{5-164}$$

式中，代价函数的三部分依次对应于队形代价、参考指令代价和编队轨迹代价；$\boldsymbol{Q}$,$\boldsymbol{S}$ 和 $\boldsymbol{R}$ 分别为对应的权矩阵。

由队形误差反馈原理可知，编队执行大机动时通过队形反馈信息调整虚拟点的运动来改善队形保持，即队形的改善是以编队偏离原参考轨迹为代价的，因此这里设计一个动态参数用于动态调整权矩阵 $\boldsymbol{S}$ 和 $\boldsymbol{R}$，以实现编队队形保持和沿参考轨迹飞行之间的自适应调整。定义编队队形性能指标如下(队形性能指标也可采用其他形式定义，见文献[87]，有

$$\lambda=\frac{1}{m}\sum_{i=1}^{m}\sqrt{x_{eif}^2+y_{eif}^2} \tag{5-165}$$

同理，定义虚拟点跟踪编队参考轨迹性能指标为

$$\rho=\sqrt{(x_f-x_r)^2+(y_f-yq)^2} \tag{5-166}$$

式中，(x_f,y_f)，(x_r,y_r) 分别为当前时刻惯性系下的虚拟点位置和参考位置。令

$$\gamma=\mathrm{e}^{-\eta(\lambda/\rho)} \tag{5-167}$$

式中，$\eta>0$ 为调节参数，$\gamma\in[0,1]$，γ 越小表明队形误差越大，此时希望代价函

数中队形误差代价增大以改善队形误差，反之，γ 越大表明编队偏离参考轨迹越远，此时希望代价函数中的轨迹代价项增大以使得编队沿参考轨迹飞行。因此，定义权矩阵 $\boldsymbol{R}$ 和 $\boldsymbol{S}$ 分别由下式给出，即

$$\begin{aligned} \boldsymbol{R} &= \mathrm{diag}(\boldsymbol{0}_N, \boldsymbol{0}_N, r_x(1-\gamma)\boldsymbol{I}_N, r_y(1-\gamma)\boldsymbol{I}_N) \\ \boldsymbol{S} &= \mathrm{diag}(s_x\gamma\boldsymbol{I}_N, s_y\gamma\boldsymbol{I}_N, s_\chi\gamma\boldsymbol{I}_N) \end{aligned} \tag{5-168}$$

式中，$\boldsymbol{I}_N$ 和 $\boldsymbol{0}_N$ 分别为 N 阶单位矩阵和零矩阵；$r_x, r_y, s_x, s_y, s_\chi$ 为常数。

为实现含队形反馈的虚拟点轨迹跟踪，在当前时刻 k 下，需求解如下有限时域最优控制问题，以得到虚拟点运动指令：

$$\left.\begin{aligned} & U_f^*(k) = \arg\min_{Uf(\cdot)} J(k) \\ \text{s.t}\quad & X_f(k+s+1) = f_f(X_f(k+s), U_f(k+s)) \\ & X_i(k+s+1) = f_i(X_i(k+s), U_f(k+s)) \\ & X_f(k+s) \in \chi_f, X_i(k+s) \in \chi_i, U_f(k+s) \in \mu_f \\ & s = 0, \cdots, N-1; i = 1, \cdots, m \end{aligned}\right\} \tag{5-169}$$

式中，χ_f, χ_i 和 μ_f 分别为状态约束和控制约束。对于一般的非线性优化控制问题，常见求解算法有序列二次规划法、Lagrange 乘子法、内点法等，本章采用 MATLAB 自带的优化工具箱进行优化求解。综上所述，含队形反馈的虚拟点 NMPC 控制器的基本求解过程为

(1) 当前时刻 k，根据当前虚拟点状态和编队队形信息以及当前参考轨迹信息，求解优化问题式(5－169)，得到未来 N 步的最优控制序列 $\{U_f(k), \cdots, U_f(k+N-1)\}$

(2) 将最优控制序列的第一项作为虚拟点运动指令，作用于编队各机，其余 $N-1$ 项以 $\{U_f(k+1), \cdots, U_f(k+N-1)\}$ 形式存储下来，作为下一采样时刻求解优化问题初始猜测值以提高优化速度。

(3) $k = k+1$，回到第一步。

4. 仿真实验

自驾仪参数 $\tau_V = \dfrac{10}{3}\ \mathrm{s}^{-1}$，$\tau_\chi = 5\ \mathrm{s}^{-1}$，虚拟点及各 UAV 速度和转弯角速率约束均 $V_{\min} = 18\ \mathrm{m \cdot s^{-1}}$，$V_{\max} = 31\ \mathrm{m \cdot s^{-1}}$，$\omega_{\max} = 0.05\ \mathrm{rad \cdot s^{-1}}$。期望的编队队形为 $(x_{1f}^d, y_{1f}^d) = (25\ \mathrm{m}, 25\ \mathrm{m})$，$(x_{2f}^d, y_{2f}^d) = (-25\ \mathrm{m}, 25\ \mathrm{m})$。$\mathrm{fal}(e, \alpha, \delta)$ 的参数为 $\alpha = 0.2$，$\delta = 0.5$，控制增益 $k_{xi} = 1$，$k_{yi} = 2$，$k_{\mathrm{I}xi} = 0.1$，$k_{\mathrm{D}xi} = 0.5$，$k_{\mathrm{I}yi} = 0.01$，$k_{\mathrm{D}yi} = 0.1$，$i = 1, 2$。编队初始状态见表 5－10，仿真时间 300 s，离散时间步长 0.2 s，预测长度 $N = 6$。编队参考轨迹及虚拟点初始位置为

$$\left.\begin{aligned}&(x_{f0},y_{f0})=(x_{r0},y_{r0})=(0\ \text{m},0\ \text{m})\\&x_{f0}=\chi_{r0}=0\ \text{rad}\\&V_r=25\ \text{m}\cdot\text{s}^{-1},t\in[0,300]\text{s}\\&\omega_r=\{0(\text{rad}\cdot\text{s}^{-1}),t\in[0,100]\text{s};\\&\qquad 0.05(\text{rad}\cdot\text{s}^{-1}),t\in[100,150]\text{s};\\&\qquad 0(\text{rad}\cdot\text{s}^{-1}),t\in[150,300]\text{s}\end{aligned}\right\}$$

权矩阵 $\boldsymbol{Q}$,$\boldsymbol{R}$ 和 $\boldsymbol{S}$ 分别为

$$\boldsymbol{Q}=\text{diag}(0.015\boldsymbol{I}_N,80\boldsymbol{I}_N)$$

$$\boldsymbol{R}=\text{diag}(\boldsymbol{0}_N,\boldsymbol{0}_N,0.01(1-\gamma)\boldsymbol{I}_N,0.01(1-\gamma)\boldsymbol{I}_N)$$

$$\boldsymbol{S}=\text{diag}(0.001\gamma\boldsymbol{I}_N,0.001\gamma\boldsymbol{I}_N,5\gamma\boldsymbol{I}_N)$$

动态参数 γ 由式(5-161)求得,调节参数 $\eta=3.5$。

表 5-10 UAV 编队初始状态

UAV number	$(x_{df},y_{df})/(\text{m},\text{m})$	$V_i/(\text{m}\cdot\text{s}^{-1})$	x_i/rad
UAV 1	(0,0)	25	0
UAV 2	(0,0)	25	0

仿真结果如图 5-78 ~ 图 5-82 所示,图 5-78(a)和图 5-81(a) 为不含队形反馈策略时的仿真结果;图 5-78(b)和图 5-81(b) 为含队形反馈策略时的仿真结果;图 5-82 为两种情况下虚拟点轨迹(不含队形反馈时的虚拟点轨迹即为编队参考轨迹),并给出了含队形反馈策略下 $t=0$ s,100 s, 120 s, 150 s, 200 s 这 5 个时刻的两个 UAV 位置。由编队保持的相对位置误差可以看出,由于编队参考轨迹要求虚拟点以最大角速率作机动转弯,受 UAV 本身性能约束(主要是最大转弯角速率约束),无队形反馈情况下,队形误差不断变大直到编队机动指令结束;而含有队形反馈策略时,编队机动段的队形误差得到显著改善并保持在较小范围,这是因速度和角速度进行调整以控制队形误差在较小范围内[见图 5-80(b)和图 5-81(b)]。然而,虚拟点的运动调整意味着对原参考轨迹机动段进行局部重新调整,即采用队形反馈提高队形保持能力是以偏离原编队参考轨为代价的,这由图 5-82 可以明显看出,编队开始执行大机动转弯指令时,队形误差增大,此时虚拟点根据队形反馈信息,偏离原来的参考轨迹并以一个更大的转弯半径进行转弯,当队形保持误差控制在一定范围内,虚拟点再调整速度和航向回到原参考轨迹上。

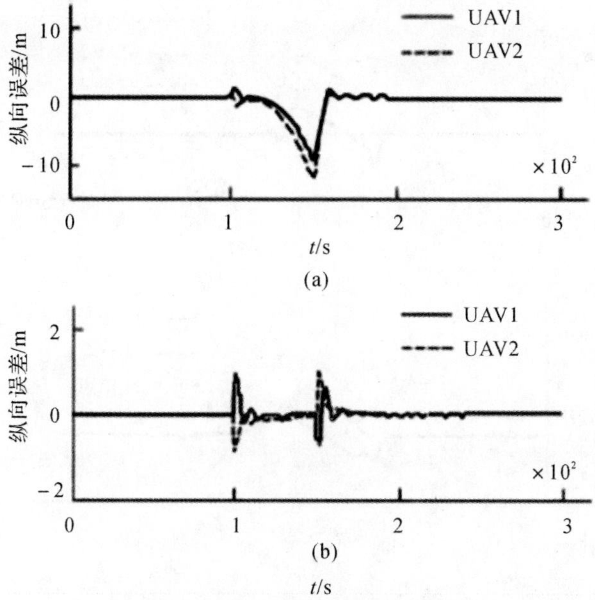

图 5－78　纵向相对位置误差

(a)不含队形反馈；(b)含队形反馈

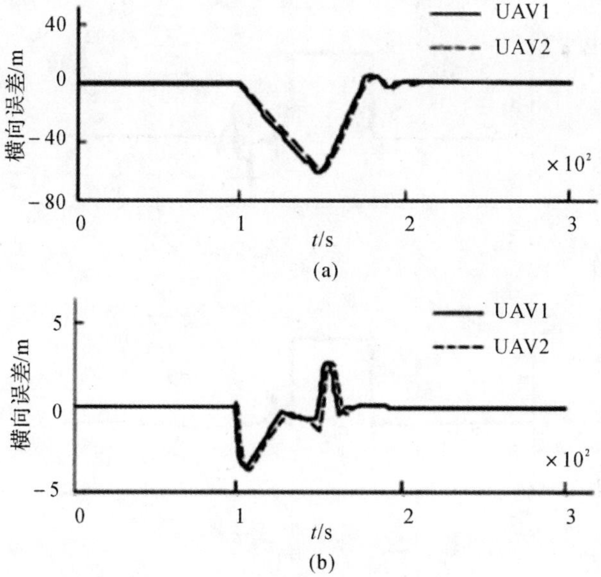

图 5－79　横向相对位置误差

(a)不含队形反馈；(b)含队形反馈

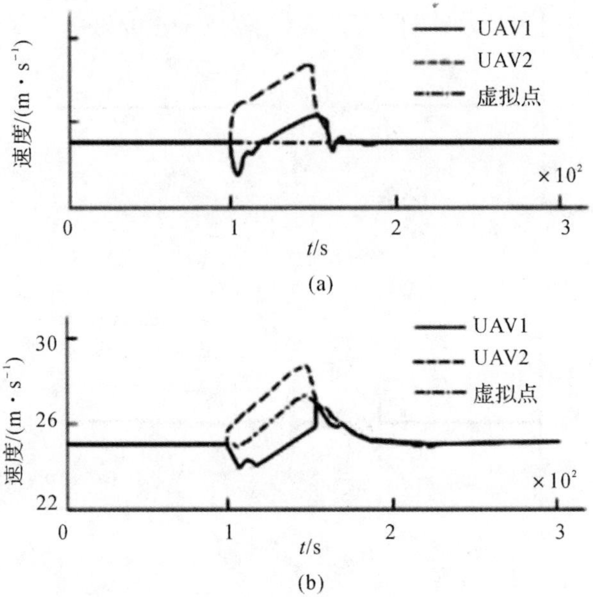

图 5-80　速度曲线

(a)不含队形反馈；(b)含队形反馈

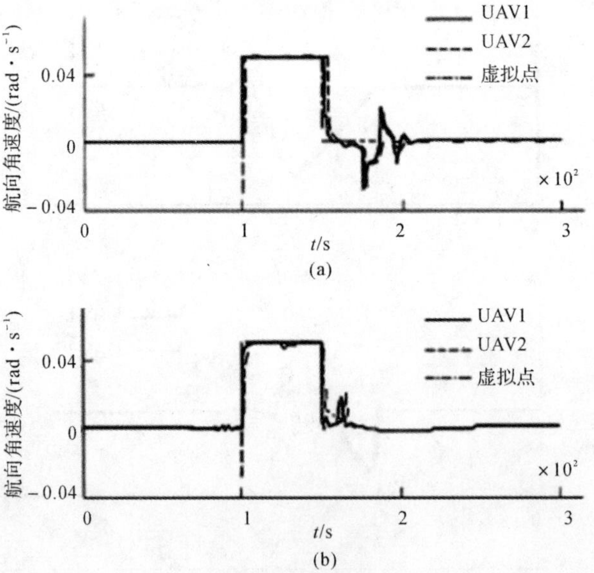

图 5-81　航向角速度曲线

(a)不含队形反馈；(b)含队形反馈

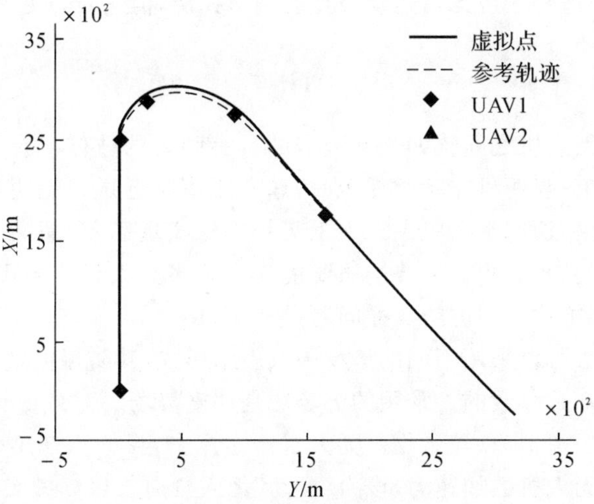

图 5-82　编队轨迹

对 UAV 编队大机动飞行时的队形误差扩散问题展开研究，首先根据李雅普诺夫稳定理论设计了稳定的队形保持器，并在此基础上采用非线性模型预测方法，结合编队反馈思想，设计了虚拟点 NMPC 控制器以提高编队队形性能。仿真表明，本章设计的含队形反馈策略的虚拟点 NMPC 控制器能够很好地克服编队大机动时由于参考机动轨迹不合理而造成的队形误差扩散问题，提升了编队大机动时的队形性能。

5.7.2　编队防撞控制

首个防碰撞方法是 O. B. Khatib[40] 利用势场函数进行研究的，此方法基于人工势场法，当两机之间的距离偏小时，排斥因子起主要作用，两机分离，避免碰撞。该方法的主要缺点是不能保证相对距离大于最小安全距离。也有研究人员模拟鸟类群聚的防撞处理方式，采用多层混合系统的控制方法，高层控制器利用各种探测设备（如 GPS 导航系统、雷达、视觉传感器等）进行位置检测，并产生可行路径，底层控制器只处理所获得的局部信息，以便快速动态地调整相邻距离和方向，避免机群中发生碰撞[88-89]。这里主要讨论人工势场法。

人工势场法主要通过构建人工势场函数来实现队形控制，人工势场函数分为两部分：相邻两架无人机之间相互吸引和相互排斥的两部分。当两机之间的距离偏大时，相互吸引的部分起主要作用，两机相互靠近；当两机之间的距离偏小时，相互排斥的部分起主要作用，两机分离[90]。人工势场法的物理背景明确，原理简单，非常适合于可自由运动质点的编队控制，但它难以处理非完整运动学约束。

1. 人工势场法

无人机与无人机之间犹如相互吸引的具有弹力的球体，当两机之间距离较大时将相互吸引；当两机非正常靠近时，球心距离越近排斥越明显，两机将互相迅速远离，直至相切的平衡状态。人工势场方法实现简单、意义明了，可以很好地用于避障等问题，利用人工势场法既能够实现多无人机协同飞行时的障碍躲避，也能够解决机体之间的防碰撞问题[91]。

人工势场法可以采用不同的势场函数表示形式，其防碰撞效果也不同，但它们的基本原理都是一致的。常用的势场法是梯度势场法。势场的负梯度作为作用在无人机上的虚拟力，障碍物对无人机产生斥力，目标点产生引力，引力和斥力的合力作为无人机的加速力，该力“推动”无人机向着目标做无碰运动[92]。

本节采用的人工势场法主要是为了解决无人机与无人机之间、无人机与障碍物之间的防碰撞问题。因此本章主要涉及的是人工势场法中的斥力场(Repulsive Potential)，同时兼顾引力场(Attractive Potential)，确保人工势场有正确的平衡态[93]。

如图5-83所示，人工势场可以用$J(\rho)$表示，目标状态位置可用ρ^d来表示。规定对于空间中的每一个位置，$J(\rho)$都必须是可微分的。

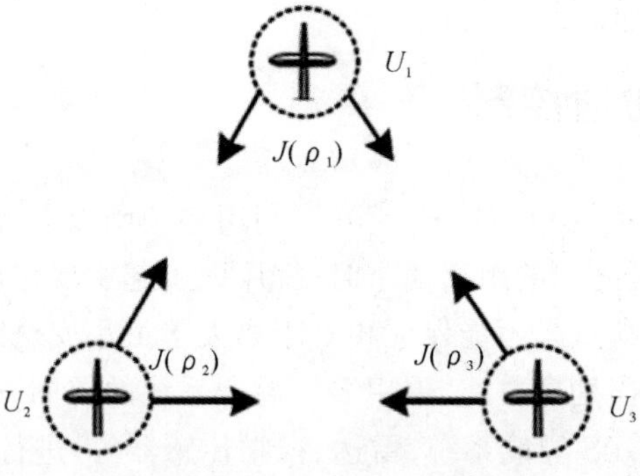

图5-83 人工势场示意图

无人机所受到的虚拟力为

$$F(\rho) = -\nabla J(\rho) \tag{5-170}$$

式中，$\nabla J(\rho)$表示$J(\rho)$在ρ处的梯度，它是一个向量，其方向是位置ρ所处势场变化率最大的方向。那么，对于三维空间中的位置来说，有

$$\nabla J(\rho)=\begin{bmatrix}\dfrac{\partial J}{\partial x_d}\\ \dfrac{\partial J}{\partial z_d}\\ \dfrac{\partial J}{\partial y_d}\end{bmatrix} \tag{5-171}$$

在固定飞行编队时利用人工势场函数进行防碰撞控制，建立的人工势场函数记为 J_{ij}，表示由无人机 U_i 和 U_j 之间的相对距离 $\|\rho_{ij}\|$ 而产生的势场，$\|\rho_{ij}\|=\|\rho_i-\rho_j\|$，$\|\cdot\|$ 代表 L_2 范数。J_{ij} 具有连续、常正、无界的特性，同时满足：

1）当 $\|\rho_{ij}\|\to 0$ 时，$J_{ij}\to+\infty$，表现为径向斥力；

2）当 $\|\rho_{ij}\|\to+\infty$ 时，$J_{ij}\to+\infty$，表现为径向引力。

无人机的靠拢及分离行为均可通过如上定义的势场函数来进行调节，无人机 U_i 的总的势场可用下式表示为

$$J_i=\sum_{j\in N_i}J_{ij} \tag{5-172}$$

1）相对于位置矢量，势函数具有对称性：

$$\nabla J_{ij}(\|\rho_{ij}\|)=-\nabla J_{ji}(\|\rho_{ij}\|) \tag{5-173}$$

$\nabla J_{ij}(\|\rho_{ij}\|)$ 和 $\nabla J_{ji}(\|\rho_{ij}\|)$ 的定义采用式(5-165)的形式。

2）J_i 表示该无人机与其他无人机之间产生的势场总和，包括相互吸引和相互排斥两部分。

$$J_i(\rho_i)=J_i^a(\|\rho_{ij}\|)+J_i^r(\|\rho_{ij}\|) \tag{5-174}$$

它的梯度为

$$\left.\begin{aligned}\nabla J_i^a(\|\rho_{ij}\|)&=\frac{\partial J_i^a(\|\rho_{ij}\|)}{\partial\|\rho_{ij}\|}\nabla\|\rho_{ij}\|\\ \nabla J_i^r(\|\rho_{ij}\|)&=\frac{\partial J_i^r(\|\rho_{ij}\|)}{\partial\|\rho_{ij}\|}\nabla\|\rho_{ij}\|\end{aligned}\right\} \tag{5-175}$$

式中

$$\nabla(\rho_{ij})=\frac{\rho_i-\rho_j}{\|\rho_{ij}\|} \tag{5-176}$$

3）存在唯一的距离 $\|\rho_{ij}^d\|$ 使得吸引部分与排斥部分能量平衡，此时 J_{ij} 具有唯一的最小值。

2. 基于人工势场的多无人机编队防碰撞控制律设计

当机间距离小于正常距离时，主要是人工势场中的排斥部分起作用，现多采用指数形式。这种斥力场定义的优势在于，随着机间距离越来越近，斥力场会越

来越大,并且以指数形式增加,可以在很短时间内让靠近的无人机快速分离。信息一致性方法虽然也能在无人机相互靠近的时候起分离作用,但是排斥特性多体现为线性增加关系,分离速度较慢,不能快速有效地解决机间避碰问题。而人工势场法在避碰时有巨大的优势,将其纳入一致性理论框架下,来改进传统一致性控制的避碰效果,提高信息一致性方法的适用性。将人工势场方法与信息一致性相结合,构成对多无人机编队的联合防碰撞控制,既能保证队形的稳定一致,又能快速实现机间避碰。由于每架无人机只能获得向它通信的无人机的位置姿态信息,因此定义无人机 U_i 的引力场和斥力场分别为

$$\left.\begin{aligned} J_i^a &= \sum_{j\in N_i} a_{ij} J_{ij}^a(\|\rho_{ij}\|) \\ J_i^r &= \sum_{j\in N_i} a_{ij} J_{ij}^r(\|\rho_{ij}\|) \end{aligned}\right\} \tag{5-177}$$

J_{ij}^a 与 J_{ij}^r 为 U_j 对 U_i 的人工势场函数,称之为分势;编队中所有向 U_i 通信的无人机产生的 J_{ij}^a 与 J_{ij}^r 被称为总势。总势为分势之和。

式(5-177)引入通信拓扑结构和连接权重的概念,使一致性思想在人工势场中得到体现。首先,只有向无人机 U_i 通信的无人机才与之构成人工势场,这与实际的通信拓扑结构相吻合。若不与该无人机进行通信,则无法获得无人机的位置,姿态信息,自然也就不能形成人工势场。而传统的人工势场定义为任何两架无人机间都构成引力场和斥力场,这不符合实际情况。其次,将通信拓扑的连接权重 a_{ij} 引进来,这意味着距离相同时,不同的无人机相对于 U_i 的斥力场不同。当 U_i 执行避碰动作时,它优先避开连接权重高的无人机。这样,机间避碰的优先级就与通信拓扑紧密关联起来,先确保处于根节点的无人机不被碰撞,保证其安全性,然后保证处于叶子节点无人机的安全,最后才保证处于叶子节点的无人机的安全性。换言之,如果编队出现了极端的情况,发生了撞机,也是先撞坏处于叶子节点的末端无人机。这时,由剩余无人机组成的编队仍然具有最小生成树,一致性算法仍然是稳定的,编队还可以实现稳定飞行。可见,这种斥力场设计方式具有较好的容错性和鲁棒性。反观传统的人工势场定义方式,每架无人机被同等对待,并不分优先级,处于根节点的无人机被碰撞的概率大为增加。一旦这种在通信拓扑中处于最重要地位的无人机被撞坏,一致性算法将难以为继,整个编队就失控了。

首先,定义引力场函数为

$$J_{ij}^a(\|\rho_{ij}\|)=\begin{cases}\dfrac{1}{2}k_{ij}\|\rho_{ij}\|^2, & \|\rho_{ij}\|\in D_a \\ 0, & \text{其他}\end{cases} \tag{5-178}$$

式中,$D_a=(\|\rho_{ij}\|_{\min},r_1]\cup(r_2,\|\rho_{ij}\|_{\max}]$;$k_{ij}$ 为引力场的正比例增益系数,改

变 k_{ij} 的取值可以调节引力场的强度。区间 D_a 决定了人工势场函数的有效范围。实际飞行过程中，并不存在两架无人机完全重合的情况，即 $\|\rho_{ij}\|=0$。因此，定义 $\|\rho_{ij}\|_{\min}$ 为机间的最小安全距离，当 $\|\rho_{ij}\|<\|\rho_{ij}\|_{\min}$ 时，无人机 U_i 与 U_j 就会发生碰撞。$\|\rho_{ij}\|_{\max}$ 为人工势场起作用的最大距离，当无人机 U_i 与 U_j 的间距超过 $\|\rho_{ij}\|_{\max}$ 时，人工势场将不起作用，所以势场函数起作用的最大区间为 $(\|\rho_{ij}\|_{\min},\|\rho_{ij}\|_{\max}]$。

在控制律中加入虚拟力，目的是避免无人机之间发生碰撞，如果将人工势场函数设置为在平衡点处取值为零，大于平衡点则为引力，小于平衡点则为斥力，这样频繁地采用虚拟力后得到的控制律反而会造成编队的不稳定，这被称之为平衡点周边的震荡。因此，在平衡点周边某一设定的距离范围内，将虚拟力设置为零，会更有利于多无人机编队的稳定控制。因此，令 $r_1\leqslant\|\rho_{ij}\|\leqslant r_2$ 时，势场函数为 0，这就解决了人工势场函数在平衡点来回震荡的问题。r_1 是平衡点周边的下限，r_2 是平衡点周边的上限，各距离限制条件满足：$\|\rho_{ij}\|_{\min}<r_1<\|\rho_{ij}^d\|<r_2<\|\rho_{ij}\|_{\max}$。综上所述，去除区间 $(r_1,r_2]$ 后，定义势场函数的有效区间为 $D_a=(\|\rho_{ij}\|_{\min},r_1]\cup(r_2.\ \|\rho_{ij}\|_{\max}]$。

接下来，斥力场函数构建为广义 Morse 函数为

$$J_{ij}^r(\|\rho_{ij}\|)=\begin{cases}\dfrac{b}{e^{\frac{\|\rho_{ij}\|}{c}}-e^{\frac{\|\rho_{ij}\|_{\min}}{c}}}, & \|\rho_{ij}\|\in D_a\\ 0, & 其他\end{cases} \tag{5-179}$$

式中，$D_a=(\|\rho_{ij}\|_{\min},r_1]\cup(r_2,\|\rho_{ij}\|_{\max}]$；$b,c$ 均为常数，分别决定斥力场的幅值和变化速度，均为人工势场函数的可调节参数。当两机距离趋向于 $\|\rho_{ij}\|_{\min}$ 时，斥力场为正无穷，即

$$\lim_{\|\rho_{ij}\|\to\|\rho_{ij}\|_{\min}} J_{ij}^r(\|\rho_{ij}\|)=+\infty \tag{5-180}$$

合理地定义势场函数的作用区间，不仅可以保证人工势场只在避碰时使用，而且能解决在平衡点来回震荡的问题。根据式(5-177)、式(5-178)、式(5-179)，可以求得无机 U_i 的总势为

$$\left.\begin{aligned}J_i^a&=\sum_{j\in N_i}a_{ij}J_{ij}^a(\|\rho_{ij}\|)=\frac{1}{2}k_{ij}\ \|\rho_{ij}\|^2, && \|\rho_{ij}\|\in D_a\\ J_i^r&=\sum_{j\in N_i}a_{ij}J_{ij}^r(\|\rho_{ij}\|)=\frac{b}{e^{\frac{\|\rho_{ij}\|}{c}}-e^{\frac{\|\rho_{ij}\|_{\min}}{c}}}, && \|\rho_{ij}\|\in D_a\end{aligned}\right\} \tag{5-181}$$

易得

$$\begin{aligned}J_{ij}&=J_{ij}^a+J_{ij}^r\geqslant 0\\ J_i&=J_i^a+J_i^r\geqslant 0\end{aligned} \tag{5-182}$$

对于无人机来讲，J_{ij} 是分势，J_i 是总势，它们均满足人工势场函数的非负性。

图 5－84 给出了一组 J_{ij} 与 $\|\rho_{ij}\|$ 的对应关系，图中取 $k_{ij}=1,b=1,c=1$，另外取 $a_{ij}=1,\|\rho_{ij}\|_{\min}=2,r_1=3,\|\rho_{ij}^d\|=4,r_2=5,\|\rho_{ij}\|_{\max}=10$。

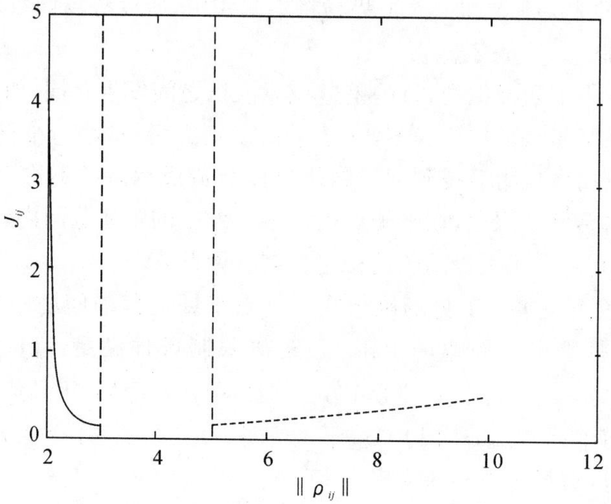

图 5－84　人工势场函数图

由图 5－84 可以发现，当 $\|\rho_{ij}\|\to 2$ 时，$J_{ij}\to+\infty$；J_{ij} 有一个最小值；当 $\|\rho_{ij}\|\in(3,5]$ 时，$J_{ij}=0$ 人工势场函数是分段函数。$\|\rho_{ij}\|\leqslant 3$ 时机间距离较小，斥力场起主要作用；$5\leqslant\|\rho_{ij}\|\leqslant 10$ 时机间距离较大，引力场起主要作用。$\|\rho_{ij}\|\geqslant 10$ 时，人工势场不再起作用。$3\leqslant\|\rho_{ij}\|\leqslant 5$ 时，人工势场不起作用，是为了解决人工势场在平衡点周围的震荡问题。

引入人工势场后，需要定义一个与距离相关的虚拟力，以实现多无人机编队的避碰。综合引力和斥力场函数，可得到虚拟力函数为

$$
\begin{aligned}
\vec{F}_i(\rho_i) &= -\nabla J_i^a(\rho_i)-\nabla J_i^r(\rho_i)= \\
&\sum_{j\in N_i}a_{ij}\left[-k_{ij}\|\rho_{ij}\|+\frac{b}{c}\frac{1}{\left(e^{\frac{\|\rho_{ij}\|}{c}}-e^{\frac{\|\rho_{ij}\|_{\min}}{c}}\right)^2}e^{\frac{\|\rho_{ij}\|}{c}}\right]\nabla(\rho_{ij})= \\
&\sum_{j\in N_i}a_{ij}\left[-k_{ij}\|\rho_{ij}\|+\frac{b}{c}\frac{1}{\left(e^{\frac{\|\rho_{ij}\|}{c}}-e^{\frac{\|\rho_{ij}\|_{\min}}{c}}\right)^2}e^{\frac{\|\rho_{ij}\|}{c}}\right]\frac{\rho_i-\rho_j}{\|\rho_{ij}\|}
\end{aligned}
\tag{5-183}
$$

人工势场达到平衡点时，虚拟力为

$$
\vec{F}_i(\rho_i)=0 \tag{5-184}
$$

虚拟力平衡点位于 ρ_{ij}^d 处，ρ_{ij}^d 为预定机间距离。为了不改变编队原稳定平衡状态，维持队形的刚体约束，参数 k_{ij}，b，c 的取值应满足要求：

$$\sum_{j\in N_i} a_{ij}\left[-a_{ij}k_{ij}\|\rho_{ij}^d\|+\frac{b}{c}\frac{1}{\left(e^{\frac{\|\rho_{ij}^d\|}{c}}-e^{\frac{\|\rho_{ij}\|_{\min}}{c}}\right)^2}e^{\frac{\|\rho_{ij}^d\|}{c}}\right]\frac{\rho_i-\rho_j}{\|\rho_{ij}^d\|} \tag{5-185}$$

此处是总虚拟力的平衡点，不是某一架无人机对当前机的虚拟力的平衡点，即只能保证总势的平衡，而不能保证分势的平衡。相反地，如果各分势平衡，则总势必然平衡，当 $\vec{F}_{ij}(\rho_{ij})=0$，$\forall j\in N_i$ 时，$\vec{F}_i(\rho_i)=0$ 为了使编队保持较好的刚体约束，不改变原有的编队队形，应让分势平衡，则有

$$\vec{F}_i(\rho_i)=0 \tag{5-186}$$

即

$$a_{ij}\left[-a_{ij}k_{ij}\|\rho_{ij}^d\|+\frac{b}{c}\frac{1}{\left(e^{\frac{\|\rho_{ij}^d\|}{c}}-e^{\frac{\|\rho_{ij}\|_{\min}}{c}}\right)^2}e^{\frac{\|\rho_{ij}^d\|}{c}}\right]\frac{\rho_i-\rho_j}{\|\rho_{ij}^d\|}=0 \tag{5-187}$$

因为

$$a_{ij}\neq 0,\quad \frac{\rho_i-\rho_j}{\|\rho_{ij}^d\|}\neq 0 \tag{5-188}$$

所以有

$$k_{ij}\|\rho_{ij}^d\|-\frac{b}{c}\frac{1}{\left(e^{\frac{\|\rho_{ij}^d\|}{c}}-e^{\frac{\|\rho_{ij}\|_{\min}}{c}}\right)^2}e^{\frac{\|\rho_{ij}^d\|}{c}}=0 \tag{5-189}$$

式中，ρ_{ij}^d 为编队队形的几何约束条件。当 i，j 取值不同时，ρ_{ij}^d 的值也不同，k_{ij}，b，c 不是一组固定的参数，不同的 i，j 值对应不同的 k_{ij}，可以将 b，c 的取值固定下来，得到

$$k_{ij}=\frac{1}{\|\rho_{ij}^d\|}\frac{b}{c}\frac{1}{\left(e^{\frac{\|\rho_{ij}^d\|}{c}}-e^{\frac{\|\rho_{ij}\|_{\min}}{c}}\right)^2}e^{\frac{\|\rho_{ij}^d\|}{c}} \tag{5-190}$$

总之，式(5-183)是改进了的人工势场方法，既充分考虑了实际通信拓扑结构、连接权重，又保证了每个成员不同的具体诉求 ρ_{ij}^d。利用式(5-177)的定义，只要通信连通，就能实现各机位置、姿态趋近于相同，并使势场函数 J 最小化，可以避免机间的碰撞，编队就可以实现稳定的群集运动。

基于人工势场的防碰撞控制，还可以扩展到规避外界障碍物的研究中去，其原理与机间避碰基本相似，根据无人机与障碍物间的距离来调节人工势场的大小。但是障碍物规避与机间避碰机制也有不同点。在机间避碰策略中，相互靠

近的无人机均可做机动调整；而在障碍物规避过程中，只有无人机能主动躲避障碍物，而障碍物不能主动躲避无人机。因此，规避障碍物时，只能单方面调整无人机的轨迹。在规避障碍物的过程中，虚拟力只用斥力，不用引力，因为无人机无须靠近障碍物。对于单独躲避障碍物来说，缺少了引力，虚拟力不存在平衡点。

定义无人机与障碍物间的斥力场为

$$J_i^r(\|\rho_{io}\|)=[1+k(V_o)]\frac{b_o}{e^{\frac{\|\rho_{io}\|}{c_o}}-e^{\frac{\|\rho_{io}\|_{\min}}{c_o}}} \tag{5-191}$$

式中

$$k(V_o)=\begin{cases}e^{-\frac{1}{V_o}}, & V_o>0\text{ 且 }\|\rho_{io}\|\leqslant\|\rho_{io}\|_{\max}\\ 0\end{cases} \tag{5-192}$$

式中，b_o，c_o 均为常数，分别决定斥力场的幅值和变化速度。$\|\rho_{io}\|_{\min}$ 为无人机与障碍物之间的最小安全距离，小于此距离将发生碰撞。V_o 代表障碍物相对于无人机的运动速度，当障碍物向无人机靠近时，$V_o>0$；当障碍物远离无人机时，$V_o<0$；当障碍物相对于无人机静止时，$V_o=0$；$\|\rho_{io}\|_{\max}$ 是避障边界，两者之间的距离大于 $\|\rho_{io}\|_{\max}$ 时无须避障。$k(V_o)$ 不是一个固定的系数，无人机周边没有障碍物或者不靠近障碍物时，$k(V_o)$ 为 0；当障碍物向无人机靠近时，$k(V_o)>0$，且靠近速度越高时，$k(V_o)$ 值越大。$k(V_o)$ 为递增函数，当 $V_o\to 0$ 时，$k(V_o)\to 0$；当 $V_o\to+\infty$ 时，$k(V_o)\to 1$，可以发现 $k(V_o)<1$，由它所产生的斥力场起辅助作用为

$$k(V_o)\frac{b_o}{e^{\frac{\|\rho_{io}\|}{c_o}}-e^{\frac{\|\rho_{io}\|_{\min}}{c_o}}} \tag{5-193}$$

不会超过单纯由距离控制产生的斥力场，有

$$\frac{b_o}{e^{\frac{\|\rho_{io}\|}{c_o}}-e^{\frac{\|\rho_{io}\|_{\min}}{c_o}}} \tag{5-194}$$

总之，引入速度项有辅助功能，用来改善避障控制的效果，它使无人机更高效地规避障碍物，以弥补障碍物不能主动规避无人机的缺点。即虚拟力 $\vec{F}_i(\rho_{io})$ 随无人机与障碍物间距离的减小而增大，随相互靠近速度的增加而增大。

空域中存在障碍物时，设计无人机避障虚拟力，有

$$\vec{F}_i(\rho_{io})=-\boldsymbol{\nabla}J_i^r(\|\rho_{io}\|)=(1+e^{-\frac{1}{V_o}})\frac{b_o}{c_o}\frac{1}{(e^{\frac{\|\rho_{io}\|}{c}}-e^{\frac{\|\rho_{io}\|_{\min}}{c}})^2}e^{\frac{\|\rho_{io}\|}{c_o}}\boldsymbol{\nabla}(\rho_{io}) \tag{5-195}$$

式中，$\boldsymbol{\nabla}(\rho_{io})$ 的定义为

$$\nabla(\rho_{io})=\frac{\rho_i-\rho_o}{\|\rho_{io}\|} \tag{5-196}$$

则有

$$\vec{F}_i(\rho_{io})=(1+\mathrm{e}^{-\frac{1}{V_o}})\frac{b_o}{c_o}\frac{1}{(\mathrm{e}^{\frac{\|\rho_{io}\|}{c}}-\mathrm{e}^{\frac{\|\rho_{io}\|_{\min}}{c}})^2}\mathrm{e}^{\frac{\|\rho_{io}\|}{c_o}}\frac{\rho_i-\rho_o}{\|\rho_{io}\|} \tag{5-197}$$

综合机间虚拟力式(5-183)和与障碍物的虚拟力式(5-197),可得人工势场函数产生的总虚拟力为

$$\begin{aligned}\vec{F}_i^d(\rho_i)=&\vec{F}_i(\rho_i)+\vec{F}_i(\rho_{io})=\\&\sum_{j\in N_i}a_{ij}\left[-k_{ij}\|\rho_{ij}\|+\frac{b}{c}\frac{1}{(\mathrm{e}^{\frac{\|\rho_{ij}\|}{c}}-\mathrm{e}^{\frac{\|\rho_{ij}\|_{\min}}{c}})^2}\mathrm{e}^{\frac{\|\rho_{ij}\|}{c}}\right]\frac{\rho_i-\rho_j}{\|\rho_{ij}\|}-\\&(1+\mathrm{e}^{-\frac{1}{V_o}})\frac{b_o}{c_o}\frac{1}{(\mathrm{e}^{\frac{\|\rho_{io}\|}{c}}-\mathrm{e}^{\frac{\|\rho_{io}\|_{\min}}{c}})^2}\mathrm{e}^{\frac{\|\rho_{io}\|}{c_o}}\frac{\rho_i-\rho_o}{\|\rho_{io}\|}\end{aligned} \tag{5-198}$$

人工势场避碰是通过调整各无人机的速度矢量来实现的,因此,可以将速度目标量直接定义为

$$V_i^d=F_i^d(\rho_i)+\bar{V}_i \tag{5-199}$$

式中,$\bar{V}_i$ 为无人机 U_i 的预定速度。当虚拟力平衡为零时,有

$$V_i^d=\bar{V}_i \tag{5-200}$$

定义障碍物的位置 $\rho_o=[x_{do}\quad z_{do}\quad y_{do}]^{\mathrm{T}}$ 将虚拟力拆分到三个通道(地面坐标系下),有

$$\begin{aligned}V_{xi}^d=&\sum_{j\in N_i}a_{ij}\left[-k_{ij}\|\rho_{ij}\|+\frac{b}{c}\frac{1}{(\mathrm{e}^{\frac{\|\rho_{ij}\|}{c}}-\mathrm{e}^{\frac{\|\rho_{ij}\|_{\min}}{c}})^2}\mathrm{e}^{\frac{\|\rho_{ij}\|}{c}}\right]\frac{x_{di}-x_{dj}}{\|\rho_{ij}\|}-\\&(1+\mathrm{e}^{-\frac{1}{V_o}})\frac{b_o}{c_o}\frac{1}{(\mathrm{e}^{\frac{\|\rho_{io}\|}{c}}-\mathrm{e}^{\frac{\|\rho_{io}\|_{\min}}{c}})^2}\mathrm{e}^{\frac{\|\rho_{io}\|}{c_o}}\frac{x_{di}-x_{do}}{\|\rho_{io}\|}+\bar{V}_{xi}\end{aligned} \tag{5-201}$$

$$\begin{aligned}V_{zi}^d=&\sum_{j\in N_i}a_{ij}\left[-k_{ij}\|\rho_{ij}\|+\frac{b}{c}\frac{1}{(\mathrm{e}^{\frac{\|\rho_{ij}\|}{c}}-\mathrm{e}^{\frac{\|\rho_{ij}\|_{\min}}{c}})^2}\mathrm{e}^{\frac{\|\rho_{ij}\|}{c}}\right]\frac{z_{di}-z_{dj}}{\|\rho_{ij}\|}-\\&(1+\mathrm{e}^{-\frac{1}{V_o}})\frac{b_o}{c_o}\frac{1}{(\mathrm{e}^{\frac{\|\rho_{io}\|}{c}}-\mathrm{e}^{\frac{\|\rho_{io}\|_{\min}}{c}})^2}\mathrm{e}^{\frac{\|\rho_{io}\|}{c_o}}\frac{z_{di}-z_{do}}{\|\rho_{io}\|}+\bar{V}_{zi}\end{aligned} \tag{5-202}$$

$$\begin{aligned}V_{yi}^d=&\sum_{j\in N_i}a_{ij}\left[-k_{ij}\|\rho_{ij}\|+\frac{b}{c}\frac{1}{(\mathrm{e}^{\frac{\|\rho_{ij}\|}{c}}-\mathrm{e}^{\frac{\|\rho_{ij}\|_{\min}}{c}})^2}\mathrm{e}^{\frac{\|\rho_{ij}\|}{c}}\right]\frac{y_{di}-y_{dj}}{\|\rho_{ij}\|}-\\&(1+\mathrm{e}^{-\frac{1}{V_o}})\frac{b_o}{c_o}\frac{1}{(\mathrm{e}^{\frac{\|\rho_{io}\|}{c}}-\mathrm{e}^{\frac{\|\rho_{io}\|_{\min}}{c}})^2}\mathrm{e}^{\frac{\|\rho_{io}\|}{c_o}}\frac{y_{di}-y_{do}}{\|\rho_{io}\|}+\bar{V}_{yi}\end{aligned} \tag{5-203}$$

式中,$\bar{V}_{xi}$,$\bar{V}_{zi}$,$\bar{V}_{yi}$ 为 $\bar{V}_i$ 的三轴分量。速度势场继而转化为一系列的无人机航迹指令,包括速度指令 V_i^d、俯仰角指令 θ_i^d、偏航角指令 ψ_i^d,具体形式如下:

$$\left.\begin{aligned}V_i^d&=\sqrt{V_{xi}^2+V_{zi}^2+V_{yi}^2}\\ \theta_i^d&=\arctan\left(\frac{V_{yi}}{V_{xi}}\right)\\ \psi_i^d&=\arctan\left(\frac{V_{zi}}{V_{xi}}\right)\end{aligned}\right\}\tag{5-204}$$

用航迹控制指令式(5－204)，中型无人机就可以实现机间避碰和对障碍物的规避。飞行控制仍采用二阶一致性算法来设计协同飞行控制律[96]。在避碰指令起作用时，一致性控制方法仍然有效，如何综合两种不同的控制方式，给出最终的航迹控制指令，下面将具体介绍。

信息一致性思想在编队防碰撞控制中，体现在两方面。一方面，在定义人工势场时，引入了通信拓扑结构的概念，无人机只能避开已明位置情况的无人机，并且能优先避开在编队中处于重要地位的无人机。另一方面，将基于信息一致性控制的队形保持和基于人工势场的防碰撞控制相结合，加强防碰撞时的队形保持，增强队形的刚体约束性。

根据式(5－178)、式(5－179)、式(5－191)的定义，防碰撞指令在 $\|\rho_{ij}\|>\|\rho_{ij}\|_{\max}$ 且 $\|\rho_{ij}\|>\|\rho_{io}\|_{\max}$ 时不起作用，当编队不存在发生碰撞的危险，主要依靠一致性算法来保持队形时，只需应用文献[69]中一致性控制律式即可。而在 $\|\rho_{ij}\|\leqslant\|\rho_{ij}\|_{\max}$ 或 $\|\rho_{ij}\|\leqslant\|\rho_{io}\|_{\max}$ 时，则需将两种方法联合使用，这样就能兼具两种方法的优势。基于人工势场的防碰撞指令保证飞行安全，基于信息一致性的队形保持指令可以使编队保持良好的刚体约束性。然而这两种方法同时作用于编队控制，带来了负面效应，就会发生冲突。例如，队形保持指令要求编队沿预定航迹飞行，而预定航迹上有障碍物，防碰撞指令要求规避障碍物，这时就发生了冲突。如何处理它们之间的冲突，使它们共同保障编队飞行的安全性和稳定性，加强联系、抑制冲突，需要制订合理的策略。可以将队形保持和防碰撞控制认为是同一架无人机的两种任务行为。最近，Arrichiello F 提出了一种新方法，即 Null-Space-Based(NSB)方法[93-94]，在解决任务冲突时有良好的效果。该方法中的零空间(Null Space)，是指任务执行时不使用的维度空间。比如，当无人机在三维空间运动时，它的速度矢量就是零空间。零空间强调将不同的需求分为不同的任务，比如队形保持和防碰撞控制就是两个不同的任务。防碰撞控制为高优先级的任务，队形保持为低优先级的任务。防碰撞控制之所以具有更高的优先级，是因为它关乎飞行安全。NSB 方法的核心思想是将低优先级任务的任务向量向高优先级任务的零空间上投影，在保证高优先级任务顺利完成的同时，部分完成低优先级的任务[95]。图 5－85 所示为零空间策略的结构框图，机间距离作为优先级的评判标准影响零空间策略。

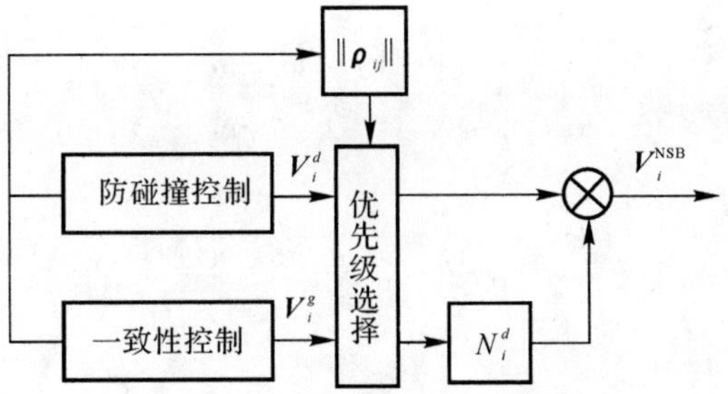

图 5-85 零空间策略的结构框图

当低优先级的任务影响到高优先级任务的执行时,低优先级的任务将减少执行甚至暂停。低优先级任务的控制向量投影到瞬时高优先级任务的零空间上。在加和到高优先级任务之前,会先将冲突部分剔除。因此,零空间行为法与其他任务指令融合法是不同的,它的输出是可以预测的。零空间行为法可以认为是竞争——合作机制的方法,当能避免任务间的冲突时,多种任务可以在同一时间段内并行,即当低优先级任务不影响高优先级任务时,低优先级任务也能运行。

定义 5.8 已知 $N(\boldsymbol{A}_N)$ 为一个 $(m\times n)$ 阶矩阵 $\boldsymbol{A}_N$ 的零空间,又称核空间(Null Space),是一组由式(5-205)定义的 n 维向量组成的,即

$$N(\boldsymbol{A}_N)=\{x:\boldsymbol{A}_N x=0,x\in\mathbf{R}^n\} \tag{5-205}$$

零空间行为允许同时执行多个相互冲突的任务,但只输出一个指令。结合人工势场与信息一致性的总输出为

$$\boldsymbol{V}_i^{\mathrm{NSB}}=\boldsymbol{V}_i^d+\boldsymbol{N}_i^d\boldsymbol{V}_i^g \tag{5-206}$$

式中,$\boldsymbol{N}_i^d=(\boldsymbol{I}-\boldsymbol{P}_i^{d^*}\boldsymbol{P}_i^d)$为雅可比行列式 $\boldsymbol{P}_i^d$ 的零空间投影矩阵,$\boldsymbol{P}_i^d$ 的求取方式将在后面给出。

图 5-86 所示为几何图形描述零空间行为。$\boldsymbol{V}_i^d$ 和 $\boldsymbol{V}_i^g$ 分别对应于防碰撞控制和队形保持的速度矢量,$\boldsymbol{V}_i^d$ 的优先级高于 $\boldsymbol{V}_i^g$,$\boldsymbol{V}_i^g$ 的速度矢量投影到 $\boldsymbol{V}_i^d$ 的零空间上,影响 $\boldsymbol{V}_i^d$ 的部分被剔除,剩余部分累加到 $\boldsymbol{V}_i^d$ 中。两种任务的兼容性等价于 $\boldsymbol{V}_i^d$ 和 $\boldsymbol{V}_i^g$ 之间的正交性。将 $\boldsymbol{V}_i^g$ 投影到 $\boldsymbol{V}_i^d$ 的零空间上,然后与 $\boldsymbol{V}_i^d$ 相加。

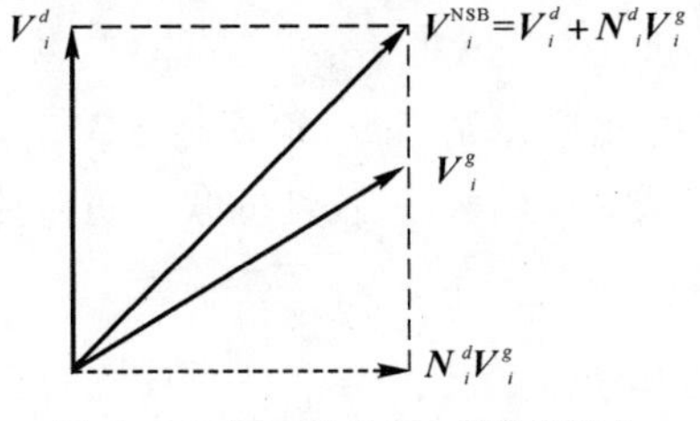

图 5-86 零空间行为中的控制组成

令

$$
\begin{aligned}
\boldsymbol{V}_i^g &= [\boldsymbol{V}_i^g\cos\theta_i^g\cos\psi_i^g \quad \boldsymbol{V}_i^g\cos\theta_i^g\sin\psi_i^g \quad \boldsymbol{V}_i^g\sin\theta_i^g]^{\mathrm{T}} \\
\boldsymbol{V}_i^d &= [\boldsymbol{V}_i^d\cos\theta_i^d\cos\psi_i^d \quad \boldsymbol{V}_i^d\cos\theta_i^d\sin\psi_i^d \quad \boldsymbol{V}_i^d\sin\theta_i^d]^{\mathrm{T}}
\end{aligned} \tag{5-207}
$$

定义代价函数：

$$
\delta_i^d = \sum_{j\in N_i} a_{ij}\,\|\rho_{ij}\| = \sum_{j\in N_i} a_{ij}\sqrt{(x_{di}-x_{dj})^2+(y_{di}-y_{dj})^2+(z_{di}-z_{dj})^2} \tag{5-208}
$$

则有

$$
\begin{aligned}
\boldsymbol{P}_i^d &= \left[\frac{\partial\delta_i^d}{\partial x_{di}} \quad \frac{\partial\delta_i^d}{\partial y_{di}} \quad \frac{\partial\delta_i^d}{\partial z_{di}}\right] = \\
&\left[\sum_{j\in N_i} a_{ij}\frac{x_{di}-x_{dj}}{\|\rho_{ij}\|} \quad \sum_{j\in N_i} a_{ij}\frac{y_{di}-y_{dj}}{\|\rho_{ij}\|} \quad \sum_{j\in N_i} a_{ij}\frac{z_{di}-z_{dj}}{\|\rho_{ij}\|}\right]
\end{aligned} \tag{5-209}
$$

并且有

$$
\dot{\delta}_i^d = \frac{\partial\delta_i^d}{\partial\rho_i}\boldsymbol{V}_i = \boldsymbol{P}_i^d\boldsymbol{V}_i \tag{5-210}
$$

定义 $\boldsymbol{V}_i^*$ 为 $\boldsymbol{V}_i$ 的最小二乘解，则有

$$
\boldsymbol{V}_i^* = \boldsymbol{P}_i^{d^*}\dot{\boldsymbol{\delta}}_i^d = \boldsymbol{P}_i^{d^{\mathrm{T}}}(\boldsymbol{P}_i^d\boldsymbol{P}_i^{d^{\mathrm{T}}})^{-1}\dot{\boldsymbol{\delta}}_i^d \tag{5-211}
$$

因此结合式(5-206)，可得

$$
\begin{aligned}
&\boldsymbol{V}_i^{\mathrm{NSB}} = \boldsymbol{V}_i^d + [\boldsymbol{I}-\boldsymbol{P}_i^{d^*}\boldsymbol{P}_i^d]\boldsymbol{V}_i^g = \\
&\boldsymbol{V}_i^d + \left\{\boldsymbol{I} - \begin{bmatrix} \sum_{j\in N_i} a_{ij}\frac{x_{di}-x_{dj}}{\|\rho_{ij}\|} \\ \sum_{j\in N_i} a_{ij}\frac{y_{di}-y_{dj}}{\|\rho_{ij}\|} \\ \sum_{j\in N_i} a_{ij}\frac{z_{di}-z_{dj}}{\|\rho_{ij}\|} \end{bmatrix} \left[\sum_{j\in N_i} a_{ij}\frac{x_{di}-x_{dj}}{\|\rho_{ij}\|}, \sum_{j\in N_i} a_{ij}\frac{y_{di}-y_{dj}}{\|\rho_{ij}\|}V_i^g, \sum_{j\in N_i} a_{ij}\frac{z_{di}-z_{dj}}{\|\rho_{ij}\|}\right]\right\}\boldsymbol{V}_i^g = \\
&\boldsymbol{V}_i^d + \begin{bmatrix}
1-\left(\sum_{j\in N_i} a_{ij}\frac{x_{di}-x_{dj}}{\|\rho_{ij}\|}\right)^2 & \sum_{j\in N_i} a_{ij}\frac{x_{di}-x_{dj}}{\|\rho_{ij}\|}\cdot\sum_{j\in N_i} a_{ij}\frac{y_{di}-y_{dj}}{\|\rho_{ij}\|} & \sum_{j\in N_i} a_{ij}\frac{x_{di}-x_{dj}}{\|\rho_{ij}\|}\cdot\sum_{j\in N_i} a_{ij}\frac{z_{di}-z_{dj}}{\|\rho_{ij}\|} \\
\sum_{j\in N_i} a_{ij}\frac{x_{di}-x_{dj}}{\|\rho_{ij}\|}\cdot\sum_{j\in N_i} a_{ij}\frac{y_{di}-y_{dj}}{\|\rho_{ij}\|} & 1-\left(\sum_{j\in N_i} a_{ij}\frac{y_{di}-y_{dj}}{\|\rho_{ij}\|}\right)^2 & \sum_{j\in N_i} a_{ij}\frac{y_{di}-y_{dj}}{\|\rho_{ij}\|}\cdot\sum_{j\in N_i} a_{ij}\frac{z_{di}-z_{dj}}{\|\rho_{ij}\|} \\
\sum_{j\in N_i} a_{ij}\frac{x_{di}-x_{dj}}{\|\rho_{ij}\|}\cdot\sum_{j\in N_i} a_{ij}\frac{z_{di}-z_{dj}}{\|\rho_{ij}\|} & \sum_{j\in N_i} a_{ij}\frac{y_{di}-y_{dj}}{\|\rho_{ij}\|}\cdot\sum_{j\in N_i} a_{ij}\frac{z_{di}-z_{dj}}{\|\rho_{ij}\|} & 1-\left(\sum_{j\in N_i} a_{ij}\frac{z_{di}-z_{dj}}{\|\rho_{ij}\|}\right)^2
\end{bmatrix}\boldsymbol{V}_i^g
\end{aligned} \tag{5-212}
$$

至此，得到了零空间行为下的速度矢量指令，根据速度矢量的定义

$$
\boldsymbol{V}_i^{\mathrm{NSB}} = [\boldsymbol{V}_i^{\mathrm{NSB}}\cos\theta_i^{\mathrm{NSB}}\cos\psi_i^{\mathrm{NSB}} \quad \boldsymbol{V}_i^{\mathrm{NSB}}\cos\theta_i^{\mathrm{NSB}}\sin\psi_i^{\mathrm{NSB}} \quad \boldsymbol{V}_i^{\mathrm{NSB}}\sin\theta_i^{\mathrm{NSB}}]^{\mathrm{T}} \tag{5-213}
$$

可以求解得到最终的航迹控制指令：速度指令 $\boldsymbol{V}_i^{\mathrm{NSB}}$，俯仰角指令 θ_i^{NSB}，偏航角指令 ψ_i^{NSB}，即基于人工势场与信息一致性的联合防碰撞控制算法。

3. 仿真实例

采用式(5-213)的基于人工势场与信息一致性的联合防碰撞控制算法，并

与只有信息一致性作用时的避碰效果做对比仿真。式(5-181)、式(5-191)中的几个重要参数分别为：$\| \rho_{ij} \|_{\min}=2$ m，$r_1=3.5$ m，$\| \rho_{ij}^d \|=4$ m，$r_2=4.5$ m，$\| \rho_{ij} \|_{\max}=10$ m，$\| \rho_{io} \|_{\min}=2$ m，$\| \rho_{io} \|_{\max}=1\,000$ m；人工势场参数取$k_{ij}=1$，$b=1$，$c=1$，$b_o=0.1$，$c_o=0.1$。参考速度 $\bar{V}$ 取为 39 m/s。编队的初始仿真参数见表 5-11。

表 5-11　编队的初始仿真参数

无人机	参数			
	初始位置 / m	初始速度 V / $m \cdot s^{-1}$	初始俯仰角 ϑ / °	初始偏航角 ψ / °
U_1	$[1\,037.5\quad 4\,263.4\quad 499]^T$	39	0	45
U_2	$[1\,035.6\quad 4\,262.9\quad 497]^T$	39	0	45
U_3	$[1\,037\quad 4\,261.5\quad 497]^T$	39	0	45

这是一组机间距离较近的初始仿真条件，其中，无人机U_2与U_3之间的距离只有 2 m，是机间距离的最小值，已经达到了极限，需要实施紧急避碰策略；U_1与U_2，U_1与U_3也只有 2.8 m 的间距，同样需要避碰。

图 5-87 为一致性控制律下的仿真曲线，图 5-88 为防碰撞控制律下的仿真曲线，给出了两组仿真曲线。每组仿真均给出了速度、俯仰角、偏航角、三维空间位置的响应曲线，以及机间距离曲线，仿真时间为 15s。机间距离从不足到回到预定队形，图 5-87 用了 6 s，在联合防碰撞控制律的作用下，只用了 2 s。另外从速度、俯仰角、偏航角等曲线中，可以发现，图 5-88(a)(b)(c)的变化尺度明显要比 图 5-87(a)(b)(c)剧烈，速度、姿态响应迅速，可在 1 s 的时间内作出超过 1 m/s、1°/s 的响应。虽然，原有的一致性控制律也能实现机间距离的调整，但是它速度太慢，不能满足机间避碰的要求。由此，可以看出，采用人工势场控制律可以改善机间避碰的效果，仿真结果验证了它的有效性与快速性。

图 5-89 为联合防碰撞控制律长时间作用下的仿真结果，它体现了对空间障碍物的避碰效果，仿真时间为 500 s。障碍物坐落在编队的预定航线上，在图上以圆球表示，障碍物是必须进行规避的。通过对速度、俯仰角、偏航角进行调整，合理地调整了航线，实现了编队对空间各种障碍物的规避。因此，联合防碰撞控制律不仅能够实现机间避碰，还能够实现对空域障碍物的规避。

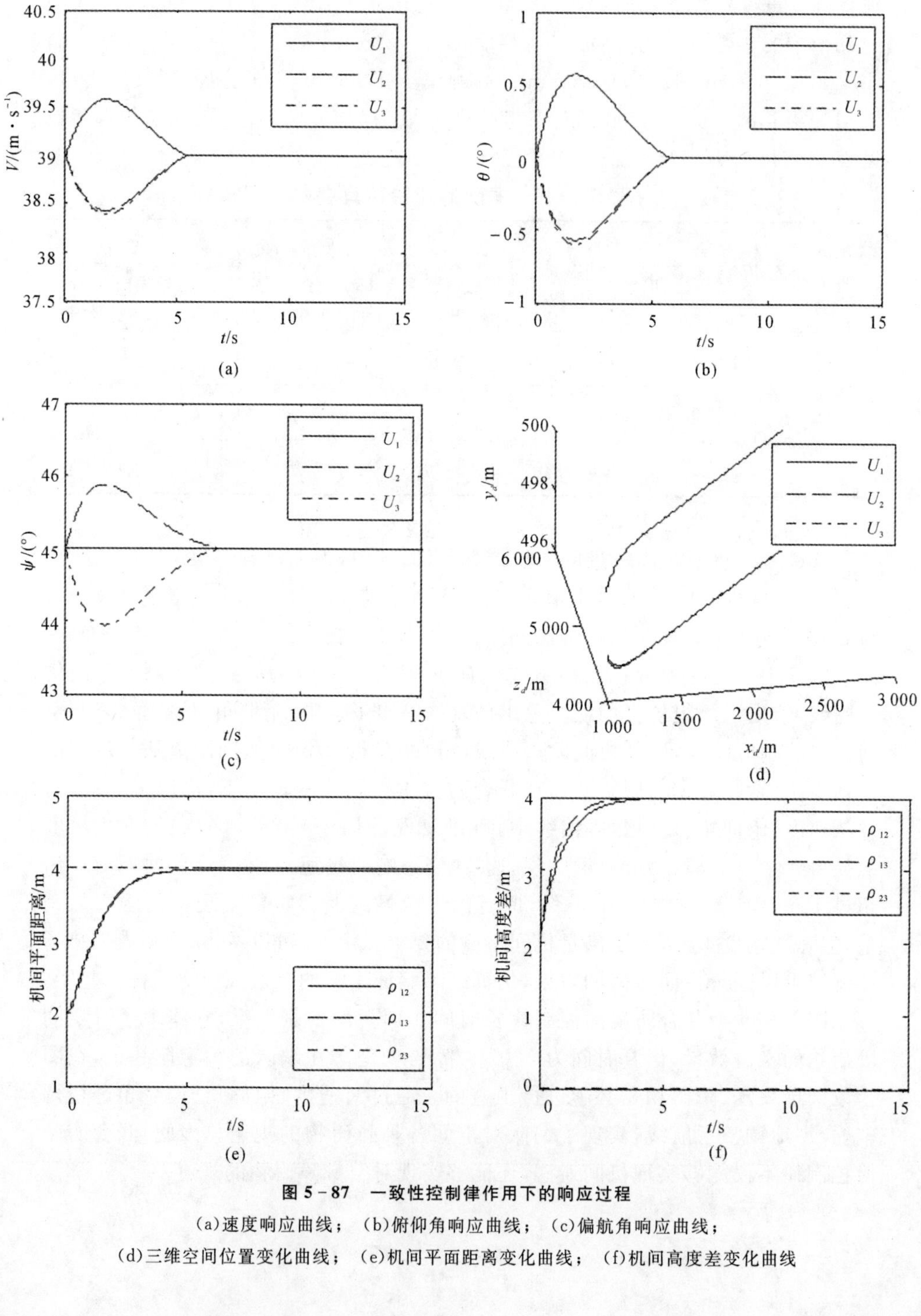

图 5-87　一致性控制律作用下的响应过程

(a)速度响应曲线；(b)俯仰角响应曲线；(c)偏航角响应曲线；

(d)三维空间位置变化曲线；(e)机间平面距离变化曲线；(f)机间高度差变化曲线

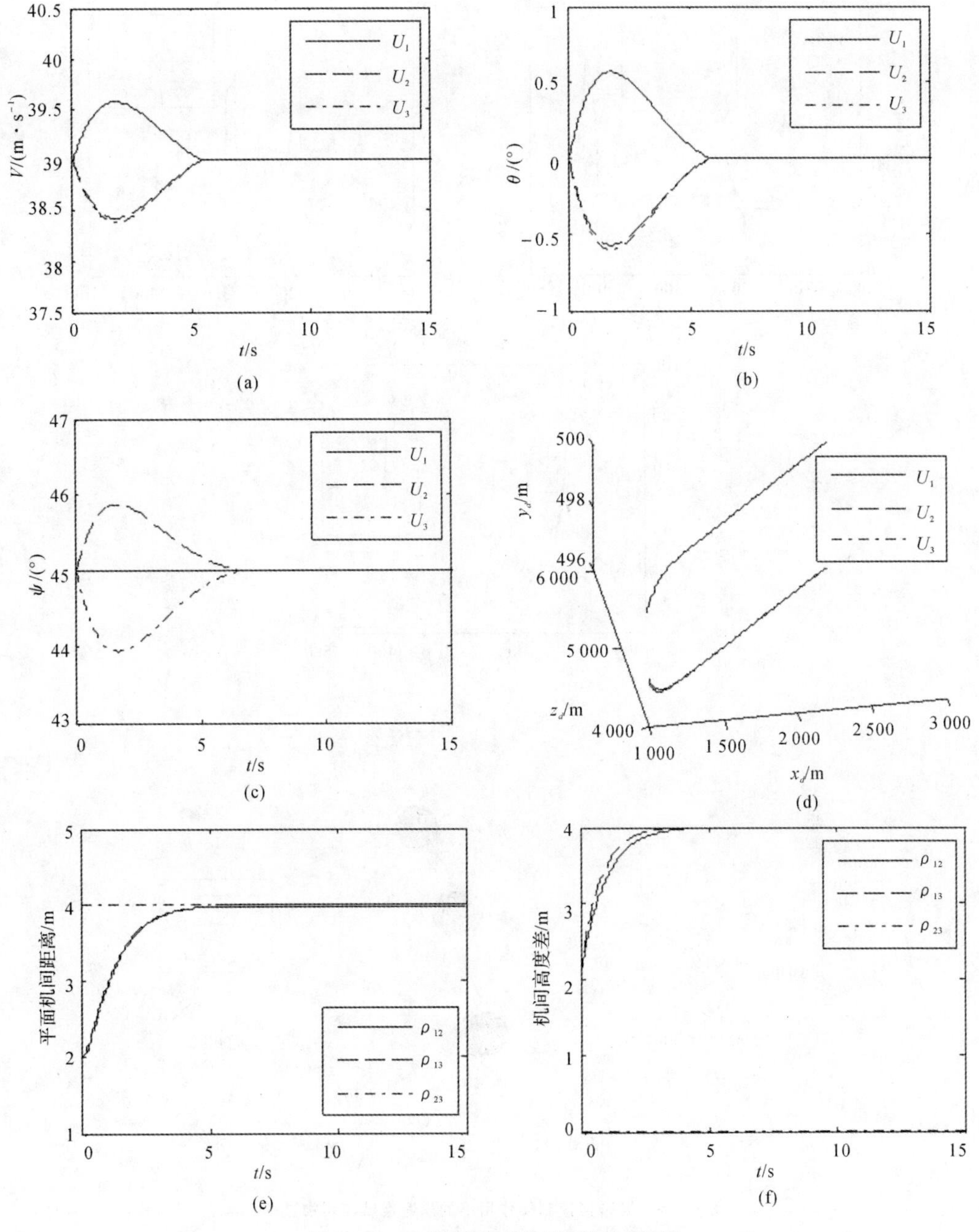

图 5-88 防碰撞控制律作用下的响应过程

(a)速度响应曲线； (b)俯仰角响应曲线； (c)偏航角响应曲线；

(d)三维空间位置变化曲线； (e)机间平面距离变化曲线； (f)机间高度差变化曲线

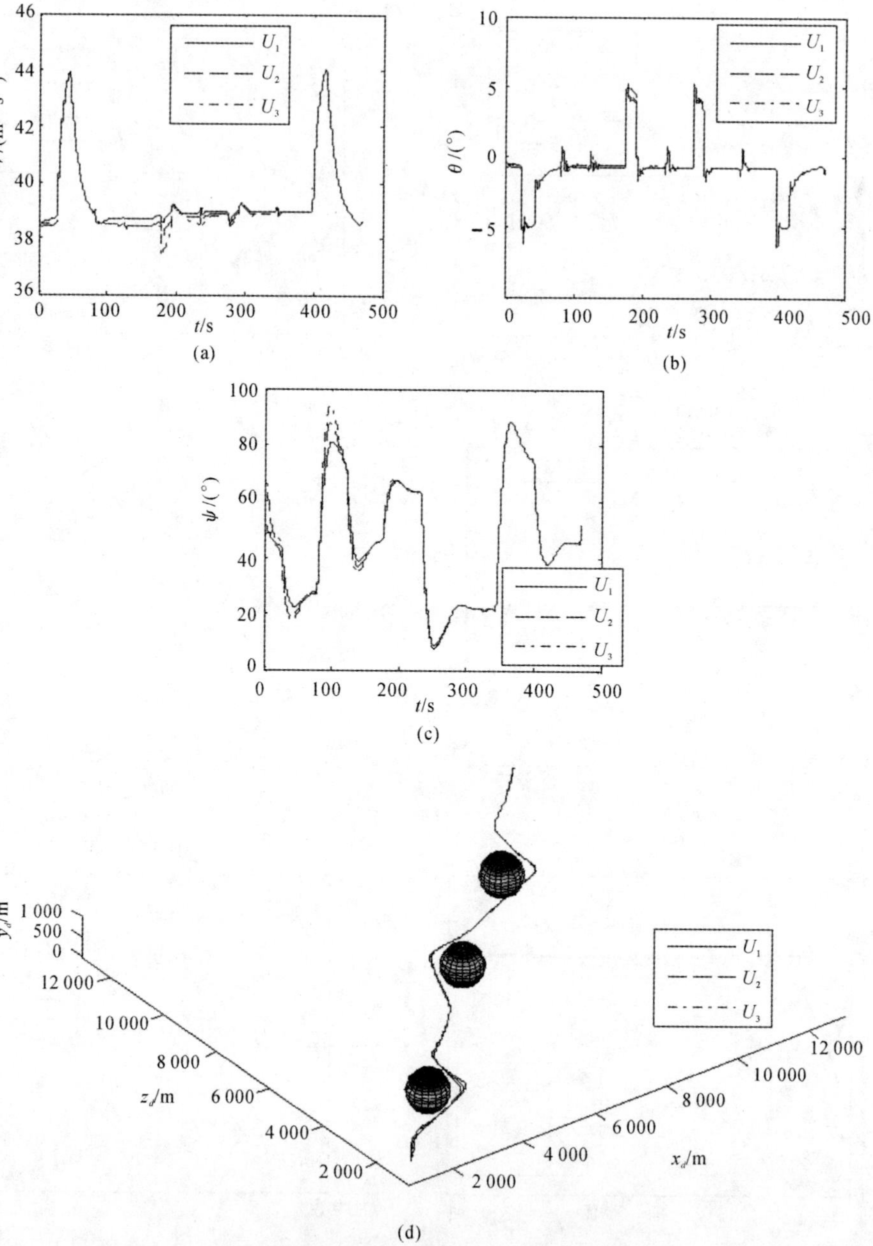

图 5-89 防碰撞控制律作用下的规避空域障碍物过程

(a)速度响应曲线；(b)俯仰角响应曲线；

(c)偏航角响应曲线；(d)三维空间位置变化曲线

5.8　本章小结

多无人机编队飞行是航空领域的研究热点，在军事和民用领域均有广阔的应用前景。多无人机自主编队的目的是在最少的能量消耗的情况下，使多架UAV以特定的编队队形沿着既定的航线飞行，进而实现最优的任务效能。本章从多机协同的关键技术入手，首先分析编队队形设计的原则，给出编队构成与编队保持的模型，在基于V图的多机的航迹规划的基础上，分别对编队构成与保持设计轨迹优化算法。其次，在多机协同完成任务过程中，多机需要实时通信，对目标及环境经进行感知，这里给出了网络通信的模型，采用多智能体一致性理论，进行多机信息的融合和对动态目标状态的估计，为完成协同执行任务奠定基础。进一步研究了多机在多种约束下的复制任务分配及协同策略，针对掉线的任务模型，分析了多种任务分配体系结构，分别给出了集中式与分布式分配与协调的典型方法与仿真验证。最后，针对多机编队控制问题，从队形控制与防撞控制两个方面，提出了长机-僚机法、虚拟结构法和人工势场法等常见编队控制的方法及应用。

参考文献

[1] SCHUMACHER C J, KUMAR R. Adaptive control of UAVs in close-coupled formation flight[C]// American Control Conference, Chicago, IL, June,2000,849-853.

[2] ANDERSON M R, ROBBINS C R. Formation flight as a cooperative game [C]//AIAA Guidance Navigation and Control Conference, Rreston, VA, August 1998.

[3] 樊琼剑，杨忠，方挺，等. 多无人机协同编队飞行控制的研究现状[J]. 航空学报，2009，30(4)：683-691.

[4] DARRAH M A, NILAND W M, STOLARIK B M. Multiple UAV dynamic task allocation using mixed integer linear programming in a SEAD mission [C] //American Institute of Aeronautics and Astronautics. 2006 :1-11.

[5] BANGASH Z A, S AN CHEZ R P, AHMED A. Aero dynamics of formation flight [C] //42nd AIAA Aerospace Sciences Meeting and Exhibit. 2003 :1 - 10.

[6] 朱战霞，袁建平. 无人机编队飞行问题初探[J]. 飞行力学，2003，21(2)：5 -12.

[7] MCLAIN W, BEARD W. Trajectory planning for coordinated rendezvous of unmanned air vehicles [R]. AIAA Guidance Navigation and Control Conference, AIAA - 2000 - 4369, 2000，1 247 - 1 254.

[8] SEILER P, PANT A, HEDRICK K. Analysis of bird formations [C] // Proceedings of the 41st IEEE Conference on Decision and Control. 2002：179 - 188.

[9] SABER R O, MURRAY R M. Distributed structural stabilization and tracking for formations of dynamic multi - agents [C] // Proceedings of the 41st IEEE Conference on Decision and Control, 2002 ：209 - 215.

[10] WALLS J, HOWARD A, HOMAIFAR A, et al. A generalized framework for autonomous formation reconfiguration of multiple spacecraft [C] //Aerospace Conference . 2005 ：397 - 406.

[11] 吴霞. 小卫星编队飞行队形控制与仿真[D]. 北京：中国科学院研究生院，2006.

[12] 吴森堂，费玉华. 飞行控制系统[M]. 北京：北京航空航天大学出版社，2005.

[13] 胡跃明. 非线性控制系统理论与应用[M]. 北京：国防工业出版社，2005.

[14] MCLAIN T W, CHANDLER P R. Cooperative control of UAV rendezvous. 2003.

[15] MCLAIN T W, BEARD R W. Cooperative Path Planning for Timing - Critical Missions. Denver, Colorado：IEEE Proceedings of the American Control Conference，2003，6(46)：296 - 301.

[16] 叶媛媛. 多 UCAV 协同任务规划方法研究[D]. 长沙：国防科学技术大学，2005.

[17] 李远. 多 UAV 协同任务资源分配与编队轨迹优化方法研究[D]. 长沙：国防科学技术大学，2011.

[18] 沈林成，牛跌峰，朱华勇. 多无人机自主协同控制理论与方法[M]. 北京：国防工业出版社. 2013.

[19] TIAN Y P, LIU C L. Robust Consensus of Multi - agent Systems with Diverse In - Put Delays and Asymmetric Interconnection Perturbations [J]. Automatica, 2009,45(5):1347 - 1353.

[20] LIN P, JIA Y M, LI L. Distributed Robust H∞ Consensus Control in Directed Net - works of Agents with Time - Delay[J]. Systems & Control Letters,2008,57(8):643 - 653.

[21] LIN P, JIA Y M. Robust H∞ Consensus Analysis of a Class of Second -order Multi - agent Systems with uncertainty [J]. IET Control Theory APPI,2010,4(3):487 - 498.

[22] DEOK J L. Nonlinear Estimation and Muitiple Sensor Fusion Using Unscented Information Filtering [J]. IEEE Signal Processing Letters, 2008,15:861 - 864.

[23] 张庆杰. 基于一致性理论的多 UAV 分布式协同控制与状态估计方法[D]. 长沙:国防科学技术大学,2011.

[24] CASBEER D W, Beard R. Distributed Information Filtering using Consensus Filters [C]// American Control Conference. St. Louis, USA: IEEE, 2009:1882 - 1887.

[25] WANG L, ZHANG Q, ZHU H, et al. Adaptive consensus fusion estimation for MSN with communication delay sand switching network to Pologies [C]// Proeeedings of the 47th IEEE Conference on Decision and Control. Ailanta, USA: 2010:2087 - 2092.

[26] SHIMA T, RASMUSSEN S J, SPARKS A G, et al. Multiple Task Assignments for Cooperating Uninhabited Aerial Vehicles Using Genetic Algorithms[J]. Computers and Operations Research,2006,33(11): 3252 - 3269.

[27] MACKENZIE D C. Collaborative Tasking of Tightly Constrained Multi- Robot Missions [A]// In: Proceedings of the Second International Workshop on Multi - Robot Systems[C]. Washington D. C,2003: 39 - 50

[28] GOLDMAN R P, HAIGH K Z, et al. MACBeth: A Multi - Agent Constraint - Based Planner[A]// In: Proceedings of the 21st Digital Avionics Systems Conference[C]. Irvine,CA,2002,2: 1 - 8.

[29] PONGPUNWATTANA A. Real - time Planning for Teams of Autonomous Vehicles in Dynamic Uncertain Environments [Ph. D.

dissertation]. University of Washington,2004.

[30] CRUZ JR J B, CHEN G S, LI D X, et al. Particle Swarm Optimization for Resource Allocation in UAV Cooperative Control[A]// AIAA Guidance, Navigation, and Control Conference and Exhibit [C]. Providence,USA,2004. AIAA-2004-5250.

[31] BEARD R W, MCLAIN T W, et al. Coordinated Target Assignment and Intercept for Unmanned Air Vehicles[J]. IEEE Transactions on Robotics and Automation,2002,18(6): 911-922.

[32] RABBATH C A, GAGNON E, LAUZON M. On the Cooperative Control of Multiple Unmanned Aerial Vehicles[J]. IEEE Canadian Review,2004(46): 15-19.

[33] 龙涛.多UCAV协同任务控制中分布式任务分配与任务协调技术研究[D].长沙:国防科学技术大学,2006.

[34] FREIBERG B. DARPA/USAF: Unmanned Combat Air Vehicle System Demonstration Program [A]// AIAA. s 1st Technical Conference and Workshop on Unmanned Aerospace Vehicles, Systems, Technologies and Operations[C]. Portsmouth, VA, 2002.

[35] 张红,卢广山,朱荣刚.无人作战飞机任务系统技术研究[J].电光与控制,2006,13(1): 55-59.

[36] 陈哨东,孙隆和.先进无人战斗机(UCAV)系统概念[J].火力与指挥控制,2003,38(6): 10-13.

[37] WISE K. X-45 Program Overview and Flight Test Status[A]. 2nd AIAA "Unmanned Unlimited" Conference and Workshop and Exhibit [C]// San Diego, California, 2003, AIAA-2003-6645.

[38] SCHLECHT J, ALTENBURG K, AHMED B M, et al. Decentralized Search by Unmanned Air Vehicles using Local Communication[A]// In: Proceedings of the International Conference on Artificial Intelligence [C]. Las Vegas, NV, 2003, Vol. II: 757-762.

[39] OUSINGSAWAT A, CAMPBELL M E. Multiple Vehicle Team Tasking for Cooperative Estimation [A]// In: Proceedings of the American Control Conference[C]. 2004.

[40] BEN Y, CHEN B M, LUM K Y, et al. A leader-follower formation flight control scheme forUAVhelicopters [C]. IEEE International Conference on Automation and Logistics, Qingdao, China, 2008:

39 -44.

[41] WEITZ L A, HURTADO J E, SINCLAIR A J. Decentralized cooperative - control design for multivehicle formations[J]. Journal of Guidance, Control, and Dynamics,2008,31(4):970 - 979.

[42] LAWTON J R T, BEARD R W, YOUNG B J. A decentralized approach to formation maneuvers[J]. IEEE Transactions on Robotics and Automation,2003,19(6): 933 - 941.

[43] REN W, BEARD R W. Decentralized scheme for spacecraft formation flying via the virtual structure approach[J]. Journal of Guidance, Control, and Dynamics,2004,27(1): 73 - 82.

[44] YOSHIOKA C, NAMERIKAWA T. Formation control of nonholonomic multi - vehicle systems based on virtual structure[C]. Proceedings of the 17th IFAC World Congress,2008: 5149 - 5154.

[45] KHATIB O B. A unified approach for motion and force of robot manipulators[J]. IEEE Jounal of Robotics and Automation,1987,3(1): 43 - 53.

[46] 胡云安,左斌. 无人机近距离编队飞行模型建立及控制器设计[J]. 飞行力学,2005,2(23):48 -53.

[47] NAMIN F, PETKO J S, WERNER D H. Design of robust aperiodic antenna array formations for micro - UAV swarms[C]. Antennas and Propagation Society International Symposium,2010:1 - 4.

[48] 胡云安,左斌,李静. 退火递归神经网络极值搜索算法及其在无人机紧密编队飞行控制中的应用[J]. 控制理论与应用,2008,25(5): 880 - 884.

[49] SRIRAM V, ATILLA D, WILLIAM B. Vortex effect modeling in aircraft formation flight [C]. AIAA atmospheric flight mechanics conference and exhibit,2003: 1 - 10.

[50] SCHUMACHER, COREY J. Adaptive control of UAVs in close - coupled formation flight[C]. 2000 American Control Conference,2000 (2): 849 - 853.

[51] WU Y H, CAO X B, ZENG Z K. Relative attitude decentralized variable structure coordinated control of formation flying satellites[J]. Jilin Daxue Xuebao,2007,37(6):1465 - 1470.

[52] 刘小雄,武燕,李广文,等. 双机编队飞行自适应神经网络控制设计与仿真[J]. 系统仿真学报,2009,21(22):7211 - 7214.

[53] 阮晓钢. 神经计算科学[M]. 北京:国防工业出版社,2006.

[54] 刘金坤. 先进 PID 控制及其 Matlab 仿真[M]. 北京:电子工业出版社,2003.

[55] BEARD R W, LAWTON J, HADAEGH F Y. A coordination architecture for spacecraft formation control[J]. IEEE Transactions on Control Systems Technology,2001,9(6): 77-79.

[56] REN W, BEARD R W. Formation feedback control for multiple spacecraft via virtual structures[J]. Control Theory and Applications, 2004,151(3): 357-368.

[57] LOW C B. A Trajectory Tracking Control Design for Fixed-Wing Unmanned Aerial Vehicles [C]//IEEE Conference on Control Application,2010: 2118-2123

[58] 韩京清. 自抗扰控制技术[M]. 北京: 国防工业出版社,2009: 119-206.

[59] 张日东,薛安克,李平,等. 非线性预测控制及其工业应用[M]. 北京: 科学出版社,2012:8-18.

[60] BRETT J Y, RANDAL W B, JED M K. A Control Scheme for Improving Multi-Vehicle Formation Maneuvers[C]// Proceedings of the American Control Conference. Arlington,2001: 25-27.

[61] RAJNIKANT SHARMA, GHOSE D. Swarm intelligence based collision avoidance between realistically modelled UAV clusters[C]// Proceedings of the 2007 American Control Conference, 2007: 3892-3897.

[62] SOO-HUN OH, JINYOUNG SUK. Evolutionary design of the controller for the search of area with obstacles using multiple UAVs [C]. International Conference on Control, Automation and Systems, 2010: 2541-2546.

[63] TOBIAS P, THOMAS R K, JAN T G. UAV formation flight using 3D potential field[C]//16th Mediterranean Conference on Control and Automation, Ajaccio,France,2008: 1240-1245.

[64] ERIKDE VRIES, KAMESH SUBBARAO. Cooperative control of swarms of unmanned aerial vehicles [C]//49th AIAA Aerospace Sciences Meeting including the New Horizons Forum and Aerospace Exposition,Orlando,Florida,2011,1.

[65] 孙晓晓. 多机协调编队及地面模拟仿真[D]. 西安: 西北工业大

学,2012.
[66] ARRIEBIELLO F. Coordination control of multiple mobile robots[D]. Electrical and Information Engineering,2006.
[67] ANTONELLI G, ARRIEHIEILO F, CHIAVERLNI S. The null space based behavioral control for soccer - playing mobile robots [C]. Proccedings of 2005 IEEE/ASME Int'l Conf on Advanced Intelligent Mechatronics,2005：1257 - 1262.
[68] 邬林波,王祥科,张辉,等. 基于零空间方法的足球机器人控制[J]. 计算机工程与科学,2011(3)：145 - 150.
[69] 朱旭. 基于信息一致性的多无人机编队控制方法研究[D]. 西安:西北工业大学,2014.